中国机械工程学科教程配套系列教材

教育部高等学校机械类专业教学指导委员会规划教材

U0387505

机械原理与机械设计
（下册）（第2版）

范元勋　梁　医　张　龙　主编

清华大学出版社

北京

内 容 简 介

本书是根据教育部高等学校机械基础课程教学指导委员会发布的"机械原理和机械设计课程教学基本要求",结合当前教学改革和人才培养的要求编写的。

全书分上下册,本书为下册,为机械设计部分,共17章,内容包括:机械设计概论,机械零件的强度,摩擦、磨损及润滑,螺纹连接,轴毂连接,铆接、焊接与胶接,螺旋传动,带传动,链传动,齿轮传动,蜗杆传动,轴,滑动轴承,滚动轴承,联轴器、离合器和制动器,弹簧,机架和导轨的结构设计。每章内容包含了重点与难点、章节内容、拓展性阅读文献指南、思考题和习题等,对常用专业名词给出了对应的英文注释。

本书可作为高等学校机械类各专业的机械原理和机械设计课程或者机械设计基础课程的教材,也可供有关专业的师生和工程技术人员参考。

图书在版编目(CIP)数据

机械原理与机械设计.下册/范元勋,梁医,张龙主编.—2版.—北京:清华大学出版社,2020.7(2024.8重印)

中国机械工程学科教程配套系列教材　教育部高等学校机械类专业教学指导委员会规划教材

ISBN 978-7-302-55302-1

Ⅰ.①机…　Ⅱ.①范…②梁…③张…　Ⅲ.①机构学-高等学校-教材②机械设计-高等学校-教材　Ⅳ.①TH111②TH122

中国版本图书馆 CIP 数据核字(2020)第 055430 号

责任编辑:许　龙
封面设计:常雪影
责任校对:赵丽敏
责任印制:宋　林

出版发行:清华大学出版社
　　　网　　　址:https://www.tup.com.cn,https://www.wqxuetang.com
　　　地　　　址:北京清华大学学研大厦 A 座　　　　　邮　　编:100084
　　　社 总 机:010-83470000　　　　　　　　　　　　邮　　购:010-62786544
　　　投稿与读者服务:010-62776969,c-service@tup.tsinghua.edu.cn
　　　质量反馈:010-62772015,zhiliang@tup.tsinghua.edu.cn
印 装 者:三河市龙大印装有限公司
经　　销:全国新华书店
开　　本:185mm×260mm　　　印　　张:26　　　　　字　　数:633 千字
版　　次:2014 年 4 月第 1 版　　2020 年 8 月第 2 版　　印　　次:2024 年 8 月第 6 次印刷
定　　价:73.00 元

产品编号:082754-01

我曾提出过高等工程教育边界再设计的想法,这个想法源于社会的反应。常听到工业界人士提出这样的话题:大学能否为他们进行人才的订单式培养。这种要求看似简单、直白,却反映了当前学校人才培养工作的一种尴尬:大学培养的人才还不是很适应企业的需求,或者说毕业生的知识结构还难以很快适应企业的工作。

当今世界,科技发展日新月异,业界需求千变万化。为了适应工业界和人才市场的这种需求,也即是适应科技发展的需求,工程教学应该适时地进行某些调整或变化。一个专业的知识体系、一门课程的教学内容都需要不断变化,此乃客观规律。我所主张的边界再设计即是这种调整或变化的体现。边界再设计的内涵之一即是课程体系及课程内容边界的再设计。

技术的快速进步,使得企业的工作内容有了很大变化。如从20世纪90年代以来,信息技术相继成为很多企业进一步发展的瓶颈,因此不少企业纷纷把信息化作为一项具有战略意义的工作。但是业界人士很快发现,在毕业生中很难找到这样的专门人才。计算机专业的学生并不熟悉企业信息化的内容、流程等,管理专业的学生不熟悉信息技术,工程专业的学生可能既不熟悉管理、也不熟悉信息技术。我们不难发现,制造业信息化其实就处在某些专业的边缘地带。那么对那些专业而言,其课程体系的边界是否要变?某些课程内容的边界是否有可能变?目前不少课程的内容不仅未跟上科学研究的发展,也未跟上技术的实际应用。极端情况下,甚至存在有些地方个别课程还在讲授已多年弃之不用的技术。若课程内容滞后于新技术的实际应用好多年,则是高等工程教育的落后甚至是悲哀。

课程体系的边界在哪里?某一门课程内容的边界又在哪里?这些实际上是业界或人才市场对高等工程教育提出的我们必须面对的问题。因此可以说,真正驱动工程教育边界再设计的是业界或人才市场,当然更重要的是大学如何主动响应业界的驱动。

当然,教育理想和社会需求是有矛盾的,对通才和专才的需求是有矛盾的。高等学校既不能丧失教育理想、丧失自己应有的价值观,又不能无视社会需求。明智的学校或教师都应该而且能够通过合适的边界再设计找到适合自己的平衡点。

我认为,长期以来,我们的高等教育其实是"以教师为中心"的。几乎所有的教育活动都是由教师设计或制定的。然而,更好的教育应该是"以学生为中心"的,即充分挖掘、启发学生的潜能。尽管教材的编写完全是由教师完成的,但是真正好的教材需要教师在编写时常怀"以学生为中心"的教育理念。如此,方得以产生真正的"精品教材"。

教育部高等学校机械设计制造及其自动化专业教学指导分委员会、中国机械工程学会与清华大学出版社合作编写、出版了《中国机械工程学科教程》,规划机械专业乃至相关课程的内容。但是"教程"绝不应该成为教师们编写教材的束缚。从适应科技和教育发展的需求而言,这项工作应该不是一时的,而是长期的,不是静止的,而是动态的。《中国机械工程学科教程》只是提供一个平台。我很高兴地看到,已经有多位教授努力地进行了探索,推出了新的、有创新思维的教材。希望有志于此的人们更多地利用这个平台,持续、有效地展开专业的、课程的边界再设计,使得我们的教学内容总能跟上技术的发展,使得我们培养的人才更能为社会所认可,为业界所欢迎。

是以为序。

2009 年 7 月

第 2 版前言
FOREWORD

　　机械原理与机械设计为工科机械类和近机类专业的两门衔接比较紧密的重要专业基础课,在机械类专业人才的素质和能力培养中有举足轻重的作用。原教材自 2014 年第 1 版出版以来已经过去了 6 年多,随着科学技术的进步和教学改革的发展,机械基础课程的教育理念、教学目标和教学手段在持续发生变化。本次修订以"新工科"对机械类专业人才的培养目标为导向,以机械工程专业认证对两门课程教学目标"达成度"的要求为指引,参照了教育部机械基础课程教学指导委员会发布的"机械原理和机械设计课程教学要求(第 3 版)"(2015 年)。教材被列为"十三五"江苏省高等学校重点教材。

　　另外,本次教材修订注重完善原教材在实际课程教学中发现的体系和内容方面的不足,注意学习吸收国内外同类教材的先进理念,并融入了编者多年教学实践和科研的经验。教材修订的主要考虑如下:

　　(1) 在保留原有大的体系结构不变的情况下,对上、下册的局部内容作了一些微调,既保证机械原理与机械设计内容的相互独立性,又保证机构原理设计与机械零件设计内容衔接上的紧密性,构建完整的机械设计教学体系。

　　(2) 为使教材的内容适应现代机械工业技术最新发展的需要,使学生掌握最新的知识和了解最新的技术进步,教材充实了反映机构和机械零、部件设计新理论、新原理、新结构和新应用的内容,删减了部分相对陈旧的内容,并更新了拓展性阅读的参考文献。

　　(3) 适应"新工科"机械工程专业建设的需要,增加了部分现代机械工程师所必需的与机械设计相紧密交叉的其他学科知识的介绍。

　　(4) 教材内容在反映机械设计理论共性的前提下,尽量体现本校各专业的特点。

　　(5) 为便于学生的自学和更好地掌握教学内容和重点,增加了针对重点知识点的例题和作业题。

　　(6) 适应现代机械设计与分析方法的进步,适当增加现代设计方法应用和解析法在机构设计中应用的内容。

（7）更新和补充了部分最新的国家标准和规范，以方便在机械零部件设计和选用过程中参照。

教材第 2 版承蒙南京航空航天大学朱如鹏教授和东南大学钱瑞明教授等审阅，对教材编写提出了许多有益的建议，在此表示衷心的感谢。

限于编者水平，书中的缺点、错误在所难免，敬请广大读者批评指正。

编　者

2020 年 2 月

第1版前言
FOREWORD

本书是根据教育部高等学校机械基础课程教学指导委员会发布的"机械原理课程教学基本要求"和"机械设计课程教学基本要求"(2009 年),结合当前教学改革和机械类创新人才培养的要求,总结近几年教学实践的经验,在对原机械设计基础(上、下)教材进行适当扩充和修订的基础上编写的。教材适用于高等工科院校机械类各专业学时调整后的机械原理和机械设计课程教学,课内教学为 100 学时左右。教材修订时在体系和内容编排上主要有如下一些考虑:

(1) 为方便教学计划的实施,本书分上、下两册,即上册为机械原理的内容,下册为机械设计的内容,可分为两个学期来实施,但教材在编排时注意了内容的系统性,以机械设计为主线编排各篇和章节的内容。

(2) 注意对学生创造性思维能力和实际设计能力的培养,重视工程应用背景的介绍。

(3) 注意将课程的各局部知识点,放到机械整体设计的全局中考虑,培养学生的整体和系统观念,提高学生对机械设计知识的综合应用能力。

(4) 适应机械工业发展的要求,增加了反映机械设计技术发展成果的内容介绍,如机器人机构学、机械系统设计、主动磁轴承等,充实了机构解析法设计的内容。

(5) 尽量简化和避免烦琐、冗长的计算和公式推导,而注意突出基本原理、基本设计思想、基本结构特点和应用知识的介绍。

(6) 方便学生的自学和拓展性学习,每章配有重点、难点、思考题和扩展性阅读参考文献。

(7) 尽量采用了最新的国家标准和规范。

本书分为上、下两册。参加上册编写的有:范元勋(第 1、6 章和第 7 章部分内容)、祖莉(第 2、3 章)、梁医(第 4、5 章)、张庆(第 8~11 章)、张龙(第 7 章部分内容)、宋梅利(第 12、13 章);参加下册编写的有:范元勋(第 1~3、13、14 章)、宋梅利(第 4、8 章)、张庆(第 5、6 章)、祖莉(第 7、11 章)、张龙(第 9、10 章)、梁医(第 12、15~17 章)。上册由范元勋、张庆主编,下册由范元勋、梁医和张龙主编。全书由范元勋统稿。

教研室的研究生帮助绘制了本书的部分插图,本书前主编之一王华坤教授作为主审对本书的编写提供了许多有益的意见和建议,在此一并表示衷心的感谢。

限于编者的水平和时间的限制,书中的缺点、错误仍在所难免,编者殷切希望各方面专家及读者提出批评和改进意见。

编　者

2013 年 12 月

目　录
CONTENTS

第 1 篇　机械设计总论

第 1 章　机械设计概论 ………………………………… 2

1.1　机械设计课程的性质与任务 ………………… 2

1.2　机械设计的基本要求及设计程序 …………… 4

1.3　机械零件的主要失效形式和设计计算准则 ………… 7

1.4　机械零件常用材料及其选择原则 …………… 9

1.5　现代机械设计理论与方法及机械设计新进展 ………… 12

拓展性阅读文献指南 ……………………………… 13

思考题 ……………………………………………… 13

第 2 章　机械零件的强度 …………………………… 14

2.1　载荷与应力的分类 …………………………… 14

2.2　静应力时机械零件的强度计算 ……………… 16

2.3　机械零件的疲劳强度计算 …………………… 17

2.4　机械零件的接触强度 ………………………… 34

拓展性阅读文献指南 ……………………………… 36

思考题 ……………………………………………… 36

习题 ………………………………………………… 36

第 3 章　摩擦、磨损及润滑 ………………………… 38

3.1　概述 …………………………………………… 38

3.2　摩擦 …………………………………………… 38

3.3　磨损 …………………………………………… 42

3.4　润滑 …………………………………………… 45

拓展性阅读文献指南 ……………………………… 51

思考题 ……………………………………………… 52

第2篇 连 接

第4章 螺纹连接 ··· 54

4.1 螺纹 ·· 54

4.2 螺纹连接的类型及螺纹连接件 ····················· 57

4.3 螺纹连接的预紧和防松 ······························ 61

4.4 单个螺栓连接的强度计算 ··························· 65

4.5 螺栓组连接的设计与受力分析 ····················· 74

4.6 提高螺纹连接强度的措施 ··························· 79

拓展性阅读文献指南 ··· 84

思考题 ·· 84

习题 ·· 84

第5章 轴毂连接 ··· 87

5.1 键连接 ·· 87

5.2 花键连接 ··· 92

5.3 无键连接 ··· 95

5.4 销连接 ·· 96

5.5 过盈配合连接 ·· 98

拓展性阅读文献指南 ··· 99

思考题 ·· 99

习题 ·· 99

第6章 铆接、焊接与胶接 ····································· 101

6.1 铆接 ·· 101

6.2 焊接 ·· 103

6.3 胶接 ·· 105

拓展性阅读文献指南 ··· 108

思考题 ·· 108

第3篇 机 械 传 动

第7章 螺旋传动 ··· 112

7.1 螺旋传动的类型、特点及应用 ····················· 112

7.2 滑动螺旋传动 ·· 113

7.3 滚动螺旋传动 ·· 117

7.4　静压螺旋传动简介 ·· 120

拓展性阅读文献指南 ·· 121

思考题 ·· 122

习题 ·· 122

第 8 章　带传动 ··· 124

8.1　概述 ·· 124

8.2　带传动工作情况分析 ··· 128

8.3　V 带传动的设计计算 ··· 133

8.4　V 带轮设计 ··· 140

8.5　带的张紧与维护 ··· 144

8.6　同步带传动 ··· 145

8.7　其他新型带传动简介 ··· 151

拓展性阅读文献指南 ·· 152

思考题 ·· 152

习题 ·· 152

第 9 章　链传动 ··· 154

9.1　概述 ·· 154

9.2　传动链的结构特点 ·· 155

9.3　滚子链链轮的结构和材料 ·· 157

9.4　链传动的几何计算 ·· 160

9.5　链传动的运动特性 ·· 161

9.6　链传动的受力分析 ·· 163

9.7　链传动的失效形式及承载能力 ··· 164

9.8　链传动的设计计算 ·· 167

9.9　链传动的布置、张紧及润滑 ·· 169

拓展性阅读文献指南 ·· 171

思考题 ·· 172

习题 ·· 172

第 10 章　齿轮传动 ··· 173

10.1　概述 ·· 173

10.2　齿轮传动的失效形式与设计准则 ··· 174

10.3　齿轮材料及热处理 ··· 176

10.4　齿轮传动的计算载荷 ·· 179

10.5　直齿圆柱齿轮传动的强度计算 ··· 184

10.6　齿轮传动的设计参数、许用应力与精度选择 ·· 191

10.7　斜齿圆柱齿轮传动强度计算 ··· 203

10.8   直齿圆锥齿轮传动强度计算 ··· 211

10.9   齿轮的结构设计 ··· 214

10.10   齿轮传动的润滑 ·· 217

10.11   其他齿轮传动简介 ····································· 218

拓展性阅读文献指南 ··· 221

思考题 ·· 221

习题 ··· 222

第 11 章   蜗杆传动 ··· 224

11.1   蜗杆传动的类型及特点 ······························· 224

11.2   普通圆柱蜗杆传动的主要参数及几何尺寸计算 ····· 228

11.3   普通圆柱蜗杆传动承载能力计算 ···················· 234

11.4   蜗杆传动的滑动速度及效率 ·························· 240

11.5   蜗杆传动的润滑及热平衡计算 ······················ 241

11.6   普通圆柱蜗杆、蜗轮的结构设计 ··················· 244

11.7   圆弧圆柱蜗杆传动简介 ······························· 247

拓展性阅读文献指南 ··· 249

思考题 ·· 249

习题 ··· 250

第 4 篇   轴系零部件

第 12 章   轴 ·· 254

12.1   概述 ··· 254

12.2   轴的结构设计 ··· 258

12.3   轴的强度计算 ··· 261

12.4   轴的刚度及振动稳定性 ······························· 271

12.5   提高轴的强度与刚度的措施 ·························· 272

拓展性阅读文献指南 ··· 276

思考题 ·· 276

习题 ··· 276

第 13 章   滑动轴承 ··· 280

13.1   概述 ··· 280

13.2   径向滑动轴承的主要类型 ····························· 280

13.3   滑动轴承的材料及轴瓦结构 ·························· 282

13.4   滑动轴承的润滑 ·· 287

13.5   非全流体润滑滑动轴承的计算 ······················ 289

13.6　流体动力润滑径向滑动轴承的设计计算 ……………………………… 292

13.7　其他型式滑动轴承简介 ………………………………………………… 303

拓展性阅读文献指南 …………………………………………………………… 306

思考题 …………………………………………………………………………… 307

习题 ……………………………………………………………………………… 307

第 14 章　滚动轴承 ……………………………………………………………… 309

14.1　概述 ………………………………………………………………………… 309

14.2　滚动轴承的类型与选择 ………………………………………………… 311

14.3　滚动轴承的受力分析、失效形式及计算准则 ………………………… 319

14.4　滚动轴承的动载荷和寿命计算 ………………………………………… 323

14.5　滚动轴承的静载荷与极限转速 ………………………………………… 329

14.6　滚动轴承的组合结构设计 ……………………………………………… 333

拓展性阅读文献指南 …………………………………………………………… 343

思考题 …………………………………………………………………………… 343

习题 ……………………………………………………………………………… 344

第 15 章　联轴器、离合器和制动器 …………………………………………… 346

15.1　联轴器 ……………………………………………………………………… 346

15.2　离合器 ……………………………………………………………………… 355

15.3　制动器 ……………………………………………………………………… 360

拓展性阅读文献指南 …………………………………………………………… 363

思考题 …………………………………………………………………………… 363

习题 ……………………………………………………………………………… 363

第 5 篇　其他零部件

第 16 章　弹簧 …………………………………………………………………… 366

16.1　概述 ………………………………………………………………………… 366

16.2　弹簧的材料和制造 ………………………………………………………… 369

16.3　圆柱螺旋压缩(拉伸)弹簧的设计计算 ………………………………… 371

16.4　圆柱螺旋扭转弹簧的设计计算 ………………………………………… 380

16.5　其他类型弹簧简介 ………………………………………………………… 381

拓展性阅读文献指南 …………………………………………………………… 384

思考题 …………………………………………………………………………… 384

习题 ……………………………………………………………………………… 384

第 17 章　机架和导轨的结构设计 ······ 386

17.1　机架及其结构设计 ······ 386

17.2　导轨及其结构设计 ······ 391

拓展性阅读文献指南 ······ 399

思考题 ······ 399

参考文献 ······ 400

第1篇 机械设计总论

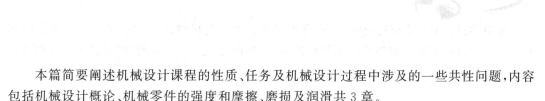

　　本篇简要阐述机械设计课程的性质、任务及机械设计过程中涉及的一些共性问题,内容包括机械设计概论、机械零件的强度和摩擦、磨损及润滑共3章。

　　本篇的目的在于了解课程的性质、特点、任务,引出与机械零件与系统设计相关的共性、基础性、原则性的问题以及解决问题的一般原则与方法。而这些问题和解决的方法将贯穿于后续各篇的具体章节中。因此,本篇内容对后续各章内容的学习有引领的作用。

第 1 章

机械设计概论

内容提要：本章内容包括机械设计课程性质和任务、机械设计的一般程序、零件的失效形式和计算准则、材料选择原则及现代机械设计的理论方法和新进展等。首先介绍了课程研究对象、性质和学习方法，对机械系统和零件设计的要求和过程进行了阐述。针对常见的机械零件的失效形式，介绍了一些最基本的设计准则：强度、刚度、耐磨性、振动、耐热性和可靠性等准则。材料是机械设计的重要环节，1.4 节介绍了机械制造常用和最新的材料和选用原则。本章最后简要介绍了机械设计的现代理论与方法及最新进展，以期拓展同学的学习视野。

本章重点：了解课程的研究对象，掌握学习方法。对机械设计的过程、要求、基本准则和常用材料选择原则形成概念。掌握机械零件"标准化、系列化、通用化"的概念。对机械设计的新理论和新方法有所了解。

1.1　机械设计课程的性质与任务

机器(machine)是人类进行生产以减轻体力劳动和提高劳动生产率的主要工具。机械(machinery)是机器和机构(mechanism)的总称。使用机械进行生产的水平是衡量一个国家的技术水平和现代化程度的重要标志之一。

随着科学技术的进步和生产的发展，国民经济的各个生产部门正日益要求实现机械化、自动化和智能化，我国的机械产品正面临更新换代，要求更高效、更精密、更智能，提高品质和经济效益的局面。随着全球经济的一体化，我国的机械产品不可避免地要参与同世界上先进国家机械产品的竞争，因此设计制造更先进的、高质量的机械产品成了我国的机械设计与制造工作者所面临的紧迫任务，时代对机械设计工作者提出了更新、更高的要求。

在一部现代化的机器中，往往会包含机械、电气、液压、气动、控制、监测等系统的部分或全部，但是机器的主体仍然是机械系统。任何一部机器，它的机械系统总是由一些机构组成，每个机构又是由许多零件组成。组成机器的不可拆的基本单元称为机械零件(machine elements)或简称零件；为完成特定的功能在结构上组合在一起并协同工作的零件组合称为部件(mechanical components)，如联轴器、轴承、减速器等。机械零件一般泛指零件与部件。

各种机器中普遍使用的零件称通用零件(univesal componens)，如螺钉、键、带、齿轮、轴、弹簧等；只在特定的机器上使用的零件称为专用零件(special components)，如发动机的曲轴、汽轮机的叶片、船用螺旋桨等都是专用零件。

在不同类型、不同规格的各种机器中，将同类零件或部件的结构型式、尺寸、材料等限定在合理的数量范围内,称为标准化(standardization)。按规定标准生产并给以标准代号的零件和部件称为标准件(standard components),不按规定标准生产的零件和部件称为非标准件。国家现有的标准有国家标准(代号 GB),部颁标准(代号 YB、JB 等)和地方、企业标准。出口产品采用国际标准(International Organization for Standardization,ISO)或进口国的国家或行业标准。根据要求,按一定规律优化组合零、部件系列,称为系列化。系列化是标准化的重要内容,如螺栓系列、滚动轴承的类型和尺寸系列等。最大限度地减少和合并零部件的型式、尺寸和材料品种等,称为通用化(universalization)。通用化可以减少一台机器或企业内部零部件的种数,从而可简化生产管理和提高经济效益。标准化、系列化、通用化通称"三化"。机械产品实现"三化"有利于使产品实现优质、高产、低消耗和高效益,并有利于缩短产品的开发试制周期和便于产品的更新换代,所以一个机械产品"三化"程度的高低是评价产品优劣的重要指标之一。

机械设计是为了满足机器的某些特定功能要求而进行的创造性工作,即应用新的原理或新的概念,开发创造出新的产品;或对现有机器局部进行创造性的改造,如改进不合理的结构、增加或减少机器的功能、提高机器的效率、降低机器能耗、变更机器的零件、改用新材料等。

本课程在简单介绍机器设计基本知识的基础上,主要研究对象是一般参数的通用零件(巨型、微型及在高低温、高压、高速等特殊条件下工作的通用零件除外),即研究通用零件的设计理论和设计方法,具体内容包括零件的工作能力设计、结构设计、设计计算机理、设计计算方法和步骤 4 个部分。

由上可知,本课程的性质是以一般通用零件的设计计算为核心的设计性课程,而且是论述它们的基本设计理论和方法,本课程具有内容多、涉及面广、综合性和实践性突出的特点,是一门设计性、综合性和实践性都很强的技术基础课,是学习许多专业课程和从事机械设备设计的基础。

本课程的主要任务是培养学生:①树立正确的设计思想,了解国家当前的有关技术经济政策;②掌握通用机械零部件的设计原理、方法和机械设计的一般规律,具有初步设计机械传动装置和简单机械的能力;③具有运用标准、规范、手册和查阅有关技术资料的能力;④掌握典型机械零件的实验方法,获得基本的实验技能的训练;⑤对机械设计的发展成果和趋势有所了解。

本课程在学习中要综合运用先修课程中所学的有关知识与技能,结合各种教学实践环节进行机械工程技术人员必要的基本技能锻炼。另外,由于本课程的结构体系没有一般理论性课程那么严密,所涉及的内容多而杂,系统性不强,所以在学习中应注意学习方法,具体应注意以下一些方面:

(1) 要注意紧密联系生产实际,将零件放到整体机械中加以考虑。要注意每种零件在机器中的作用、功能及与整机和机器上其他零件的相互关系,注意零件在机器上的安装结构以及机器正常工作对零件的要求等。这样掌握的零件知识就能够很好地为整体机械系统设计服务。

(2) 要注意各种零部件设计知识的共性。虽然各种类型零部件各有特点、各不相同,但对零件设计知识掌握的要求上有共同的特点,即均要求掌握其类型与工作特点、工作原理与结构型式、可能的失效形式与受力分析和设计计算方法等。

（3）注意掌握零部件设计的一般思路。即根据零件的工作状况、运动特点进行受力分析→确定该零件工作时可能出现的主要失效形式→建立不产生失效的设计准则→导出设计(或校核)公式→设计该零件的主要参数(或校核其强度)→进行结构设计并绘制零件工作图。

1.2　机械设计的基本要求及设计程序

1. 机械设计的基本要求

机械设计的基本要求，包括对机器整机的设计要求和对组成机器的零部件的设计要求两个方面，两者相互联系、相互影响。对机械零部件的设计要求是以满足对机器设计的基本要求为前提的，而对机器设计基本要求的不同也就决定了对零部件的不同设计要求。

1）对机器设计的基本要求

（1）对机器使用功能方面的要求。实现预定的使用功能是机器设计的最基本的要求，好的使用性能指标是设计的主要目标。另外操作使用方便、工作安全可靠、体积小、重量轻、效率高、外形美观、噪声低等往往也是机器设计时所要求的。对不同用途的机器还可能提出一些特殊的要求，如巨型机器有起重运输的要求，对生产食品的机器有保持清洁和不污染环境的要求等。随着社会的发展、技术的进步和人们生活质量的提高，对机器使用方面的要求也越来越多、越来越高。自动化、智能化、高可靠性、绿色环保等都越来越成为机械设计的新要求。

（2）对机器经济性的要求。机器的经济性体现在设计、制造和使用的全过程中，在设计机器时要全面综合地进行考虑。设计的经济性体现为合理的功能定位、实现使用功能要求的最简单的技术途径和最简单、合理的结构；制造的经济性体现为采用合理的加工制造工艺、尽可能采用新的制造技术和最佳的生产组织管理，从而使机器在保证设计功能的前提下有尽可能低的制造成本；使用的经济性表现为机器应有较高的生产率、高效率，较少地消耗能源、原材料和辅助材料，管理和维护保养方便、费用低。总之，机器设计的经济性要求所设计的机器应该有最佳的性能价格比，以能获得最大经济效益的机器设计为最佳设计。

在机器设计的全过程中，都要充分注意对机器的使用功能要求和经济性要求两者的合理平衡。一方面，功能多、适用范围广、自动化程度高、使用维护方便的机器，成本虽然可能会高一点，但由于使用性能好，用户容易接受，产量就可以提高，销售价就可以上升，综合经济效益反而会好；另一方面，如过分地追求不必要的功能和过高的性能指标要求，反而会造成功能的浪费和操作使用上的不便，而且会使生产制造成本上升，从而失去市场竞争力。

2）对机械零件设计的基本要求

机械零件是组成机器的基本单元，对机器的设计要求最终都是通过零件的设计来实现的，所以设计零件时应满足的要求是从设计机器的要求中引申出来的，即也应从保证满足机器的使用功能要求和经济性要求两方面考虑。

（1）要求在预定的工作期限内正常可靠地工作，从而保证机器的各种功能的正常实现。这就要求零件在预定的寿命期内不会产生各种可能的失效，即要求零件在强度、刚度、振动稳定性、耐磨性、温升等方面必须满足必要的条件，这些条件就是判定零件工作能力的准则。

（2）要尽量降低零件的生产制造成本。这要求从零件的设计和制造等多方面加以考虑,例如:设计时应合理地选择材料和毛坯的形式,设计简单合理的零件结构,合理规定零件加工的公差等级,以及认真考虑零件的加工工艺性和装配工艺性等。另外要尽量采用标准化、系列化和通用化的零部件。

2. 机械设计的一般程序

机械设计的程序也包括机器设计程序和零件设计程序两个方面。

1)机器设计的一般程序

狭义的设计过程仅是指根据设计任务书的要求提供原理设计方案并进行具体的总体结构设计和零部件设计。而要向市场提供性能好、质量高、成本低、受用户欢迎、有市场竞争力的机械产品,则设计工作应从市场调研、可行性研究开始,并应贯穿于样机的试制、试验及产品生产制造和市场销售的全过程。一个新产品的设计是一个复杂的系统工程,要提高设计质量,必须有一个科学的设计程序。根据人们设计新的机械产品的经验,一部机器的比较完整的设计程序如表 1-1 所示。

表 1-1　机器设计的一般程序

设计阶段	工作步骤与内容	各阶段工作目标
市场调研、可行性研究	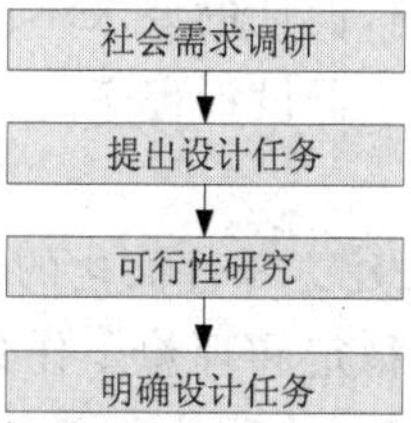 社会需求调研 → 提出设计任务 → 可行性研究 → 明确设计任务	设计任务书
原理方案设计（schematic design）	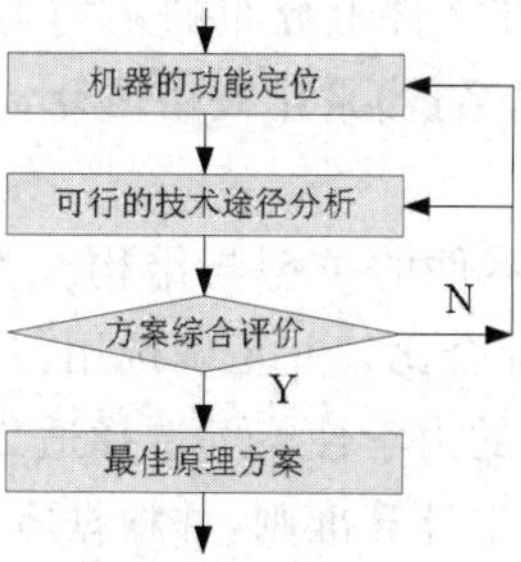 机器的功能定位 → 可行的技术途径分析 → 方案综合评价（N/Y）→ 最佳原理方案	确定最佳原理方案
技术设计（technical design）	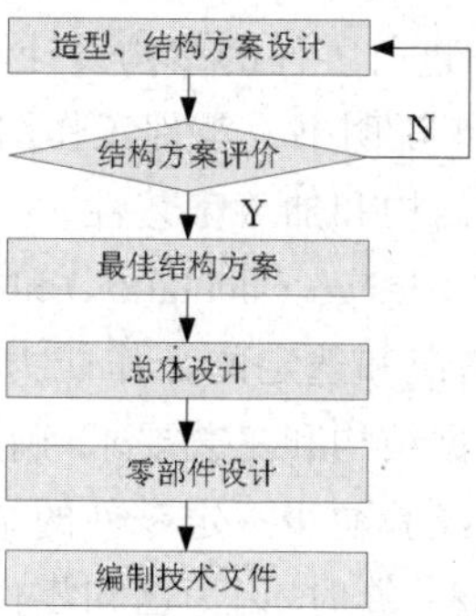 造型、结构方案设计 → 结构方案评价（N/Y）→ 最佳结构方案 → 总体设计 → 零部件设计 → 编制技术文件	总装图、部件图、零件工作图、设计计算书、零件明细表和其他技术文件

续表

设计阶段	工作步骤与内容	各阶段工作目标
改进设计阶段　样机试制、试验	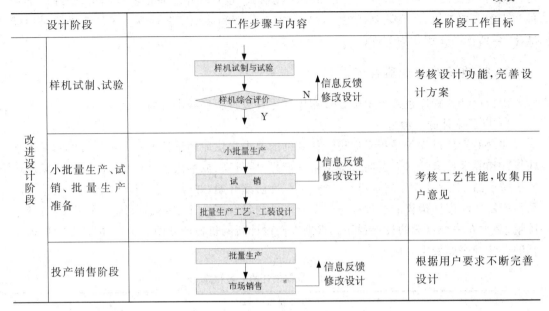	考核设计功能,完善设计方案
小批量生产、试销、批量生产准备		考核工艺性能,收集用户意见
投产销售阶段		根据用户要求不断完善设计

需要注意的是,由于所设计的产品不同,设计的要求不同,机器设计的程序也不是一成不变的,应根据具体情况选择合理、可行的机器设计程序。

2) 机械零件设计的一般步骤

(1) 根据机器的工作情况,按力学方法建立零件简化的力学模型,确定零件上的计算载荷。根据原动机的额定功率或根据机器在稳定和理想工作条件下的工作阻力,按力学方法计算出的作用在零件上的载荷称为名义载荷(或称公称载荷、额定载荷)。考虑原动机与工作机间实际载荷随时间的变化、载荷在零件上分布的不均匀性及其他影响零件受力等因素的影响,引入载荷系数 K(或工作情况系数)来作概略估计。载荷系数 K 与名义载荷的乘积称为计算载荷。

(2) 根据零件的使用要求,选择零件的类型与结构。为此,必须对各种零件的不同类型、优缺点、特性与适用范围等进行综合比较并正确选用。

(3) 根据零件的工作条件和材料的力学性能等选择适当的零件材料。

(4) 根据零件可能的失效形式确定计算准则,并根据零件的工作能力准则,确定零件的基本尺寸,并加以标准化和圆整。

(5) 根据工艺性和标准化等原则进行零件的结构设计。

(6) 绘制零件工作图,并编写计算说明书。零件工作图是制造零件的依据,故应对其进行严格的检查,以保证零件有合理的结构和加工工艺性。

机械零件的计算可分为设计计算(design calculation)和校核计算(checking calculation)两种。设计计算是先根据零件的工作情况和选定的工作能力准则拟定出安全条件,用计算方法求出零件危险截面的尺寸,然后根据结构和工艺要求,确定具体的零件结构。校核计算是先参照已有的零件实物、图纸或根据经验初步拟定零件的结构和基本尺寸,然后根据工作能力准则校核危险截面是否安全。校核计算时,因为已知零件的有关尺寸和结构,所以计算结果一般较精确。在机械零件的设计过程中,设计计算和校核计算一般同时存在,并交替进行。一般总是先根据简化的零件受力模型和计算准则用设计计算的方法确定出零件的主要尺寸,进行合理的结构设计以后,再根据情况对较精确的零件受力模型进行必要的校核计算。

1.3　机械零件的主要失效形式和设计计算准则

1. 机械零件的失效形式

机械零件丧失正常工作能力或达不到设计要求的性能时,称为失效(failure)。所以失效并不单纯意味着破坏(destroy)。机械零件的失效形式很多,常见的有:因整体强度不足而断裂,因表面强度不够而引起的表面压碎和表面点蚀,过大的弹性变形或塑性变形,摩擦表面的过度磨损、打滑或过热,连接的松动和精度丧失等。具体某种零件的失效形式取决于该零件的工作条件、材料及表面状态、载荷和应力的性质及工作环境等多种因素。即使是同一种零件,由于工作情况及机械的要求不同也可能出现不同的失效形式,例如齿轮传动的失效形式就可能有轮齿折断、磨损、齿面疲劳点蚀、胶合或塑性变形等多种。

机械零件虽然有很多种可能的失效形式,但综合起来,可以归结为由于强度、刚度、耐磨性、温度对工作能力的影响以及振动稳定性、可靠性等方面的问题。

2. 机械零件的计算准则

零件不发生失效时的安全工作限度称为工作能力。根据零件失效分析结果,以防止产生各种可能失效为目的,拟定的零件工作能力计算依据的基本原则,称为计算准则(criterion)。机械零件常用的计算准则有如下一些。

1) 强度准则

强度(strength)是指零件抵抗破坏的能力。强度准则要求零件中的应力不超过许用极限,其表达式为

$$\left.\begin{array}{l} \sigma \leqslant [\sigma] = \dfrac{\sigma_{\lim}}{S_\sigma} \\[3mm] \tau \leqslant [\tau] = \dfrac{\tau_{\lim}}{S_\tau} \end{array}\right\} \tag{1-1}$$

式中,σ,τ 分别为零件危险剖面上的正应力和切应力;$[\sigma],[\tau]$ 分别为零件的许用正应力与切应力;$\sigma_{\lim},\tau_{\lim}$ 分别为零件的极限正应力与切应力,对于静强度下的脆性材料为强度极限 $\sigma_b(\tau_b)$,对于静强度下的塑性材料为屈服极限 $\sigma_s(\tau_s)$,对于疲劳强度而言则为疲劳极限 $\sigma_\gamma(\tau_\gamma)$;$S_\sigma,S_\tau$ 分别为正应力和切应力时的许用安全系数。

2) 刚度准则

刚度(rigidity)是零件在载荷作用下抵抗弹性变形的能力。刚度准则要求为:零件的弹性变形 y 小于或等于许用的弹性变形量 $[y]$。其表达式为

$$y \leqslant [y] \tag{1-2}$$

其变形可以是挠度(deflection)、偏转角(deflection angle),也可以是扭转角(angel of torsion)。弹性变形量 y 可以用理论或实验的方法确定,许用弹性变形量则可以根据不同的使用场合

和要求根据理论或经验来确定。

3) 耐磨性准则

耐磨性(wear resistance)是指作相对运动的零件其工作表面抵抗磨损的能力。零件磨损后,将改变其尺寸与形状,削弱其强度,降低机械的精度,从而导致机械的工作性能变坏,甚至引起破坏。据统计,一般机械中由于磨损而导致失效的零件约占全部报废零件的 80%。

关于磨损的计算,目前尚无可靠、定量的计算方法,一般以限制与磨损有关的参数作为磨损的计算准则:一是限制比压 p 不超过许用值$[p]$,以保证工作面不致产生过度磨损;二是对相对滑动速度 v 较大的零件,为防止胶合破坏,要限制单位接触表面上单位时间产生的摩擦功不能过大,即限制 pv 值不超过许用值$[pv]$。其验算式为

$$p \leqslant [p], \quad pv \leqslant [pv] \tag{1-3}$$

4) 振动与噪声准则

随着机械向高速发展和人们对环境舒适性要求的提高,对机械的振动(vibration)与噪声(noise)的要求也越来越高。如果机械或零件的固有频率 f(natural frequency)与激振源作用引起的强迫振动频率 f_p(exciting frequency)相同或为其整数倍时,则将产生共振。它不仅影响机械的正常工作,甚至会造成破坏性的事故,而振动又是产生噪声的主要原因。因此对高速机械或对噪声有严格限制的机械,应进行振动分析与计算,确定机械或零件的固有频率 f、强迫振动频率 f_p,分析其噪声源,并采取措施降低振动与噪声,一般应保证

$$f_p < 0.85f, \quad f_p > 1.15f \tag{1-4}$$

若不满足上述条件,则可改变机械或零件的刚度,或采取减振等措施。

5) 热平衡准则

工作时发生剧烈摩擦的零件,其摩擦部位将产生很大的热量。若散热不良,则零件的温升过高,破坏零件的正常润滑条件,改变零件间摩擦的性质,使零件发生胶合甚至咬死而无法正常工作。因此,对摩擦发热量大的零件应进行热平衡(heat balance)计算。热平衡计算的准则为:达到热平衡时机械或零件的温升不超过正常工作允许的最大温升。

6) 可靠性准则

可靠性(reliability)表示系统、机器或零件在规定的条件下和规定的时间内完成规定功能的能力。满足强度要求的一批完全相同的零件,由于材料强度、外载荷和加工质量等都存在离散性,因此在规定的条件下和使用期限内,并非所有零件都能完成规定的功能,必有一定数量的零件会丧失工作能力而失效。

机械或零件在规定的工作条件下和规定的工作时间内完成规定功能的概率,称为它们的可靠度。

设有 N 个相同的零件,在相同的条件下同时工作,在规定的时间内有 N_f 个零件失效,剩下 N_t 个仍能继续工作,则可靠度

$$R_t = \frac{N_t}{N} = \frac{N - N_f}{N} = 1 - \frac{N_f}{N} \tag{1-5}$$

不可靠度(失效概率)为

$$F_t = \frac{N_f}{N} = 1 - R_t \tag{1-6}$$

可靠度与不可靠度之和为 1,即

$$R_t + F_t = 1 \tag{1-7}$$

由多个零件组成的串联系统,任一个零件的失效都会引起整个系统的失效,设 R_1、R_2、$\cdots$、R_n 分别为组成机器的几个零件的可靠度,则整个机器的可靠度为

$$R = R_1 \cdot R_2 \cdots R_n \tag{1-8}$$

对于可靠性要求较高的系统或机械,为保证所设计的零件、机械或系统具有所需的可靠度,就需要进行可靠性设计。而机械零件可靠性水平的高低,直接影响到机械系统的可靠性。

1.4 机械零件常用材料及其选择原则

机械零件常用材料有黑色金属、有色金属、非金属材料和各种复合材料等,其中尤以属于黑色金属的钢与铸铁应用最广。

各类机械零件适用的材料牌号及机械性能将在有关各章节予以介绍。本节只简述各种常用材料的基本特性及选择材料的一般原则。

1. 机械零件的常用材料

1) 黑色金属

机械零件中常用的黑色金属(ferrous metal)材料有灰铸铁、球墨铸铁、铸钢、普通碳素钢、优质碳素钢、合金钢等。

(1) 灰铸铁(gray cast iron)。灰铸铁成本低、铸造性能好,适用于制造形状复杂的零件。灰铸铁具有良好的切削加工性能和良好的减振性能,故常用于制造机器的机座或机架。

(2) 球墨铸铁(nodular cast iron)。球墨铸铁的强度比灰铸铁高并和普通碳钢相近,其延伸率与耐磨性均较高,而减振性比钢好,因此广泛应用于受冲击载荷的零件,如曲轴、齿轮等。

(3) 可锻铸铁(malleable cast iron)。可锻铸铁也称马铁,其强度和塑性均比较高。当零件尺寸小、形状复杂不能用铸钢或锻钢制造,而灰铸铁又不能满足零件高强度和高延伸率要求时,可采用可锻铸铁。

(4) 铸钢(cast steel)。铸钢主要用于制造承受重载的大型零件。铸钢的强度性能和碳素结构钢相似,但组织不如轧制件和锻压件致密,因此强度值略低。按合金元素含量,可分为碳素铸钢、低合金铸钢、中合金铸钢和高合金铸钢。按用途可分为一般铸钢和特殊铸钢(耐蚀铸钢、耐热铸钢等)。铸钢的强度、弹性模量、延伸率等均高于铸铁,但铸钢的铸造性能比灰铸铁差。

(5) 碳钢与合金钢(carbon steel and alloy steel)。这是机械制造中应用最广泛的材料,其中碳钢产量大、价格较低,常被优先采用。碳钢分普通碳钢和优质碳钢。对于受力不大,而且基本上承受静载荷的一般零件,均可选用普通碳钢。当零件受力较大,而且受变应力或受冲击载荷时,可选用优质碳钢。当零件受力较大,工作情况复杂,热处理要求较高,用优质碳钢不能满足要求时,可选用合金钢。合金钢是在优质碳钢中,根据不同的要求加入各种合金元素(如铬、镍、钼、锰、钨等)而形成的钢种。加入不同的合金元素后可以改善机械性能,例如提高耐磨性、硬度、冲击韧性、高温强度等。合金元素低于 5%(质量分数,余同)者称低

合金钢；合金元素介于 5％与 10％之间称中合金钢；合金元素高于 10％者称高合金钢。优质碳素钢和合金钢均可用热处理的方法来改善机械性能,这样便能满足各种零件对不同机械性能的要求。常用的热处理方法有正火、调质、淬火、表面淬火、渗碳淬火、氰化、氮化等。

2) 有色金属

有色金属(nonferrous metal)及其合金具有许多可贵的特性,如减摩性、抗腐蚀性、耐热性、电磁性等。在有色金属中,除铝、镁、钛合金具有比较高的强度,可用于制造承载零件外,其他有色金属主要作为耐磨材料、减摩材料、耐腐蚀材料、装饰材料等使用。

(1) 铝合金(aluminium alloy)。铝合金的重量轻,导热导电性好,塑性高。变形铝合金的强度与普通碳素钢相近,铸造铝合金的强度低于变形铝合金。铝合金硬度低,抗压强度低,因此不能承受较大的表面载荷。铝合金不耐磨,但可以通过镀铬、阳极氧化等表面处理方法提高耐磨能力。铝合金的切削性能好,但铸造性能差,因此在铸件的形状上要特别注意它的结构工艺性。由于铝合金重量轻,所以在汽车、飞机及其他行走类机械上,采用铝合金有较大的意义。但铝合金的价格比钢贵得多。

(2) 铜合金(copper alloy)。铜和锌及其他元素的合金称为黄铜；铜和锡及其他元素的合金称为青铜；铜和铝、镍、锰、硅(二元或多元)的合金统称为无锡青铜。铜合金具有耐磨、耐腐蚀和自润滑的性能,在机械中铜合金常因其良好的耐磨和减摩性能而被用来制造轴瓦、蜗轮等零件。

其他常用的有色金属材料有镁合金(magnesium alloy)、钛合金(titanium alloy)和轴承合金(bearing alloy)等。

3) 非金属材料

(1) 橡胶(rubber)。橡胶除具有良好的弹性和绝缘性能外,还具有耐磨、耐化学腐蚀、耐放射性等性能和良好的减振性。橡胶在机械中应用很广,常被用来制造轮胎、胶管、密封垫、皮碗、垫圈、胶带、电缆、胶辊、同步齿形带、减振元件等。

(2) 塑料(plastic)。塑料是以天然树脂或人造树脂为基础,加入填充剂、增塑剂和润滑剂等而制成的高分子有机物。塑料的优点是重量极轻、容易加工,可用注射成型方法制成各种形状复杂、尺寸精确的零件。塑料的抗拉强度低,延伸率大,抗冲击能力差,减摩性好,导热能力差。塑料分热固性塑料(如酚醛)和热塑性塑料(如尼龙),两者均可用作减摩材料,也可用于制造一般的机械零件、绝缘件、装饰件、密封件、传动带和家电及仪器的机壳等。

机械工程中常用的非金属材料还有工业陶瓷、石墨、合成纤维和胶粘剂等。

4) 复合材料

复合材料(composite material)是由两种或两种以上性质不同的金属或非金属材料,按设计要求进行定向处理或复合而得到的一种新型材料。复合材料有良好的综合机械性能和使用性能。复合材料有纤维增强复合材料、层叠复合材料、细粒复合材料、骨架复合材料等。机械工业中,用得最多的是纤维增强复合材料。例如在普通碳素钢板外面贴附塑料或不锈钢,可以得到强度高而耐腐蚀性能好的塑料复合钢板和金属复合钢板。复合材料从用途可分为结构复合材料和功能复合材料两大类。

2. 机械零件材料的选用原则

选择材料和热处理方法是机械设计的一个重要问题。不同材料制造的零件不但机械性能不同,而且加工工艺和结构形状也有很大差别。

选择材料主要应考虑三个方面的问题:使用要求、工艺要求和经济性要求。

1) 使用要求

使用要求一般包括:①零件的受载情况和工作状况;②对零件尺寸和质量的限制;③零件的重要程度等。

若零件尺寸取决于强度,且尺寸和重量又受到某些限制时,应选用强度较高的材料。静应力下工作的零件,应力分布均匀的(拉伸、压缩、剪切),宜选用组织均匀,屈服极限较高的材料;应力分布不均匀的(弯曲、扭转),宜采用热处理后在应力较大部位具有较高强度的材料。在变应力下工作的零件,应选用疲劳强度较高的材料。零件尺寸取决于接触强度的,应选用可以进行表面强化处理的材料,如调质钢、渗碳钢、氮化钢。以齿轮传动为例,经渗碳、渗氮和碳氮共渗等处理后,其接触强度要比正火或调质的高很多。

若零件尺寸取决于刚度的,则应选用弹性模量较大的材料。碳素钢与合金钢的弹性模量相差很小,故选用优质合金钢对提高零件的刚度没有意义。截面积相同时,改变零件的形状与结构可使刚度有较大的提高。

滑动摩擦下工作的零件应选用减摩性能好的材料;在高温下工作的零件应选用耐热材料;在腐蚀介质中工作的零件应选用耐腐蚀材料等。

2) 工艺要求

材料的工艺要求有三个方面内容。

(1) 毛坯制造。大型零件且大批量生产时应用铸造毛坯。形状复杂的零件只有用铸造毛坯才易制造,但铸造应选用铸造性能好的材料,如铸钢、灰铸铁或球墨铸铁等。大型零件只少量生产,可用焊接件毛坯,但焊接件要考虑材料的可焊性和产生裂纹的倾向等,选用焊接性能好的材料。只有中小零件才用锻造毛坯,大规模生产的锻件可用模锻,少量生产时可用自由锻。锻造毛坯主要应考虑材料的延展性、热膨胀性和变形能力等,应选用锻造性能好的材料。

(2) 机械加工。大批量生产的零件可用自动机床加工,以提高产量和产品质量,应考虑零件材料的易切削性能、切削后能达到的表面粗糙度和表面性质的变化等,应选用切削性能好(如易断屑、加工表面光洁、刀具磨损小等)的材料。

(3) 热处理。热处理是提高材料性能的有效措施,主要应考虑材料的可淬性、淬透性及热处理后的变形开裂倾向和脆性等,应选用与热处理工艺相适应的材料。

3) 经济性要求

(1) 经济性首先表现为材料的相对价格。当用价格低廉的材料能满足使用要求时,就不应选择价格高的材料。这对于大批制造的零件尤为重要。

(2) 当零件的质量不大而加工量很大,加工费用在零件总成本中要占很大的比例时,选择材料时所考虑的因素将不是相对价格,而是其加工性能和加工费用。

(3) 要充分考虑材料的利用率。例如采用无切屑或少切屑毛坯(如精铸、模锻、冷拉毛坯等),可以提高材料的利用率。此外,在结构设计时也应设法提高材料利用率。

(4) 采用局部品质原则。在不同的部位上采用不同的材料或采用不同的热处理工艺,使各局部的要求分别得到满足。例如蜗轮的轮齿必须具有优良的耐磨性和较高的抗胶合能力,其他部分只需具有一般强度即可,故在铸铁轮芯外套以青铜齿圈,以满足这些要求。

(5) 尽量用性能相近的廉价材料来代替价格相对昂贵的稀有材料。

　　另外,选择材料时应尽量考虑当时当地的材料供应情况,尽可能就地取材,减少采购和管理费用。对于小批量制造的零件,应尽可能地减少同一部机器上使用的材料品种和规格。

1.5　现代机械设计理论与方法及机械设计新进展

　　传统的机械设计方法的特点是：在设计经验积累的基础上,以通过数学、力学建模及试验等方法所形成的设计公式、图表、规范及标准等为依据,运用条件性计算或类比的方法进行设计。传统的设计方法在长期的应用中得到不断完善和提高,目前在多数情况下仍是有效和常用的设计方法。但其有很大的局限性,主要体现在：①设计思维收敛,不易得到最优和创新的设计方案和参数；②一般为静态或近似的设计计算,计算和分析精度较低；③侧重于零件自身功能的实现,忽略了机械系统中零部件之间关系及人—机—环境之间关系的重要性；④传统设计一般采用手工计算绘图,设计效率低,周期长。

　　机械产品的现代设计理论与方法是相对传统设计方法而言的,由于其处在不断发展过程中,对其内涵和边界还不能确切地定义。但笼统地说,现代机械设计理论与方法是现代设计、分析技术和科学方法论在机械产品设计中的应用,它融合了信息技术、计算机技术、知识工程、管理科学等领域的知识和机械工程领域最新的研究、发展成果。目前常用的机械现代设计理论与方法有：计算机辅助设计(computer-aided design,CAD)、优化设计(optimization design,OP)、有限元法(finite element method,FEM)、可靠性设计(reliability design,RD)、虚拟设计(virtual design,VD)、智能设计(intelligent design,ID)、并行设计(concurrent design,CD)、反求设计(工程)(reverse engineering,RE)、创新设计(innovative design,ID)、绿色设计(green design,GD)、动态设计(dynamic design,DD)、三维设计(three-dimensional design,TDD)等。

　　近几十年来,机械设计学科发生了巨大的变化。新的设计方法不断涌现,设计理论不断深化、拓展,更加完善,计算分析手段更加丰富,新材料和新工艺被广泛使用,各种新型的机械零部件性能更佳、功能更完善,由于计算机的广泛采用使设计的速度更快、效率更高,新产品更新换代的周期更短。机械设计领域最新进展具体表现在如下几个方面：

　　(1) 机械设计的基础理论不断深化和扩展,形成了多学科的交叉与综合,现代应用数学、现代力学、应用物理、材料学、微电子学及信息科学理论和知识极大地丰富了机械设计的基础理论,促进了机械学科的发展。

　　(2) 机械设计的领域与范围进一步扩展,研究的方向从偏于宏观方面向微观方面发展。例如微型机械与系统的工作机理、设计理论与方法的研究正在不断地深入。

　　(3) 从机械零部件传统的静态设计,向以多种零件综合或整机系统为对象的动态设计方向发展,例如对发展高速机械具有重要意义的机械系统动力学问题的研究等。

　　(4) 机械可靠性设计、优化设计、计算机辅助设计和有限元分析和设计等已经在机械设计中得到普通应用,由于有大量成熟、功能强大和实用的设计与分析商用软件提供给设计者,使机械设计变得更快捷、方便,设计效率大大提高。

　　(5) 为使产品设计更科学、更完善、更适应时代的需要,新的设计方法不断出现,如系统设计、设计方法学、价值工程、造型设计、参数化设计、模块化设计、并行设计、虚拟设计、绿色设计等,大大丰富了机械设计理论,弥补了传统机械设计的不足。

（6）机械设计的 CAD 技术正向标准化、集成性、网络化、智能化和设计制造一体化等方面发展。除了进行一般的数值计算和绘图等功能外,利用计算机还能进行逻辑推理、分析综合、自我学习、方案决策等工作,传统的 CAD 从单一的计算机辅助设计向 CAD/CAE/CAM 集成化方向发展（computer aided engineering,CAE；computer aided manufacturing, CAM）,以及 CAD 与快速成型技术（rapid prototyping manufacting,RPM）和 3D 打印技术相结合,对提高机械设计的质量和效率有很重要的意义。

（7）机电一体化已经成为当今世界机械产品发展的趋势,也是我国机械工业发展的重要目标。机电一体化的实质是机械与电子、软件与硬件、控制与信息等多种技术的有机结合,这就使机械设计的内涵得到进一步的拓宽,对机械设计人员在知识面和设计能力提出了更高的要求。

（8）机械设计的实验研究技术得到了很大的发展。具体体现在微观与动态的精密测量、数据采集和处理、自动控制和监测等方面有了很大的进步,由于实验和理论相互促进,弥补了纯理论设计的不足,促进了机械设计水平的进一步提高。例如,利用模态分析、仿真技术与测试技术可以对一些大型、复杂的结构件的理论设计数学模型进行修正,从而使设计更完善、更合理。

拓展性阅读文献指南

如需要深入了解本章所介绍的内容,可以参阅如下文献。

有关机械系统组成、设计原理和过程可参阅:①邹慧君编著《机械系统设计原理》,科学出版社,2003；②朱龙振主编《机械系统设计》,机械工业出版社,2001。

要深入了解现代机械设计理论与方法可参阅:①谢里阳主编《现代机械设计方法》,机械工业出版社,2010；②张鄂主编《现代设计理论与方法》,科学出版社,2007；③黄靖远等主编《机械设计学》,机械工业出版社,2006。

有关机械创新设计内容可参阅:①张春林主编《机械创新设计》,机械工业出版社,2007；②高志,黄纯颖主编《机械创新设计》,高等教育出版社,2010。

思　考　题

1-1　机械零部件设计的标准化有什么意义? 标准化包括哪些方面?

1-2　机械系统和机械零件设计的基本要求分别是什么? 有什么区别和联系?

1-3　机械设计的一般程序是什么? 机械零件设计的一般步骤是什么?

1-4　机械的失效和破坏有什么区别? 常见的失效形式有哪些?

1-5　常用的机械零件的设计准则有哪些?

1-6　机械零件材料的选择应遵循哪些原则?

1-7　与传统的机械设计方法相比,现代机械设计方法和技术有哪些特点和优势?

1-8　你所了解的现代机械设计理论与方法有哪些?

第 2 章

机械零件的强度

内容提要：本章内容包括：机械零件所受载荷与应力的分类，静应力时机械零件常用强度计算准则，变应力时机械零件的失效形式，材料和零件的疲劳曲线和极限应力图，变应力下机械零件疲劳强度的计算方法，机械零件的接触强度。本章对机械零件设计过程中遇到的各种强度设计理论进行了集中的阐述，特别介绍了疲劳强度理论，为后续各章中强度理论的具体应用作铺垫。

本章重点：机械零件的疲劳强度计算为本章重点。其中包括：材料的疲劳曲线、材料与零件的极限应力图、影响机械零件疲劳强度的因素和单向稳定变应力时零件的疲劳强度计算。

本章难点：双向稳定变应力和不稳定变应力时机械零件的疲劳强度计算。

2.1　载荷与应力的分类

1. 载荷的分类

机械零件所受的载荷分为静载荷(static load)与变载荷(varying load)两类。载荷的大小和方向不随时间变化或变化缓慢的称静载荷，如锅炉所受的压力、匀速转动的离心力和自重等。载荷的大小和方向随时间变化的称变载荷。载荷循环变化时称循环变载荷(cyclic loading)。若每个工作循环内的载荷不变，各循环周期又相同的，称为稳定循环载荷(stable cyclic loading)，例如内燃机等往复式动力机械的曲轴所受的载荷。若每一个工作循环内的载荷是变动的，称为不稳定循环载荷(unstable cyclic loading)。很多机械，例如汽车、飞机、农业机械等，由于受工作阻力、动载荷、剧烈振动等偶然因素的影响，载荷随时间按随机曲线变化，这种频率和幅值随机变化的载荷，称为随机变载荷(random load)。随机变载荷可用统计规律表征。

在设计计算中，如第 1 章所述，常把载荷分为名义载荷(nominal load)和计算载荷(caculating load)。

2. 应力分类

按应力随时间变化的特性不同，可分为静应力和变应力。不随时间变化或变化缓慢的应力称为静应力(static stress)，见图 2-1。随时间变化的应力称变应力(varying stress)。变应力中，如果每次应力变化的周期、应力幅 σ_a 及平均应力 σ_m 三者

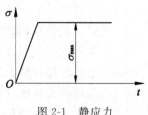

图 2-1　静应力

之一不为常数,称为不稳定变应力(unsteady varing stress),见图 2-2。不稳定变应力中,有明显变化规律的称为规律性不稳定变应力(图 2-2(a));变化不呈周期性,而是随机的变应力,称为随机变应力(random stress)(图 2-2(b))。变应力中,如果每次应力变化的周期、应力幅及平均应力都相等时,称为稳定循环变应力(steady cycle stress)。稳定循环变应力是机械零件中较为常见的应力类型。

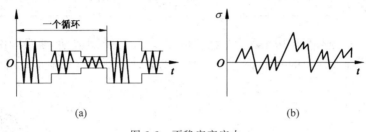

(a)　　　　　　　　　　　　(b)

图 2-2　不稳定变应力

(a) 规律性变应力;(b) 随机变应力

如图 2-3 所示,稳定循环变应力可分为:非对称循环变应力(non-symmetric fluctuating stress)、脉动循环变应力(repeated pulsant stress)和对称循环变应力(symetrical stress)三种基本类型。

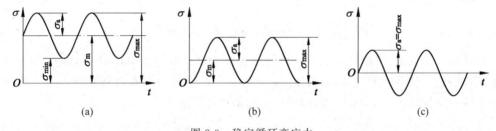

(a)　　　　　　　　　　(b)　　　　　　　　　　(c)

图 2-3　稳定循环变应力

(a) 非对称循环变应力;(b) 脉动循环变应力;(c) 对称循环变应力

稳定循环变应力的基本参数有:最大应力(maximum stress)$\sigma_{\max}$、最小应力(minimum stress)$\sigma_{\min}$、平均应力(mean stress)σ_{m}、应力幅(stress amplitude)σ_{a} 和应力循环特性(stress ratio)γ。其相互关系为

$$\left.\begin{array}{l} \sigma_{\mathrm{m}} = \dfrac{\sigma_{\max} + \sigma_{\min}}{2} \\[2mm] \sigma_{\mathrm{a}} = \dfrac{\sigma_{\max} - \sigma_{\min}}{2} \end{array}\right\} \tag{2-1}$$

$$\gamma = \frac{\sigma_{\min}}{\sigma_{\max}} \tag{2-2}$$

一般以绝对值最大的应力为 $\sigma_{\max}$,所以 $\sigma_{\min}$ 和 $\sigma_{\max}$ 在横坐标轴同侧时,γ 取正号;在异侧时 γ 取负号。γ 值在 -1 和 $+1$ 之间变化。

应力的特性可用 $\sigma_{\max}$、$\sigma_{\min}$、σ_{m}、σ_{a}、γ 5 个参数中的任意两个来描述。常用的有:①σ_{m} 和 σ_{a};②$\sigma_{\max}$ 和 $\sigma_{\min}$;③$\sigma_{\max}$ 和 σ_{m}。

几种典型应力的特点如表 2-1 所示。

表 2-1　几种典型应力的特点

应力类型	应力循环特性	应力的特点
静应力	$\gamma = +1$	$\sigma_{max} = \sigma_{min} = \sigma_m, \sigma_a = 0$
对称循环变应力	$\gamma = -1$	$\sigma_{max} = \sigma_a = -\sigma_{min}, \sigma_m = 0$
脉动循环变应力	$\gamma = 0$	$\sigma_m = \sigma_a = \dfrac{\sigma_{max}}{2}, \sigma_{min} = 0$
非对称循环变应力	$-1 < \gamma < +1$	$\sigma_{max} = \sigma_m + \sigma_a, \sigma_{min} = \sigma_m - \sigma_a$

静应力只能在静载荷作用下产生。而变应力可能由变载荷产生,也可能由静载荷产生。静载荷作用下产生变应力的例子见图 2-4。图示为转动心轴和滚动轴承外圈表面上 a 点的应力变化情况。

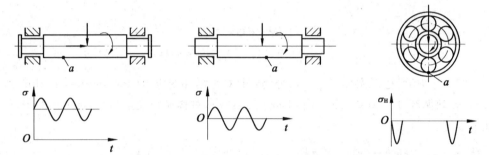

图 2-4　静载荷作用下产生变应力示例

由材料力学公式,根据名义载荷求得的应力称为名义应力(nominal stress);根据计算载荷求得的应力称为计算应力(caculating stress)。计算应力中有时还要计入应力集中等因素影响。零件的尺寸常取决于危险截面处的最大计算应力。

2.2　静应力时机械零件的强度计算

在静应力时工作的零件,其强度失效形式将是塑性变形(plastic deformation)或断裂(fracture)。

1. 单向应力下的塑性材料零件

按照不发生塑性变形的条件进行强度计算,这时零件危险剖面上的工作应力即为计算应力 σ_{ca}。其强度条件为

$$\left.\begin{array}{l} \sigma_{ca} \leqslant [\sigma] = \dfrac{\sigma_s}{[S]_\sigma} \\[3mm] \tau_{ca} \leqslant [\tau] = \dfrac{\tau_s}{[S]_\tau} \end{array}\right\} \tag{2-3}$$

或

$$\left.\begin{array}{l} S_\sigma = \dfrac{\sigma_s}{\sigma_{ca}} \geqslant [S]_\sigma \\[3mm] S_\tau = \dfrac{\tau_s}{\tau_{ca}} \geqslant [S]_\tau \end{array}\right\} \tag{2-4}$$

式中，σ_s、τ_s 分别为正应力和切应力时材料的屈服极限（yield stress）；S_σ、S_τ 分别为正应力和切应力的计算安全系数；$[S]_\sigma$、$[S]_\tau$ 分别为正应力（normal stress）和切应力（shear stress）的许用安全系数。

2. 复合应力时的塑性材料零件

根据第三或第四强度理论确定其强度条件，对于弯扭复合应力用第三或第四强度理论计算时的强度条件式分别为

$$\left.\begin{array}{l} \sigma_{ca}=\sqrt{\sigma^2+4\tau^2}\leqslant[\sigma]=\dfrac{\sigma_s}{[S]}\\[3mm] \sigma_{ca}=\sqrt{\sigma^2+3\tau^2}\leqslant[\sigma]=\dfrac{\sigma_s}{[S]}\end{array}\right\} \tag{2-5}$$

按第三强度理论计算时近似取 $\dfrac{\sigma_s}{\tau_s}=2$，按第四强度理论计算时近似取 $\dfrac{\sigma_s}{\tau_s}=\sqrt{3}$，可得复合应力计算时安全系数为

$$S_{ca}=\frac{\sigma_s}{\sqrt{\sigma^2+\left(\dfrac{\sigma_s}{\tau_s}\right)^2\tau^2}}\geqslant[S] \quad 或 \quad S_{ca}=\frac{S_\sigma S_\tau}{\sqrt{S_\sigma^2+S_\tau^2}}\geqslant[S] \tag{2-6}$$

式中，S_σ、S_τ 分别为单向正应力和切应力时的安全系数，可由式（2-4）求得。

3. 脆性材料和低塑性材料的零件

这时零件的极限应力应为材料的强度极限 σ_B 或 τ_B。

（1）单向应力状态下的零件，应按不发生断裂作为强度计算的条件。强度条件为将式（2-3）和式（2-4）中 σ_s、τ_s 分别改为 σ_B 和 τ_B 即可。

（2）复合应力下工作的零件，其强度条件应按第一强度理论确定，即

$$\left.\begin{array}{l} \sigma_{ca}=\dfrac{1}{2}(\sigma+\sqrt{\sigma^2+4\tau^2})\leqslant[\sigma]=\dfrac{\sigma_B}{[S]}\\[3mm] S_{ca}=\dfrac{2\sigma_B}{\sigma+\sqrt{\sigma^2+4\tau^2}}\geqslant[S]\end{array}\right\} \tag{2-7}$$

对组织均匀的低塑性材料（如低温回火的高强度钢）进行强度计算时，应考虑应力集中的影响。而对于组织不均匀的材料（如灰铸铁），因其材料内部不均匀引起的局部应力要远远大于零件形状和机械加工等所引起的局部应力，所以在强度计算中不考虑应力集中。

根据设计经验及材料的特性，一般认为机械零件在整个工作寿命期间应力变化次数小于 10^3 次的零件，均可近似按静应力强度计算。

2.3　机械零件的疲劳强度计算

1. 变应力作用下机械零件的失效特征

在变应力作用下，机械零件的主要失效形式是疲劳断裂。据统计，在机械零件的断裂事故中，有 80% 的属于疲劳破坏（fatigue failure）。

表面无缺陷的金属材料在变应力作用下的疲劳断裂和静应力下的断裂比较有如下特征：①疲劳断裂过程可分为两个阶段,即首先在零件表面应力较大处产生初始裂纹,形成疲劳源,而后裂纹尖端在切应力的作用下,反复发生塑性变形,使裂纹扩展直至发生疲劳断裂；②疲劳断裂截面是由表面光滑的疲劳发展区和表面粗糙的脆性断裂区组成,如图 2-5 所示；③不论塑性和脆性材料制成的零件,疲劳破坏均为无明显塑性变形的脆性突然断裂；④疲劳破坏断面上的最大应力即疲劳极限远低于材料的屈服极限。

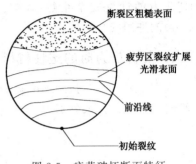

图 2-5　疲劳破坏断面特征

疲劳破坏的机理是损伤的累积。对于常见的受循环变应力的机械零件来说,虽然每次循环应力中的最大应力远小于材料的屈服极限,在此应力作用下零件不会立即破坏,但循环应力的每次应力循环对零件仍会造成轻微损伤,随着应力循环次数的增加,当损伤累积到一定程度时,在零件表面或内部出现裂纹扩展直至断裂。

循环变应力作用下的零件的疲劳强度不仅与材料的性能有关,变应力的循环特性 γ、应力循环次数 N 和应力幅 σ_a 对零件的疲劳强度都有很大的影响。零件在同一应力水平作用下,γ 值越大、σ_a 越小或应力循环次数 N 越小,其疲劳强度越高。

2. 材料的疲劳曲线和极限应力图

在应力循环特性 γ 的循环变应力的作用下,应力循环 N 次后,材料不发生疲劳破坏时的最大应力称为材料的疲劳极限(fatigue limit)$\sigma_{\gamma N}$ 或 $\tau_{\gamma N}$。材料疲劳失效前所经历的应力循环次数称为疲劳寿命(fatigue life)。不同应力循环特性 γ 和不同循环次数 N 下所对应的疲劳极限 $\sigma_{\gamma N}$ 不同。疲劳强度设计中,就以疲劳极限作为极限应力。

1) 疲劳曲线(σ-N 曲线)

在应力循环特性 γ 一定时,用某种材料的标准试件进行疲劳试验,得到的表示疲劳极限 $\sigma_{\gamma N}$ 与应力循环次数 N 之间关系的曲线即为该材料的疲劳曲线(fatigue strength curve)(σ-N 或 τ-N 曲线)。典型的疲劳曲线如图 2-6 所示,图(a)为线性坐标,图(b)为双对数坐标。

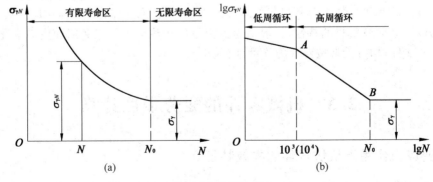

图 2-6　疲劳曲线

由图 2-6 可以看出,疲劳曲线可以分为两个区域:$N < N_0$ 为有限寿命区;$N \geqslant N_0$ 为无限寿命区;N_0 为循环基数。

(1) 有限寿命区(finite lifetime region)

当 $N < 10^3 (10^4)$ 次时,疲劳极限较高,接近屈服极限,不同循环次数 N 下的疲劳极限几乎没有变化,称为低周循环疲劳(low cycle fatigue)。大多数寿命 $N < 10^3 (10^4)$ 次的零件,一般可按静应力强度计算;但在重要情况下工作的零件,如一次性使用的火箭发动机的某些零件、化工压力容器等应按低周疲劳强度设计。绝大多数通用零件,在承受变应力作用时,其应力循环次数总是大于 10^4 次的,所以本书中不讨论低周疲劳问题。如有需要可参考相关文献。

当 $N \geqslant 10^3 (10^4)$ 次时,称为高周循环疲劳(high cycle fatigue),当 $10^3 (10^4) \leqslant N < N_0$ 时,疲劳极限随循环次数的增加而降低。

(2) 无限寿命区(infinite lifetime region)

$N \geqslant N_0$ 时,疲劳曲线为水平线,即疲劳极限不再随循环次数 N 的增加而降低,称为无限寿命区。N_0 次循环时材料的疲劳极限称为持久极限(endurance limit)或称为材料的疲劳极限,记为 σ_γ 或 τ_γ,对称循环时为 σ_{-1}、τ_{-1},脉动循环时为 σ_0、τ_0。

大多数钢的疲劳曲线类似于图 2-6。有色金属和高强度合金钢的疲劳曲线没有无限寿命区。

在有限寿命区 $10^3 (10^4) \leqslant N < N_0$ 范围内的疲劳曲线方程式为

$$\sigma_{\gamma N}^m N = \sigma_\gamma^m N_0 = C \qquad (2\text{-}8)$$

式中,m 为随材料和应力状态而定的指数;C 为与材料有关的常数。

若已知 N_0 和疲劳极限 σ_γ,则由式(2-8)可求得 N 次循环时的疲劳极限。

$$\sigma_{\gamma N} = \sqrt[m]{\frac{N_0}{N}} \sigma_\gamma = K_N \sigma_\gamma \qquad (2\text{-}9)$$

式中,$K_N = \sqrt[m]{\dfrac{N_0}{N}}$ 为寿命系数。

有关疲劳曲线的几点说明:

(1) 循环基数 N_0。N_0 与材料的性质有关,一般钢的硬度(强度)越高,N_0 值越大。粗略划分为:硬度 $\leqslant 350$HBS 的钢,$N_0 = 10^7$,若 $N > 10^7$ 时,计算时应取 $N = N_0 = 10^7$,$K_N = 1$;硬度 > 350HBS 的钢,$N_0 = 10 \times 10^7 \sim 25 \times 10^7$,若 $N > 25 \times 10^7$ 时,取 $N = N_0 = 25 \times 10^7$,$K_N = 1$;有色金属疲劳曲线没有水平部分,只能规定当 $N > 25 \times 10^7$ 时,取 $N = N_0 = 25 \times 10^7$。

(2) 指数 m。m 与材料和应力的种类有关。m 的平均值可取为:对于钢,拉应力、弯曲应力和切应力时 $m = 9$,接触应力时 $m = 6$;对于青铜,弯曲应力时 $m = 9$,接触应力时 $m = 8$。

(3) 循环特性 γ 对疲劳曲线的影响。不同应力循环特性时材料的疲劳曲线具有相似的形状,但 γ 值越大,材料的疲劳极限 $\sigma_{\gamma N}$ 和 σ_γ 也越大。

2) 材料的疲劳极限应力图

同一种材料(试件)在不同的应力循环特性 $\gamma (-1 \leqslant \gamma \leqslant 1)$ 下进行疲劳试验,可以得到不同的疲劳极限 σ_γ。根据某一循环特性 γ 及其对应的疲劳极限 σ_{max} 值(即 σ_γ),计算出 $\sigma_{min} (= \gamma \sigma_{max})$ 和极限状况下的平均应力 σ_m 和应力幅 σ_a,以 σ_m 为横坐标和 σ_a 为纵坐标,得到的极限状况下的 σ_m-σ_a 曲线,即为工程中常用的材料疲劳极限应力图。根据试验,塑性材料的疲劳极限应力图近似呈抛物线分布,如图 2-7 曲线 $A'B$ 所示。曲线上的点对应着不同 γ 下的材料疲劳极限 σ_γ(相应的应力循环次数为 N_0),其中,$A'(0,\sigma_{-1})$ 为对称疲劳极限点, $D'\left(\dfrac{\sigma_0}{2},\dfrac{\sigma_0}{2}\right)$ 为脉动疲劳极限点,$C(\sigma_s,0)$ 为屈服极限点,$B(\sigma_B,0)$ 为强度极限点。若试件的工作变应力点在此曲线范围内,就不会产生疲劳破坏或塑性变形。

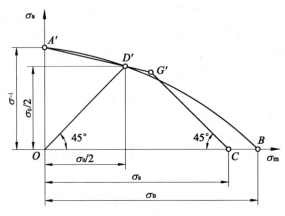

图 2-7　材料的极限应力图

为便于计算,工程上常将塑性材料的疲劳极限应力图进行简化,常用的简化方法是:考虑到塑性材料的最大应力不得超过屈服极限,故由屈服极限点 C 作 135° 斜线与 $A'D'$ 的延长线交于 G',得折线 $A'D'G'C$,其上各点的横坐标为极限平均应力 σ_m',纵坐标为极限应力幅 σ_a',因 $G'C$ 为屈服极限曲线,线上各点均为 $\sigma_{max}'=\sigma_m'+\sigma_a'=\sigma_s$。所以,零件的工作应力 (σ_m,σ_a) 点处于折线以内时,其最大应力既不超过疲劳极限,也不超过屈服极限,故 $A'D'G'C$ 以内称为疲劳和塑性安全区,$A'D'G'C$ 以外则为疲劳和塑性失效区。工作应力点离折线越远,安全程度越高。

$A'D'G'C$ 称为材料简化的极限应力图。它可以根据材料的 σ_{-1}、σ_0 和 σ_s 三个试验数据而作出。

3. 影响机械零件疲劳强度的主要因素和零件的极限应力图

材料的各疲劳极限以及材料的极限应力图都是用标准试件通过疲劳试验测得的,而实际的机械零件与标准试件之间在绝对尺寸、表面状态、环境介质、加载顺序和应力集中等方面往往有差异。这些因素的综合影响使零件的疲劳极限不同于材料的疲劳极限。在这些影响因素中,尤其以应力集中、零件的尺寸和表面状态三项因素对机械零件的疲劳强度影响最大。

1) 应力集中的影响

零件受载时,在几何形状突然变化处(如圆角、孔、凹槽等)要产生应力集中,对应力集中的敏感还与零件的材料有关。

常用有效应力集中系数(effective stress concentration factor)k_σ、k_τ 来考虑应力集中对零件疲劳强度的影响。

$$\left.\begin{aligned} k_\sigma &= 1+q_\sigma(\alpha_\sigma-1)\\ k_\tau &= 1+q_\tau(\alpha_\tau-1) \end{aligned}\right\} \tag{2-10a}$$

α_σ、α_τ 为考虑零件几何形状的理论应力集中系数（theoretical stress concentration factor）。其定义为

$$\left.\begin{aligned}\alpha_\sigma &= \sigma_{max}/\sigma \\ \alpha_\tau &= \tau_{max}/\tau\end{aligned}\right\} \tag{2-10b}$$

式中，σ_{max}(τ_{max})为应力集中源处的最大正（切）应力；σ(τ)为应力集中源处的名义正（切）应力。

零件在各种几何不连续情况下的理论应力集中系数见表 2-2～表 2-7。

表 2-2　轴上环槽处理论应力集中系数

简　　图	应力	公称应力公式	α_σ(拉伸、弯曲)或 α_τ(扭转剪切)										
	拉伸	$\sigma = \dfrac{4F}{\pi d^2}$	r/d	\multicolumn{10}{c}{D/d}
				∞	2.00	1.50	1.30	1.20	1.10	1.05	1.03	1.02	1.01
			0.04						2.70	2.37	2.15	1.94	1.70
			0.10	2.45	2.39	2.33	2.27	2.18	2.01	1.81	1.68	1.58	1.42
			0.15	2.08	2.04	1.99	1.95	1.90	1.78	1.64	1.55	1.47	1.33
			0.20	1.86	1.83	1.80	1.77	1.73	1.65	1.54	1.46	1.40	1.28
			0.25	1.72	1.69	1.67	1.65	1.62	1.55	1.46	1.40	1.34	1.24
			0.30	1.61	1.59	1.58	1.55	1.53	1.47	1.40	1.36	1.31	1.22
	弯曲	$\sigma_b = \dfrac{32M}{\pi d^3}$	r/d	\multicolumn{10}{c}{D/d}
				∞	2.00	1.50	1.30	1.20	1.10	1.05	1.03	1.02	1.01
			0.04	2.83	2.79	2.74	2.70	2.61	2.45	2.22	2.02	1.88	1.66
			0.10	1.99	1.98	1.96	1.92	1.89	1.81	1.70	1.61	1.53	1.41
			0.15	1.75	1.74	1.72	1.70	1.69	1.63	1.56	1.49	1.42	1.33
			0.20	1.61	1.59	1.58	1.57	1.56	1.51	1.46	1.40	1.34	1.27
			0.25	1.49	1.48	1.47	1.46	1.45	1.38	1.34	1.29	1.23	
			0.30	1.41	1.41	1.40	1.39	1.38	1.36	1.33	1.29	1.24	1.21
	扭转剪切	$\tau_T = \dfrac{16T}{\pi d^3}$	r/d	\multicolumn{8}{c}{D/d}
				∞	2.00	1.30	1.20	1.10	1.05	1.02	1.01		
			0.04	1.97	1.93	1.89	1.85	1.74	1.61	1.45	1.33		
			0.10	1.52	1.51	1.48	1.46	1.41	1.35	1.27	1.20		
			0.15	1.39	1.38	1.37	1.35	1.32	1.27	1.21	1.16		
			0.20	1.32	1.31	1.30	1.28	1.26	1.22	1.18	1.14		
			0.25	1.27	1.26	1.25	1.24	1.22	1.19	1.16	1.13		
			0.30	1.22	1.22	1.21	1.20	1.19	1.17	1.15	1.12		

表 2-3 轴肩圆角处理论应力集中系数

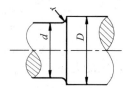

拉伸 $\sigma = \dfrac{4F}{\pi d^2}$

r/d	D/d									
	2.00	1.50	1.30	1.20	1.15	1.10	1.07	1.05	1.02	1.01
0.04	2.80	2.57	2.39	2.28	2.14	1.99	1.92	1.82	1.56	1.42
0.10	1.99	1.89	1.79	1.69	1.63	1.56	1.52	1.46	1.33	1.23
0.15	1.77	1.68	1.59	1.53	1.48	1.44	1.40	1.36	1.26	1.18
0.20	1.63	1.56	1.49	1.44	1.40	1.37	1.33	1.31	1.22	1.15
0.25	1.54	1.49	1.43	1.37	1.34	1.31	1.29	1.27	1.20	1.13
0.30	1.47	1.43	1.39	1.33	1.30	1.28	1.26	1.24	1.19	1.12

弯曲 $\sigma_b = \dfrac{32M}{\pi d^3}$

r/d	D/d									
	6.0	3.0	2.0	1.50	1.20	1.10	1.05	1.03	1.02	1.01
0.04	2.59	2.40	2.33	2.21	2.09	2.00	1.88	1.80	1.72	1.61
0.10	1.88	1.80	1.73	1.68	1.62	1.59	1.53	1.49	1.44	1.36
0.15	1.64	1.59	1.55	1.52	1.48	1.46	1.42	1.38	1.34	1.26
0.20	1.49	1.46	1.44	1.42	1.39	1.38	1.34	1.31	1.27	1.20
0.25	1.39	1.37	1.35	1.34	1.33	1.31	1.29	1.27	1.22	1.17
0.30	1.32	1.31	1.30	1.29	1.27	1.26	1.25	1.23	1.20	1.14

扭转剪切 $\tau_T = \dfrac{16T}{\pi d^3}$

r/d	D/d			
	2.0	1.33	1.20	1.09
0.04	1.84	1.79	1.66	1.32
0.10	1.46	1.41	1.33	1.17
0.15	1.34	1.29	1.23	1.13
0.20	1.26	1.23	1.17	1.11
0.25	1.21	1.18	1.14	1.09
0.30	1.18	1.16	1.12	1.09

注：表头列 α_σ(拉伸、弯曲)或 α_τ(扭转剪切)

表 2-4 轴上横向孔处的理论应力集中系数

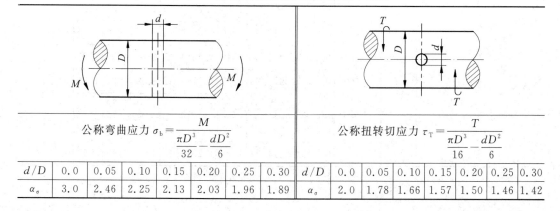

公称弯曲应力 $\sigma_b = \dfrac{M}{\dfrac{\pi D^3}{32} - \dfrac{dD^2}{6}}$

d/D	0.0	0.05	0.10	0.15	0.20	0.25	0.30
α_σ	3.0	2.46	2.25	2.13	2.03	1.96	1.89

公称扭转切应力 $\tau_T = \dfrac{T}{\dfrac{\pi D^3}{16} - \dfrac{dD^2}{6}}$

d/D	0.0	0.05	0.10	0.15	0.20	0.25	0.30
α_σ	2.0	1.78	1.66	1.57	1.50	1.46	1.42

表 2-5 轴上键槽处的有效应力集中系数

轴材料的 σ_B/MPa	500	600	700	750	800	900	1000
k_σ	1.5	—	—	1.75	—	—	2.0
k_τ	…	1.5	1.6	…	1.7	1.8	1.9

注：公称应力按照扣除键槽的净截面面积来求。

表 2-6 外花键的有效应力集中系数

轴材料的 σ_B/MPa		400	500	600	700	800	900	1000	1200
k_σ		1.35	1.45	1.55	1.60	1.65	1.70	1.72	1.75
K_τ	矩 形 齿	2.10	2.25	2.36	2.45	2.55	2.65	2.70	2.80
	渐开线形齿	1.40	1.43	1.46	1.49	1.52	1.55	1.58	1.60

表 2-7 公称直径 12mm 的普通螺纹的拉压有效应力集中系数

材料的 σ_B/MPa	400	600	800	1000
k_σ	3.0	3.9	4.8	5.2

q_σ、q_τ 为考虑材料对应力集中感受程度的敏感系数(stress concentration sensitive coefficient)，其值见图 2-8。图中曲线上的数字代表材料的强度极限(屈服极限)。

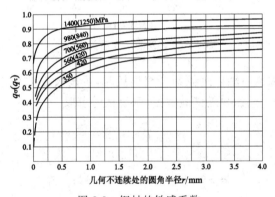

图 2-8 钢材的敏感系数

若在同一截面上同时有几个应力集中源时，应采用其中最大有效应力集中系数进行计算。

2) 零件尺寸影响

零件尺寸的大小对疲劳强度的影响可以用尺寸系数(size factor)ε_σ 和 ε_τ 来表示。当其他条件相同时，尺寸越大，对零件疲劳强度的不良影响越显著。原因是零件尺寸大时，由于材料晶粒较粗，出现缺陷的概率大，机械加工后表面冷作硬化层(对疲劳强度有利)相对较薄等。

钢的尺寸系数见图 2-9，铸铁的尺寸系数见图 2-10。若缺少 ε_τ 数据时，可取 $\varepsilon_\sigma = \varepsilon_\tau$。

螺纹连接件的尺寸系数见表 2-8。

表 2-8 螺纹连接件的尺寸系数 ε_σ

直径 d/mm	≤16	20	24	28	32	40	48	56	64	72	80
ε_σ	1	0.81	0.76	0.71	0.68	0.63	0.60	0.57	0.54	0.52	0.50

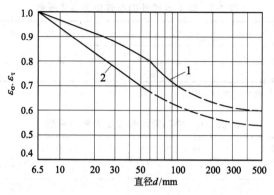

图 2-9   钢的尺寸系数 ε_σ、ε_τ

1—适用于 $\sigma_B = 400 \sim 500\text{MPa}$ 的 ε_σ；2—适用于 $\sigma_B = 1200 \sim 1400\text{MPa}$ 的 ε_σ 和各种钢的 ε_τ

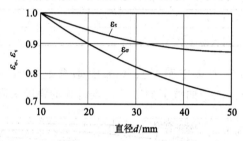

图 2-10   铸铁的尺寸系数 ε_σ、ε_τ

对于轮毂或滚动轴承与轴以过盈配合相连接时,可按表 2-9 求出其有效应力集中系数与尺寸系数的比值 $k_\sigma / \varepsilon_\sigma$。如缺乏试验数据,则设计时可取

$$\frac{k_\tau}{\varepsilon_\tau} = (0.7 \sim 0.85)\frac{k_\sigma}{\varepsilon_\sigma} \qquad (2\text{-}11)$$

表 2-9   零件与轴过盈配合处的 $\dfrac{k_\sigma}{\varepsilon_\sigma}$ 值

直径/mm	配　　合	σ_B/MPa							
		400	500	600	700	800	900	1000	1200
30	H7/r6	2.25	2.50	2.75	3.00	3.25	3.50	3.75	4.25
	H7/k6	1.69	1.88	2.06	2.25	2.44	2.63	2.82	3.19
	H7/h6	1.46	1.63	1.79	1.95	2.11	2.28	2.44	2.76
50	H7/r6	2.75	3.05	3.36	3.66	3.96	4.28	4.60	5.20
	H7/k6	2.06	2.28	2.52	2.76	2.97	3.20	3.45	3.90
	H7/h6	1.80	1.98	2.18	2.38	2.57	2.78	3.00	3.40
>100	H7/r6	2.95	3.28	3.60	3.94	4.25	4.60	4.90	5.60
	H7/k6	2.22	2.46	2.70	2.96	3.20	3.46	3.98	4.20
	H7/h6	1.92	2.13	2.34	2.56	2.76	3.00	3.18	3.64

注：① 滚动轴承与轴配合处的 $\dfrac{k_\sigma}{\varepsilon_\sigma}$ 值与表内所列 H7/r6 配合的 $\dfrac{k_\sigma}{\varepsilon_\sigma}$ 值相同；

　　② 表中无相应的数值时,可按插入法计算。

3）表面状态（surface condition）的影响

表面状态的影响因素有表面加工质量状况、表面强化处理工艺和表面腐蚀状况等。

（1）表面质量系数（surface quality factor）β_1

零件加工的表面质量（主要指表面粗糙度）对疲劳强度的影响可以用表面质量系数 $\beta_{\sigma1}$ 和 $\beta_{\tau1}$ 来表示。弯曲疲劳时钢材的表面质量系数 $\beta_{\sigma1}$ 值可从图 2-11 查取，$\beta_{\tau1}$ 可由下式计算：

$$\beta_{\tau1} = 0.6\beta_{\sigma1} + 0.4 \tag{2-12}$$

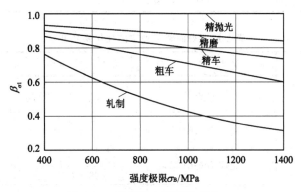

图 2-11　钢材的表面质量系数 $\beta_{\sigma1}$

由图 2-11 可知，钢的强度极限越高，表面越粗糙，表面质量系数越低，所以用高强度合金钢制造的零件，为使疲劳强度有所提高，其表面应有较高的加工质量。

（2）表面强化系数（surface strengthening factor）β_2

对零件表面进行不同的强化处理，如表面淬火、渗氮、渗碳等热处理工艺和抛光、喷丸、滚压等冷作工艺，均可不同程度地提高零件的疲劳强度。强化处理对零件疲劳强度的影响用强化系数 β_2 来表示。

需要注意的是冷加工产生的残余拉应力，会降低零件的疲劳强度。

表 2-10～表 2-12 列出了钢材经不同强化处理后的 β_2 值。

表 2-10　表面高频淬火的强化系数 β_2

试 件 种 数	试件直径/mm	β_q
无应力集中	7～20	1.3～1.6
	30～40	1.2～1.5
有应力集中	7～20	1.6～2.8
	30～40	1.5～2.5

注：表中系数值用于旋转弯曲，淬硬层厚度 0.9～1.5mm。应力集中严重时，强化系数较高。

表 2-11　化学热处理的强化系数 β_2

化学热处理方法	试 件 种 类	试件直径/mm	β_2
氮化，氮化层厚度 0.1～0.4mm 表面硬度 64HRC 以上	无应力集中	8～15	1.15～1.25
		30～40	1.10～1.15
	有应力集中	8～15	1.9～3.0
		30～40	1.3～2.0

化学热处理方法	试件种类	试件直径/mm	β_2
渗碳,渗碳层厚度0.2~0.6mm	无应力集中	8~15	1.2~2.1
		30~40	1.1~1.5
	有应力集中	8~15	1.5~2.5
		30~40	1.2~2.0
氰化,氮化层厚度0.2mm	无应力集中	10	1.8

表 2-12　表面硬化加工的强化系数 β_2

加工方法	试件种类	试件直径/mm	β_2
滚子滚压	无应力集中	7~20	1.2~1.4
		30~40	1.1~1.25
	有应力集中	7~20	1.5~2.2
		30~40	1.3~1.8
喷　丸	无应力集中	7~20	1.1~1.3
		30~40	1.1~1.2
	有应力集中	7~20	1.4~2.5
		30~40	1.1~1.5

受到腐蚀的零件表面会产生腐蚀垢,形成应力集中源,故腐蚀也会降低零件的疲劳强度,可用表面腐蚀系数 β_3 表示,其影响可参考徐灏主编《机械设计手册》第2卷有关疲劳强度设计的相关内容。

说明:上述表面质量系数 β_1、表面强化系数 β_2 和表面腐蚀系数 β_3 统称为表面状态系数。在零件疲劳强度计算中应根据具体情况选取相应的 β。例如,零件只经过切削加工,则 $\beta=\beta_1$;如零件又经过强化,则 $\beta=\beta_2$;如零件在腐蚀介质中工作,则 $\beta=\beta_3$,而不必将各 β 值相乘。

4) 综合影响系数和零件的极限应力图

试验证明,应力集中、零件尺寸和表面状态都只对应力幅 σ_a 有影响,而对平均应力 σ_m 没有影响。为此将上述影响因素合并为一个综合影响系数 K_σ 或 K_τ。根据试验,零件疲劳极限的综合影响系数与上述影响系数的关系为

$$K_\sigma = \frac{k_\sigma}{\epsilon_\sigma \beta_\sigma} \qquad (2\text{-}13)$$

综合影响系数 K_σ 表示了材料的极限应力幅与零件的极限应力幅的比值,即

$$K_\sigma = \frac{\sigma'_a(\text{标准试件的极限应力幅})}{\sigma'_{ae}(\text{零件的极限应力幅})} \qquad (2\text{-}14)$$

对于对称循环的变应力则 K_σ 为

$$K_\sigma = \frac{\sigma_{-1}(\text{标准试件对称循环疲劳极限})}{\sigma_{-1e}(\text{零件对称循环疲劳极限})} \qquad (2\text{-}15)$$

图2-12中折线 $A'D'G'C$ 为简化的材料极限应力图。由于 K_σ 只对应力幅有影响,而对平均应力没有影响,所以,只在 A' 点的纵坐标上计入 K_σ,得到零件对称循环疲劳极限点 $A(0, \sigma_{-1}/K_\sigma)$,而对 D' 点也只在其纵坐标上计入 K_σ,而横坐标不变,可得点 $D\left(\frac{\sigma_0}{2}, \frac{\sigma_0}{2K_\sigma}\right)$。

由于极限应力线上 $G'C$ 是按静强度考虑的,而静强度不受 K_σ 的影响,所以,此段不必修正。这样,作直线 AD 并延长交 CG 于 G 点,则折线 $ADGC$ 为零件的简化极限应力线图,其中 AG 为许用疲劳极限曲线,GC 为屈服极限曲线。

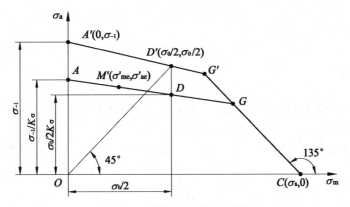

图 2-12　零件的极限应力线图

直线 AG 的方程,由已知两点 $A(0, \sigma_{-1}/K_\sigma)$ 和 $D(\sigma_0/2, \sigma_0/2K_\sigma)$ 求得为

$$\sigma_{-1e} = \frac{\sigma_{-1}}{K_\sigma} = \sigma'_{ae} + \psi_{\sigma e}\sigma'_{me} \tag{2-16a}$$

或

$$\sigma_{-1} = K_\sigma \sigma'_{ae} + \psi_\sigma \sigma'_{me} \tag{2-16b}$$

直线 CG 的方程为

$$\sigma'_{ae} + \sigma'_{me} = \sigma_s \tag{2-17}$$

式中,$(\sigma'_{me}, \sigma'_{ae})$ 为直线 AG 或直线 CG 上任一点的坐标;σ'_{ae} 和 σ'_{me} 为零件的极限应力幅和极限平均应力;$\psi_{\sigma e}$ 为零件的材料特性,有

$$\psi_{\sigma e} = \frac{\psi_\sigma}{K_\sigma} = \frac{1}{K_\sigma} \cdot \frac{2\sigma_{-1} - \sigma_0}{\sigma_0} \tag{2-18}$$

ψ_σ 为标准试件的材料特性,有

$$\psi_\sigma = \frac{2\sigma_{-1} - \sigma_0}{\sigma_0} \tag{2-19}$$

其值可由试验确定,对碳钢 $\psi_\sigma \approx 0.1 \sim 0.2$,对合金钢 $\psi_\sigma \approx 0.2 \sim 0.3$。

对于切应力 τ 的情况,只要将上述各处的 σ 改为 τ 即可,且 $\psi_\tau \approx 0.5\psi_\sigma$。

4. 单向稳定变应力时的疲劳强度计算

机械零件受单向稳定变应力(unidirectional steady alternating stress)是指只承受单向正应力或单向切应力,例如,只受单向拉压或弯曲等。

零件疲劳强度计算时,首先要求出零件危险剖面上的 σ_{max} 和 σ_{min},据此计算出 σ_m 和 σ_a,并在零件的极限应力图上标出其工作点 (σ_m, σ_a)。然后在零件的极限应力线 $ADGC$ 上确定相应的极限应力点 $(\sigma'_{me}, \sigma'_{ae})$,根据该极限应力点表示的极限应力和零件的工作应力即可计算零件的安全系数。然而,到底用哪一个点来表示极限应力才算合适,这要根据零件工作应力的可能增长规律来确定。典型的应力变化规律通常有如下三种:

（1）变应力的循环特性保持不变，即 $\gamma=C$，例如绝大多数转轴中的应力状态；

（2）平均应力保持不变，即 $\sigma_{\mathrm{m}}=C$，例如振动着的受载弹簧中的应力状态；

（3）最小应力为常数，即 $\sigma_{\min}=C$，例如受轴向变载荷的紧螺栓连接螺栓的应力状态。

下面分别讨论这三种情况。

1）$\gamma=\sigma_{\min}/\sigma_{\max}=C$ 的情况

因为

$$\frac{\sigma_{\mathrm{a}}}{\sigma_{\mathrm{m}}}=\frac{\sigma_{\max}-\sigma_{\min}}{\sigma_{\max}+\sigma_{\min}}=\frac{1-\gamma}{1+\gamma}=C'$$

式中，C' 也是常数，所以在图 2-13 中，从坐标原点引射线通过工作应力点 M（或 N），与极限应力曲线交于 M_1'（或 N_1'），得到 OM_1'（或 ON_1'），则在此射线上任何一个应力点都具有相同的循环特性 γ，又因为 M_1'（或 N_1'）为极限应力曲线上的一个点，所以它所代表的应力值即为所求的极限应力 σ_{lime}。

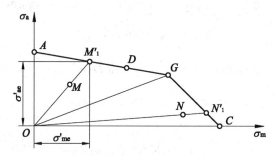

图 2-13　$\gamma=C$ 时的极限应力

联立求解 AG 和 OM 两直线方程式，可求出 M_1' 点的坐标值 σ_{me}' 和 σ_{ae}'，将其相加，就可以得到对应于 M 点的零件的极限应力（疲劳极限）$\sigma_{\max}'$。

$$\sigma_{\mathrm{lime}}=\sigma_{\max}'=\sigma_{\mathrm{ae}}'+\sigma_{\mathrm{me}}'$$

$$=\frac{\sigma_{-1}(\sigma_{\mathrm{m}}+\sigma_{\mathrm{a}})}{K_{\sigma}\sigma_{\mathrm{a}}+\psi_{\sigma}\sigma_{\mathrm{m}}}=\frac{\sigma_{-1}\sigma_{\max}}{K_{\sigma}\sigma_{\mathrm{a}}+\psi_{\sigma}\sigma_{\mathrm{m}}} \tag{2-20}$$

于是计算安全系数或强度条件为

$$S_{\mathrm{ca}}=\frac{\sigma_{\mathrm{lime}}}{\sigma_{\max}}=\frac{\sigma_{\max}'}{\sigma_{\max}}=\frac{\sigma_{-1}}{K_{\sigma}\sigma_{\mathrm{a}}+\psi_{\sigma}\sigma_{\mathrm{m}}}\geqslant[S] \tag{2-21}$$

若工作应力点在 N，相应的极限应力点 N_1' 位于直线 CG 上，其纵横坐标之和即为屈服极限 σ_{s}，即 $\sigma_{\mathrm{me}}'+\sigma_{\mathrm{ae}}'=\sigma_{\mathrm{s}}$，则强度条件为

$$S_{\mathrm{ca}}=\frac{\sigma_{\mathrm{lime}}}{\sigma_{\max}}=\frac{\sigma_{\mathrm{s}}}{\sigma_{\max}}=\frac{\sigma_{\mathrm{s}}}{\sigma_{\mathrm{m}}+\sigma_{\mathrm{a}}}\geqslant[S] \tag{2-22}$$

综上所述，在 $\gamma=C$ 的情况下，工作应力点位于 OAG 区域内时，按式（2-21）计算 S_{ca}；当工作应力点位于 OGC 区域内时，应按公式（2-22）计算 S_{ca}，即此时只需进行静强度计算，显然也可用图解法求解。

2）$\sigma_{\mathrm{m}}=C$ 的情况

当 $\sigma_{\mathrm{m}}=C$ 时，需找到一个其平均应力与工作应力的平均应力相同的极限应力。在图 2-14 中，通过工作应力点 M（或 N）作纵轴的平行线 MM_2'（或 NN_2'），则此线上任何一个应力点都具有相同的平均应力值，所以，M_2'（或 N_2'）点即为对应于工作应力点 M（或 N）的极限应力点。

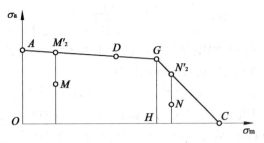

图 2-14　$\sigma_{\mathrm{m}}=C$ 时的极限应力

如果工作应力点为 M，则 MM_2' 的方程为 $\sigma_{\mathrm{me}}'=\sigma_{\mathrm{m}}=C$。联立 MM_2' 和 AG 两直线的方程式，可求出其交点 M_2' 的坐标值 σ_{me}' 和 σ_{ae}'，对应的极限应力为

$$\sigma_{\mathrm{lime}}=\sigma_{\mathrm{max}}'=\sigma_{\mathrm{me}}'+\sigma_{\mathrm{ae}}'=\frac{\sigma_{-1}+(K_{\sigma}-\psi_{\sigma})\sigma_{\mathrm{m}}}{K_{\sigma}} \tag{2-23}$$

于是强度条件为

$$S_{\mathrm{ca}}=\frac{\sigma_{\mathrm{lime}}}{\sigma_{\mathrm{max}}}=\frac{\sigma_{\mathrm{max}}'}{\sigma_{\mathrm{max}}}=\frac{\sigma_{-1}+(K_{\sigma}-\psi_{\sigma})\sigma_{\mathrm{m}}}{K_{\sigma}(\sigma_{\mathrm{m}}+\sigma_{\mathrm{a}})}\geqslant[S] \tag{2-24}$$

若工作应力点为 N，相应的极限应力点 N_2' 位于直线 CG 上，故仍只需按式（2-22）进行静强度计算。

综上所述，在 $\sigma_{\mathrm{m}}=C$ 的情况下，当工作应力点在 $OAGH$ 区域时，按式（2-24）进行疲劳强度计算；当工作应力点在 GHC 区域内时，极限应力为屈服极限，也是按式（2-22）只进行静强度计算。

3）$\sigma_{\mathrm{min}}=C$ 的情况

当 $\sigma_{\mathrm{min}}=C$ 时，需找一个其最小应力与工作应力的最小应力相同的极限应力。因为 $\sigma_{\mathrm{min}}=\sigma_{\mathrm{m}}-\sigma_{\mathrm{a}}=C$，所以在图 2-15 中，通过工作应力点 M（或 N），作与横坐标轴夹角为 45° 的直线，则此直线上的任一个应力点均具有相同的最小应力。该直线与 AG（或 CG）线的交点 M_3'（或 N_3'）在极限应力曲线上，所以它所代表的极限应力值即为所求。

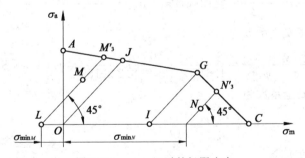

图 2-15　$\sigma_{\mathrm{min}}=C$ 时的极限应力

MM_3' 直线方程为：$\tan 45°=\sigma_{\mathrm{ae}}'/(\sigma_{\mathrm{me}}'-\sigma_{\mathrm{min}})$。联立 MM_3' 和 AG 两直线方程，可求出其交点 M_3' 的纵横坐标值 σ_{ae}' 和 σ_{me}'，相应的极限应力为

$$\sigma_{\mathrm{lime}}=\sigma_{\mathrm{max}}'=\sigma_{\mathrm{me}}'+\sigma_{\mathrm{ae}}'=\frac{2\sigma_{-1}+(K_{\sigma}-\psi_{\sigma})\sigma_{\mathrm{min}}}{K_{\sigma}+\psi_{\sigma}} \tag{2-25}$$

于是强度条件为

$$S_{ca} = \frac{\sigma_{lime}}{\sigma_{max}} = \frac{\sigma'_{max}}{\sigma_{max}} = \frac{2\sigma_{-1} + (K_\sigma - \psi_\sigma)\sigma_{min}}{(K_\sigma + \psi_\sigma)(2\sigma_a + \sigma_{min})} \geqslant [S] \qquad (2\text{-}26)$$

若工作应力点为 N,相应的极限应力点 N'_3 位于直线 CG 上,由于其纵横坐标之和 $\sigma'_{me} + \sigma'_{ae} = \sigma_s = \sigma_{lime}$,所以仍只需按式(2-22)进行静强度计算。

分析图 2-15 可知,在 $\sigma_{min} = C$ 的情况下,当工作应力点落在 $OJIG$ 区域内时,应按式(2-26)进行疲劳强度计算;当工作应力点落在 IGC 区域内时,按式(2-22)进行静强度计算;若工作应力落在 OAJ 区域内时,σ_{min} 均为负值,这在工程实际中极为罕见,所以一般不予考虑。

关于单向稳定变应力下的强度计算,有以下几点值得注意:

(1) 设计零件时,若难以确定应力变化规律,往往采用 $\gamma = C$ 的公式。

(2) 对机械零件进行有限寿命设计时,当应力循环次数 N 在 $10^3(10^4) < N < N_0$ 范围内时,则在疲劳强度计算中所采用的极限应力应当为所要求寿命时的有限疲劳极限,上列各公式中的 σ_γ 应乘以寿命系数 $K_N = \sqrt[m]{\dfrac{N_0}{N}}$ 而变为 $\sigma_{\gamma N}$(即以 σ_{-1N} 代 σ_{-1},以 σ_{0N} 代 σ_0)。

(3) 当未确知工作应力点所在区域时,一般应同时考虑可能出现的两种情况。

(4) 对于稳定切应力 τ 的情况,只需把以上公式中的正应力 σ 换成切应力 τ 即可。

例 1-1 今有一合金钢制零件。已知其屈服极限 $\sigma_s = 780\text{MPa}$,对称循环疲劳极限 $\sigma_{-1} = 400\text{MPa}$,材料特性 $\psi_\sigma = 0.2$,零件应力集中系数 $k_\sigma = 1.26$,尺寸系数 $\varepsilon_\sigma = 0.78$,表面质量系数 $\beta_\sigma = 1$,表面强化系数 $\beta_q = 1$。零件在循环特性 $\gamma = C$ 情况下,承受工作应力 $\sigma_{max} = 318\text{MPa}$,$\sigma_{min} = 60\text{MPa}$。如取疲劳安全系数 $[S] = 1.5$ 时,问该零件是否安全?

解:(1) 方法一(解析法)

因 $\gamma = C$,所以应按式(2-21)和式(2-22)两种情况计算 S_{ca}:

$$K_\sigma = \frac{k_\sigma}{\varepsilon_\sigma \beta_\sigma} = \frac{k_\sigma}{\varepsilon_\sigma} = \frac{1.26}{0.78} = 1.615$$

$$\sigma_a = \frac{\sigma_{max} - \sigma_{min}}{2} = \frac{318 - 60}{2} = 129\text{MPa}, \qquad \sigma_m = \frac{\sigma_{max} + \sigma_{min}}{2} = \frac{318 + 60}{2} = 189\text{MPa}$$

按疲劳强度计算安全系数为

$$S_{ca} = \frac{\sigma_{-1}}{K_\sigma \sigma_a + \psi_\sigma \sigma_m} = \frac{400}{1.615 \times 129 + 0.2 \times 189} = 1.63 > [S] = 1.5$$

按静强度计算安全系数为

$$S_{ca} = \frac{\sigma_s}{\sigma_{max}} = \frac{780}{318} = 2.45 > [S] = 1.5$$

故该零件的强度安全。

(2) 方法二(图解法)

首先按比例作出零件的简化极限应力图。

为此,根据图 2-12 需求出点 $A(0, \sigma_{-1}/K_\sigma)$、$D(\sigma_0/2, \sigma_0/2K_\sigma)$ 和 $C(\sigma_s, 0)$ 三点的坐标,然后按比例作出图 2-16,其中

$$\sigma_0 = \frac{2\sigma_{-1}}{1 + \psi_\sigma} = \frac{2 \times 400}{1 + 0.2} = 666.67\text{MPa}$$

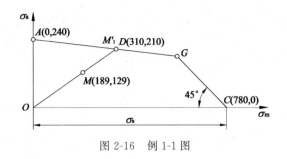

图 2-16　例 1-1 图

在图 2-16 中标出工作应力点 $M(189,129)$，连接 OM，延长后交 AG 于 M_1'，由图量得其坐标

$$\sigma_{ae}' = 210\text{MPa}, \quad \sigma_{me}' = 310\text{MPa}$$

所以，计算安全系数为

$$S_{ca} = \frac{\sigma_{lime}}{\sigma_{max}} = \frac{\sigma_{ae}' + \sigma_{me}'}{\sigma_{max}} = \frac{210 + 310}{318} = 1.635 > [S]$$

计算结果与解析法相近。

5. 双向稳定变应力时的疲劳强度计算

机械零件中，经常遇到复合应力状态，如弯扭联合作用、拉扭联合作用等。目前，只有对称循环弯扭复合应力在同周期同相位状态下的疲劳强度理论比较成熟，且在工程实际中得到广泛应用。这里只介绍这种双向稳定变应力（two-way stable alternating stress）状态下的安全系数计算。

当零件上同时作用有同相位的法向及切向对称循环稳定变应力 σ_a 及 τ_a 时，对于钢材，经试验得出的极限应力关系式为

$$\left(\frac{\tau_a'}{\tau_{-1e}}\right)^2 + \left(\frac{\sigma_a'}{\sigma_{-1e}}\right)^2 = 1 \tag{2-27}$$

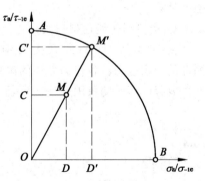

图 2-17　双向应力时极限应力线图

式中，σ_a'、τ_a' 分别为同时作用双向应力时正应力和切应力的应力幅极限值；σ_{-1e}、τ_{-1e} 分别是零件受对称循环正应力和切应力时的疲劳极限。式（2-27）在 $\frac{\sigma_a}{\sigma_{-1e}}$-$\frac{\tau_a}{\tau_{-1e}}$ 的坐标系上是一个单位圆，如图 2-17 所示。由于是对称循环变应力，故应力幅即为最大应力，圆弧 $AM'B$ 上任何一点即代表一对极限应力 σ_a' 和 τ_a'。如果作用于零件上的应力幅 σ_a 及 τ_a 在坐标上用 M 表示，如 M 点在极限圆以内，未达到极限条件，因而是安全的。与 M 点对应的极限应力点是 AB 弧上的哪一点呢？一般认为工作应力 σ_a、τ_a 的比值不变（绝大多数情况如此），因此延长 OM 交于圆弧上的 $M'(\sigma_a'/\sigma_{-1e}, \tau_a'/\tau_{-1e})$ 点即为所求的极限应力点，所以计算安全系数为

$$S_{ca} = \frac{OM'}{OM} = \frac{OC'}{OC} = \frac{OD'}{OD} \tag{a}$$

将 $OC' = \dfrac{\tau_a'}{\tau_{-1e}}$，$OC = \dfrac{\tau_a}{\tau_{-1e}}$，$OD' = \dfrac{\sigma_a'}{\sigma_{-1e}}$，$OD = \dfrac{\sigma_a}{\sigma_{-1e}}$ 代入上式，并简化得

$$\left(\frac{S_{ca}\tau_a}{\tau_{-1e}}\right)^2 + \left(\frac{S_{ca}\sigma_a}{\sigma_{-1e}}\right)^2 = 1 \tag{b}$$

记 $S_\tau = \dfrac{\tau_{-1e}}{\tau_a}$，$S_\sigma = \dfrac{\sigma_{-1e}}{\sigma_a}$，代入式(b)得

$$S_{ca} = \frac{S_\sigma S_\tau}{\sqrt{S_\sigma^2 + S_\tau^2}} \tag{2-28}$$

式中，S_σ 和 S_τ 为零件分别只承受正应力和切应力时的计算安全系数。

当零件上所承受的变应力均为不对称循环变应力时，可由式(2-21)得

$$S_\sigma = \frac{\sigma_{-1}}{K_\sigma \sigma_a + \psi_\sigma \sigma_m}, \quad S_\tau = \frac{\tau_{-1}}{K_\tau \tau_a + \psi_\tau \tau_m} \tag{2-29}$$

强度条件为

$$S_{ca} = \frac{S_\sigma S_\tau}{\sqrt{S_\sigma^2 + S_\tau^2}} \geqslant [S] \tag{2-30}$$

6. 规律性不稳定变应力时的疲劳强度计算

不稳定变应力分为非规律性和规律性的两大类，如图 2-2 所示。

非规律性的不稳定变应力(图 2-2(b))，其变应力参数的变化要受到很多偶然因素的影响，是随机地变化的。这一类问题，应根据大量的试验，求得载荷及应力的统计分布规律，然后用统计疲劳强度的方法来处理。

规律性的不稳定变应力，其变应力参数的变化有一个简单的规律。承受近似于规律性的不稳定变应力的零件，如机床主轴等，其疲劳强度计算，可以根据疲劳损伤累积假说来进行。这里只讨论单向不稳定变应力(unidirectional instability alternating stress)时的疲劳强度计算。

1) 疲劳损伤线性累积假设

图 2-18 为一规律性不稳定变应力直方图，图中 σ_1、σ_2、$\cdots$、σ_4 是当循环特性为 γ 时各个循环的最大应力。各应力循环的次数则分别为 n_1、n_2、n_3，N_1、N_2、N_3 为与各应力相对应的发生疲劳破坏时的极限循环次数，见图 2-19。

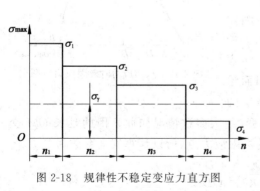

图 2-18　规律性不稳定变应力直方图

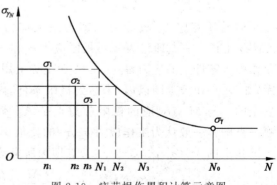

图 2-19　疲劳损伤累积计算示意图

疲劳损伤累积假设为：在每一次应力的作用下，零件的寿命就要受到微量的疲劳损伤，当疲劳损伤积累到一定程度达到疲劳寿命极限时便发生疲劳断裂。

按照线性疲劳累积理论，应力 σ_1 每循环一次对材料的损伤率即为 $\dfrac{1}{N_1}$，而循环了 n_1 次的 σ_1 对材料的损伤率即为 n_1/N_1，以此类推，循环 n_2 次的 σ_2 对材料的损伤率为 n_2/N_2，…。因为当零件达到疲劳寿命极限时，理论上总寿命损伤率为 1，故对应于极限状况有

$$\frac{n_1}{N_1} + \frac{n_2}{N_2} + \cdots + \frac{n_z}{N_z} = 1 \quad 即 \quad \sum_{i=1}^{z} \frac{n_i}{N_i} = 1 \tag{2-31}$$

试验证明，当各个作用的应力幅无巨大差别及无短时的强烈过载时，这个规律是正确的；当各级应力先作用大的，然后依次降低时，式(2-31)的等号左边将不等于 1 而是小于 1；当各级应力先作用最小的，然后依次升高时，则式(2-31)等号左边将大于 1。经大量试验，可以有如下关系：

$$\sum_{i=1}^{z} \frac{n_i}{N_i} = 0.7 \sim 2.2 \tag{2-32}$$

由于疲劳试验的数据有很大的离散性，从平均意义上来说，在设计中用式(2-31)还是比较合理的。

应当指出，在进行疲劳寿命计算时，可以认为小于疲劳极限 σ_γ 的应力对疲劳寿命无影响。

2) 不稳定变应力的疲劳强度计算

零件受不稳定变应力的疲劳强度计算大致有两种办法：一是当量应力计算法；二是当量循环次数计算法。二者的基本思想都是根据疲劳损伤累积假设，把不稳定变应力转化为疲劳效果与之等效的稳定变应力，然后按稳定变应力进行疲劳强度计算。其中，常用的是当量应力计算法，方法原理如下。

将不稳定变应力 (σ_i, n_i)，根据疲劳损伤累积假设，转化为一个循环次数为 N_0 的当量应力 σ_e，由式(2-31)得

$$\sum_{i=1}^{z} \frac{\sigma_i^m n_i}{\sigma_i^m N_i} = 1 \tag{2-33}$$

又根据疲劳曲线可知

$$N_1 \sigma_1^m = N_2 \sigma_2^m = \cdots = N_0 \sigma_{-1}^m \tag{2-34}$$

式(2-34)代入式(2-33)得

$$\sum_{i=1}^{z} \frac{\sigma_i^m n_i}{N_0 \sigma_{-1}^m} = 1$$

如果材料在上述应力作用下还未达到破坏，则

$$\sum_{i=1}^{z} \frac{\sigma_i^m n_i}{N_0 \sigma_{-1}^m} \leqslant 1$$

整理得

$$\sqrt[m]{\frac{1}{N_0} \sum_{i=1}^{z} \sigma_i^m n_i} \leqslant \sigma_{-1}$$

上式的左边相当于一个稳定变化的当量应力 σ_e,即

$$\sigma_e = \sqrt[m]{\frac{1}{N_0}\sum_{i=1}^{z}\sigma_i^m n_i} \qquad\qquad (2\text{-}35)$$

对于受对称循环变应力的零件,强度条件为

$$S_{ca} = \frac{\sigma_{-1}}{\sqrt[m]{\dfrac{1}{N_0}\sum_{i=1}^{z}(K_\sigma\sigma_i)^m n_i}} = \frac{\sigma_{-1}}{K_\sigma\sqrt[m]{\dfrac{1}{N_0}\sum_{i=1}^{z}\sigma_i^m n_i}} \geqslant [S] \qquad (2\text{-}36)$$

对于受非对称循环变应力的零件,强度条件为

$$S_{ca} = \frac{\sigma_{-1}}{\sqrt[m]{\dfrac{1}{N_0}\sum_{i=1}^{z}\sigma_{adi}^m n_i}} = \frac{\sigma_{-1}}{\sqrt[m]{\dfrac{1}{N_0}\sum_{i=1}^{z}(K_\sigma\sigma_{ai}+\psi_\sigma\sigma_{mi})^m n_i}} \geqslant [S] \qquad (2\text{-}37)$$

式中,σ_{ai},σ_{mi} 分别为 σ_i 的应力幅和平均应力部分;σ_{adi} 为将非对称循环应力幅和平均应力转化为对称循环的当量应力幅。

有关当量循环次数计算法的原理详见本章推荐相关阅读文献。

对于受不稳定切应力的零件计算,只需将上述公式中的正应力 σ 换以切应力 τ 即可。

2.4　机械零件的接触强度

高副零件工作时,理论上载荷是通过线接触(如渐开浅齿廓的接触)或点接触(如滚动轴承的滚动体(球)与内、外圈的接触)来传递的。而实际上零件受载后在接触部分要产生局部的弹性变形而形成面接触。这种接触面积很小,但表层产生的局部应力却很大。该应力称为接触应力(contact stress)。在表面接触应力作用下的零件强度称为接触强度(contact strength)。

两圆柱体和两球体接触时的接触应力可按赫兹(Hertz)公式计算,见表 2-13。两圆柱体接触,接触面为矩形($2a \times b$),最大接触应力 σ_{Hmax} 位于接触面宽中线处;两球体接触,接触面为圆(半径为 C),最大接触应力 σ_{Hmax} 位于圆的中心。

由表 2-13 可见,最大接触应力 σ_{Hmax} 与载荷 F 有如下关系:圆柱体接触 $\sigma_{Hmax} \propto F^{\frac{1}{2}}$;球体接触 $\sigma_{Hmax} \propto F^{\frac{1}{3}}$,所以接触应力的增加与载荷的增加不呈线性关系。另外,两接触体的综合曲率半径 ρ_Σ 增加,则最大接触应力 σ_{Hmax} 下降,其关系为:圆柱体接触 $\sigma_{Hmax} \propto \dfrac{1}{\rho_\Sigma^{\frac{1}{2}}}$;球体接触 $\sigma_{Hmax} \propto \dfrac{1}{\rho_\Sigma^{\frac{2}{3}}}$;由于内接触时的综合曲率半径 ρ_Σ 小于外接触时的情况,所以内接触时的最大接触应力较小,例如两相同接触半径的圆柱体,在相同的工作条件下,内接触的最大接触应力只有外接触的 48%。故在重载情况下,采用内接触,有利于提高承载能力或降低接触副的尺寸。

表 2-13　两圆柱体、两球体接触应力计算式

两圆柱体接触	两球体接触

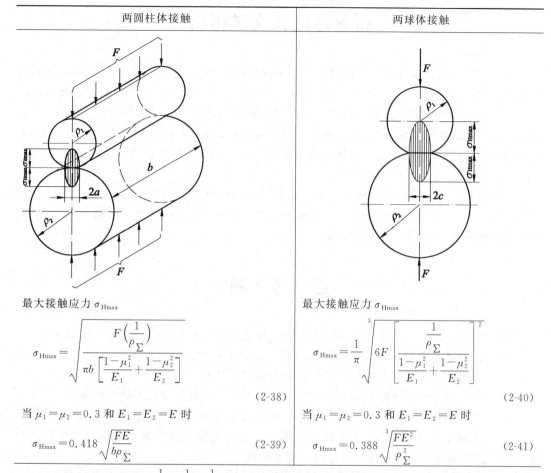

最大接触应力 σ_{Hmax}

$$\sigma_{Hmax} = \sqrt{\dfrac{F\left(\dfrac{1}{\rho_\Sigma}\right)}{\pi b\left[\dfrac{1-\mu_1^2}{E_1}+\dfrac{1-\mu_2^2}{E_2}\right]}}$$

(2-38)

当 $\mu_1 = \mu_2 = 0.3$ 和 $E_1 = E_2 = E$ 时

$$\sigma_{Hmax} = 0.418\sqrt{\dfrac{FE}{b\rho_\Sigma}}$$

(2-39)

最大接触应力 σ_{Hmax}

$$\sigma_{Hmax} = \dfrac{1}{\pi}\sqrt[3]{6F\left[\dfrac{\dfrac{1}{\rho_\Sigma}}{\dfrac{1-\mu_1^2}{E_1}+\dfrac{1-\mu_2^2}{E_2}}\right]^2}$$

(2-40)

当 $\mu_1 = \mu_2 = 0.3$ 和 $E_1 = E_2 = E$ 时

$$\sigma_{Hmax} = 0.388\sqrt[3]{\dfrac{FE^2}{\rho_\Sigma^2}}$$

(2-41)

式中, ρ_Σ 为综合曲率半径, $\dfrac{1}{\rho_\Sigma} = \dfrac{1}{\rho_1} \pm \dfrac{1}{\rho_2}$,正号用于外接触,负号用于内接触;平面和圆柱体或球接触,

取平面曲率半径 $\rho_2 = \infty$ 。 E 为综合弹性模量, $E = \dfrac{2E_1 E_2}{E_1 + E_2}$, E_1 、 E_2 为两接触体材料的弹性模量。 μ_1 、 μ_2

为两接触体材料的泊松比

　　在静载荷下,接触表面的失效形式为脆性材料的表面压碎和塑性材料的表面塑性变形。

　　在机械零件设计中遇到的接触应力,大多数是随时间变化的,一般为脉动循环的变应力,在这种情况下的失效属接触疲劳破坏(contact fatigue failure)。它的特点是:零件在接触应力的反复作用下,首先在表面和表层产生初始疲劳裂纹,然后在滚动接触过程中,由于润滑油被挤进裂纹内而造成高的压力使裂纹加速扩展,最后使表层金属呈小片状剥落下来,而在零件表面形成一个个小坑,这种现象称为疲劳点蚀(pitting fatigue)。发生疲劳点蚀后,减小了接触面积,损坏了零件的光滑表面,因而降低了承载能力,并引起振动和噪声。疲劳点蚀常是齿轮、滚动轴承等零件的主要失效形式。

　　影响疲劳点蚀的最主要因素是接触应力的大小,所以只要限制接触应力不超过许用值,一般不会发生疲劳点蚀破坏。另外,提高接触表面硬度、改善表面加工质量、增大接触综合曲率半径、改外接触为内接触、改点接触为线接触及采用黏度较高的润滑油,均能提高接触疲劳强度。

拓展性阅读文献指南

零件的疲劳强度设计是本章的重点,也是机械设计中的难点,对零件疲劳强度的影响因素很多,疲劳强度设计理论还不够完善,本章只重点介绍了较为简单应力状态下比较成熟的零件疲劳强度设计方法。需要了解更多有关现代疲劳强度理论与设计方面的知识,可以参阅下列文献:①徐灏主编《疲劳强度设计》,高等教育出版社,2000;②《机械设计手册》编委会编《机械设计手册》单行本《疲劳强度与可靠性设计》分册,机械工业出版社,2015;③尚德广编《疲劳强度理论》,科学出版社,2018。

关于接触强度中弹性体接触应力的计算公式的出处可参阅徐芝纶主编《弹性力学》,高等教育出版社,2016。零件接触应力的精确计算可采用有限元方法,要了解这方面的内容,可参阅曾攀编著《工程有限元方法》,科学出版社,2017。

思 考 题

2-1 什么是静应力? 什么是变应力? 各由何种载荷产生? 静载荷一定产生静应力吗?

2-2 稳定循环变应力有哪几种类型? 其应力特征常用哪几个参数表示?

2-3 零件的疲劳断裂分哪几个过程? 断裂面有何特征?

2-4 什么是疲劳曲线? 疲劳曲线分哪几个区? 什么是疲劳极限和持久极限?

2-5 什么是疲劳极限应力图? 如何绘制材料和零件的简化极限应力图?

2-6 影响零件疲劳强度的主要因素有哪些? 高强度钢制零件为何表面加工质量要求较高? 综合影响因素对零件疲劳强度是如何影响的?

2-7 单向稳定变应力下零件的疲劳强度如何计算? 工作应力的增长方式有哪几种?

2-8 什么是疲劳损伤累积假设? 如何计算单向不稳定变应力下的零件疲劳强度?

2-9 什么是零件的接触强度? 零件的最大接触应力与哪些参数有关?

习 题

2-1 题 2-1 图所示一转轴,作用在轴上的力有:轴向力 $F_a = 2000\text{N}$、径向力 $F_r = 6000\text{N}$。支点距离 $L = 300\text{mm}$,轴为等断面轴,直径 $d = 45\text{mm}$。求轴的危险剖面上循环变应力 $\sigma_{\max}$、$\sigma_{\min}$、σ_{m}、σ_{a} 及 γ 的值。

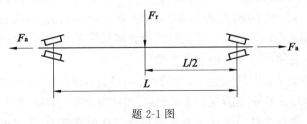

题 2-1 图

2-2　某材料的对称循环弯曲疲劳极限 $\sigma_{-1}=180\text{MPa}$，取循环基数 $N_0=5\times10^6$，$m=9$，试求循环次数 N 分别为 7000、25000、62000 次时的有限寿命弯曲疲劳极限。

2-3　有一钢制阶梯轴，其 $\sigma_b=700\text{MPa}$，计算轴段上有圆角、键槽及过盈配合三种应力集中形式，如题 2-3 图所示。分别求其应力集中系数。计算安全系数时，应力集中系数应该取多少？

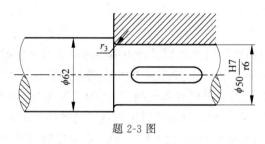

题 2-3 图

2-4　已知材料的机械性能为 $\sigma_s=320\text{MPa}$，$\sigma_{-1}=170\text{MPa}$，$\psi_\sigma=0.2$，试绘制此材料的简化极限应力线图（参看图 2-7$A'D'G'C$）。

2-5　圆轴轴肩处的尺寸为：$D=54\text{mm}$，$d=45\text{mm}$，$r=3\text{mm}$。如用题 2-4 中的材料，钢材的敏感系数 $q_\sigma=0.78$，轴受弯矩作用，设其强度极限 $\sigma_B=420\text{MPa}$，试绘制此零件的简化极限应力线图，零件的 $\beta_\sigma=\beta_q=1$。

2-6　如题 2-5 中危险剖面上的平均应力 $\sigma_m=20\text{MPa}$，应力幅 $\sigma_a=30\text{MPa}$，试分别按 ①$\gamma=C$，②$\sigma_m=C$，求出该截面的计算安全系数 S_{ca}。

2-7　某轴承受不稳定对称循环变应力情况如题 2-7 图所示，轴的转速为 $n=50\text{r/min}$，轴每转一圈应力循环一次，要求轴的工作寿命为 $T=1000\text{h}$，轴材料的疲劳极限 $\sigma_{-1}=300\text{MPa}$，$N_0=10^8$，$m=9$。求此轴的疲劳寿命安全系数。

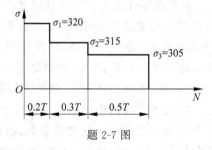

题 2-7 图

第 3 章

摩擦、磨损及润滑

内容提要：摩擦、磨损和润滑是机械设计中最为重要的共性基础问题之一，对机械的工作寿命、效率、精度、工作可靠性、振动和噪声等均有重要的影响。本章简要介绍机械中存在的摩擦的类型与特点，磨损的典型过程和类型，润滑的主要类型、特点及润滑剂的类型和特性等，为后续各章中摩擦、磨损和润滑相关理论与技术的具体应用提供基础。

本章重点：摩擦的类型和摩擦特性曲线，机械中常见的磨损类型及磨损的典型过程，润滑剂的主要特性和黏度定理。

本章难点：各种摩擦、磨损的机理。

3.1 概　　述

两相互接触的物体，在外力作用下发生相对滑动或滑动趋势时，在接触表面间将产生阻碍其发生相对滑动的切向阻力，这个阻力叫摩擦力，这种现象叫做摩擦（friction）。摩擦是一种不可逆过程，其结果必然有摩擦能耗和导致表面材料不断产生损耗或转移，即形成磨损（wear）。据统计，世界上总的能源约有 30% 为摩擦损耗，一般机械中因磨损失效的零部件约占全部报废零部件的 80%。磨损使零件的表面形状及尺寸遭到缓慢而连续的破坏，使机器的效率及可靠性逐渐降低，机器的精度逐渐丧失，从而失去原有的工作性能，最终还可能导致零件的突然破坏。润滑（lubricants）是减少摩擦、降低磨损的一种有效手段。例如，滑动大的重载齿轮传动，采用极压添加剂的润滑油（lube）润滑，可使齿轮寿命成倍增加。

摩擦和磨损是一个很复杂的问题，影响因素很多，虽然人们很早就观察到摩擦和磨损现象，但对其认识很肤浅，直至 20 世纪 60 年代，由于测试手段和电子技术的发展为研究摩擦、磨损创造了条件，才使研究工作由宏观表面进入到微观表面，由静态发展到动态，由定性研究进入到定量研究，并逐渐形成了专门研究摩擦、磨损和润滑问题的新学科，即摩擦学（tribology）。它是以力学、流变学、表面物理和表面化学为主要理论基础，综合材料科学、工程热物理等学科，以数值计算和表面技术为主要手段的边缘学科。

3.2 摩　　擦

摩擦从总体上可分为两大类：一类是发生在物质内部，阻碍分子间相对运动的内摩擦（internal friction）；另一类是当相互接触的两个表面发生相对滑动或相对滑动趋势时，在接触表面上产生的阻碍相对滑动的外摩擦（external friction）。按运动的状态分，仅有相对滑动趋势时的摩擦叫做静摩擦(static friction)；相对滑动进行中的摩擦叫做动摩擦(kinetic friction)。按运动的形式不同，动摩擦又可分为滑动摩擦(sliding friction)和滚动摩擦(rolling friction)。本节只讨论金属摩擦副的滑动摩擦。根据摩擦面间存在润滑剂的状况，滑动摩擦又分为干摩擦(unlubrication friction)、边界摩擦(boundary friction)(边界润滑)、流体摩擦(fluid friction)(流体润滑)及混合摩擦(mixed friction)(混合润滑)，如图 3-1 所示。相对流体摩擦，又常将其他三种摩擦通称为非全流体摩擦。

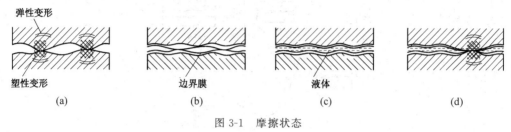

图 3-1　摩擦状态
(a) 干摩擦；(b) 边界摩擦；(c) 流体摩擦；(d) 混合摩擦

　　两摩擦表面直接接触，不加入任何润滑剂的摩擦称为干摩擦。两摩擦表面被一流体层(液体或气体)隔开，摩擦性质取决于流体内部分子间黏度阻力的，称为流体摩擦。两摩擦表面被吸附在其表面的边界膜隔开，摩擦性质不取决于流体黏度，而是与边界膜的特性和摩擦副表面材料的吸附性质有关，称为边界摩擦。当摩擦副表面处于干摩擦、边界摩擦和流体摩擦的混合状态，称为混合摩擦。

　　一般说来，干摩擦的摩擦阻力最大，磨损最严重，零件使用寿命最短，应力求避免。流体摩擦阻力最小，磨损极少，零件使用寿命最长，是理想的摩擦状态，但必须在一定载荷、速度和流体黏度的条件下才能实现。对于要求低摩擦的摩擦副，维持边界摩擦或混合摩擦应为最低要求。

　　各种摩擦状态下的摩擦系数见表 3-1。

表 3-1　不同摩擦状态下的摩擦系数(概略值)

摩　擦　状　态	摩　擦　系　数	摩　擦　状　态	摩　擦　系　数
干摩擦(干净表面，无润滑)		边　界　润　滑	
相同金属：		矿物油湿润金属表面	0.15～0.3
黄铜-黄铜；青铜-青铜	0.8～1.5	加油性添加剂的油润滑：	
异种金属：		钢-钢；尼龙-钢	0.05～0.10
铜铅合金-钢	0.15～0.3	尼龙-尼龙	0.10～0.20
巴氏合金-钢	0.15～0.3	流　体　润　滑	
非金属：		液体动力润滑	0.01～0.001
橡胶-其他材料	0.6～0.9	液体静力润滑	<0.001～极小
聚四氟乙烯-其他材料	0.04～0.12		(与设计参数有关)
固　体　润　滑		滚　动　摩　擦	
石墨、二硫化钼润滑	0.06～0.20	滚动摩擦系数与接触面材料的硬度、粗糙度、湿度等有关。球和圆柱滚子轴承的摩擦系数大体与液体动力润滑相近，其他滚子轴承则稍大	
铅膜润滑	0.08～0.20		

图 3-2 所示为摩擦特性曲线,随特性系数 $\lambda = \eta v/p$(η 为流体黏度,v 为滑动速度,p 为单位压力)而变化,摩擦副分别处于边界润滑、混合润滑和流体润滑,相应的间隙变化如图 3-2 所示。

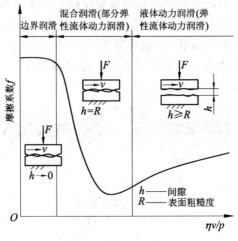

图 3-2　摩擦特性曲线

1. 干摩擦

工程上认为不加任何润滑剂的摩擦即为干摩擦。事实上,在很洁净的表面上也存在脏污膜和氧化膜,因此它们的摩擦系数要比在真空下测定的纯净表面的摩擦系数小得多。

关于固体表面之间的摩擦,从 18 世纪就提出了至今仍在沿用的关于摩擦力计算的库仑公式(Coulomb's equation):$F_f = f F_n$(式中,F_f 为摩擦力,F_n 为法向载荷,f 为摩擦系数)。但是,有关摩擦机理,则直到 20 世纪中叶才逐步被揭示出来。早先的机械摩擦啮合理论认为,两个粗糙表面接触时,接触点互相啮合,摩擦力就是啮合点间切向阻力的总和,表面越粗糙,摩擦力越大。但该理论不能解释光滑表面间的摩擦现象:表面越光滑,接触面积越大,摩擦力也越大,滑动速度大时还与滑动速度有关。所以又有分子-机械理论、能量理论、粘着理论等解释摩擦的机理。对于金属材料,特别是钢,目前采用较多的是修正粘着理论。

修正粘着理论认为,两个金属表面在法向载荷作用下,摩擦副只是部分峰顶接触,真实接触面积 A_r 只有表观接触面积 A 的百分之一至万分之一(图 3-3)。所以,单位接触面积上的压力很容易达到材料的压缩屈服极限 σ_{sy} 而产生塑性流动。对于理想的弹塑性材料,载荷增大,应力并不升高,由此得真实接触面积 A_r 为

$$A_r = \frac{F_n}{\sigma_{sy}} \qquad (3\text{-}1)$$

在接触点受到高压力和塑性变形后,表面膜遭到破坏,很容易使基体金属发生粘着现象,形成冷焊结点,当发生滑动时,必须先将结点切开。设结点的剪切强度极限为 τ_B,则摩擦力为

$$F_f = A_r \tau_B = \frac{F_n}{\sigma_{sy}} \tau_B \qquad (3\text{-}2)$$

金属的摩擦系数为

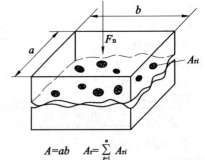

图 3-3　摩擦副接触面积示意图

$$f=\frac{F_{f}}{F_{n}}=\frac{\tau_{B}}{\sigma_{sy}} \tag{3-3}$$

剪切如果发生在软金属上,则 τ_{B} 为相接触的两种金属中较软者的剪切强度极限;剪切如果发生在结点界面,则 τ_{B} 为界面的剪切强度极限 τ_{f}(如果有表面膜时, $\tau_{f}\ll\tau_{B}$)。 σ_{sy} 为较硬的基体材料的压缩屈服极限。

大多数金属的比值 τ_{B}/σ_{sy} 很相近,所以摩擦系数很相近。为降低摩擦系数,工程上常在硬金属基体表面涂覆一层极薄的软金属,这时 σ_{sy} 仍取决于基体材料,而 τ_{B} 则取决于软金属。

2. 边界摩擦(边界润滑)

边界摩擦(边界润滑)在机械工作过程中普遍存在,如普通滑动轴承,汽缸与活塞环之间,凸轮与挺杆之间以及机床导轨等处。边界摩擦时,摩擦界面上存在一层与介质的性质不同的边界膜起着润滑作用。

边界膜有物理吸附膜、化学吸附膜和化学反应膜。由润滑油中极性分子与金属表面相互吸引而形成的吸附膜称为物理吸附膜。由润滑油中的分子靠分子键与金属表面形成化学吸附的称为化学吸附膜。在润滑油中加入硫、磷、氯等元素的化合物(即添加剂)与金属表面进行化学反应而生成的膜称为化学反应膜。

物理吸附膜是由于润滑油中的脂肪酸是一种极性化合物,其极性分子能牢固地吸附在金属表面上。图 3-4(a)为单分子吸附在金属表面的符号,o为极性原子团。这些单分子膜整齐地呈横向排列,很像一把刷子。边界摩擦类似两把刷子间的摩擦,如图 3-4(b)所示。吸附在金属表面上的多层分子膜的模型见图 3-5。距表面越远的分子,吸附能力越弱,剪切强度越低,到若干层以后,就不再受约束。因此,摩擦系数将随层数的增加而下降,有 3 层分子时的摩擦系数较一层降低约一半。边界膜极薄,一个分子的长度约为 2nm(1nm $=10^{-9}$ m),如果边界膜有 10 个分子厚,其厚度也仅为 0.02μm,比两摩擦表面的粗糙度之和小,故边界摩擦时还是有微小的磨损,摩擦系数一般在 0.1 左右。

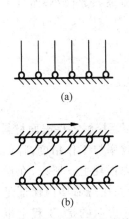

图 3-4　单层分子边界膜的摩擦模型

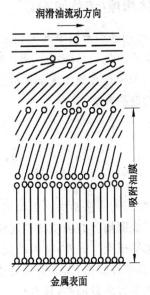

图 3-5　多层分子边界膜的摩擦模型

温度对物理吸附膜影响较大,受热易使吸附膜脱附、乱向,甚至完全破坏,故物理吸附膜适宜于常温、轻载、低速下工作。

化学吸附膜的吸附强度比物理吸附膜高,且稳定性好,受热后的熔化温度也较高,故化学吸附膜适宜于在中等载荷、速度和温度下工作。

化学反应膜厚度较厚,所形成的金属盐具有较高的熔点和较低的剪切强度,稳定性也好,故化学反应膜适用于重载、高速和高温下工作的摩擦副。其性能与添加剂和金属起化学反应的性质有关。

由于摩擦表面的工作温度对边界膜的性能影响很大,而摩擦热与 pv(p 为压强,v 为相对滑动速度)值成正比,所以,限制 pv 值是控制摩擦表面工作温度的主要措施。

合理选择摩擦副材料和润滑剂,降低表面粗糙度值,在润滑剂中加入油性润滑剂和极压添加剂都能提高边界膜强度。

3. 混合摩擦(混合润滑)

随着摩擦面间油膜厚度的增大,接触表面轮廓凸峰直接接触的数量就要减小,润滑膜的承载比例会随之增加。混合摩擦时,可以用膜厚比 λ 来估计油膜承载的比例大小,即

$$\lambda = \frac{h_{\min}}{Ra_1 + Ra_2} \tag{3-4}$$

式中,$h_{\min}$ 为两滑动粗糙表面间的最小公称油膜厚度,μm;Ra_1、Ra_2 分别为两表面形貌轮廓的均方根偏差,μm。

当膜厚比 $\lambda < 1$ 时,为边界摩擦(润滑)状态,载荷完全由微凸体承担;当 $\lambda = 1 \sim 3$ 时,为混合摩擦(润滑),λ 越大油膜承担载荷的比例也越大;当 $\lambda > 3$ 时,为流体摩擦(润滑)。

所以,在混合摩擦时,虽仍然有微凸体直接接触,但其能有效地降低摩擦阻力,其摩擦系数要比边界摩擦时小得多,磨损也要比边界摩擦时小得多。

4. 流体摩擦(流体润滑)

当摩擦面间的润滑膜厚度大到足以将两个表面的轮廓凸峰完全隔开(即膜厚比 $\lambda > 3$)时,即形成了完全的液体摩擦。这时润滑剂中的分子已大都不受金属表面吸附作用的支配而自由移动,摩擦是在流体内部的分子之间进行的,所以摩擦系数极小,而且不会有磨损产生,是理想的摩擦状态。

3.3　磨　　损

磨损是摩擦的直接结果。运动副之间的摩擦将导致相互接触零件表面材料的逐渐丧失或迁移,即形成磨损。磨损使材料连续损耗,影响机器的效率与工作精度,降低机器的可靠性,甚至使机器报废。另外,材料的损耗最终将反映到能源损耗上。所以,在设计时预先考虑如何避免或减轻磨损,以保证机器达到足够的设计寿命并在寿命期内保证足够的工作精度,并尽可能节省能量消耗,具有很大的现实意义。另外应说明的是,工程上也有不少利用磨损作用的场合,如精加工中的磨削与抛光,机器的“跑合”过程等都是对磨损的合理利用。

1．典型的磨损过程

试验结果表明,机械零部件的正常磨损过程一般分为 3 个阶段,即磨合磨损阶段、稳定磨损阶段和剧烈磨损阶段,如图 3-6 所示。

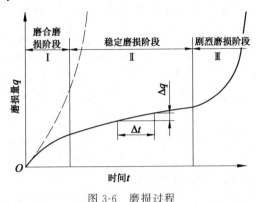

图 3-6　磨损过程

1）磨合磨损阶段

在一定载荷作用下的新摩擦副表面具有一定的粗糙度,真实接触面积较小,接触面上真实接触应力很大,使接触轮廓凸峰压碎和塑性变形,同时薄的表层被冷作硬化,原有的轮廓峰逐渐局部或完全消失,产生出形状与尺寸均不同于原样的新轮廓凸峰,真实接触面积逐渐加大,磨损速度开始较快,然后减慢。实验证明,各种摩擦副在不同条件下磨合之后,相应于给定摩擦条件下形成稳定的表面粗糙度。磨合是磨损的不稳定阶段,在整个工作时间内所占的比率很小。

2）稳定磨损阶段

经过磨合的摩擦表面加工硬化,并形成了稳定的表面粗糙度。这段时期内摩擦条件保持相对恒定,零件在平稳和缓慢的速度下磨损。这个阶段的长短就代表零件使用寿命的长短。

3）剧烈磨损阶段

经过稳定磨损阶段后,零件的表面遭到破坏,运动副中间隙增大,引起额外的动载荷,出现噪声和振动。这样就不能保证良好的润滑状态,摩擦副的温升急剧增大,磨损速度也急剧增大,使机械精度丧失、效率和可靠性下降,最终导致零件失效。

实际机械零件使用过程中,这 3 个过程并无明显界限,若不经跑合,或压力过大、速度过高、润滑不良等,则跑合阶段后很快进入剧烈磨损阶段,如图 3-6 中的虚线所示。

为了提高机械零件的使用寿命,应力求缩短磨合期,延长稳定磨损期,推迟剧烈磨损的到来。

2．磨损的类型

按磨损的机理不同,磨损主要有 4 种基本类型:粘着磨损(adhesive wear)、磨粒磨损(abrasive wear)、表面疲劳磨损(surface fatigue wear)和腐蚀磨损(corrosive wear),而且磨损还常以复合形式出现。

1) 粘着磨损

当摩擦表面的轮廓峰处在载荷作用下使吸附膜破裂而直接接触产生冷焊结点,当两接触表面相对滑动时,由于粘着作用使材料由一表面转移至另一表面,便形成了粘着磨损。载荷越大、温度越高,粘着现象越严重。

粘着磨损按破坏程度不同分为 5 级(由轻至重):①轻微磨损:剪切破坏发生在界面上,表面材料的转移极为轻微;②涂抹:剪切发生在软金属浅层,并转移到硬金属表面;③划伤:剪切发生在软金属表面,硬表面可能被划伤;④撕脱:剪切发生在摩擦副一方或双方基体金属较深的地方;⑤咬死:粘着严重,运动停止。粘着比较严重的后几种磨损,常称为胶合(gluing)。胶合是高速重载接触副常见的失效形式。

2) 磨粒磨损

外部进入摩擦面间的硬质颗粒或摩擦表面上的硬质突出物,在较软的材料表面上犁刨出很多沟纹时被移去的材料,一部分流动到沟纹的两旁,一部分则形成一连串的碎片脱落下来成为新的游离颗粒,这样的微切削过程叫磨粒磨损。

磨粒磨损和摩擦材料的硬度、磨粒的硬度有关,硬度越大的材料,磨损量越小。为保证摩擦表面有一定的使用寿命,金属材料的硬度应至少比磨粒硬度大 30%。

3) 表面疲劳磨损

受交变接触应力的摩擦副表面微体积材料在重复变形时疲劳破坏而从摩擦副表面剥落下来,这种现象称为表面疲劳磨损或疲劳点蚀(pitting fatigue)。例如滚动轴承和齿轮传动时,如高副接触处的接触应力超过材料的接触疲劳极限时,就会在零件工作表面或表面下一定深度处形成疲劳裂纹,随着裂纹的扩展与相互连接,就造成许多微粒从零件工作表面上脱落下来而形成表面疲劳磨损或疲劳点蚀。

为提高摩擦副的表面疲劳强度,除了应合理选择摩擦副的材料和表面硬度,减小表面接触应力外,还应尽量减小零件的表面粗糙度和适当提高润滑油的黏度或在润滑油中加入极压添加剂和固体润滑剂(如二硫化钼)。

4) 腐蚀磨损

在摩擦过程中,金属与周围介质发生化学反应或电化学反应而引起的磨损称为腐蚀磨损。例如摩擦副受到空气中的酸或润滑油、燃油中残存的少量无机酸及水分的化学作用或电化学作用,在相对运动中造成表面材料的损失而形成的磨损。氧化磨损是最常见的腐蚀磨损,因氧化膜的生成速度与时间成指数规律下降,故磨损速度小于氧化速度时,则氧化膜起着保护表面的作用(如铝合金表面的韧性氧化铝膜);若磨损速度大于氧化速度,则极易磨损(如钢铁表面的脆性氧化膜 Fe_2O_3、Fe_3O_4 等)。氧化磨损一般比较缓慢,但在高温潮湿环境中,有时也很严重。摩擦副与酸、碱、盐等特殊介质起化学作用而引起的金属磨损称为特殊介质腐蚀磨损。如某些滑动轴承材料就很容易与润滑油里的酸性物质起反应,生成腐蚀性的酸性化合物,在轴瓦表面形成黑点,并逐渐扩展成海绵状空洞,在摩擦过程中发生小块金属剥落。

5) 其他磨损

除了以上 4 种基本磨损类型外,还存在一些派生和复合的磨损类型。

(1) 侵蚀磨损(erosion wear)

流体与零件接触并作相对运动时,当接触处的局部压力低于流体蒸发压力时,将形成气泡。气泡运动到高压区,压力大于气泡压力,气泡立即溃灭,瞬间产生极大的冲击力和高温。气泡的形成与溃灭的反复作用,使零件表面产生疲劳破坏,出现麻点并扩展为海绵状空穴,这种磨损称气蚀磨损。如柴油机缸套外壁、水泵零件、水轮机叶片等常能见到气蚀磨损。

流体夹带尘埃、砂粒等硬质颗粒,以一定的角度和速度冲击固体表面引起的磨损叫冲蚀磨损。例如水泵零件、水轮机、气力输送管道、火箭尾部喷管等产生的磨损。

气蚀和冲蚀磨损统称为侵蚀磨损,是疲劳磨损的派生形式。

（2）微动磨损（fretting wear）

微动磨损是一种较隐蔽的由粘着磨损、磨粒磨损、腐蚀磨损和疲劳磨损共同形成的一种复合磨损。它发生在名义上相对静止,实际上存在循环的微幅相对滑动的两个紧密接触的表面上(如轴与孔的过盈配合面、滚动轴承套圈的配合面、螺纹等连接件的接合面等)。其发生过程为:接触压力使接合面上实际承载的微凸体产生塑性变形而发生粘着,微幅滑动使结点受剪而脱落,露出基体金属表面。脱落颗粒和新露出金属表面与大气中的氧起反应生成氧化物,氧化颗粒呈红褐色,由于微滑动而不易从接触处排出而留在接合面上起磨粒作用而造成表面磨粒磨损。微动磨损使工作表面变粗糙,造成微观疲劳裂纹,从而降低零件的疲劳强度。

3.4　润　　滑

在作相对运动的两摩擦表面间加入润滑剂,形成润滑膜,不仅可以降低摩擦、减轻磨损,还可以起到冷却降温、减缓锈蚀、缓冲减振、清除污垢和密封防漏等作用,从而确保机器正常工作,延长使用寿命。

1. 润滑剂及主要性能

凡能降低摩擦阻力的介质,都可用作润滑材料。润滑剂可分为液体(如水、油)、半固体(如润滑脂)、固体(如石墨、二硫化钼)和气体(如空气)4 种基本类型。其中,固体和气体润滑剂多在高温、高速及要求防止污染等特殊场合应用。对于橡胶、塑料制成的零件,宜用水润滑。而绝大多数场合则采用润滑油或润滑脂润滑。

1) 润滑油（lube oil）

用作润滑剂的油类大致可分为 3 类:一类为有机油,通常是动植物油;二类是矿物油,主要为石油产品;三类是化学合成油。其中矿物油来源充足、成本低廉、适用范围广而稳定性好,故应用最多。动植物油中因含有较多的硬脂酸,在边界润滑时有很好的润滑性能,但因其稳定性差且来源有限,所以使用不多。合成油是通过化学合成手段制成的新型润滑油,它能满足矿物油所不能满足的某些特殊要求,如高温、低温、高速、重载等。但由于它多是针对某种特定需要而研制,适用面较窄,且成本较高,所以一般机器应用较少。不论是哪一类润滑油,若从润滑观点来考虑,主要从下面几个指标评价其性能。

（1）黏度（viscosity）。黏度是表示润滑油黏度的指标。它表征润滑油油层内摩擦阻力的大小。黏度越高,润滑油流动性越差,越黏稠。它是润滑油最重要的性能之一。有关黏度的定义和单位详见本节稍后的介绍。

（2）油性（润滑性）（lubricity）。油性是指润滑油的极性分子与金属表面吸附形成一层边界油膜，以减小摩擦和磨损的性能。油性越好，油膜与金属表面的吸附能力越强，且油膜不易破裂。对于低速、重载或润滑不充分的场合，油性具有特别重要的意义。

（3）凝点（solidifying point）。润滑油冷却到不能流动时的温度称为凝点。当工作温度低于凝点时，油的性能明显变差。所以，在低温下工作的机械，应选凝点低的润滑油。

（4）闪点（flash point）。当油在标准仪器中加热所蒸发出的油气，一遇火焰即能发出闪光时的最低温度，称为油的闪点。闪光时间长达 5s 的油温称为燃点。这是衡量油的易燃性的一个指标。在高温下工作的机械应选闪点高于工作温度的润滑油。

（5）极压性能（extreme pressure properties）。极压性能是润滑油中加入含硫、氯、磷的有机极性化合物后，油中极性分子在金属表面生成抗磨、耐高压的化学反应膜的性能。在重载、高速、高温条件下，可改善边界润滑的性能。极压性能对高负荷条件下的齿轮传动、滚动轴承等的润滑具有重要意义。

（6）氧化稳定性（oxidative stablity）。从化学性能上讲，矿物油是很不活泼的，但当它们在高温气体中时，也会发生氧化，并生成硫、磷、氯等酸性化合物。这是一些胶状沉积物，不但腐蚀金属，而且加剧零件的磨损。

润滑油牌号大部分是以一定温度（通常为 40℃或 100℃）下运动黏度范围的中心值来确定的，实际运动黏度在中心值的±10％偏差以内变化。按照《工业液体润滑剂 ISO 黏度分类》（GB/T 3141—1994）规定，我国常用工业润滑油黏度等级及黏度范围见表 3-2。

表 3-2 我国常用工业润滑油黏度等级和黏度范围 cSt

黏度等级	运动黏度中心值（40℃）	运动黏度范围（40℃）	黏度等级	运动黏度中心值（40℃）	运动黏度范围（40℃）
2	2.2	1.98～2.42	68	68	61.2～74.8
3	3.2	2.88～3.52	100	100	90.0～110
5	4.6	4.14～5.06	150	150	135～165
7	6.8	6.12～7.48	220	220	198～242
10	10	9.00～11.0	320	320	288～352
15	15	13.5～16.5	460	460	414～506
22	22	19.8～24.2	680	680	612～748
32	32	28.8～35.2	1000	1000	900～1100
46	46	41.4～50.6	1500	1500	1350～1650

不同机械在不同工作条件下采用的润滑油有不同的性质要求，详细资料可参考本章附阅读参考文献。

2）润滑脂（grease）

润滑脂是润滑油与稠化剂（如钙、锂、钠的金属皂）的膏状混合物。有时，为了改善某些性能，还加入一些添加剂。根据调制润滑脂所用皂基之不同，润滑脂主要有以下几类。

（1）钙基润滑脂。这种润滑脂具有良好的抗水性，但耐热能力差，工作温度不宜超过55～65℃。钙基润滑脂价格比较便宜。

（2）钠基润滑脂。这种润滑脂具有较高的耐热性，工作温度可达 120℃，比钙基润滑脂有较好的防腐性，但抗水性差。

（3）锂基润滑脂。这种润滑脂既能抗水，又能耐高温，其最高工作温度可达 145℃，在 100℃条件下可长期工作，而且有较好的机械安定性，是一种多用途的润滑脂，有取代钠基润滑脂的趋势。

（4）铝基润滑脂。这种润滑脂有良好的抗水性，对金属表面有较高的吸附能力，有一定的防锈作用。在 70℃时开始软化，故只适用于 50℃以下工作。

除了上述 4 种润滑脂外，还有复合基润滑脂和专门用途的特种润滑脂。

润滑脂的主要性能指标有：

（1）锥（针）入度（consistency）。它是表征润滑脂稀稠度的指标。这是指一个重 1.5N 的标准锥体，于 25℃恒温下，由润滑脂表面经 5s 后沉入润滑脂的深度（以 0.1mm 计）。它标志着润滑脂内阻力的大小和流动性的强弱。锥入度是润滑脂的一项主要指标，润滑脂的牌号就是该润滑脂锥入度的等级。根据润滑剂和有关产品（L 类）和分类　第 8 部分：X 组（润滑脂）（GB/T 7631.8—1990）标准规定，润滑脂的稠度（锥入度）分为 9 个等级，等级号越大，稠度越大，锥入度越小。

（2）滴点（droping point）。在规定的加热条件下，润滑脂从标准测量杯的孔口滴下第一滴时的温度叫润滑脂的滴点。润滑脂能够使用的工作温度应低于滴点 20～30℃甚至 40～60℃。

（3）安定性（stablity）。它反映润滑脂在储存和使用过程中维持润滑性能的能力，包括抗水性、抗氧化性和机械安定性。

常用润滑脂的牌号、性能和应用可参见本章推荐的阅读参考文献。

3）固体润滑剂

用固体粉末代替润滑油膜的润滑，称为固体润滑。作为固体润滑剂的材料有无机化合物，如石墨、二硫化钼、氮化硼等；有机化合物，如蜡、聚四氟乙烯、酚醛树脂等；还有金属，如 Pb、Zn、Sn 等以及金属化合物。其中，尤以石墨和二硫化钼应用最广，它们具有类似的层状分子结构。石墨的摩擦系数 $f=0.05\sim0.15$，有良好的粘附性和高的导热、导电性，可用于低温和高温条件。二硫化钼的摩擦系数 $f=0.03\sim0.2$，有牢固的粘附性，在干燥时粘附性更好，可用于低温和高温条件下。在真空中承载能力更大。

4）润滑剂的添加剂

为了改善润滑剂的性能，加进润滑剂中的某些物质称为添加剂。添加剂的种类很多，有极压添加剂、油性剂、黏度指数改进剂、抗蚀添加剂、消泡添加剂、降凝剂、防锈剂等。使用添加剂是现代改善润滑性能的重要手段。

在重载接触副中常用的极压添加剂，能在高温下分解出活性元素与金属表面起化学反应，生成低剪切强度的金属化合物薄层，以增进抗粘着能力。油性添加剂也称边界润滑添加剂，是由极性很强的分子组成，在常温下也能吸附在金属表面形成边界膜。有关添加剂的类型、性质及应用参见本章推荐的阅读参考文献。

2. 黏性定律与润滑油的黏度

1）黏性定律

流体的黏度（viscosity）是流体抵抗变形的能力，它标志着流体内摩擦阻力的大小。如图 3-7 所示，在两个平行平板间充满具有一定黏度不可压缩的润滑油，施加力 F 拖动 A 板（移动件）以速度 v 移动，另一板 B 静止不动，则由于油分子与平板表面的吸附作用，使贴近

板 A 的油以同样的速度 $u=v$ 随板移动,而贴近板 B 的油层则静止不动($u=0$)。沿 y 坐标流层将以不同的速度 u 作相对滑移,在各层的界面上就存在相应的切应力。当油层作层流运动时,油层间的切应力 τ 与该处流体的速度梯度 $\dfrac{\partial u}{\partial y}$ 成正比。用数学形式表示,即为

$$\tau = -\eta \frac{\partial u}{\partial y} \qquad (3\text{-}5)$$

式中,τ 为流体单位面积上的剪切阻力,即切应力;$\dfrac{\partial u}{\partial y}$ 为流体沿垂直于运动方向的速度梯度,"—"号表示 u 随 y 增大而减小;η 为比例常数,即流体的动力黏度。

式(3-5)称为牛顿流体黏性定律,满足该定律的流体称为牛顿流体。

2) 黏度的常用单位

(1) 动力黏度 η

如图 3-8 所示长、宽、高各为 1m 的液体,如果使上、下平面发生 1m/s 的相对滑动速度,所需施加的力 F 为 1N 时,该液体的黏度为 $1\text{N}\cdot\text{s/m}^2$ 或 $1\text{Pa}\cdot\text{s}$(帕·秒)。$\text{Pa}\cdot\text{s}$ 是国际单位制的黏度单位。动力黏度又称绝对黏度。动力黏度的物理单位定为 $\text{dyn}\cdot\text{s/cm}^2$,称 P(泊),$\dfrac{1}{100}$P 称为 cP(厘泊),即 1P=100cP。

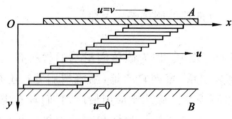
图 3-7 平行板间液体的层流流动

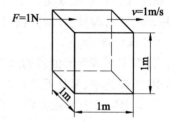
图 3-8 液体的动力黏度示意图

P、cP 和 $\text{Pa}\cdot\text{s}$ 的换算关系为

$$1\text{Pa}\cdot\text{s} = 10\text{P} = 1000\text{cP}$$

(2) 运动黏度

工业上常用动力黏度 η 与同温度下该液体的密度 ρ 的比值表示黏度,称为运动黏度 ν,即

$$\nu = \frac{\eta(\text{Pa}\cdot\text{s})}{\rho(\text{kg/m}^3)} \quad \text{m}^2/\text{s} \qquad (3\text{-}6)$$

对于矿物油,密度 $\rho=850\sim900\text{kg/m}^3$。

在物理单位制中,运动黏度的单位是 cm^2/s,$1\text{cm}^2/\text{s}$ 称为 1St(斯),$\dfrac{1}{100}$St 称为 cSt(厘斯)。其换算关系为

$$1\text{m}^2/\text{s} = 10^4\text{St} = 10^6\text{cSt}, \quad 1\text{cSt} = 1\text{mm}^2/\text{s}$$

国家标准 GB/T 3141—1994 规定采用润滑油在 40℃时的运动黏度的中心值为其牌号,例如 N46 号机械油在 40℃时的黏度是 41.6~50.6cSt。

(3) 条件黏度(相对黏度)

除了运动黏度外,还经常用比较法测定黏度。我国用恩氏黏度作为相对黏度单位,即把

200cm³ 试油在规定温度下（一般为 20℃、50℃、100℃）流过恩氏黏度计的小孔所需的时间(s)与同体积蒸馏水在相同温度下流过同一小孔所需时间(s)的比值，以符号 $°E_t$ 表示，其中脚注 t 表示测定时的温度。美国习惯用赛氏通用秒(SUS)，英国习惯用雷氏秒作为条件黏度单位。运动黏度与条件黏度的换算关系参照本章推荐的阅读参考文献。

3）影响润滑油黏度的主要因素

（1）黏度与温度的关系

温度对黏度的影响十分显著，润滑油的黏度随着温度的升高而降低。几种常用润滑油在不同温度下的黏度-温度曲线见图 3-9。衡量润滑油温度变化对黏度的影响程度的参数为黏度指数(VI)。黏度指数值越大，表明黏度随温度的变化越小，表示油的粘温特性越好。VI≤35 为低黏度指数；85≥VI＞35 为中黏度指数；100≥VI＞85 为高黏度指数；VI＞110 为很高黏度指数。

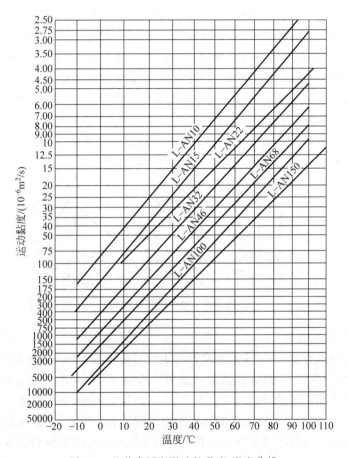

图 3-9　几种常用润滑油的黏度-温度曲线

（2）黏度与压力的关系

压力对润滑油黏度的影响，只有在压力超过 10MPa 时才会体现，即黏度随着压力的增高而加大，高压时则更为显著。因此在一般润滑条件下可不予考虑。但在弹性流体动力润滑中，这种影响不可忽略。例如在齿轮传动中，啮合处的局部压力可能高达 1000MPa，那时矿物油已不再像液体而更像蜡状的固体了。对于一般矿物油的黏度与压力的关系，通常用下列经验公式表示：

$$\eta_{\mathrm{p}} = \eta_0 \mathrm{e}^{\alpha p} \tag{3-7}$$

式中，η_{p} 为润滑油在压力 p 时的动力黏度，$\mathrm{Pa \cdot s}$；η_0 为标准大气压下油的动力黏度，$\mathrm{Pa \cdot s}$；e 为自然对数的底，$\mathrm{e} = 2.718$；α 为黏压指数。当压力 p 的单位为 Pa 时，α 的单位为 $\mathrm{m^2/N}$。对于一般矿物油，$\alpha \approx (1 \sim 3) \times 10^{-8} \mathrm{m^2/N}$。

3. 流体润滑简介

根据摩擦面间油膜形成的原理，可把流体润滑分为流体动力润滑(hydrodynamic lubrication)、弹性流体动力润滑(elastohydrodynamic lubrication)和流体静力润滑(hydrostatic lubrication)等。

1) 流体动力润滑

两个作相对运动物体的摩擦表面，借助于相对速度而产生的黏性流体膜而完全隔开，由流体膜产生的压力来平衡外载荷，称为流体动力润滑。所用的黏性流体可以是液体(如润滑油)，也可以是气体(如空气等)，相应地称为液体动力润滑和气体动力润滑。流体动力润滑的主要优点是摩擦力小、磨损小且可以缓冲吸振，然而实现流体动力润滑必须满足一定的条件。获得流体动力润滑的基本条件是：①两滑动表面沿运动方向的间隙必须呈由大变小的形状(图3-10)，通常称为"油楔"；②相对速度必须足够大，以便流体连续泵入油楔中，依靠楔的作用建立压力油膜。要建立完全的流体动力润滑还需其他一些条件，雷诺方程是建立流体动力润滑的基本方程。具体详见第13章的滑动轴承。

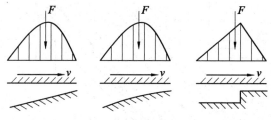

图3-10　油楔的压力分布

2) 弹性流体动力润滑

在流体动力润滑计算中，通常都忽略润滑表面的弹性变形和压力对润滑油黏度的影响，这对于低副接触，因压强不大(大多数滑动轴承的压强 $p < 10\mathrm{MPa}$)，比较符合实际，计算可以大为简化。对于高副接触(如齿轮副、滚动轴承、凸轮机械等，最大压强 p 可达 $1000\mathrm{MPa}$)由于接触压力很大，摩擦表面间会出现不能忽略的局部弹性变形，而且此时润滑剂的黏度也将随压力发生变化。这种考虑弹性变形和压力两个因素对黏度影响的流体动力润滑称为弹性流体动力润滑。

弹性流体动力润滑理论研究在相互滚动或伴有滚动的滑动条件下，两弹性物体间的流体动力润滑膜的力学性质。把计算在油膜压力下摩擦表面的变形的弹性方程、表述润滑剂黏度与压力间关系的黏压方程与流体动力润滑的方程结合起来，以求解油膜压力分布、润滑膜厚度分布等问题。

图3-11就是两平行圆柱体在弹性流体动力润滑条件下，接触面弹性变形、油膜厚度和

油膜压力分布示意图。依靠润滑剂与摩擦表面的粘附作用,两圆柱体相互滚动时将润滑剂带入间隙。由于接触压力较高使接触面发生局部弹性变形,接触面积扩大,在接触面间形成了一个平行的缝隙,在出油口处的接触面边缘出现了使间隙变小的突起部分(缩颈现象),并形成最小油膜厚度,出现了一个第二峰值压力。

当流体油膜薄到一定程度,需要进一步考虑表面轮廓峰顶直接接触可能性时,则称为部分弹性流体动力润滑。

有关弹性流体动力润滑的进一步知识可参阅相关参考文献。

3)流体静力润滑

利用外部供油(气)装置将一定压力的流体送入两摩擦表面之间以建立压力油膜的润滑称为流体静力润滑。图 3-12 为典型的流体静力润滑系统示意图。外载由油垫面上的流体静压力所平衡。正常使用时,压力油不断从节流间隙外泄,又不断得到油泵的补充。如果流量补偿随时和排出量相等,则油膜厚度将恒定不变,油膜刚度就为无穷大,这是理想状况,但不易实现。如果流量补偿跟不上排出流量,则载荷增大时,油膜厚度将减小。补偿流量的装置称为补偿元件,常用的补偿元件有毛细管节流器、小孔节流器、定量泵等。补偿元件的性能对油垫的承载能力和油膜刚度有很大影响。

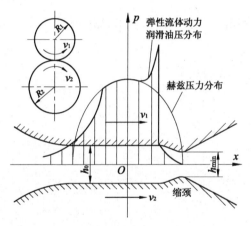

图 3-11　弹性流体动力润滑压力分布

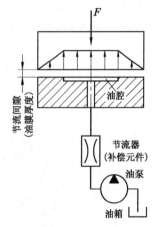

图 3-12　流体静力润滑系统示意图

流体静力润滑的主要优点是:①压力油膜的建立与速度无关,所以速度适用范围广;②正常使用在起动、工作和停止时,始终不会发生金属直接接触,所以使用寿命长、精度保持性好;③油膜刚度大,所以承载能力大,运转精度高,抗振性好;④承载能力不依赖于流体黏度,故能用黏度极低的润滑剂。所以,液体静力润滑已在重型、精密、高效率机器上成功地用于轴承、导轨、蜗杆副、传动螺旋等零件中。流体静力润滑的缺点主要是需要一套供油装置,设备费用较高。

拓展性阅读文献指南

摩擦学是现代机械设计中一个重要的、基础性的研究方向,有很多全新的研究领域,要比较全面了解摩擦学的基本原理与设计应用,可参阅温诗铸、黄平著《摩擦学原理》,清华大学出版社,2008。该书比较全面介绍了摩擦、磨损及润滑的基本理论、分析计算方法及实验测试技术。要了解国内、国外摩擦学的研究状况和发展趋势,可参阅周仲荣主编《摩擦学发展前沿》,科学出版社,2006。该书介绍了超常工况摩擦学、微纳摩擦学、生物摩擦学、仿生摩擦学等摩擦学的新的研究方向。要了解工业上常用润滑剂及性能,可参阅黄文轩编著《润滑剂添加剂性质及应用》,中国石化出版社,2012。

思　考　题

3-1　滑动摩擦有哪些类型? 干摩擦与边界摩擦的机理是什么?

3-2　摩擦特性曲线分哪几个部分?

3-3　边界膜有哪几种? 各有何特点?

3-4　典型的磨损分哪几个阶段? 常见的磨损类型有哪些?

3-5　润滑剂有哪些类型? 其主要性能指标有哪些?

3-6　什么是黏度? 常用单位是什么? 温度和压力是如何影响黏度的?

3-7　什么是牛顿黏性定律?

3-8　什么是流体动力润滑和弹性流体动力润滑? 什么是流体静压润滑?

第2篇　连接

为使机器的制造、安装、运输、维修方便以及提高劳动生产率等,机械中广泛地采用了各种连接。机械设计人员必须要了解连接(joints)的种类、特点和应用,熟悉连接设计的准则,掌握设计的理论和方法。

机械连接有两大类:一类是机器工作时,被连接的零(部)件间可以有相对运动的连接,称为机械动连接,如机械原理课程中讨论的各种运动副;另一类则是在机器工作时,被连接的零(部)件间不允许产生相对运动的连接,称为机械静连接,这是本篇所要讨论的内容。实际上,在机械制造中,"连接"这一术语,也只指机械静连接,故本书除指明为动连接外,所用到的"连接"均指机械静连接。

机械静连接又分为可拆连接和不可拆连接。可拆连接是不需毁坏连接中的任一零件就可拆开的连接,故多次装拆无损于其使用性能。常见的有螺纹连接、键连接(包括花键连接、无键连接)及销连接等,其中尤以螺纹连接和键连接应用较广。不可拆连接是至少必须毁坏连接中的某一部分才能拆开的连接,常见的有铆钉连接、焊接、胶接等。另外,还有一种介于可拆或不可拆之间的过盈连接,在机器中也常使用。

根据上述各种连接的使用广泛性,及教学大纲的要求和教学时数,本篇将着重讨论螺纹连接(threaded joints)和键连接,并对销连接、铆钉连接、焊接、胶接以及过盈连接的基本结构型式和性能,作一概略的介绍。

第 4 章

螺 纹 连 接

内容提要：本章主要介绍螺纹连接的类型及螺纹连接件，螺纹连接的预紧和防松；根据螺栓的主要失效形式，介绍螺栓连接的强度计算方法；最后介绍螺栓组连接的设计与受力分析以及提高螺纹连接强度的措施等。

本章重点：螺纹连接的类型及螺纹连接件，螺纹连接的预紧和防松方法，螺栓连接的强度计算等。

本章难点：螺栓组连接的设计，提高螺纹连接强度的措施。

4.1 螺 纹

1. 螺纹的形成

如图 4-1 所示，把一锐角为 ϕ 的直角三角形绕到一直径为 d 的圆柱体上，并使底边与圆柱体底边相重合，则斜边就在圆柱体上形成一条空间螺旋线。

现取任一平面图形 K（如图中的三角形）沿着螺旋线移动，并保持该平面图形通过圆柱体的轴线 yy，则图形 K 在空间构成的形体称为螺纹(thread)。上述在圆柱体上形成的螺纹称为外螺纹(external thread)。用同样方法在一圆柱形孔壁上形成的螺纹称为内螺纹(internal thread)。

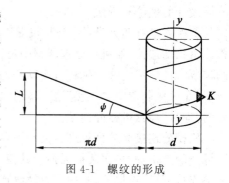

图 4-1 螺纹的形成

2. 螺纹的类型和应用

通常内、外螺纹成组配合以形成螺旋副使用。起连接作用的螺纹称为连接螺纹(connection thread)；起传动作用的螺纹称为传动螺纹(power thread)。螺纹又分为米制和英制(螺距以每英寸牙数表示)两类。我国除管螺纹保留英制外，都采用米制螺纹。

常用螺纹的类型主要有普通螺纹(三角形螺纹)(triangle thread)、米制锥螺纹(taper thread)、管螺纹(pipe thread)、梯形螺纹(acme thread)、矩形螺纹(square thread)和锯齿形螺纹(buttress thread)。前 3 种主要用于连接，后 3 种主要用于传动。其中除矩形螺纹外，都已标准化。标准螺纹的基本尺寸可查阅有关标准。常用螺纹的类型、特点和应用，见表 4-1。

表 4-1　常用螺纹的类型、特点和应用

螺纹类型		牙 型 图	特点和应用
连接螺纹	普通螺纹		牙型为等边三角形,牙型角 $\alpha=60°$,内外螺纹旋合后留有径向间隙。外螺纹牙根允许有较大的圆角,以减小应力集中。同一公称直径按螺距大小,分为粗牙和细牙。细牙螺纹的牙型与粗牙相似,但螺距小,升角小,自锁性较好,强度高,因牙细不耐磨,容易滑扣。 　　一般连接多用粗牙螺纹,细牙螺纹常用于细小零件、薄壁管件或受冲击、振动和变载荷的连接中,也可作为微调机构的调整螺纹用
	非螺纹密封的管螺纹		牙型为等腰三角形,牙型角 $\alpha=55°$,牙顶有较大的圆角,内外螺纹旋合后无径向间隙,管螺纹为英制细牙螺纹,尺寸代号为管子的内螺纹大径。适用于管接头、旋塞、阀门及其他附件。若要求连接后具有密封性,可压紧被连接件螺纹副外的密封面,也可在密封面间添加密封物
	用螺纹密封的管螺纹		牙型为等腰三角形,牙型角 $\alpha=55°$,牙顶有较大的圆角,螺纹分布在锥度为 $1:16(\varphi=1°47'24'')$ 的圆锥管壁上。它包括圆锥内螺纹与圆锥外螺纹和圆柱内螺纹与圆柱外螺纹两种。螺纹旋合后,利用本身的变形就可以保证连接的紧密性,不需要任何填料,密封简单,适用于管子、管接头、旋塞、阀门和其他螺纹连接的附件
	米制锥螺纹		牙型角 $\alpha=60°$,螺纹牙顶为平顶,螺纹分布在锥度为 $1:16(\varphi=1°47'24'')$ 的圆锥管壁上,用于气体或液体管路系统,依靠螺纹密封的连接螺纹(水、煤气管道用管螺纹除外)
传动螺纹	矩形螺纹		牙型为正方形,牙型角 $\alpha=0°$。其传动效率较其他螺纹高,但牙根强度弱,螺旋副磨损后,间隙难以修复和补偿,传动精度降低。为了便于铣、磨削加工,可制成 $10°$ 的牙型角。 　　矩形螺纹尚未标准化,推荐尺寸: $d=\dfrac{5}{4}d_1,P=\dfrac{1}{4}d_1$。目前已逐渐被梯形螺纹代替
	梯形螺纹		牙型为等腰梯形,牙型角 $\alpha=30°$。内、外螺纹以锥面贴紧不易松动。与矩形螺纹相比,传动效率略低,但工艺性好,牙根强度高,对中性好。如用剖分螺母,还可以调整间隙。梯形螺纹是最常用的传动螺纹
	锯齿形螺纹		牙型为不等腰梯形,工作面的牙侧角为 $3°$,非工作面的牙侧角为 $30°$。外螺纹牙根有较大的圆角,以减小应力集中。内、外螺纹旋合后,大径处无间隙,便于对中。这种螺纹兼有矩形螺纹传动效率高、梯形螺纹牙根强度高的特点,但只能用于单向受力的螺纹连接或螺旋传动中,如螺旋压力机

　　根据螺旋线的绕行方向可分为左旋(left-handed thread)和右旋(right-handed thread)两种(图 4-2),常用的是右旋螺纹。根据螺旋线的数目,螺纹还可分为单线(single thread)螺纹、双线(double threads)螺纹、三线(triple threads)螺纹等。连接多用单线螺纹,传动多用多线螺纹。

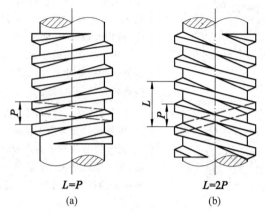

$$L=P$$
(a)

$$L=2P$$
(b)

图 4-2　右旋、左旋螺纹和单线、双线螺纹

(a) 单线右旋；(b) 双线左旋

　　机械制造中除上述的常用螺纹外,还制定有特殊用途的螺纹,以适应各行业的特殊工作要求,需用时可查阅有关专业标准。

3. 螺纹的主要参数

　　现以圆柱普通螺纹为例说明螺纹的主要几何参数(图 4-3)。

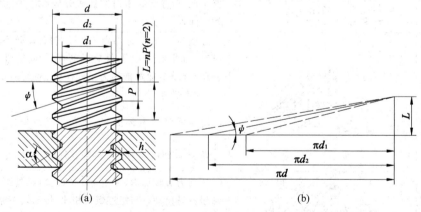

(a)　　　　　　　　　　　　　　(b)

图 4-3　螺纹的主要几何参数

　　(1) 外径(大径)(major diameter)d——螺纹的最大直径,即与螺纹牙顶相重合的假想圆柱面的直径,在标准中为公称直径。

　　(2) 内径(小径)(minor diameter)d_1——螺纹的最小直径,即与螺纹牙底相重合的假想圆柱面的直径,在强度计算中常作为螺杆危险截面的计算直径。

　　(3) 中径(pitch diameter)d_2——在轴向剖面内牙厚与牙间宽相等处的假想圆柱面的直

径,近似等于螺纹的平均直径,$d_2 \approx 0.5(d + d_1)$。中径是确定螺纹几何参数和配合性质的直径。

(4) 螺距(thread pitch)P——螺纹相邻两个牙型上对应点间的轴向距离。

(5) 导程(lead)L——螺纹上任一点沿同一条螺旋线旋转一周所移动的轴向距离。单线螺纹 $L = P$;多线螺纹 $L = nP$。

(6) 线数 n——螺纹的螺旋线数目。为了便于制造,一般 $n \leqslant 4$。

(7) 螺纹升角(lead angle)ψ——在中径圆柱面上螺旋线的切线与垂直于螺旋线轴线的平面的夹角:

$$\psi = \arctan \frac{L}{\pi d_2} = \arctan \frac{nP}{\pi d_2} \tag{4-1}$$

(8) 牙型角(tooth angle)α——螺纹轴向剖面内,螺纹牙型两侧边的夹角。螺纹牙型侧边与螺纹轴线的垂直平面的夹角称为牙型斜角,对称牙型的牙型斜角 $\beta = \alpha/2$。

(9) 工作高度 h——内、外螺纹旋合后接触面的径向高度。

各种管螺纹的主要几何参数可查阅有关标准,其公称直径都不是螺纹大径,而近似等于管子的内径。

螺旋副的自锁条件为

$$\psi \leqslant \varphi_v = \arctan \frac{f}{\cos\beta} = \arctan f_v \tag{4-2}$$

螺旋副的传动效率(screw efficiency)为

$$\eta = \frac{\tan\psi}{\tan(\psi + \varphi_v)} \tag{4-3}$$

式中,φ_v 为当量摩擦角;f 为摩擦系数;f_v 为当量摩擦系数。

4.2　螺纹连接的类型及螺纹连接件

1. 螺纹连接的基本类型

1) 螺栓连接

常见的普通螺栓连接(ordinary bolt connection)如图 4-4(a)所示。这种连接的结构特点是用普通螺栓贯穿两个(或多个)被连接件的通孔,被连接件孔壁上无需制作螺纹且与螺栓杆间留有间隙,结构简单,装拆方便,使用时不受被连接件材料的限制,常用于被连接件不太厚时。图 4-4(b)所示是铰制孔螺栓连接(bolt connection for hinge holes)。孔和螺栓杆多采用基孔制过渡配合(H7/m6、H7/n6)。这种连接能精确固定被连接件的相对位置,并能承受横向载荷,但孔的加工精度要求较高。

2) 双头螺柱连接

如图 4-5(a)所示,这种连接结构拆装时只需拆下螺母,不必将双头螺柱从被连接件中拧出。设计时应注意,双头螺柱(stud)必须紧固,以保证拧松螺母时,双头螺柱在螺孔中不转动。该连接适用于被连接件之一较厚不宜制成通孔,材料又比较软(例如用铝镁合金制造的壳体),且需要经常拆装时。

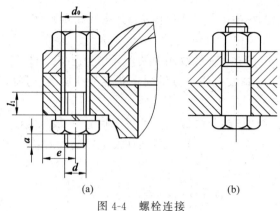

图 4-4   螺栓连接

（a）普通螺栓连接；（b）铰制孔螺栓连接

螺纹余留长度 l_1：

　　静载荷 $l_1 \geqslant (0.3 \sim 0.5)d$，变载荷 $l_1 \geqslant 0.75d$，冲击载荷或弯曲载荷 $l_1 \geqslant d$，铰制孔用螺栓连接 $l_1 \approx d$。

螺纹伸出长度 $a \approx (0.2 \sim 0.3)d$。

螺栓轴线到被连接件边缘的距离 $e = d + (3 \sim 6)$mm。

通孔直径 $d_0 \approx 1.1d$。

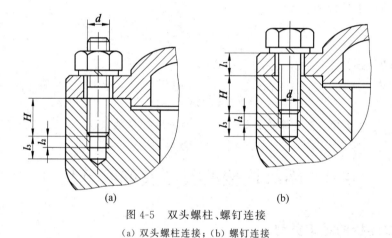

图 4-5   双头螺柱、螺钉连接

（a）双头螺柱连接；（b）螺钉连接

拧入深度 H，当带螺纹孔件材料为：钢或青铜 $H \approx d$，铸铁 $H = (1.25 \sim 1.5)d$，铝合金 $H = (1.5 \sim 2.5)d$。

内螺纹余留长度 l_2 及钻孔余量 l_3 按《普通螺纹　极限尺寸》(GB/T 15756—2008)取定。

　　3）螺钉连接

　　如图 4-5(b)所示，这种连接的特点是螺钉(screw)直接拧入被连接件的螺纹孔中，不用螺母，结构比双头螺柱简单、紧凑。其用途和双头螺柱连接相似，但如经常拆装，易使螺纹孔磨损，可能导致被连接件报废，故多用于受力不大又不经常拆装的连接。

　　4）紧定螺钉连接

　　该连接是利用拧入零件螺纹孔中的螺钉末端顶住另一零件的表面(图 4-6(a))或顶入相应的凹坑中(图 4-6(b))，以固定两个零件的相对位置，并可传递不大的轴向力或扭矩。

　　除上述 4 种基本螺纹连接型式外，还有一些特殊结构的连接。例如专门用于将机座或机架固定在地基上的地脚螺栓连接(图 4-7)，装在机器或大型零、部件的顶盖或外壳上便于起吊用的吊环螺钉连接(图 4-8)。

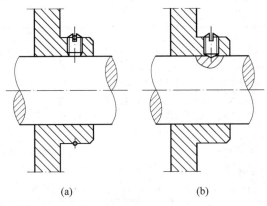

(a)　　　　　　(b)

图 4-6　紧定螺钉连接

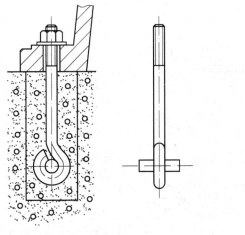

图 4-7　地脚螺栓连接

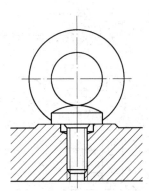

图 4-8　吊环螺钉连接

2. 标准螺纹连接件

螺纹连接件的品种、类型很多,机械制造中常见的螺纹连接件有螺栓(bolt)、双头螺柱(stud)、螺钉(screw)、螺母(nut)、垫圈(washer)和防松零件等。这类零件的结构型式和尺寸都已标准化,设计时根据有关标准选用。表 4-2 列出了部分常用连接件的结构特点和应用。

表 4-2　常用标准螺纹连接件

类型	图 例	结构特点和应用
六角头螺栓		种类很多、应用最广,精度分为 A、B、C 三级,通用机械制造中多用 C 级(左图)。螺栓杆部可制出一段螺纹或全螺纹,螺纹可用粗牙或细牙(A、B 级)

类型	图 例	结 构 特 点 和 应 用
双头螺柱		螺柱两端都制有螺纹,两端螺纹可相同或不同,螺柱可带退刀槽或制成腰杆,也可制成全螺纹的螺柱。螺柱的一端常用于旋入螺纹孔中,旋入后即不拆卸,另一端则用于安装螺母以固定其他零件
螺 钉		螺钉头部形状有圆头、扁圆头、六角头、圆柱头和沉头等。头部起子槽有一字槽、十字槽和内六角孔等形式。十字槽螺钉头部强度高、对中性好,便于自动装配。内六角孔螺钉能承受较大的扳手力矩,连接强度高,可代替六角头螺栓,用于要求结构紧凑的场合
紧定螺钉		紧定螺钉的末端形状,常用的有锥端、平端和圆柱端。锥端适用于被紧定零件的表面硬度较低或不经常拆卸的场合;平端接触面积大,不伤零件表面,常用于顶紧硬度较大的平面或经常拆卸的场合;圆柱端压入轴上的凹坑中,适用于紧定空心轴上的零件位置
自攻螺钉		螺钉头部形状有圆头、六角头、圆柱头、沉头等。头部起子槽有一字槽、十字槽等形式。末端形状有锥端和平端两种。多用于连接金属薄板、铝合金或塑料零件。在被连接件上可不预先制出螺纹,在连接时利用螺钉直接攻出螺纹。螺钉材料一般用渗碳钢,热处理后表面硬度不低于 45HRC。自攻螺钉的螺纹与普通螺纹相比,在相同的大径时,自攻螺纹的螺距大而小径则稍小,已标准化

类型	图　例	结构特点和应用
六角螺母		根据螺母厚度不同,分为标准的和薄的两种。薄螺母常用于受剪力的螺栓上或空间尺寸受限制的场合。螺母的制造精度和螺栓相同,分为 A、B、C 三级,分别与相同级别的螺栓配用
圆螺母		圆螺母常与止退垫圈配用,装配时将垫圈内舌插入轴的槽内,而将垫圈的外舌嵌入圆螺母的槽内,螺母即被锁紧。常作为滚动轴承的轴向固定用
垫　圈		垫圈是螺纹连接中不可缺少的附件,常放置在螺母和被连接件之间,起保护支承表面等作用。平垫圈按加工精度不同,分为 A 级和 C 级两种。用于同一螺纹直径的垫圈又分为特大、大、普通和小的四种规格,特大垫圈主要在铁木结构上使用。斜垫圈只用于倾斜的支承面上

　　根据《紧固件公差　螺栓、螺钉、螺柱和螺母》(GB/T 3103.1—2002)相关的规定,螺纹连接件分为 3 个精度等级,其代号为 A、B、C 级。A 级精度的公差最小,精度最高,用于要求配合精确,防止振动等重要零件的连接;B 级精度多用于受载较大且经常装拆、调整或承受变载荷的连接;C 级精度多用于一般的螺纹连接。常用的标准螺纹连接件(螺栓、螺钉)通常选用 C 级精度。

4.3　螺纹连接的预紧和防松

1. 螺纹连接的预紧

　　按螺纹连接装配时是否拧紧,螺纹连接可分为松连接(joints without initial load)和紧连接(joints with initial load)。

　　松螺栓连接在装配时不拧紧(图 4-9),这种连接只在承受外载荷时才受到力的作用。松螺栓连接应用较少。

　　在实际应用中,绝大多数连接在装配时都需要拧紧,使连接在承受工作载荷之前,预先受到力的作用,此预加轴向作用力称为预紧力(pre-tightening force)Q_p(图 4-10)。这种连接叫紧螺栓连接。预紧可以增加连接刚度、紧密性和提高防松能力。

　　拧紧螺母时,其拧紧力矩(tightening torque)为

$$T = F_H L$$

式中:F_H 为作用在手柄上的力;L 为力臂长度。

　　力矩 T 要克服螺纹副的摩擦阻力矩 T_1 和螺母环形端面与被连接件(或垫圈)支承面间的摩擦阻力矩 T_2,即

$$T = T_1 + T_2 \tag{4-4}$$

由机械原理知识可知:

$$T_1 = Q_p \frac{d_2}{2} \tan(\psi + \varphi_v) \tag{4-5}$$

$$T_2 = \frac{1}{3} f_c Q_p \left(\frac{D_1^3 - d_0^3}{D_1^2 - d_0^2} \right) \tag{4-6}$$

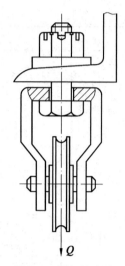

图 4-9　松螺栓连接

式中,d_2 为螺纹中径;ψ 为螺旋升角;φ_v 为螺纹当量摩擦角;f_c 为螺母与支承面间的摩擦系数,取 $f_c = 0.15$;D_1、d_0 分别为支承面的外、内直径,见图 4-10。

$$T = \frac{1}{2} \left[\frac{d_2}{d} \tan(\psi + \varphi_v) + \frac{2 f_c}{3 d} \left(\frac{D_1^3 - d_0^3}{D_1^2 - d_0^2} \right) \right] Q_p d \tag{4-7}$$

令

$$K = \frac{1}{2} \left[\frac{d_2}{d} \tan(\psi + \varphi_v) + \frac{2 f_c}{3 d} \left(\frac{D_1^3 - d_0^3}{D_1^2 - d_0^2} \right) \right]$$

则

$$T = K Q_p d \tag{4-8}$$

式中,K 为拧紧力矩系数。K 值大小与摩擦表面的加工情况和润滑状况有关。K 值为 0.1～0.3。

　　对于 M10～M68 粗牙普通螺纹的钢制螺栓,$\psi = 1°42' \sim 3°2'$,f_c 为 0.1～0.2。若取 $\psi \approx 2°30'$,$f_c \approx 0.15$,按 $d_2 = 0.9d$,$D_1 \approx 1.7d$,$d_0 \approx 1.1d$,则 $K \approx 0.2$,即

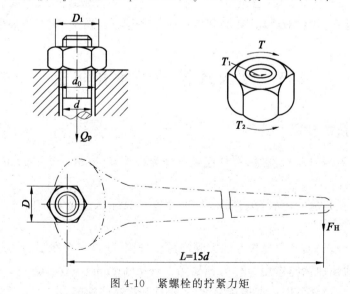

图 4-10　紧螺栓的拧紧力矩

$$T = F_H L \approx 0.2 Q_p d \tag{4-9}$$

一般情况下，$L \approx 15d$，则 $Q_p \approx 75 F_H$。对于直径小的螺栓，容易在拧紧时过载拉断，因此对于重要螺栓连接，不宜选用小于 M10～M14 的螺栓（与螺栓强度级别有关），或应控制螺栓中的预紧力。

通常规定，拧紧后螺纹连接件的预紧应力不得超过其材料屈服极限 σ_s 的 80%。对于一般连接用的钢制螺栓连接的预紧力 Q_p，推荐按下列关系确定：

碳素钢螺栓 $\qquad Q_p \leqslant (0.6 \sim 0.7)\sigma_s A_1 \tag{4-10a}$

合金钢螺栓 $\qquad Q_p \leqslant (0.5 \sim 0.6)\sigma_s A_1 \tag{4-10b}$

式中，σ_s 为螺栓材料的屈服极限；A_1 为螺栓危险剖面的面积。

对于重要螺栓连接，应根据连接的紧密性、载荷性质、被连接件刚度等工作条件决定所需拧紧力矩大小，以便装配时控制。

控制预紧力的方法很多，通常是借助测力矩扳手（图 4-11）或定力矩扳手（图 4-12），利用控制拧紧力矩的方法来控制预紧力的大小。测力矩扳手可从刻度盘上直接读出力矩值。定力矩扳手的工作原理是当拧紧力矩超过规定值时，弹簧 3 被压缩，扳手卡盘 1 与圆柱销 2 之间打滑，如果继续转动手柄，卡盘即不再转动。拧紧力矩的大小可利用螺钉 4 调整弹簧压紧力来加以控制。

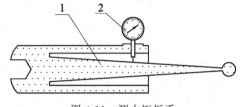

图 4-11　测力矩扳手

1—扳手手柄；2—读数表

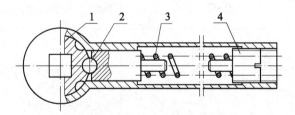

图 4-12　定力矩扳手

1—扳手卡盘；2—圆柱销；3—弹簧；4—调节螺钉

采用测力矩扳手或定力矩扳手控制预紧力的方法，操作简便，但准确性较差（因拧紧力矩受摩擦系数波动的影响较大），也不适用于大型的螺栓连接。为此，可采用测量预紧前后螺栓的伸长量或测量应变等方法来控制预紧力。另外，对于不重要的螺栓连接，也可根据拧紧螺母的转角估计螺栓预紧力值，虽然精确性较差，但简便直观。

2. 螺纹连接的防松

螺纹连接件一般采用单线普通螺纹。螺纹升角（$\psi = 1°42' \sim 3°2'$）小于螺旋副中的当量摩擦角($\varphi_v \approx 6° \sim 9°$),因此,连接螺纹都能满足自锁条件。此外,拧紧以后螺母和螺栓头部等支承面上的摩擦力也有防松作用,所以在静载荷和工作温度变化不大时,螺纹连接不会自动松脱。但在冲击、振动或变载荷的作用下,螺旋副间的正压力可能减小或瞬时消失。这种现象多次重复后,就会使连接松脱。在高温或温度变化较大的情况下,由于螺纹连接件和被连接件的材料发生蠕变和应力松弛,也会使连接中的预紧力和摩擦力逐渐减小,最终导致连接失效。螺纹连接一旦出现松脱,轻者会影响机器的正常运转,重者会造成严重事故。因此,设计螺栓时,必须考虑连接的防松问题。

螺纹连接防松的实质就是防止工作时螺栓和螺母相对转动。防松装置种类很多,表 4-3 列出了常用的几种防松方法。

表 4-3　螺纹连接常用的防松方法

防松方法		结 构 型 式	特 点 和 应 用
摩擦防松	对顶螺母	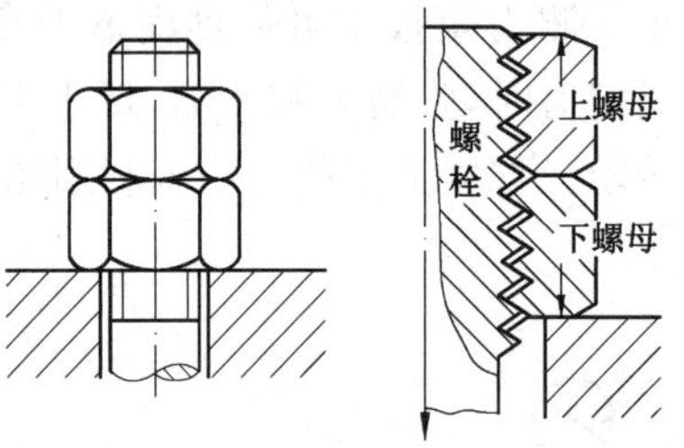	两螺母对顶拧紧后,使旋合螺纹间始终受到附加的压力和摩擦力作用。工作载荷有变动时,该摩擦力仍然存在。旋合螺纹间的接触情况如图所示,下螺母螺纹牙受力较小,其高度可小些,但为了防止装错,两螺母的高度取成相等为宜。 结构简单,适用于平稳、低速和重载的固定装置上的连接
	弹簧垫圈	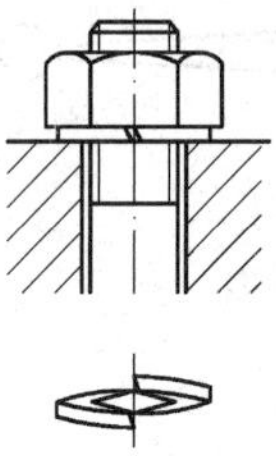	螺母拧紧后,靠垫圈压平产生的弹性反力使旋合螺纹间压紧。同时垫圈斜口的尖端抵住螺母与被连接件的支承面也有防松作用。 结构简单、使用方便。但由于垫圈的弹力不均,在冲击、振动的工作条件下,其防松效果较差,一般用于不太重要的连接
	自锁螺母	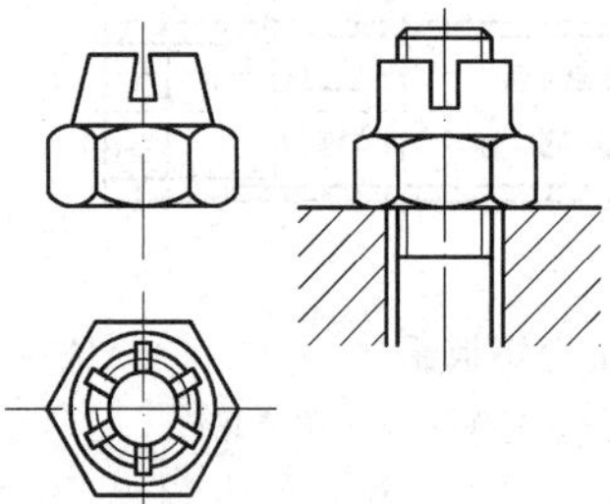	螺母一端制成非圆形收口或开缝后径向收口。当螺母拧紧后,收口张开,利用收口的弹力使旋合螺纹间压紧。 结构简单,防松可靠,可多次装拆而不降低防松性能
机械防松	开口销与六角开槽螺母	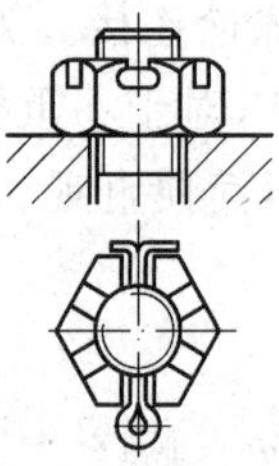	六角开槽螺母拧紧后将开口销穿入螺栓尾部小孔和螺母的槽内,并将开口销尾部掰开与螺母侧面贴合。也可用普通螺母代替六角开槽螺母,但需拧紧螺母后再配钻销孔。 适用于较大冲击、振动的高速机械中运动部件的连接

续表

防松方法		结 构 型 式	特点和应用
机械防松	串联钢丝	(a)正确 (b)不正确	用低碳钢丝穿入各螺钉头部的孔内，将各螺钉串联起来，使其相互制动。使用时必须注意钢丝的穿入方向（上图正确，下图错误）。 　适用于螺钉组连接，防松可靠，但装拆不便
	止动垫圈		螺母拧紧后，将单耳或双耳止动垫圈分别向螺母和被连接件的侧面折弯贴紧，即可将螺母锁住。若两个螺栓需要双联锁紧时，可采用双联止动垫圈，使两个螺母相互制动。 　结构简单，使用方便，防松可靠

4.4　单个螺栓连接的强度计算

　　螺纹连接包括螺栓连接、双头螺柱连接和螺钉连接等类型。下面以螺栓连接为例讨论螺纹连接的强度计算方法。所讨论的方法对双头螺柱连接和螺钉连接也同样适用。

　　连接中的螺栓，其受力形式主要有轴向拉力和横向剪力。受拉螺栓在轴向载荷（包括预紧力）作用下，螺栓杆和螺纹部分可能发生塑性变形或断裂，拉断位置在螺栓杆上的分布情况如图 4-13 所示。而受剪螺栓在横向剪力作用下，螺栓杆和孔壁间可能发生压溃或螺栓被

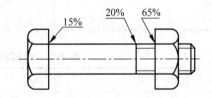

图 4-13　普通螺栓失效概率

剪断等。如果螺纹精度低或经常装拆，往往会发生滑扣现象。根据统计分析，在静载荷下螺栓连接是很少发生破坏的，约有 90% 的螺栓属于疲劳破坏。

　　由上可知，对于受拉螺栓，其设计准则是保证螺栓的静力或疲劳拉伸强度；对于受剪螺栓，其设计准则是保证连接的挤压强度和螺栓的剪切强度，其中连接的挤压强度对连接的可靠性起决定性作用。

　　螺栓连接的强度计算，首先是根据连接的类型、连接的装配情况（预紧或不预紧）、载荷状态等条件，确定螺栓的受力，然后按相应的强度条件计算螺栓危险截面的直径（螺纹小径）

或校核其强度。螺栓的其他部分(螺纹牙、螺栓头、光杆)和螺母、垫圈的结构尺寸,是根据等强度条件及经验确定的,通常都不需要进行强度计算,可按螺栓的公称直径由标准中选定。

1. 松螺栓连接强度计算

松螺栓连接装配时,螺母不需要拧紧。在承受工作载荷之前,螺栓不受力。这种连接应用较少。

如图 4-14 所示,起重吊钩末端的螺纹连接就是松螺栓连接的典型实例。

当连接承受工作载荷 F 时,螺栓所受工作拉力为 F,则螺栓的强度条件为

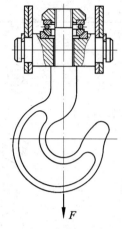

图 4-14　起重吊钩的松螺栓连接

$$\sigma = \frac{F}{\dfrac{\pi d_1^2}{4}} \leqslant [\sigma] \tag{4-11}$$

或

$$d_1 \geqslant \sqrt{\frac{4F}{\pi [\sigma]}} \tag{4-12}$$

式中,d_1 为螺栓危险剖面的直径,mm;$[\sigma]$ 为螺栓材料的许用拉应力,MPa。

对于钢制螺栓 $[\sigma] = \sigma_s / n$,σ_s 为螺栓材料的屈服极限,见表 4-4;n 为安全系数,见表 4-5。

表 4-4　螺纹连接件常用材料的机械性能

材料	抗拉强度极限 σ_B / MPa	屈服极限 σ_s / MPa	疲劳极限/MPa	
			σ_{-1}	σ_{-1tc}
10	340~420	210	160~220	120~150
Q215	340~420	220	—	—
Q235	410~470	240	170~220	120~160
35	540	320	220~300	170~220
45	610	360	250~340	190~250
40C_r	750~1000	650~900	320~440	240~340

表 4-5　螺纹连接的安全系数 n、n_τ、n_p、n_a

受载类型			静 载 荷			变 载 荷			
松螺栓连接			1.2~1.7			—			
紧螺栓连接	普通螺栓连接	不控制预紧力	M6~M16	M16~M30	M30~M60		M6~M16	M16~M30	M30~M60
			碳钢 5~4	4~2.5	2.5~2	碳钢	12.5~8.5	8.5	8.5~12.5
			合金钢 5.7~5	5~3.4	3.4~3	合金钢	10~6.8	6.8	6.8~10
		控制预紧力	1.2~1.5			1.2~1.5		$n_a = 1.5$~2.5	
	铰制孔用螺栓连接		钢:$n_\tau = 2.5$,$n_p = 1.25$			钢:$n_\tau = 3.5$~5,$n_p = 1.5$			
			铸铁:$n_p = 2.0$~2.5			铸铁:$n_p = 2.5$~3.0			

根据式(4-12)求得 d_1 后,按国家标准选用螺纹公称直径及其他尺寸。

2. 紧螺栓连接强度计算

装配时螺母需拧紧,在拧紧力矩作用下,螺栓除受预紧力 Q_p 产生的拉伸应力外,还受螺纹摩擦力矩 T_1 产生的扭转剪应力,使螺栓处于拉伸与扭转的复合应力状态下。因此,在强度计算时,应综合考虑拉伸应力和扭转切应力的作用,即

$$\sigma = \frac{Q_p}{\frac{\pi}{4}d_1^2}$$

$$\tau = \frac{T_1}{W_T} = \frac{Q_p \frac{d_2}{2}(\tan\psi + \varphi_v)}{\frac{\pi d_1^3}{16}} = \tan(\psi + \varphi_v)\frac{2d_2}{d_1}\frac{Q_p}{\frac{\pi}{4}d_1^2}$$

对于常用的 M10~M68 的钢制普通螺栓,$d_2 \approx (1.04 \sim 1.08)d_1$,若取 $d_2 \approx 1.06d_1$,$\psi = 2°30'$,$\tan\varphi_v \approx 0.17$,则可得 $\tau \approx 0.48\sigma$。

钢制螺栓为塑性材料,可按第四强度理论建立强度条件:

$$\sigma_{ca} = \sqrt{\sigma^2 + 3\tau^2} \approx \sqrt{\sigma^2 + 3(0.48\sigma)^2} \approx 1.3\sigma$$

即

$$\sigma_{ca} = \frac{1.3Q_p}{\frac{\pi}{4}d_1^2} \leqslant [\sigma] \tag{4-13}$$

由此可见,紧螺栓连接虽同时承受拉伸和扭转的联合载荷,但在计算时,可以只按拉伸强度计算,并将所受的拉力(预紧力)增大 30% 来考虑扭转的影响。此法亦称为简化计算法。

1) 受横向载荷的紧螺栓连接

受横向载荷的紧螺栓连接有普通螺栓连接和铰制孔螺栓连接两种结构,如图 4-15 所示。

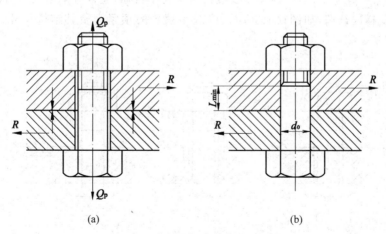

(a)   (b)

图 4-15 受横向载荷的紧螺栓连接

(a) 普通螺栓连接;(b) 铰制孔螺栓连接

（1）普通螺栓连接

如图 4-15(a)所示,拧紧螺母后,螺栓仅受预紧力的作用,且预紧力在连接工作前后保持不变。该预紧力使被连接件接合面间产生压力,而压力又产生足够大的静摩擦力以平衡外载荷 R。

在外载荷 R 作用下,保证连接可靠(不产生相对滑移)的条件为

$$fQ_p i \geqslant K_s R$$

或

$$Q_p \geqslant \frac{K_s R}{fi} \tag{4-14}$$

式中,f 为接合面间的摩擦系数,见表 4-6；i 为接合面数,图 4-15(a)中 $i=1$；K_s 为防滑系数,$K_s = 1.1 \sim 1.3$。

表 4-6　连接接合面间的摩擦系数

被 连 接 件	接合面的表面状态	摩 擦 系 数
钢或铸铁零件	干燥的加工表面	0.10~0.16
	有油的加工表面	0.06~0.10
钢结构件	轧制表面,钢丝刷清理浮锈	0.30~0.35
	涂富锌漆	0.35~0.40
	喷砂处理	0.45~0.55
铸铁对砖料、混凝土或木材	干燥表面	0.40~0.45

此时,螺栓危险剖面的拉伸强度条件为式(4-13)。设计公式为

$$d_1 \geqslant \sqrt{\frac{4 \times 1.3 Q_p}{\pi [\sigma]}} \tag{4-15}$$

由式(4-14)可知,若 $f=0.2$, $i=1$, $K_s=1$,则 $Q_p \geqslant 5R$,即用普通螺栓连接时,螺栓的预紧力必须为横向载荷的数倍,才能使连接可靠。这将使螺栓结构尺寸增加,而且这类连接是靠摩擦力工作的,在承受冲击、振动或变载荷时工作不可靠,通常可采用减载销、减载套或减载键等来承受横向载荷,如图 4-16 所示,以减小螺栓的预紧力及其结构尺寸,且工作也较可靠。

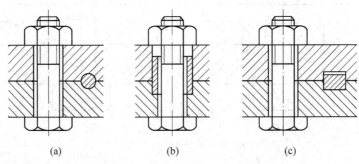

图 4-16　承受横向载荷的减载零件
(a)减载销；(b)减载套；(c)减载键

（2）铰制孔螺栓连接

如图 4-15（b）所示，螺杆与孔紧密配合。当有横向载荷 R 作用时，接合面处的螺杆受剪切，螺杆与孔壁的接触表面受挤压。这种连接的螺栓中预紧力不大，螺母只稍加拧紧即可，所以在计算时可忽略接合面间的摩擦力。

螺栓的剪切强度条件为

$$\tau = \frac{R}{\frac{\pi}{4}d_0^2} \leqslant [\tau] \tag{4-16}$$

螺杆与孔壁接触表面的挤压强度条件为

$$\sigma_p = \frac{R}{d_0 l_{\min}} \leqslant [\sigma]_p \tag{4-17}$$

式中，R 为横向载荷，N；d_0 为螺杆或孔的直径，mm；$l_{\min}$ 为被连接件中受挤压孔壁的最小长度，mm，设计时应使 $l_{\min} \geqslant 1.25 d_0$；$[\tau]$ 为螺栓的许用剪应力，MPa，对于钢 $[\tau] = \sigma_s/n_\tau$（式中 n_τ 为安全系数，见表 4-5）；$[\sigma]_p$ 为螺栓、被连接件中最弱材料的许用挤压应力，MPa，对于钢 $[\sigma]_p = \sigma_s/n_p$，对于铸铁 $[\sigma]_p = \sigma_B/n_p$（$\sigma_B$ 见表 4-4；n_p 为安全系数，见表 4-5）。

铰制孔螺栓能承受较大的横向载荷，但被连接件孔壁加工精度较高，成本亦较高。

2）受轴向载荷的紧螺栓连接计算

此类受载方式的紧螺栓连接在工程实际中比较常见。如图 4-17 所示，这种连接拧紧后螺栓受预紧力 Q_p，工作时还受到工作载荷 F，但螺栓受到的总拉力 Q 并不等于 $Q_p + F$，而与螺栓刚度 C_b 及被连接件刚度 C_m 等因素有关。因此，应从分析螺栓连接的受力和变形的关系入手，找出螺栓总拉力的大小。

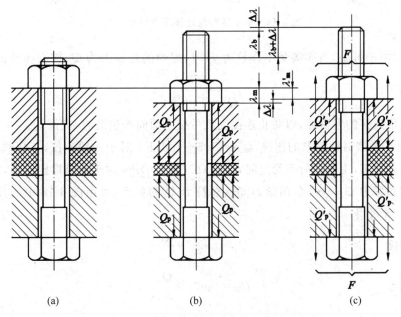

图 4-17　单个紧螺栓连接受力变形图
（a）螺母未拧紧；（b）螺母已拧紧；（c）已承受工作载荷

　　图 4-17(a)是螺母刚好拧到与被连接件相接触,但尚未拧紧,螺栓与被连接件均不受力和变形。图 4-17(b)是螺母已拧紧,但尚未承受工作载荷。此时,螺栓受拉力 Q_p(预紧力)作用,其伸长量为 λ_b;同时,被连接件则在 Q_p 的压缩作用下压缩量为 λ_m。图 4-17(c)是承受工作拉力 F 后的情况。此时,螺栓受到的拉力增至 Q,伸长量增加 $\Delta\lambda$,总伸长量为 $\lambda_b+\Delta\lambda$。同时,原来被压缩的被连接件,因螺栓伸长而被放松,其压缩量也随着减小。由变形协调条件,被连接件压缩变形的减小量应等于螺栓拉伸变形的增加量 $\Delta\lambda$,即被连接件的总压缩量为 $\lambda'_m=\lambda_m-\Delta\lambda$。这时,被连接件的压缩力由 Q_p 减至 Q'_p。Q'_p 称为残余预紧力(residual preload)。

　　可见,紧螺栓连接受载后,由于预紧力的变化,螺栓的总拉力不等于预紧力 Q_p 与工作拉力 F 之和,而等于残余预紧力 Q'_p 与工作拉力之和,即 $Q=Q'_p+F$。

　　因螺栓和被连接件的材料在弹性变形范围内,故变形与载荷成正比,可用图 4-18(a)及(b)所示的直线表示螺栓和被连接件的载荷和变形关系。为分析方便,将图(a)及(b)合并成图(c)。

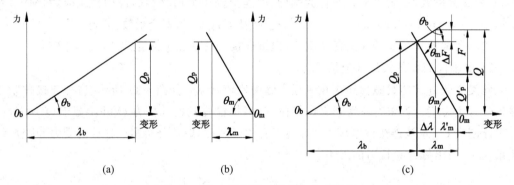

图 4-18　单个紧螺栓连接受力变形线图

　　由图 4-18(c)可见,当连接受工作拉力 F 时,螺栓的总拉力为 Q,被连接件的压缩力为 Q'_p,且

$$Q=Q'_p+F \tag{4-18}$$

　　为了保证连接的紧密性,以防止连接受载后接合面间产生缝隙,应使 $Q'_p>0$。推荐采用的 Q'_p 为:对于有密封性要求的连接,$Q'_p=(1.5\sim1.8)F$;对于一般连接,工作载荷稳定时,$Q'_p=(0.2\sim0.6)F$,工作载荷不稳定时,$Q'_p=(0.6\sim1.0)F$;对于地脚螺栓连接,$Q'_p\geqslant F$。

　　螺栓的预紧力 Q_p 与残余预紧力 Q'_p、总拉力 Q 的关系,可由图 4-18 中的几何关系推出。由图 4-18 可得:

螺栓刚度
$$C_b=\tan\theta_b=\frac{Q_p}{\lambda_b} \tag{4-19}$$

被连接件刚度
$$C_m=\tan\theta_m=\frac{Q_p}{\lambda_m} \tag{4-19'}$$

而

$$Q_p=Q'_p+(F-\Delta F) \tag{4-19a}$$

由图 4-18 中的几何关系得

$$\frac{\Delta F}{F-\Delta F}=\frac{\Delta\lambda\tan\theta_{\mathrm b}}{\Delta\lambda\tan\theta_{\mathrm m}}=\frac{C_{\mathrm b}}{C_{\mathrm m}}$$

或

$$\Delta F=\frac{C_{\mathrm b}}{C_{\mathrm b}+C_{\mathrm m}}F \tag{4-19b}$$

将式(4-19b)代入式(4-19a)得螺栓的预紧力为

$$Q_{\mathrm p}=Q_{\mathrm p}'+\left(1-\frac{C_{\mathrm b}}{C_{\mathrm b}+C_{\mathrm m}}\right)F=Q_{\mathrm p}'+(1-K_{\mathrm c})F \tag{4-20}$$

螺栓的总拉力为

$$Q=Q_{\mathrm p}+\frac{C_{\mathrm b}}{C_{\mathrm b}+C_{\mathrm m}}F=Q_{\mathrm p}+K_{\mathrm c}F \tag{4-21}$$

式中,$K_{\mathrm c}=C_{\mathrm b}/(C_{\mathrm b}+C_{\mathrm m})$称为螺栓的相对刚度(coefficients of relative stiffness)。$K_{\mathrm c}$的大小与螺栓和被连接件的结构尺寸、材料以及垫片、工作载荷的作用位置等因素有关。由式(4-21)知,要降低螺栓的受力,提高螺栓连接的承载能力,应使$K_{\mathrm c}$值尽量小。$K_{\mathrm c}$值可通过计算或实验确定。一般计算时,$K_{\mathrm c}$值可按表4-7选用。

表 4-7　螺栓的相对刚度 $K_{\mathrm c}$

被连接钢板间所用垫片类别	$K_{\mathrm c}=\dfrac{C_{\mathrm b}}{C_{\mathrm b}+C_{\mathrm m}}$
金属垫片(或无垫片)	0.2~0.3
皮革垫片	0.7
铜皮石棉垫片	0.8
橡胶垫片	0.9

设计时,可先根据连接的受载情况,求出螺栓的工作拉力 F,然后计算螺栓的总拉力 Q。考虑到螺栓在总拉力 Q 的作用下,可能需要补充拧紧,故将总拉力增加30%以考虑扭转切应力的影响。于是螺栓危险截面的拉伸强度条件为

$$\sigma_{\mathrm{ca}}=\frac{1.3Q}{\frac{\pi}{4}d_1^2}\leqslant[\sigma] \tag{4-22}$$

或

$$d_1\geqslant\sqrt{\frac{4\times1.3Q}{\pi[\sigma]}} \tag{4-23}$$

对于受轴向变载荷的重要连接(如内燃机汽缸盖螺栓连接等),除按式(4-22)或式(4-23)作静强度计算外,还应计算疲劳强度。

如图4-19中的汽缸盖螺栓连接,由于汽缸反复进气和排气,每个螺栓受的工作载荷 F 在 $0\sim F$ 之间变化,由此引起的螺栓中的总拉力 Q 在 $Q_{\mathrm p}\sim Q$ 之间变化,如图4-20所示。

在螺栓危险剖面上的最大拉应力为 $\sigma_{\max}=Q/(\pi d_1^2/4)$,最小拉应力 $\sigma_{\min}=Q_{\mathrm p}/(\pi d_1^2/4)$,应力幅 $\sigma_{\mathrm a}=(\sigma_{\max}-\sigma_{\min})/2=K_{\mathrm c}(2F/\pi d_1^2)$。由于变载零件的疲劳强度应力幅是主要因素,故应满足下列强度条件:

$$\sigma_{\mathrm a}=K_{\mathrm c}\frac{2F}{\pi d_1^2}\leqslant[\sigma]_{\mathrm a} \tag{4-24}$$

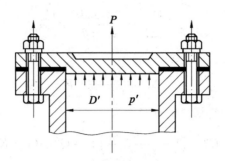

图 4-19　汽缸盖螺栓连接

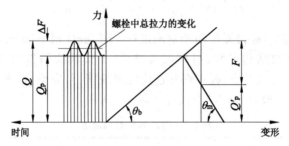

图 4-20　承受轴向变载荷的紧螺栓连接

式中，$[\sigma]_a$ 为螺栓的许用应力幅，MPa。对钢制螺栓，$[\sigma]_a=\sigma_{-1tc}\varepsilon_\sigma/n_a k_\sigma$，$\sigma_{-1tc}$ 为螺栓材料的对称循环拉压疲劳极限，见表 4-4；ε_σ 为尺寸系数，见表 4-8，k_σ 为有效应力集中系数，见表 4-9；n_a 为应力幅安全系数，见表 4-5。

表 4-8　尺寸系数 ε_σ

d	≤12	16	20	24	32	40	48	56	64	72	80
ε_σ	1	0.88	0.81	0.75	0.67	0.65	0.59	0.56	0.53	0.51	0.49

表 4-9　螺栓的有效应力集中系数 k_σ

抗拉强度 σ_B/MPa	400	600	800	1000
k_σ	3	3.9	4.8	5.2

由于 $\sigma_{\min}=Q_p\big/\left(\dfrac{\pi}{4}d_1^2\right)$，也属于 $\sigma_{\min}=$ 常数的变载情况，故也可按式(2-26)进行疲劳强度校核。

3. 螺纹连接件的材料及许用应力

1）螺纹连接件的材料

适合制造螺纹连接件的材料品种很多，常用材料有低碳钢和中碳钢等。在承受冲击、振动或变载荷的重要连接中，螺栓可用合金钢制造，如 20Cr、40Cr、30CrMnSi 等。

国家标准规定螺纹连接件按其机械性能分级（见表 4-10、表 4-11）。

表 4-10 螺栓的强度级别（摘自 GB 3098.1—2000）

强度级别（标记）	3.6	4.6	4.8	5.6	5.8	6.8	8.8	9.8	10.9	12.9
抗拉强度极限 σ_{Bmin}/MPa	330	400	420	500	520	600	800	900	1040	1220
屈服极限 σ_{smin}/MPa	190	240	340	300	420	480	640	720	940	1100
硬度 HBS_{min}	90	109	113	134	140	181	232	267	312	365
推荐材料	低碳钢	低碳钢或中碳钢					中碳钢、淬火并回火		中碳钢,低、中碳合金钢,淬火并回火,合金钢	合金钢

注：① 强度级别中小数点前的数字为 $\sigma_{Bmin}/100$，点后数字为 $10\sigma_{smin}/\sigma_{Bmin}$。

② 双头螺柱、螺钉、紧定螺钉的性能等级及材料和螺栓相同。

表 4-11 螺母的强度级别（摘自 GB 3098.2—2000）

性能等级（标记）	4	5	6	8	9	10	12
拉抗强度极限 σ_{Bmin}/MPa	510 ($d\geq16\sim39$)	520 ($d\geq3\sim4$)	600 ($d\geq3\sim4$)	800 ($d\geq3\sim4$)	900 ($d\geq3\sim4$)	1040 ($d\geq3\sim4$)	1150 ($d\geq3\sim4$)
推荐材料	易切削钢		低碳钢或中碳钢	中碳钢,低、中碳合金钢,淬火并回火			
相配螺栓的性能等级	3.6,4.6,4.8 ($d>16$)	3,6,4.6,4.8 ($d\leq16$);5.6,5.8	6.8	8.8	8.8($d>16\sim39$),9.8($d\leq16$)	10.9	12.9

注：硬度 $HRC_{max}=30$。

2）螺纹连接件的许用应力

螺纹连接件的许用应力（allowable stress）与载荷性质（静、变载荷）、装配情况（松连接或紧连接）以及螺纹连接件的材料、结构尺寸等因素有关。螺纹连接件的许用拉应力按下式确定：

$$[\sigma]=\frac{\sigma_s}{n}$$

式中，σ_s 为螺纹连接件的屈服极限，见表 4-4；n 为安全系数，见表 4-5。

拧紧小直径螺栓时，应控制预紧力，以免产生过载应力而引起螺栓破坏。对于不控制预紧力的紧螺栓连接，设计时应先估计其直径范围，以选取一安全系数进行计算，将计算结果与估计直径相比较，如在原先估计直径所属范围内即可，否则需重新进行估算。

螺栓连接的许用剪切应力 $[\tau]$ 和许用挤压应力 $[\sigma]_p$ 分别按下式确定：

$$[\tau]=\frac{\sigma_s}{n_\tau} \tag{4-25}$$

对于钢：

$$[\sigma]_p=\frac{\sigma_s}{n_p} \tag{4-26}$$

对于铸铁：

$$[\sigma]_p=\frac{\sigma_B}{n_p} \tag{4-27}$$

式中，σ_s、σ_B 分别为材料的屈服极限和强度极限，MPa，见表 4-4；n_τ、n_p 为安全系数，见表 4-5。

4.5　螺栓组连接的设计与受力分析

螺栓组连接设计的一般过程是：首先进行结构设计，即确定接合面的形状、螺栓的布置方式、连接的结构型式及螺栓的数目；然后按其所受的外载荷(力、力矩)分析螺栓组的各螺栓受力，由此找出受力最大的螺栓，确定其受力的大小和方向；再按单个螺栓进行强度计算；由强度计算确定出直径后，选用连接附件和防松装置。有时，也可采用类比法，参照现有的类似设备来确定螺栓组的布置形式和尺寸。

1. 螺栓组连接的结构设计

螺栓组连接(bolt group)结构设计的目的，在于合理地确定连接接合面的几何形状和螺栓的布置形式，应使连接结构受力合理，各螺栓受力均匀，便于加工和装配。设计时应综合考虑以下几点：

(1) 为便于加工和装配，连接接合面的几何形状应尽量简单，且使螺栓组的形心与连接接合面的形心重合，以保证接合面受力较均匀。

(2) 受弯矩和扭矩作用的螺栓组，螺栓应尽量远离对称轴。分布在同一螺栓组中螺栓的材料、直径和长度均应相同。

(3) 螺栓排列应有合理的间距、边距。布置螺栓时，各螺栓轴线间以及螺栓轴线与机体壁间的最小距离，应根据扳手活动空间的尺寸(图4-21)确定。对于压力容器等有紧密性要求的重要连接，螺栓间距不得大于表4-12所推荐的数值。

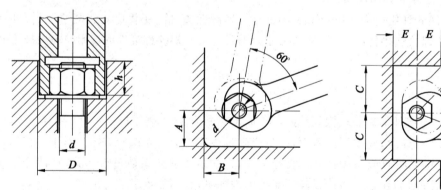

图 4-21　扳手空间尺寸

表 4-12　螺栓间距 t_0

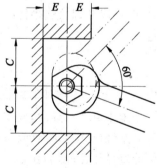

	工作压力/MPa					
	≤1.6	1.6~4	4~10	10~16	16~20	20~30
	t_0/mm					
	7d	4.5d	4.5d	4d	3.5d	3d

注：表中 d 为螺纹公称直径。

（4）避免螺栓承受偏心载荷(eccentric load)，保证被连接件、螺母和螺栓头部的支承面平整，并与螺栓轴线相垂直，在铸、锻件等粗糙表面上安装螺栓时，应制成凸台或沉头座（图 4-22）。当支承面为倾斜表面时，应采用斜面垫圈等。

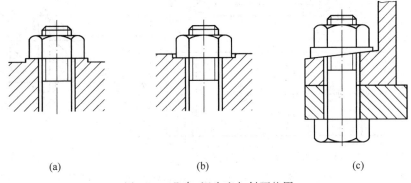

(a)　　　　　　　　　(b)　　　　　　　　　(c)

图 4-22　凸台、沉头座与斜面垫圈
(a) 凸台；(b) 沉头座；(c) 斜面垫圈

2. 螺栓组连接的受力分析

螺栓组受力分析时，假设：①同一螺栓组的各螺栓直径、长度、材料和预紧力 Q_p 均相同；②被连接件为刚体，受载后连接接合面仍保持为平面；③螺栓的变形是弹性的。

下面分析几种典型螺栓组的受载情况。

1) 受轴向载荷的螺栓组连接

图 4-19 为一受轴向总载荷 P 的汽缸盖螺栓组连接。P 的作用线通过螺栓组的对称中心且与螺栓轴线平行。计算时，认为各螺栓平均承载，则每个螺栓承受的轴向工作拉力为

$$F = \frac{P}{z} \tag{4-28}$$

式中，z 为螺栓数目。

应当注意，这类螺栓组连接的各螺栓除承受工作拉力 F 外，还受到预紧力 Q_p 的作用。强度计算见 4.4 节。

2) 受横向载荷的螺栓组连接

图 4-23 为一受横向载荷的螺栓组连接。

横向载荷 R_Σ 的作用线过螺栓组的对称中心，且与螺栓轴线垂直。在这种连接中不管用普通螺栓或是铰制孔螺栓，每个螺栓所承受的横向载荷相等，为

$$R = \frac{R_\Sigma}{z} \tag{4-29}$$

式中，z 为螺栓数目。

对于铰制孔用螺栓连接，其强度计算见式(4-16)和式(4-17)。

对于普通螺栓连接，其强度计算见式(4-14)和式(4-15)。

3) 受扭矩作用的螺栓组连接

图 4-24 为一受扭矩作用的螺栓组连接，其扭矩 T 作用在连接的接合面内。连接的传力方式和受横向载荷的螺栓组连接相同。为防止底板转动，可以采用普通螺栓连接，也可采用铰制孔用螺栓连接。

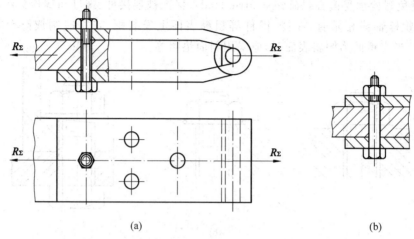

图 4-23　受横向载荷的螺栓组连接

（a）普通螺栓；（b）铰制孔螺栓

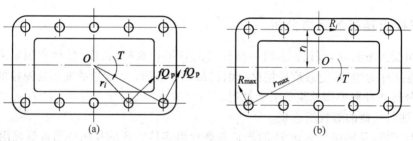

图 4-24　受扭矩作用的螺栓组

（a）普通螺栓；（b）铰制孔螺栓

（1）采用普通螺栓连接时,设各螺栓的预紧力为 Q_p,接合面间所产生的摩擦力相同,但各自的摩擦力矩不同。被连接件不产生相对滑动的条件为

$$fQ_p r_1 + fQ_p r_2 + \cdots + fQ_p r_z \geqslant K_s T$$

即各螺栓所需的预紧力为

$$Q_p \geqslant \frac{K_s T}{f(r_1 + r_2 + \cdots + r_z)} = \frac{K_s T}{f \sum\limits_{i=1}^{z} r_i} \tag{4-30}$$

式中,f 为接合面间摩擦系数,见表 4-6；r_i 为第 i 个螺栓的轴线到螺栓组对称中心 O 的距离,mm；z 为螺栓数目；K_s 为防滑系数,$K_s = 1.1 \sim 1.3$；T 为扭矩,N·mm。

（2）采用铰制孔螺栓时,各螺栓受到剪切和挤压作用。R_1、R_2、R_3、$\cdots$、R_z 分别表示螺栓 1、2、3、$\cdots$、z 所受的横向载荷,若螺栓的变形在弹性变形范围内,则由变形协调条件可知,各螺栓的变形量和受力大小与其中心到接合面形心的距离成正比。用 r_i、r_{max} 及 R_i、R_{max} 分别表示第 i 个螺栓和受力最大螺栓的轴线到螺栓组几何形心的距离及横向载荷,则有

$$\frac{R_{max}}{r_{max}} = \frac{R_i}{r_i}$$

或

$$R_i = R_{max} \frac{r_i}{r_{max}} \qquad (4\text{-}31)$$

由被连接件力矩平衡条件得

$$R_1 r_1 + R_2 r_2 + \cdots + R_z r_z = T$$

即

$$\sum_{i=1}^{z} R_i r_i = T \qquad (4\text{-}32)$$

联立式(4-31)、式(4-32)并解之,则求得受力最大的螺栓其横向工作载荷为

$$R_{max} = \frac{T r_{max}}{\sum_{i=1}^{z} r_i^2} \qquad (4\text{-}33)$$

式中符号意义和单位与式(4-30)相同。

4) 受倾覆力矩作用的螺栓组连接

图 4-25 所示为一受倾覆力矩 M 的底座螺栓组连接。按前述假设底座为刚体,在 M 作用下接合面仍为平面,并有绕对称轴线 O—O 倾转的趋势。M 作用后,O—O 左侧的螺栓被拉紧,轴向拉力增大;O—O 右侧的螺栓被放松,使螺栓的预紧力 Q_p 减小。当连接正常工作时,底座静止不动,此时,左侧各螺栓与右侧支承面对底座绕 O—O 的反力矩之和与倾覆力矩 M 平衡(图 4-25(a)),即

$$F_1 L_1 + F_2 L_2 + \cdots + F_z L_z = M$$

或

$$\sum_{i=1}^{z} F_i L_i = M \qquad (a)$$

式中,F_i 为第 i 个螺栓所受的轴向作用力,N;L_i 为第 i 个螺栓轴线到螺栓组对称轴线 O—O 距离,mm。

因各螺栓的拉伸刚度相等,则螺栓的拉伸变形量越大其所受的工作拉力 F 也越大,即

$$\frac{F_1}{L_1} = \frac{F_2}{L_2} = \cdots = \frac{F_z}{L_z} = \frac{F_{max}}{L_{max}} \qquad (b)$$

将式(b)代入式(a)中并整理,可求得受力最大螺栓的工作拉力为

$$F_{max} = \frac{M L_{max}}{\sum_{i=1}^{z} L_i^2} \qquad (4\text{-}34)$$

式中,F_{max} 为受力最大螺栓的工作拉力,N;L_{max} 为距 O—O 最远螺栓的力臂,mm。

对于受倾覆力矩作用的螺栓组连接,应根据螺栓的预紧力 Q_p 和受载最大螺栓的工作载荷 F_{max},求出该螺栓的总拉力 $Q = Q_p + K_c F_{max}$,然后进行螺栓的强度计算(见 4.4 节)。此外,还应防止连接接合面压应力消失(左侧)而出现缝隙,以及压应力过大(右侧)而被压溃。

在预紧力 Q_p 作用下,接合面间的挤压应力分布如图 4-25(b)所示,有

$$\sigma_p = \frac{z Q_p}{A}$$

在倾覆力矩 M 作用下,接合面间的挤压应力分布如图 4-25(c)所示,有

$$\sigma_M = \frac{M}{W}$$

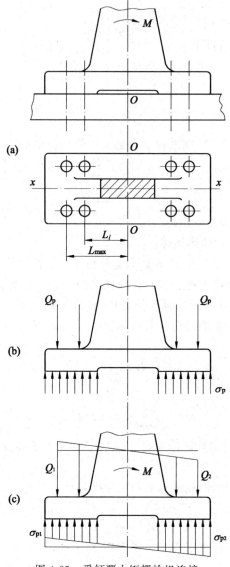

图 4-25　受倾覆力矩螺栓组连接

若不考虑受载后预紧力的变化,将 σ_p 与 σ_M 合成后,则得接合面间的挤压应力分布图如图 4-25(c)所示。由此图可知,接合面左侧边缘处挤压应力最小,接合面右侧边缘处挤压应力最大。

保证接合面最大受压处不压溃的条件为

$$\sigma_{pmax} = \frac{zQ_p}{A} + \frac{M}{W} \leqslant [\sigma]_p \qquad (4\text{-}35)$$

保证接合面最小受压处不出现缝隙的条件为

$$\sigma_{pmin} = \frac{zQ_p}{A} - \frac{M}{W} > 0 \qquad (4\text{-}36)$$

式中,Q_p 为单个螺栓的预紧力,N;A 为底座与支承面的接触面积,mm^2;W 为底座接合面的抗弯截面模量,mm^3;$[\sigma]_p$ 为接合面材料的许用挤压应力,MPa,见表 4-13。

表 4-13　连接接合面材料的许用挤压应力$[\sigma]_p$

材　料	钢	铸　铁	混凝土	砖（水泥浆缝）	木　材
$[\sigma]_p$/MPa	$0.8\sigma_s$	$(0.4 \sim 0.5)\sigma_B$	$2.0 \sim 3.0$	$1.5 \sim 2.0$	$2.0 \sim 4.0$

注：① σ_s 为材料屈服极限，MPa；σ_B 为材料强度极限，MPa。

　　② 当连接接合面的材料不同时，应按强度较弱者选取。

　　③ 连接承受静载荷时，$[\sigma]_p$ 应取表中较大值；承受变载荷时，则应取较小值。

在实际使用中，螺栓组连接所受工作载荷常常是以上 4 种简单受力状态的不同组合。只要分别计算出螺栓组在这些简单受力状态下每个螺栓的工作载荷，然后将它们按向量叠加起来，便得到每个螺栓的总工作载荷。对普通螺栓可按轴向载荷或（和）倾覆力矩确定螺栓的工作拉力；按横向载荷或（和）转矩确定连接所需要的预紧力，然后求出螺栓的总拉力。对铰制孔螺栓则按横向载荷或（和）转矩确定螺栓的工作剪力。求得受力最大的螺栓及其所受的载荷后，再进行单个螺栓连接的强度计算。

4.6　提高螺纹连接强度的措施

影响螺栓连接强度的因素很多，如材料、结构、尺寸、制造工艺、装配质量等。螺栓连接的强度主要取决于螺栓的强度，螺栓能否正常工作直接关系到连接能否正常工作。下面就螺栓连接做一简单说明。

1. 改善螺纹牙间载荷分配不均现象

如图 4-26 所示，在连接受载时，螺栓受拉伸，外螺纹的螺距增大；而螺母受压缩，内螺纹的螺距减小。螺纹螺距的变化差以紧靠支承面处的第一圈为最大，其余各圈依次递减。旋合螺纹间的载荷分布如图 4-27 所示。因此，采用圈数过多的加厚螺母，并不能提高连接的强度。

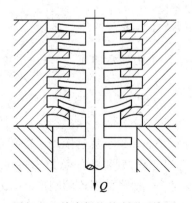

图 4-26　旋合螺纹的变形示意图

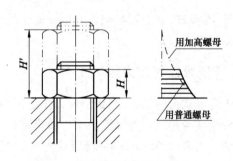

图 4-27　旋合螺纹间的载荷分布

为了改善螺纹牙上的载荷分布不均，可以采用下述方法（图 4-28）：①悬置螺母，使母体和栓杆的变形一致以减少螺距变化差，可提高螺栓疲劳强度达 40%；②环槽螺母，利用螺母下部受拉且富于弹性可提高螺栓疲劳强度在 30%,这些结构特殊的螺母制造费工,只在重要的或大型的连接中使用;③内斜螺母,将螺母上受力最大的几圈螺纹制成 $10°\sim15°$ 的斜角,可减小原受力大的螺纹牙的刚度而把力分移到原受力小的牙上,可提高螺栓疲劳强度达 20%。环槽内斜螺母综合了环槽螺母和内斜螺母的作用。

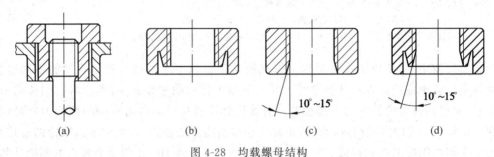

图 4-28 均载螺母结构

(a)悬置螺母;(b)环槽螺母;(c)内斜螺母;(d)环槽内斜

2. 减小应力集中的影响

螺纹的牙根、螺纹的收尾、螺栓头部与螺栓杆的过渡处等,都是产生应力集中的部位。为了减小应力集中的程度,可以采用较大的圆角和卸载结构(图 4-29),或将螺纹收尾改为退刀槽等。

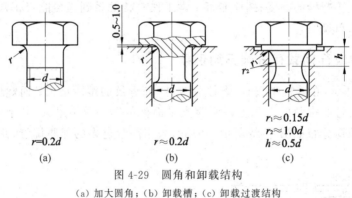

图 4-29 圆角和卸载结构

(a)加大圆角;(b)卸载槽;(c)卸载过渡结构

此外,在设计、制造和装配上应尽量避免螺纹连接产生附加弯曲应力,以免严重影响螺栓的强度和寿命。

3. 降低螺栓的应力幅

对于受变载荷的螺栓,当最小应力 σ_{min} 不变时,应力幅 σ_a 越小就越接近于静载荷,螺栓越不易发生疲劳破坏。若螺栓的工作拉力在 $0\sim F$ 之间变化,则螺栓的总拉力将在 $Q_p\sim Q$ 之间变动。由式(4-24)可知,降低螺栓连接的相对刚度 K_c,即降低螺栓的刚度 C_b 或增大被连接件刚度 C_m,均可以降低应力幅 σ_a。另由式(4-20)可知,在 Q_p 一定的条件下,采取上述措施将引起残余预紧力 Q'_p 减小,以致降低了连接的紧密性。因此,若在减小 C_b 和增大 C_m 的同时,适当增大预紧力 Q_p 就能使 Q'_p 减小不多或保持不变,这对改善连接的可靠性和紧密性是有利的。

图 4-30(a)、(b)、(c)分别表示减小 C_b，增大 C_m 和减小 C_b 且增大 C_m 与 Q_p 时，螺栓中的载荷变化情况。

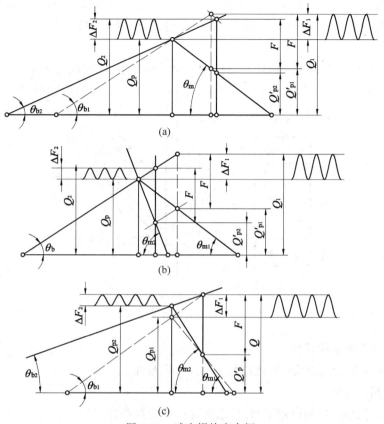

图 4-30　减小螺栓应力幅

(a) 降低螺栓的刚度($C_{b2}<C_{b1}$，即 $\theta_{b2}<\theta_{b1}$)；(b) 增大被联件的刚度($C_{m2}>C_{m1}$，即 $\theta_{m2}>\theta_{m1}$)；

(c) 同时采用 3 种措施($Q_{p2}>Q_{p1}$，$C_{b2}<C_{b1}$，$C_{m2}>C_{m1}$)

为了减小螺栓的刚度，可适当增大螺栓长度或采用柔性螺栓或部分减小栓杆直径。

为了增大被连接件的刚度，除了从被连接件的结构和尺寸方面考虑外，还可采用刚度大的垫片。对于有密封性要求的连接，从提高螺栓的疲劳强度考虑，采用图 4-31(b)所示密封比图 4-31(a)为好。

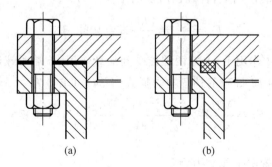

图 4-31　汽缸密封元件

(a) 软垫片密封；(b) 密封环密封

4．采用合理的制造工艺方法

螺栓的制造工艺对其疲劳强度有很大的影响。冷镦头部和滚压螺纹的螺栓，其疲劳强度比车制螺栓高 30%～40%。此外，螺栓经过氰化、氮化、喷丸等处理，均可提高疲劳强度。

例 4-1　图 4-32 所示为一固定在钢柱上的轴承座托架，已知载荷 $P=5000\text{N}$，其作用线与铅垂线的夹角 $\alpha=60°$，底板长 $h=350\text{mm}$，宽 $b=150\text{mm}$，试设计此螺栓组连接。

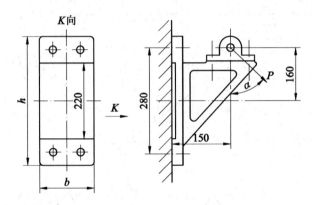

图 4-32　托架底板螺栓组连接

解：1）螺栓组结构设计

采用如图 4-32 所示的结构，螺栓数 $z=4$，对称布置。

2）螺栓组受分析

(1) 在工作载荷 P 的作用下，螺栓组连接承受的载荷有

轴向力

$$P_h = P\sin\alpha = (5000\text{N})\sin60° = 4330\text{N}$$

横向力

$$P_v = P\cos\alpha = (5000\text{N})\cos60° = 2500\text{N}$$

倾覆力矩

$$M = P_h \times 160 + P_v \times 150 = 1067800\text{N·mm}$$

(2) 在轴向力 P_h 的作用下，各螺栓所受的工作拉力为

$$F_1 = \frac{P_h}{z} = \frac{4330}{4}\text{N} = 1082.5\text{N}$$

(3) 在倾覆力矩 M 作用下，上端两螺栓受到加载作用，下端两螺栓受到减载作用，故上面的螺栓受力较大。由 M 导致的螺栓拉力据式(4-34)可求得为

$$F_2 = \frac{ML_{\max}}{\sum\limits_{i=1}^{z} L_i^2} = \frac{1067800 \times 140}{2 \times (140^2 + 140^2)}\text{N} = 1907\text{N}$$

因此，上端螺栓承受的轴向工作拉力为

$$F = F_1 + F_2 = (1082.5 + 1907)\text{N} = 2989.5\text{N}$$

（4）在横向力 P_v 的作用下，底板连接接合面可能产生滑移。在考虑轴向分力 P_h 对预紧力的影响后（参见式（4-20）），可建立底板接合面不滑移的条件为

$$fQ'_p z = fz\left(Q_p - \frac{C_m}{C_b + C_m}\cdot\frac{P_h}{z}\right) \geqslant K_s P_v$$

或

$$Q_p \geqslant \frac{1}{z}\left(\frac{K_s P_v}{f} + \frac{C_m}{C_b + C_m}\cdot P_v\right)$$

由表 4-6 可查得 $f = 0.3$，由表 4-7 查得 $K_c = C_b/(C_b + C_m) = 0.2$，则 $C_m/(C_b + C_m) = 1 - 0.2 = 0.8$，取防滑系数 $K_s = 1.2$，则各螺栓必需的预紧力为

$$Q_p \geqslant \frac{1}{z}\left(\frac{K_s P_v}{f} + \frac{C_m}{C_b + C_m}\cdot P_v\right) = \frac{1}{4}\left(\frac{1.2\times2500}{0.3} + 0.8\times4330\right)\text{N} = 3366\text{N}$$

（5）螺栓所受总拉力 Q

$$Q = Q_p + \frac{C_b}{C_b + C_m}F = (3366 + 0.2\times2989.5)\text{N} = 3963.9\text{N}$$

3）确定螺栓直径

选择螺栓材料为强度级别 4.6 的 Q235，则

$$\sigma_B = 4\times100\text{MPa} = 400\text{MPa}$$

$$\sigma_s = 6\times\frac{\sigma_B}{10} = 6\times\frac{400}{10}\text{MPa} = 240\text{MPa}$$

若不考虑控制预紧力，则螺栓的许用应力与直径有关，故先估取螺栓直径在 M6～M16 范围内，由表 4-5 查得安全系数 $n = 3$，螺栓材料的许用应力 $[\sigma] = \sigma_s/n = (240/3)\text{MPa} = 80\text{MPa}$。据式（4-23）求得危险剖面的直径为 $d_1 \geqslant \sqrt{\frac{4\times1.3Q}{\pi[\sigma]}} = \sqrt{\frac{4\times1.3\times3963.9}{3.1416\times80}}\text{mm} = 9.052\text{mm}$，按粗牙普通螺纹标准（GB 196—2003），选用螺纹公称直径 $d = 12\text{mm}$（螺纹内径 $d_1 = 10.106\text{mm} > 9.052\text{mm}$），计算结果与原估取的直径范围相符，故决定采用 M12 的螺栓。

4）校核螺栓组连接的能力

（1）连接接合面下端的挤压应力不得超过许用值，以防止接合面下端压溃，即 $\sigma_{pmax} \leqslant [\sigma]_p$，据式（4-35）求得

$$\sigma_{pmax} = \frac{zQ_p}{A} + \frac{M}{W} = \left[\frac{4\times3363.9}{150\times130} + \frac{1067800}{\frac{150}{6}(350^2 - 220^2)}\right]\text{MPa} = 1.267\text{MPa}$$

由表 4-13 查得 $[\sigma]_p = 0.8\sigma_s = 0.8\times240 = 192\text{MPa} \gg 1.267\text{MPa}$，故连接接合面下端不致压溃。

（2）连接接合面上端应保持一定的残余预紧力，以防止托架受力时，接合面产生缝隙，即 $\sigma_{pmin} > 0$，据式（4-36）求得

$$\sigma_{pmin} = \frac{zQ_p}{A} - \frac{M}{W} = \left[\frac{4\times3363.9}{150\times130} - \frac{1067800}{\frac{150}{6}(350^2 - 220^2)}\right]\text{MPa} = 0.114\text{MPa} > 0$$

故接合面上端受压最小处不会产生缝隙。

除按上述方法确定螺栓的公称直径外,关于螺栓的类型、长度、精度以及相应的螺母、垫圈等结构尺寸,可根据底板厚度、螺栓在立柱上的固定方法及防松装置等方面考虑后定出,此处从略。

拓展性阅读文献指南

有关管螺纹、石油专用管连接螺纹和传动连接螺纹(梯形螺纹)的详细解释和说明可以参考李新勇等编著《螺纹使用手册》,机械工业出版社,2009。该书中还介绍了常见连接紧固螺纹在攻螺纹前钻头的选用情况,英制、米制和美制尺寸的转换关系等。

有关新型的高强度螺栓连接可参考日本钢构造协会接合小委员会编,王玉春等译《高强度螺栓接合》,中国铁道出版社,1984。

思　考　题

4-1　螺纹连接的类型有哪些?各有什么特点?各适用于什么场合?

4-2　从自锁和效率的角度比较不同线数螺纹的特点,为什么多线螺纹主要用于传动?

4-3　普通螺栓连接和铰制孔螺栓连接结构上各有何特点?当这两种连接在承受横向外载荷时,螺栓各受什么力作用?

4-4　为什么需要对螺纹连接进行预紧?

4-5　拧紧螺母时,拧紧力矩 T 要克服何处的摩擦阻力矩?

4-6　普通螺栓连接在拧紧螺母时,螺栓处于什么应力状态下?应按哪种强度理论进行计算?

4-7　螺纹连接防松的方法有哪些?

4-8　紧螺栓连接的工作拉力为脉动变化时,螺栓的总拉力是如何变化的?试画出其受力变形图并说明。

4-9　提高螺纹连接强度的措施有哪些?

习　　题

4-1　如题 4-1 图所示是由两块边板和一块承重板焊成的龙门起重机导轨托架。两块边板各用 4 个螺栓与立柱相连接,托架所承受的最大载荷为 20kN,载荷有较大的变动螺栓的许用剪切应力[τ]＝90(MPa)。试问此螺栓连接采用普通螺栓连接还是铰制孔用螺栓连接为宜?为什么?如用铰制孔用螺栓连接,螺栓的直径应为多大?

4-2　如题 4-2 图所示为某受轴向工作载荷的紧螺栓连接的载荷变形图,螺栓预紧力为 4000N。要求:

(1) 当工作载荷为 2000N 时,求螺栓所受总拉力及被连接件间残余预紧力。

（2）若被连接件间不出现缝隙，最大工作载荷是多少？

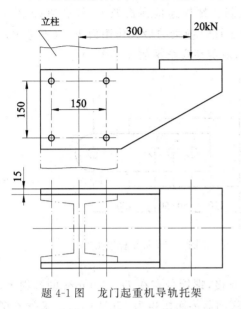

题 4-1 图 龙门起重机导轨托架

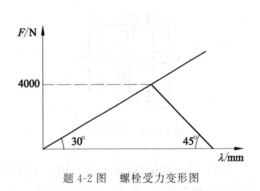

题 4-2 图 螺栓受力变形图

4-3 螺纹连接的基本类型有哪些？各适用于什么场合？螺纹连接防松的意义及基本原理是什么？请指出题 4-3 图中螺纹连接的结构错误。

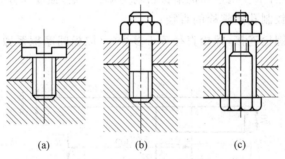

题 4-3 图 螺纹连接结构图

4-4 如题 4-4 图所示，拉杆端部采用普通粗牙螺纹连接，已知拉杆所受最大载荷 $F=15\text{kN}$，载荷很少变动，拉杆材料为 Q235 钢，试确定拉杆螺纹的直径。

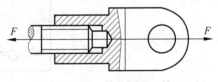

题 4-4 图 拉杆螺纹连接

4-5 题 4-5 图示起重机卷筒中，用沿 $D_1=500\text{mm}$ 圆周上安装 6 个双头螺柱和齿轮连接，靠拧紧螺柱产生的摩擦力矩将扭矩由齿轮传到卷筒上，卷筒直径 $D_t=400\text{mm}$，钢丝绳拉力 $F_t=10000\text{N}$，钢齿轮和钢卷筒连接面摩擦系数 $f=0.15$，希望摩擦力比计算值大 20% 以获安全，螺栓材料为碳钢，其机械性能为 4.8 级。试计算螺栓直径。

4-6 某油缸的缸体与缸盖用 8 个双头螺柱均布连接，作用于缸盖上总的轴向外载荷 $F_{\sum}=50\text{kN}$，缸盖厚度为 16mm，载荷平稳，螺栓材料为碳钢，其机械性能为 4.8 级，缸体、缸盖材料均为钢。试计算螺栓直径并写出紧固件规格。

4-7 如题 4-7 图所示支承杆用三个 M12 铰制孔螺栓连接在机架上(铰孔直径 $d_0 =$ 13mm),若螺杆与孔壁的挤压强度足够,试求作用于该悬壁梁的最大作用力 F。(不考虑构件本身的强度,螺栓材料的屈服极限 $\sigma_s = 600MPa$,取剪切安全系数 $n_\tau = 2.5$)。

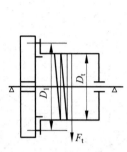

题 4-5 图 卷筒螺纹连接

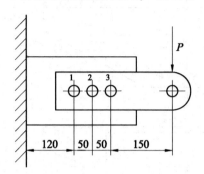

题 4-7 图 支承杆螺栓连接

4-8 凸缘联轴器(图 15-1),用 6 个普通螺栓连接,螺栓分布在 $D = 100mm$ 的圆周上,接合面摩擦系数 $f = 0.16$,防滑系数 $K_s = 1.2$,若联轴器传递扭矩为 150N·m,试求螺栓螺纹小径。(螺栓$[\sigma] = 120MPa$)

4-9 题 4-9 图示钢板用两个铰制孔用螺栓连接到机架上。已知作用于板的载荷 $R = 5000N$,其他尺寸如图所示。钢板和机架材料均为 Q235 钢,强度 4.6 级。试求:

(1) 按强度设计铰制孔用螺栓的直径;

(2) 若改用普通螺栓连接,螺栓直径等于多少?(取板间摩擦系数 $\mu = 0.2$,可靠性系数 $K_f = 1.1$)

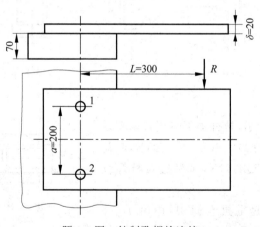

题 4-9 图 铰制孔螺栓连接

第 5 章

轴 毂 连 接

内容提要：本章介绍机器中一些最常用的典型轴毂连接方法，包括键、花键、销、型面连接、胀紧连接和过盈配合连接，着重介绍了键、花键以及销连接的类型、结构特点、应用场合、选型及强度计算。对于型面连接和过盈配合连接的类型、结构特点和应用场合也作了概述性介绍。

本章重点：键连接的类型、结构特点、应用场合、选型及强度计算。

本章难点：花键连接的强度计算。

5.1 键 连 接

键（key）是一种标准零件，通常用于连接轴与轴上的旋转零件或摆动零件，起周向固定的作用，以传递旋转运动或扭矩。某些类型的键，如导向键、滑键和花键，还可用作轴上移动零件的导向装置。

键连接设计的主要问题是：①选类型，可根据各类键的结构特点、使用要求或工作条件进行选择；②确定尺寸，根据轴径 d 由标准中选取键的剖面尺寸，键长依据轮毂长度选取标准长度值；③进行键的强度校核；④确定键槽公差和表面粗糙度。

1. 键连接的类型及应用

键连接的主要类型有平键连接（flat key/parallel key）、半圆键连接（woodtruff key）、楔键连接（taper key）、切向键连接（tangent key）。其中，平键连接、半圆键连接构成松连接，楔键连接、切向键连接构成紧连接。

1）平键连接

图 5-1 为普通平键连接的结构型式。键的两侧面是工作面，工作时，靠键同键槽侧面的

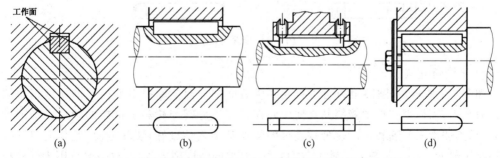

(a)   (b)   (c)   (d)

图 5-1　普通平键连接（图(b)、(c)、(d)下方为键及键槽示意图）

挤压来传递转矩。键的上表面与轮毂的键槽底面间留有间隙。按用途平键分为普通平键(general flat keys)、薄型平键(thin flat keys)、导向平键(guide keys)和滑键(feather keys)4 种。其中普通平键和薄型平键用于静连接,导向平键和滑键用于动连接。

(1) 普通平键

按结构分有圆头(A 型)、方头(B 型)及单圆头(C 型) 3 种。圆头平键牢固地放在指状铣刀铣出的键槽中,方头平键放于用盘状铣刀铣出的键槽中,常用螺钉紧固。单圆头平键常用于轴端与毂类零件的连接。

(2) 薄型平键

键高为普通平键的 60%～70%,也分圆头、方头和单圆头 3 种型式,常用于薄壁结构、空心轴及一些径向尺寸受限制的场合。

(3) 导向键与滑键

如图 5-2 所示,导向键固定在轴上而毂可以沿着键移动。图 5-3 所示滑键固定在毂上而随毂一同沿着轴上键槽移动。导向键适用于轴上零件沿轴向移动距离不大的场合。当要求滑移的距离较大时,若采用导向键则长度过大,制造、安装困难,宜采用滑键,此时轴上需铣出较长的键槽。

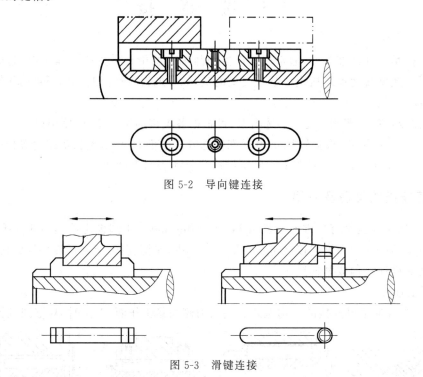

图 5-2　导向键连接

图 5-3　滑键连接

2) 半圆键连接

如图 5-4 所示,半圆键用圆钢切制或冲压后磨制。轴上键槽用半径与半圆键相同的盘状铣刀铣出,因而键在槽中能绕其几何中心摆动以适应键与轮毂上键槽的倾角。半圆键工作时,靠其侧面来传递转矩。这种键连接的优点是工艺性较好,装配方便,尤其适用于锥形轴端与轮毂的连接。其缺点是轴上键槽较深,对轴的强度削弱较大,故一般只用于轻载静连接中。

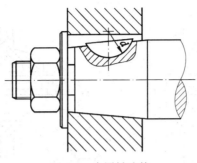

图 5-4 半圆键连接

3）楔键连接

如图 5-5 所示，键的上下两面是工作面，键的上表面和与它相配合的轮毂键槽底面均具有 1：100 的斜度。装配时，楔键装紧在轴与毂之间，楔键的侧面与键槽侧面间有很小的间隙，为非工作面。

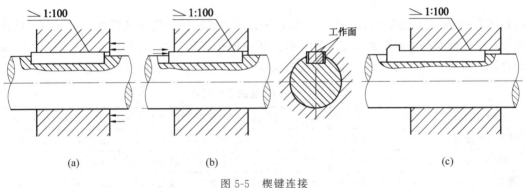

图 5-5 楔键连接
(a) 圆头楔键；(b) 平头楔键；(c) 钩头楔键

楔键分普通楔键和钩头楔键两种。普通楔键又分为圆头楔键和平头楔键。在键楔紧后，轴和毂产生偏心，因此主要用于毂类零件的定心精度要求不高和低转速的场合。

4）切向键连接

如图 5-6 所示，由两个斜度为 1：100 的楔键组成。装配后，两楔以其斜面相互贴合，共同楔紧在轴与毂之间。切向键的上下两面是工作面，键在连接中必须有一个工作面处于包含轴心线的平面之内。这样，当连接工作时，工作面上的挤压力沿着轴的切线方向作用，靠挤压力传递转矩。当要传递双向转矩时，必须用两个切向键，两者间的夹角为 $120°\sim130°$。由于切向键的键槽对轴的削弱较大，因此常用于直径大于 100mm 的轴上。例如用于大型带轮、大型飞轮、矿山用大型绞车的卷筒及齿轮等与轴的连接。

2. 键的选择和键连接的强度计算

1）键的选择

键的选择包括选择键的类型和确定键的尺寸。键的类型应根据键连接的使用要求、结构特点和工作条件来选择。键的尺寸为其截面尺寸（一般以键宽 b×键高 h 表示）与长度 L，应按符合标准规格和强度要求来确定。通常按轴的直径 d 由标准选定键的截面尺寸 $b×h$，而键

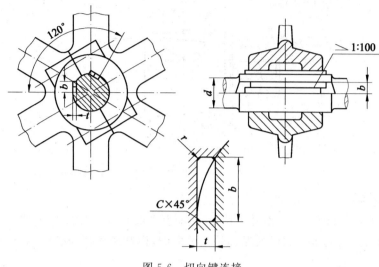

图 5-6 切向键连接

的长度 L 一般可按轮毂的长度而定,一般取键长等于或略短于轮毂的长度。而导向平键则按轮毂的长度及其滑动距离而定。轮毂的长度一般可取为 $L' \approx (1.5 \sim 2)d$,这里的 d 为轴的直径。所选定的键长应符合标准中键的长度系列。表 5-1 为普通平键的主要尺寸。

表 5-1 普通平键的主要尺寸   mm

轴的直径 d	$6 \sim 8$	$>8 \sim 10$	$>10 \sim 12$	$>12 \sim 17$	$>17 \sim 22$	$>22 \sim 30$	$>30 \sim 38$	$>38 \sim 44$
键宽 $b \times$ 键高 h	2×2	3×3	4×4	5×5	6×6	8×7	10×8	12×8
轴的直径 d	$>44 \sim 50$	$>50 \sim 58$	$>58 \sim 65$	$>65 \sim 75$	$>75 \sim 85$	$>85 \sim 95$	$>95 \sim 110$	$>110 \sim 130$
键宽 $b \times$ 键高 h	14×9	16×10	18×11	20×12	22×14	25×14	28×16	32×18
键的长度系列 L	6,8,10,12,14,16,18,20,22,25,28,32,36,40,45,50,56,63,70,80,90,100,110,125, 140,180,200,220,250…							

2) 平键连接的强度计算

用于静连接的普通平键,若采用常见的材料组合和按标准选取键的尺寸,则主要失效形式是工作面被压溃。除非有严重过载,一般不会出现键的剪断,因此,一般只须按工作面上的挤压应力进行强度校核计算(图 5-7)。

对于导向平键和滑键连接,其主要失效形式是工作面的过度磨损,因此,通常按工作面上的比压进行条件性的强度校核。

计算时,忽略摩擦,且假定载荷在键的工作面上均匀分布,普通平键连接的强度条件为

$$\sigma_p = \frac{2T \times 10^3}{kld} \leqslant [\sigma]_p \tag{5-1}$$

式中,T 为键连接传递的扭矩,N·m;k 为键与轮毂的接触高度,mm,$k = 0.5h$,h 为键的高度;l 为键的工作长度,mm,A 型键 $l = L - b$,B 型键 $l = L$,C 型键 $l = L - b/2$,其中 L 为键的公称长度;d 为轴的直径,mm;$[\sigma]_p$ 为键、轴、毂中最弱材料的许用挤压应力,MPa,见表 5-2。

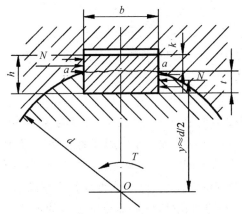

图 5-7　平键连接受力情况

导向平键和滑键连接的强度条件为

$$p = \frac{2T \times 10^3}{kld} \leqslant [p] \quad \text{MPa} \tag{5-2}$$

式中，$[p]$ 为轴、键、毂中最弱材料的许用比压，见表 5-2。

表 5-2　键连接的许用应力　　　　　　　　　　　　　　　MPa

许用挤压应力、许用比压、许用剪应力	连接工作方式	键或毂、轴的材料	载荷性质		
			静载荷	轻微冲击	冲击
$[\sigma]_p$	静连接	钢	120~150	100~120	60~90
		铸铁	70~80	50~60	30~45
$[p]$	动连接	钢	50	40	30
$[\tau]$			125	100	60

注：如与键有相对滑动的被连接件表面经过淬火，则动连接的许用比压 $[p]$ 可提高 2~3 倍。

3）半圆键连接的强度校核

半圆键连接的可能失效形式为键被剪断或工作面被压溃（图 5-8）。按剪切强度作条件性计算

$$T = Ny \times 10^{-3} \approx bl\tau \times \frac{d}{2} \times 10^{-3} \text{N} \cdot \text{m}$$

即

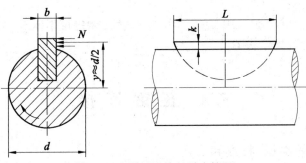

图 5-8　半圆键连接的受力情况

$$\tau = \frac{2000T}{bld} \leqslant [\tau] \tag{5-3}$$

式中,τ 为键的剪切应力,MPa;b 为键宽,mm;l 为键的工作长度,取 $l=L$,L 为键的公称长度;$[\tau]$为键的许用剪切应力,MPa,见表 5-2。

挤压强度校核时,参照式(5-1)。

键的材料采用抗拉强度不小于 600MPa 的钢,通常为 45 号钢。

在进行强度校核后,如果强度不够,可采用双键。两个平键最好布置在沿周向相隔 $180°$;两个半圆键应布置在轴的同一条母线上;两个楔键则应布置在沿周向相隔 $90°\sim 120°$。考虑到两键上载荷分配的不均匀性,在强度校核中只按 1.5 个键计算。如果轮毂允许适当加长,也可相应地增加键的长度,以提高单键连接的承载能力。但由于传递转矩时,键上载荷沿其长度分布不均,故键的长度不宜过大,通常不宜超过 $(1.6\sim 1.8)d$。

例 5-1　已知减速器中某直齿圆柱齿轮安装在轴的两个支承点间,齿轮和轴的材料都是铸钢,用键构成静连接。齿轮的精度为 7 级,装齿轮处的轴径 $d=70$mm,齿轮轮毂宽度为 100mm,需传递的转矩 $T=2200$N·m,载荷有轻微冲击。试设计此键连接。

解:(1)选择键连接的类型和尺寸

一般 8 级以上精度的齿轮有定心精度要求,应选用平键连接。由于齿轮不在轴端,故选用圆头普通平键(A 型)。

根据 $d=70$mm 从表 5-1 中查得键的截面尺寸为:宽度 $b=20$mm,高度=12mm。由轮毂宽度并参考键的长度系列,取键长 $L=90$mm(比轮毂宽度小些)。

(2)校核键连接的强度

键、轴和轮毂的材料都是钢,由表 5-2 查得许用挤压应力 $[\sigma]_p = 100\sim 120$MPa,取 $[\sigma]_p = 110$MPa。键的工作长度 $l=L-b=(90-20)$mm$=70$mm,键与轮毂键槽的接触高度 $k=0.5h=0.5\times 12$mm$=6$mm。由式(5-1)得

$$\sigma_p = \frac{2T\times 10^3}{kld} = \frac{2\times 2200\times 10^3}{6\times 70\times 70}\text{MPa} = 149.7\text{MPa} > [\sigma]_p = 110\text{MPa}$$

可见连接的挤压强度不够。考虑到相差较大,因此改用双键,相隔 $180°$ 布置。按 1.5 个键计,由式(5-1)得

$$\sigma_p = \frac{2T\times 10^3}{1.5\times kld} = \frac{2\times 2200\times 10^3}{1.5\times 6\times 70\times 70}\text{MPa} = 99.8\text{MPa} \leqslant [\sigma]_p$$

合适。

键的标记为:键 20×90　GB 1096—2003(一般 A 型键可不标出"A",对于 B 型或 C 型键,须将"键"标为"键 B"或"键 C")。

5.2　花　键　连　接

1. 花键连接的类型、特点和应用

花键连接(spline)是由外花键和内花键组成(图 5-9)。与平键连接比较,花键连接有以

下优点：①对称布置,使轴毂受力均匀;②齿轴一体而且齿槽较浅,齿根应力集中较小,被连接件的强度削弱较少;③齿数多,总接触面积大,压力分布较均匀;④轴上零件与轴的对中性好;⑤导向性较好;⑥可用磨削的方法提高加工精度及连接质量。其缺点是齿根仍有应力集中,有时需专门设备加工,成本较高。因此,花键连接适用于定心精度要求高,载荷大或经常滑移的连接。花键连接的齿数、尺寸、配合等均应按标准选取。

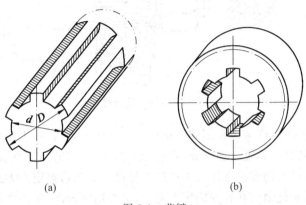

图 5-9　花键
(a) 外花键;(b) 内花键

花键连接可用于静连接或动连接。按其齿形不同,可分为矩形花键连接(straight-sided splines)和渐开线花键连接(involute splines)两种,分别见图 5-10 和图 5-11。图 5-12 为细齿渐开线花键连接。

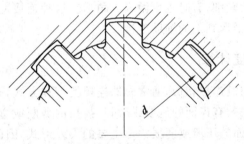

图 5-10　矩形花键连接

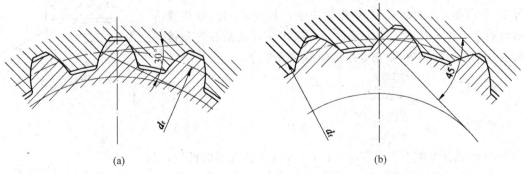

(a)　　　　　　　(b)

图 5-11　渐开线花键连接

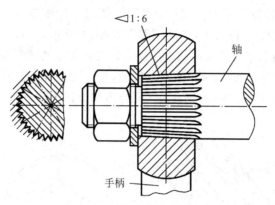

图 5-12　细齿渐开线花键连接

矩形花键连接按新标准为内径定心(inner diameter fit),有轻、中两个系列,分别适用于载荷较轻或中等的场合。其定心精度高,定心稳定性好,能用磨削的方法消除热处理引起的变形,应用广泛。但目前仍有按老标准生产的按外径定心和齿侧定心方式:外径定心,内花键孔可由拉刀加工,花键轴可在普通磨床上磨削,定心精度较高,生产率高,适合于毂孔表面硬度低于 40HRC;齿侧定心载荷沿键齿分布均匀,但定心精度较差。

渐开线花键的齿廓为渐开线,分度圆压力角有 30°和 45°两种(图 5-11),齿顶高分别为 $0.5m$ 和 $0.4m$,此处 m 为模数。

渐开线花键的定心方式为齿形定心。当齿受载时,齿上的径向力能起到自动定心作用,有利于各齿均匀承载。

细齿渐开线花键的齿较细,有时也可做成三角形。这种连接适用于载荷很轻或薄壁零件的轴毂连接,也可用作锥形轴上的辅助连接。

2. 花键连接的强度计算

花键连接强度计算与键连接相似,通常先选连接类型和方式,查出标准尺寸,然后再作强度验算。连接的可能失效有齿面的压溃或磨损,齿根的剪断或弯断等。对于实际采用的材料组合和标准尺寸,齿面的压溃或磨损常是主要的失效形式,因此,一般只作连接的挤压强度或耐磨性计算。

受力情况如图 5-13 所示。假定载荷在键的工作面上均匀分布,各齿面上压力的合力 N 作用在平均直径 d_m 处,即传递的转矩 $T = N \times d_m/2$。引入系数 ψ 来考虑实际载荷在各花键齿上分配不均的影响,则花键连接的强度条件为

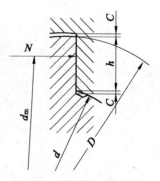

静连接　　　$\sigma_p = \dfrac{2T \times 10^3}{\psi z h l d_m} \leqslant [\sigma]_p$　MPa　　　(5-4)

动连接　　　$p = \dfrac{2T \times 10^3}{\psi z h l d_m} \leqslant [p]$　MPa　　　(5-5)

式中,ψ 为载荷分配不均系数,$\psi = 0.7 \sim 0.8$;z 为花键的键齿,mm;l 为齿的工作长度,mm;h 为花键齿侧面的工作高度,

图 5-13　花键连接受力情况

mm，矩形花键 $h=\dfrac{D-d}{2}-2c$，D 为花键大径，d 为花键小径，c 为倒角尺寸而渐开线花键 $\alpha=30°$，$h=m$；$\alpha=45°$，$h=0.8m$，m 为模数；d_m 为花键的平均直径，mm，矩形花键 $d_m=\dfrac{D+d}{2}$，渐开线花键 $d_m=d_f$，d_f 为分度圆直径；$[\sigma]_p$ 为许用挤压应力，MPa，见表 5-3；$[p]$ 为许用比压，MPa，见表 5-3。

表 5-3　花键连接的许用挤压应力、许用比压　　　　　　　　　MPa

许用挤压应力、许用比压	连接工作方式	使用和制造情况	齿面未经热处理	齿面经热处理
$[\sigma]_p$	静连接	不良	35～50	40～70
		中等	60～100	100～140
		良好	80～120	120～200
$[p]$	空载下移动的动连接	不良	15～20	20～35
		中等	20～30	30～60
		良好	25～40	40～70
	在载荷作用下移动的动连接	不良	—	3～10
		中等	—	5～15
		良好	—	10～20

注：① 使用和制造情况不良系指受变载荷，有双向冲击、振动频率高和振幅大、润滑不良（对动连接）、材料硬度不高或精度不高等。

② 同一情况下，$[\sigma]_p$ 或 $[p]$ 的较小值用于工作时间长和较重要的场合。

③ 花键材料的拉伸强度极限不低于 600MPa。

5.3　无键连接

凡是轴与毂的连接不用键（或花键）时，统称为无键连接（keyless connection）。常见的有型面连接（profile connection）和胀紧连接。

1. 型面连接

如图 5-14 所示，利用非圆截面的轴与相应的毂孔构成的连接，叫型面连接，也叫成型连接。轴和毂孔可做成柱形或锥形。

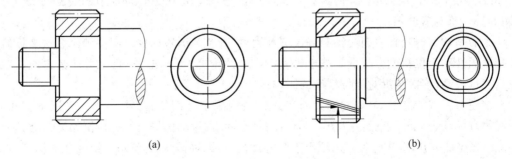

(a)　　　　　　　　　　　　　　(b)

图 5-14　型面连接

这种连接没有应力集中源,定心性好,承载能力强,装拆也方便;但由于工艺上的困难,应用并不广泛。非圆截面轴先经车削,然后磨制,毂孔先经钻镗或拉削,然后磨制。截面形状要能适应磨削。

2. 胀紧连接

如图 5-15 所示,利用以锥面贴合并挤紧在轴毂之间的内、外钢环构成的连接,叫胀紧连接,也叫弹性环连接。根据胀紧连接套(简称胀套)结构形式的不同,GB 5867—1986 规定了5 种型号(Z1~Z5 型)。

图 5-15 中所示为采用 Z1 型胀套的胀紧连接。当拧紧螺母或螺钉时,在轴向力的作用下,内套筒缩小而箍紧轴,外套筒胀大而撑紧毂,使接触面间产生压紧力。工作时,利用此压紧力所引起的摩擦力来传递转矩或(和)轴向力。

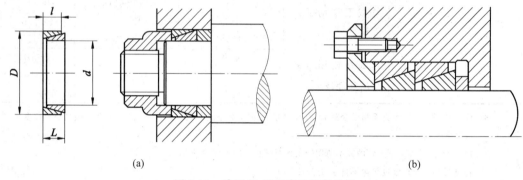

(a) (b)

图 5-15 采用 Z1 型胀套的胀紧连接

(a) 一个胀套;(b) 两个胀套

胀紧连接的定心性好,装拆方便,引起的应力集中较小,承载能力高,并且有安全保护作用。但由于要在轴和毂孔间安装胀套,有时受到结构尺寸的限制。

5.4 销 连 接

销主要用于定位,即固定零件之间的相对位置,称为定位销(pin)(图 5-16),常用作组合加工和装配时的主要辅助零件;也可用于零件间的连接或锁定(图 5-17),称为连接销(connecting pin),可传递不大的载荷。此外,销还可以作为安全装置中的过载剪断元件(图 5-18),称为安全销。

销的基本类型是普通圆柱销和普通圆锥销,可查有关国家标准。圆柱销经多次装拆后,连接紧固性和定位精度会降低。圆锥销有 1∶50 的锥度,可自锁,安装比圆柱销方便,且定位精度也较高,多次装拆对定位精度的影响也很小。

销还有一些特殊形式,如端部带有外螺纹或内螺纹的圆锥销(图 5-19),可用于盲孔或拆卸困难的场合。开尾圆锥销(图 5-20)适用于有冲击、振动的场合。开口销如图 5-21 所示,装配时将尾部分开,以防脱落。销轴用于两零件的铰接,如图 5-22 所示。销轴通常用开口销锁定,工作可靠,拆卸方便。此外,尚有带内、外螺纹圆柱销以及弹性圆柱销和槽销等形式。

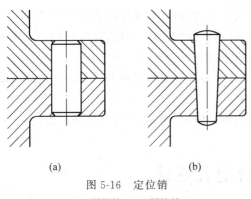

(a)   (b)

图 5-16 定位销

（a）圆柱销；（b）圆锥销

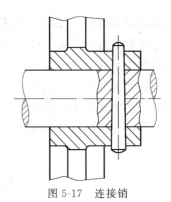

图 5-17 连接销

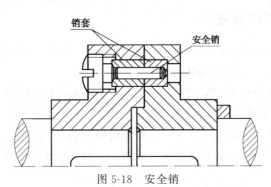

图 5-18 安全销

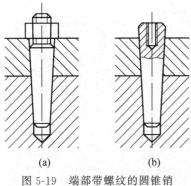

(a)   (b)

图 5-19 端部带螺纹的圆锥销

（a）螺尾圆锥销；（b）内螺纹圆锥销

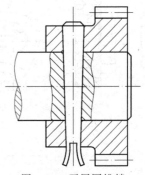

图 5-20 开尾圆锥销

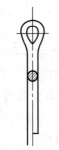

图 5-21 开口销

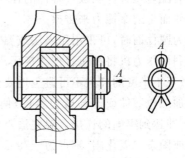

图 5-22 销轴铰接

销的常用材料为 35、45 钢,许用切应力$[\tau]=80\mathrm{MPa}$,许用挤压应力$[\sigma]_\mathrm{p}$查表 5-2。

定位销通常不受载荷或只受很小的载荷,故不作强度校核。其直径按结构由经验确定,数目不得少于两个。销装入每一被连接件内的长度,为销直径 1～2 倍。

连接销的类型可根据工作要求选定,其尺寸可根据连接的结构特点按经验或规范确定,必要时再按剪切和挤压强度条件进行校核计算。

安全销在机器过载时应被剪断,因此,销的直径应按过载时被剪断的条件确定。

5.5　过盈配合连接

1. 过盈连接的类型及应用

过盈连接是利用两个被连接件本身的过盈配合来实现的,一为包容件,一为被包容件。其配合面通常为圆柱面,也有圆锥面的。

过盈连接分为无辅助件的(图 5-23(a)、(b))和有辅助件的(图 5-23(c)、(d))两类。前者应用广泛,主要用于轴与毂的连接、轮圈与轮芯的连接以及滚动轴承与轴或座孔的连接等;后者主要用于借助辅助件扣紧板 1(见图(c)),如将板改为环,则称扣紧环(见图(d))。将重型剖分式零件(如大型飞轮)2、4 沿接缝面 3 连接为一体,目前多已为螺栓连接所取代。

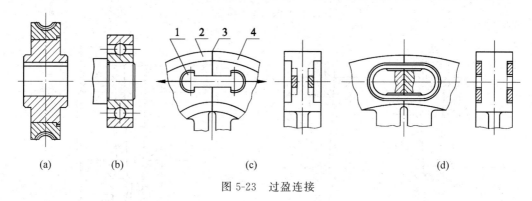

图 5-23　过盈连接

2. 过盈连接的工作原理及装配方法

过盈连接装配后包容件和被包容件的径向变形使配合面间产生了很大的压力,工作时载荷就靠着相伴而生的摩擦力来传递。

当配合面为圆柱面时,可采用压入法或温差法装配。

压入法是利用压力机将被包容件直接压入包容件中。由于过盈量的存在,在压入过程中,配合表面微观不平度的峰尖不可避免地要受到擦伤或压平,因而降低了连接的紧固性。

温差法是加热包容件或冷却被包容件,使之既便于装配,又可减少或避免损伤配合表面,而在常温下即达到牢固的连接。温差法一般是利用电加热,冷却则多采用液态空气(沸点为$-194℃$)或固态二氧化碳(沸点为$-79℃$)。加热时应防止配合面上产生氧化皮。加热法常用于配合直径较大时;冷却法则常用于配合直径较小时。

在一般情况下,拆开过盈连接要用很大的力,常常会使零件配合表面损坏,有时还会使个别零件损坏。因此,这种连接属于不可拆连接。但是,如果装配过盈不大,或者过盈大而采用适当的装拆方法(如液压拆卸),则连接也能是可拆的。

过盈连接的优点是构造简单、定心性好、承载能力高和在振动下能可靠地工作。其主要缺点是装配困难和对配合尺寸的精度要求较高。

关于过盈连接的设计计算可参考相关材料。

拓展性阅读文献指南

有关键与花键的尺寸系列、公差配合以及键槽的尺寸公差可参考《零部件及相关标准汇编(键与花键连接卷)》,中国标准出版社,2010。

有关键的分类、选用、原则、尺寸确定、强度计算可以参阅:①于惠力,冯新敏,李广慧编著《连接零部件设计实例精编》,机械工业出版社,2009;②徐灏主编《机械设计手册》,机械工业出版社,2000。

思　考　题

5-1　键连接中哪些是静连接?哪些是动连接?

5-2　键连接中哪些是松连接?哪些是紧连接?

5-3　A 型、B 型、C 型 3 种平键分别用于哪种场合?各有哪些优缺点?对应的键槽如何加工?

5-4　与平键相比花键连接有何特点?

5-5　花键的齿形有几种?

5-6　花键有几种定心方式?各有何特点?

5-7　无键连接有几种形式?有何特点?各用于什么场合?

5-8　根据销连接的用途,通常把销分为哪几类?

5-9　圆柱销和圆锥销有哪些特点?

5-10　过盈配合连接有几种装配法?各有何特点?

习　题

5-1　如题 5-1 图所示的凸缘半联轴器及圆柱齿轮,分别用键与减速器的低速轴相连接。试选择两处键的类型及尺寸,并校核其连接强度。已知轴的材料为 45 号钢,传递的转矩 $T=1000\text{N}\cdot\text{m}$,齿轮用锻钢制成,半联轴器用灰铸铁制成,工作时有轻微冲击。

5-2　在直径为 60mm 的轴端安装一圆柱齿轮,轮毂长为 90mm,工作时载荷平稳。试设计平键连接的结构、尺寸,并计算其能传递的最大转矩。

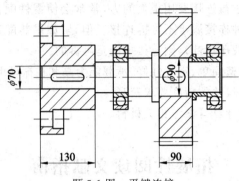

题 5-1 图   平键连接

5-3   为什么采用两个平键时,一般布置在沿周向相隔 180°的位置;采用两个楔键时,相隔 90°~120°;而采用两个半圆键时,却布置在轴的同一母线上?

第 6 章

铆接、焊接与胶接

内容提要：本章介绍了机械工程中常用的几个不可拆连接方式，包括铆接、焊接和胶接，着重介绍了其类型、结构特点、破坏形式、应用场合及设计要点。

本章重点：铆接、焊接和胶接结构特点、应用场合及设计要点。

本章难点：铆缝、焊缝的结构形式、应用场合及工艺设计。

6.1 铆　　接

利用铆钉把两个以上的被铆件连接在一起的不可拆连接，称为铆钉连接，简称铆接（riveting）。

铆钉用棒料在锻压机上制成，一端有预制头。把铆钉插入被铆件的重叠孔内，利用端模再制出另一端的铆成头，这个过程称为铆合。铆合可用人力，或者气力或液力（用气铆枪或铆钉机）。钢铆钉直径如小于 12mm，铆合时可不加热，称为冷铆，直径如大于 12mm，铆合时通常要把铆钉全部或局部加热，称为热铆。铝合金铆钉均用冷铆。

1. 铆缝

铆钉和被铆件铆合部分一起构成铆缝（riveted seam）。根据工作要求，铆缝分为强固铆缝（如建筑结构的铆缝）、强密铆缝（如压力容器的铆缝）和紧密铆缝（如水箱的铆缝）。

根据被铆件的相接位置，铆缝分为搭接和对接两种，对接又分为单盖板对接和双盖板对接两种（图 6-1）。

2. 铆缝的受力及破坏形式、设计计算要点

铆缝的受力及破坏形式如图 6-2 所示。

设计铆缝时，通常是根据承载情况及具体要求，按照有关专业的技术规范或规程，选出合适的铆缝类型及铆钉规格，进行铆缝的结构设计，然后分析铆缝受力时可能的破坏形式，并进行必要的强度校核。

具体设计步骤可自行参考相关标准规范。

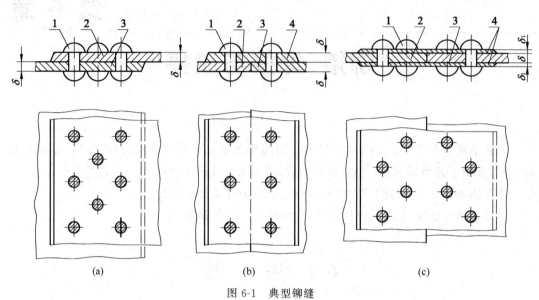

图 6-1　典型铆缝

（a）搭接缝；（b）单盖板对接缝；（c）双盖板对接缝

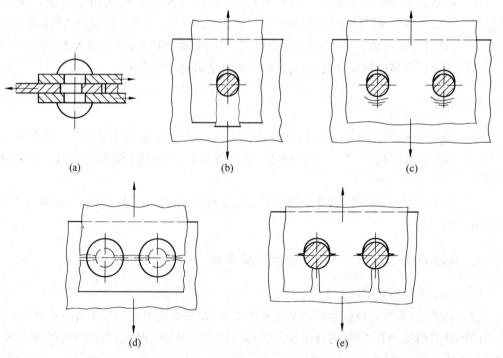

图 6-2　铆缝的受力及破坏形式

（a）铆钉被剪断；（b）板边被剪坏；（c）钉孔接触面被压坏；（d）板沿钉孔被拉断；（e）板边被撕裂

6.2 焊   接

利用局部加热的方法将被连接件连接成为一个整体的一种不可拆连接,称为焊接(welding)。

1. 焊接的类型、特点及应用

按照焊接的方法不同,焊接可以分为两大类:①压力焊,如锻焊、接触焊等;②熔融焊,如气焊、电弧焊及电渣焊等。

电弧焊应用最广,本节只概略介绍有关电弧焊的基本知识。

与铆接相比,焊接具有强度高、工艺简单、由于连接而增加的质量小、工人劳动条件较好等优点。

焊接主要用于下列场合:①金属构架、容器和壳体结构的制造;②在机械零件制造中,用焊接代替铸造;③制造巨型形状复杂的零件时,用分开制造再焊接的方法。

2. 焊接件常用材料及焊条

焊接的金属结构常用材料为 Q215、Q235、Q255;焊接的零件则常用 Q275、15~50 号碳钢,以及 50Mn、$50Mn_2$、$50SiMn_2$ 等合金钢。在焊接中,广泛地使用各种型材、板材及管材。焊条的种类很多,可根据焊接材料和要求形成焊缝中熔积金属的机械性能从国家标准中选取,例如碳钢焊条见 GB/T 5117—1995(型号为 E4300~E5048),低合金钢焊条见 GB 5118—2012,不锈钢焊条见 GB 983—2012 等。

3. 焊缝的受力及破坏形式

焊接时形成的接缝叫做焊缝(weld),电弧焊缝常用的形式见图 6-3。

由图 6-3 可见,对接焊缝(butt weld)用于连接位于同一面内的被焊件(图 6-3(c)),角焊缝(fillet)用于连接不同平面内的被焊件(图 6-3(a)、(b)、(d))。

对接焊缝主要用来承受作用于被焊件所在平面内的拉(压)力或弯矩(图 6-4(a)、(b)),其正常的破坏形式是沿焊缝断裂(图 6-4(c))。

角焊缝中,主要是搭接角焊缝(lap fillet weld)(图 6-5)和正接角焊缝(图 6-3(a))。搭接角焊缝方向与受力方向垂直的叫做正焊缝(图 6-5(a));与受力方向平行的叫做侧焊缝(图 6-5(b));二者兼有的叫做混合焊缝(hybrid weld)(图 6-5(c))。正焊缝通常只用来承受拉力;侧焊缝及混合焊缝可用来承受拉力或弯矩。实践证明,凡是角焊缝,它的正常破坏形式均如图 6-5 中的截面 $A—A$、$B—B$ 所示,并认为是由于剪切而破坏的。角焊缝的横截面一般取等腰直角三角形,并取其腰长 k 等于板厚 δ,则角焊缝的危险截面的宽度为 $k\sin45° \approx 0.7k$。

焊缝上的应力分布是很复杂的,很难作精确计算,通常只采用条件性的简化计算方法。具体的计算方法可参考有关手册。

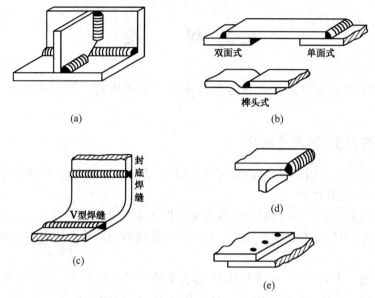

图 6-3　电弧焊缝常用的形式

（a）正接角焊缝；（b）搭接角焊缝；（c）对接焊缝；（d）卷边焊缝；（e）塞焊缝

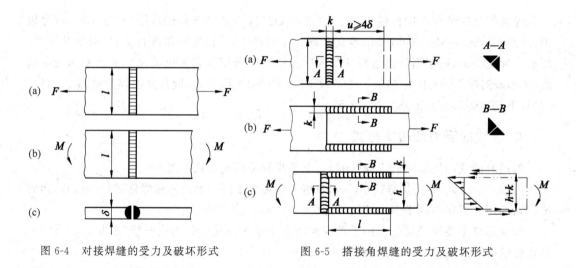

图 6-4　对接焊缝的受力及破坏形式　　　　图 6-5　搭接角焊缝的受力及破坏形式

4. 焊接件的工艺及设计注意要点

为了保证焊接的质量,避免未焊透或缺焊现象(图 6-6),焊缝应按被焊件的厚度制成如图 6-7 所示的相应的坡口形式,或进行一般的倒棱修边工艺。在焊接前,应对坡口进行清洗整理。

熔化的金属冷却时要收缩,因此使焊缝内部产生残余应力,导致构件翘曲。这不仅使焊接件难以获得精确的尺寸,且将影响到焊缝的强度。所以在满足强度条件的情况下,焊缝的长度应按实际结构

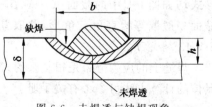

图 6-6　未焊透与缺焊现象

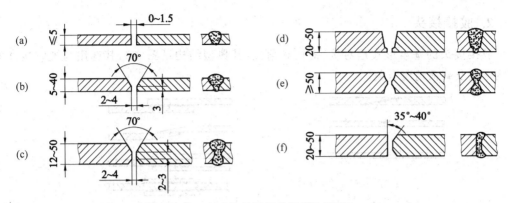

图 6-7 坡口型式及其适用的焊接件厚度(mm)

的情况尽可能取得短些或分段进行焊接,并应避免焊缝交叉;还应在焊接工艺上采取措施,使构件在冷却时能有微小自由移动的可能;焊后应经热处理(如退火),以消除残余应力。此外,在焊接厚度不同的对接板件时,应将较厚的板件沿对接部位平滑辗薄或削薄到较薄板的厚度,以利焊缝金属匀称熔化和承载时的力流得以平滑过渡。

在设计焊接件时,应注意恰当选择母体材料及焊条;根据被焊厚度选择接头及坡口形式;合理布置焊缝及焊缝长度;正确安排焊接工艺,以避免施工不便及残余应力源。对于那些有强度要求的重要焊缝,必须按照有关行业的强度规范进行焊缝尺寸的校核,同时还应规定一定技术水平的焊工进行焊接,并在焊后仔细地进行质量检验。

6.3 胶 接

1. 胶接及其应用

胶接(bonding)是利用胶黏剂在一定条件下把预制的元件连接在一起,并具有一定的连接强度的不可拆连接。其历史很久,但应用在金属零件的连接上则是近三四十年来发展的结果。目前,胶接在机床、汽车、拖拉机、造船、化工、仪表、航空、航天等工业部门中的应用日渐广泛。图 6-8 为几种机械结构胶接的例子。

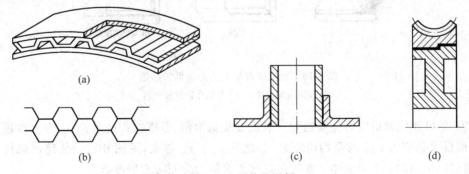

图 6-8 金属胶接举例

2. 胶接接头

胶接接头的基本形式是对接、搭接和角接,其典型结构见图 6-9,其选用与被胶接件的结构形式及载荷情况有关。

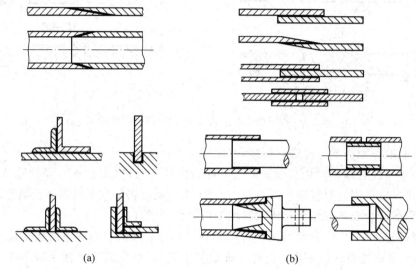

图 6-9　胶接接头的基本形式

(a) 角接；(b) 搭接

设计胶接接头时应注意以下各点:

(1) 尽可能使胶层受剪或受压,受拉易于发生扯开或剥离破坏,必要时应采取的保护措施见图 6-10。

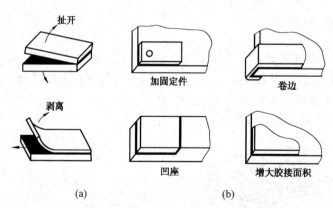

图 6-10　胶层应避免的受力和保护措施

(a) 应避免的受力；(b) 胶层保护措施举例

(2) 尽可能使胶层应力分布均匀。以搭接接头为例,若搭接长度过长,应力分布越不均匀,两侧最大切应力 τ_{max} 与平均切应力 τ_m 之比 τ_{max}/τ_m 越大,见图 6-11。故建议取搭接长度不超过 $(10\sim15)\delta$, δ 为板厚。采用斜口接头对应力分布可有所改善。

(3) 胶层厚度为 0.1~0.2mm 时,胶层强度最高。轴与毂的连接则只需 0.03mm。

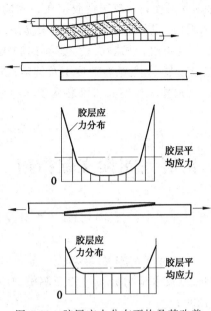

图 6-11 胶层应力分布不均及其改善

（4）因胶层强度一般都低于被胶金属的强度，故胶接面积宜取大些以利于金属强度的充分利用。

胶接接头的计算仍可借用材料力学的分析方法和计算公式，接头的剪切强度可取为：胶接剂在室温下固化的 $7\sim20$ MPa；在高温下固化的 $20\sim35$ MPa（低值用于单面搭接和表面未经仔细处理的接头，高值用于双面搭接表面又经仔细处理的接头）；脉动剪切强度极限 $\tau\approx0.3\tau_B$，安全系数可按使用情况不同取 $2\sim3$。

3. 胶接剂（胶粘剂）

胶接剂的品种很多，基本组合成分为环氧树脂、环氧树脂-酚醛树脂、酚醛树脂、聚酰胺-环氧树脂、丙烯酸酯树脂、聚酰亚胺等。胶接剂有单组分和双组分之分。双组分系指树脂和固化剂，在施工前两者须先调和后再使用。按固化温度不同，有在室温下或较高温度（例如 60°C）下固化的胶接剂和只能在高温下（例如约 200°C）固化的胶接剂，后者的胶接强度高于前者。

胶接剂的生产已商品化，由生产单位提供商品名称（如 101、202、204 胶等）、使用指标、工艺条件、适用场合、特点等。选择原则主要是针对胶接件的使用要求及环境条件，从胶接强度、工作温度、固化条件等方面选取胶接剂的品种，并兼顾产品的特殊要求（如防锈等）及工艺上的方便。此外，如对受有一般冲击、振动的产品，宜选用弹性模量小的胶接剂；在变应力条件下工作的胶接件，应选膨胀系数与零件材料的膨胀系数相近的胶接剂等。各种胶接剂的性能数据可查阅有关手册。

4. 胶接与铆接、焊接的比较

胶接与铆接、焊接相比，其优点是：①被胶件的材料能得到充分利用，没有因高温引起的金属晶体组织变化，也便于不同金属的结合和薄金属片的连接；②胶层有缓冲减振作用，还能提高接头承受变载时的疲劳强度；③胶层把胶接在一起的不同金属隔开,可防电化腐蚀；④胶层有电、热绝缘性,需要时,也可加金属填充物来提高导电或导热性能；⑤连接的重量轻,外表光整；⑥可起到密封作用。其缺点是：①有的胶接剂(如酚醛-缩醛-有机硅耐离温胶接剂)所需的胶接工艺较为复杂,且结合速度不及其他连接；②胶接件的缺陷有时不易发现,目前尚无完善可靠的无损检验方法；③可靠程度和稳定性受环境因素(如温度、湿度或蒸气、油类等)的影响较大。

拓展性阅读文献指南

有关铆接焊接的结构设计可参阅于惠力,冯新敏,李广慧编著《连接零部件设计实例精解》,机械工业出版社,2009。

有关焊接材料及焊接工艺可参阅张文越编著《焊接冶金学》,机械工业出版社,2004。

有关胶接的结构设计、粘接强度及应力分布可参阅游敏,郑小玲编著《胶接强度分析及应用》,华中科技大学出版社,2009。

思 考 题

6-1　常用的铆合方法有哪些？各用于什么场合？

6-2　根据工作要求铆缝有哪几类？

6-3　焊接分为哪几类？各举几个例子？

6-4　电弧焊常用焊缝有几种典型形式？各用于什么场合？

6-5　焊接的金属结构常用材料有哪些？

6-6　胶接接头的基本形式有几种？它们的受力情况如何？

第3篇 机械传动

1. 机器的组成

机器通常由动力机、传动装置和工作机组成,如下所示:

动力机 → 传动装置 → 工作机

动力机是机器工作的能量来源,可以直接利用自然资源(也称一次资源)或二次资源转变为机械能,如水轮机、内燃机、汽轮机、电动机、液压马达、气动马达等。

工作机是机器的执行机构,用来实现机器的动力和运动功能,如机器人的手爪、汽车的轮子等。

2. 传动装置

传动装置是一种实现能量传递和兼有其他作用的装置。它的主要作用有:①能量的分配与传递;②运动形式的改变;③运动速度的改变。

传动通常分为两类:①机械能不发生改变的传动——机械传动;②机械能转变为电能或电能转变为机械能的传动——电传动。机械传动分为啮合传动、摩擦传动和流体传动。各类传动特性的对比如下:

各 种 特 点	电力传动	机 械 传 动			
		啮合的	摩擦的	液力的	气力的
便于集中供应能量	+				+
在远距离传动时,设备简单	+				
能量易于储存					+

续表

各 种 特 点	电力传动	机械传动			
		啮合的	摩擦的	液力的	气力的
易于在较大范围内实现有级变速	+	+	+		
易于在较大范围内实现无级变速	+		+	+	
保持准确的传动比		+			
可用于高转速	+				+
易于实现直线运动		+	+	+	+
周围环境温度变化影响很小	+	+			+
作用于工作部分的压力大		+	+	+	
易于自动控制和远程控制	+				
传动效率较高	+	+			
有过载保护作用			+	+	+

本书只讨论啮合传动和摩擦传动中的常用的一般形式,它们的概括分类如下:

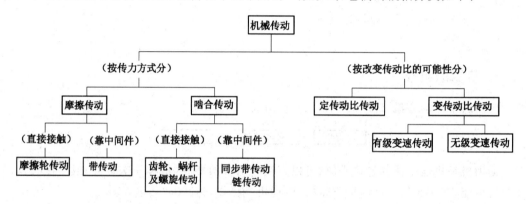

本书只对上述的带传动、链传动、齿轮传动和蜗杆传动进行讨论。

3. 传动类型选择

本书主要论述定传动比传动类型的选择。

1) 类型选择的主要指标

类型选择的主要指标有传动效率高、外轮廓尺寸小、质量小、运动性能良好及符合生产条件等。

2) 主要考虑因素

当设计传动时,如传递的功率 P、传动比 i 和工作条件已定,此时要确定传动方案,只有对比若干方案的技术经济指标后才能作出结论。主要考虑因素有传递功率的大小与效率的高低、传动速度的高低、传动比的大小及对传动装置外廓尺寸和传动质量、成本的要求等。

3) 传动类型选择的一般原则

(1) 小功率宜选用结构简单、价格便宜、标准化程度高的传动。

(2) 大功率宜优先选用传动效率高的传动。齿轮传动效率最高,自锁蜗杆传动和普通螺旋传动效率最低。

(3) 速度低、传动比大时,有多种方案可供选择:①采用多级传动,此时,带传动宜放在高速级,链传动宜放在低速级;②要求结构尺寸小时,宜采用多级齿轮传动、齿轮-蜗杆传动或多级蜗杆传动。传动链尽可能短,以减少零件数目。

（4）链传动只能用于平行轴间的传动;带传动主要用于平行轴间的传动,功率小、速度低时,也可用于半交叉或交错轴间的传动;蜗杆传动能用于两轴空间交错的传动,交错角为90°的最常见;齿轮传动能适应各种轴线位置。

（5）工作中可能出现过载的设备,宜在传动系统中设置一级摩擦传动,以起到过载保护的作用。但摩擦有静电发生,在易爆、易燃的场合,不能采用摩擦传动。

（6）载荷经常变化、频繁换向的传动,宜在传动系统中设置一级能缓冲、吸振的传动（如带传动或链传动）。

（7）工作温度较高、潮湿、多粉尘、易燃、易爆的场合,宜采用链传动或闭式齿轮传动、蜗杆传动。

（8）要求两轴严格同步时,宜采用齿轮传动或链传动,中、小功率传动中,也常用到同步带传动。

第7章

螺 旋 传 动

内容提要：本章介绍了螺旋传动的类型及应用，阐述了滑动螺旋传动的设计计算，根据不同的失效形式选择不同的设计准则进行设计，以确定螺旋传动的参数。本章最后还介绍了滚动螺旋的类型和设计计算中应注意的问题。

本章重点：滑动螺旋传动的设计计算。

本章难点：螺杆和螺母螺纹牙的强度计算。

7.1 螺旋传动的类型、特点及应用

螺旋传动(power screws)是利用螺杆(screw thread)和螺母(nut)组成的螺旋副来实现传动要求的。它主要用于将回转运动变为直线运动或将直线运动转变为回转运动，同时传递运动或动力。

螺旋传动按其用途可分为以下三类。

(1) 传导螺旋：主要用于传递运动，也能承受较大的轴向载荷。如图 7-1(a)所示为机床进给螺旋。传导螺旋常在较长的时间内连续工作，工作速度较高。

(2) 传力螺旋：主要用于传递动力，如各种起重或加压装置的螺旋。如图 7-1(b)和(c)所示为螺旋千斤顶和压力机。其特点是间歇工作且工作时间较短，工作时需承受很大的轴向力，而且通常需要具有自锁能力。

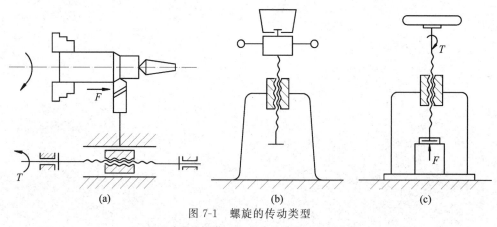

图 7-1 螺旋的传动类型

(a) 机床进给螺旋；(b) 螺旋千斤顶；(c) 压力机

(3) 调整螺旋：主要用于调整、固定零件的相对位置。如机床、仪器及测试装置中的微调螺旋等。其特点是受力较小且不经常转动。

螺旋传动根据螺纹副的摩擦情况，又可分为三类：滑动螺旋、滚动螺旋和静压螺旋。静压螺旋实际上是采用静压流体润滑的滑动螺旋。滑动螺旋构造简单、加工方便、易于自锁，但摩擦大、效率低（一般为 30％～40％）、磨损快、低速时可能爬行、定位精度和轴向刚度较差。滚动螺旋和静压螺旋摩擦阻力小，传动效率高（一般为 90％ 以上），后者效率可达 99％，但构造较复杂，加工不便，特别是静压螺旋还需要供油系统。因此，只有在高精度、高效率的重要传动中才宜采用，如精密数控机床、测试装置或自动控制系统中的螺旋传动等。

7.2　滑动螺旋传动

1. 滑动螺旋的结构

螺旋传动的结构主要是指螺杆、螺母的固定和支承的结构形式。螺旋传动的工作刚度与精度等和支承结构有直接关系，当螺杆短而粗且垂直布置时，如千斤顶及加压装置的传力螺旋，可以利用螺母本身作为支承（图 7-2）。当螺杆细长且水平布置时，如机床的传导螺旋（丝杠）等，应在螺杆两端或中间附加支承，以提高螺杆的工作刚度。螺杆的支承结构和轴的支承结构基本相同。此外，对于轴向尺寸较大的螺杆，应采用对接的组合结构代替整体结构，以减少制造工艺上的困难。

螺母的结构有整体螺母、组合螺母和剖分螺母等形式。整体螺母结构简单，但由磨损产生的轴向间隙不能补偿，只适合在精度要求较低的螺旋中使用。对于经常双向传动的传导螺旋，为了消除轴向间隙和补偿旋合螺纹的磨损，避免反向传动时的空行程，常采用组合螺母和剖分螺母。图 7-3 是利用调整楔块来定期调整螺旋副的轴向间隙的一种组合螺母的结构形式。

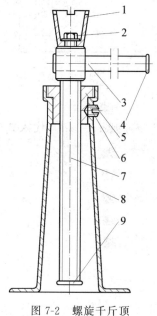

图 7-2　螺旋千斤顶

1—托杯；2—螺钉；3—手柄；4,9—挡环；
5—螺母；6—紧定螺钉；7—螺杆；8—底座

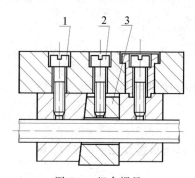

图 7-3　组合螺母

1—固定螺钉；2—调整螺钉；3—调整楔块

滑动螺旋采用的螺纹类型有矩形（square thread）、梯形（acme thread）和锯齿形（buttress thread）。其中以梯形和锯齿形螺纹应用广泛。螺杆常用右旋螺纹。但某些特殊场合，如车床横向进给丝杠，为了符合操作习惯，才采用左旋螺纹。传力螺旋和调整螺旋要求自锁时，应采用单线螺纹。对于传导螺旋，为了提高其传动效率及直线运动速度，习惯采用多线螺纹，线数为 3～4，甚至多达 6。

2. 滑动螺旋的设计计算

滑动螺旋工作时，主要承受转矩及轴向拉力(压力)的作用，同时螺杆和螺母的旋合螺纹间有较大的相对滑动，其失效形式多为螺纹磨损，因此，螺杆的直径和螺母的高度也常由耐磨性要求决定。传力较大时，应验算有螺纹部分的螺杆或其他危险部位以及螺母或螺杆螺纹牙强度；要求自锁时，应验算螺纹副的自锁条件；要求运动精确时，应验算螺杆的刚度，其直径常由刚度要求决定；对于长径比很大的受压螺杆，应验算其稳定性，其直径也常由稳定性要求决定；当水平安装时，还应注意其弯曲度；对于高速长螺杆，则应验算其临界转速。

在设计时，可根据对螺旋传动的工作条件及传动要求，选择不同的设计准则，进行必要的设计计算。现以螺旋千斤顶为例来说明滑动螺旋的设计计算，如图 7-2 所示。

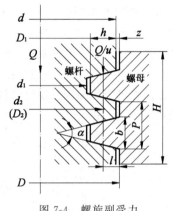

图 7-4   螺旋副受力

1) 耐磨性计算

如图 7-4 所示，设作用于螺杆的轴向力为 $Q(\mathrm{N})$，螺纹的承压面积(指螺纹工作表面投影到垂直于轴向力的平面上的面积)为 $A(\mathrm{mm}^2)$，螺纹中径为 $d_2(\mathrm{mm})$，螺纹工作高度为 $h(\mathrm{mm})$，螺纹螺距为 $P(\mathrm{mm})$，螺母高度为 $H(\mathrm{mm})$，螺纹工作圈数为 $u=\dfrac{H}{P}$，则螺纹工作面上的耐磨性条件为

$$p=\frac{Q}{A}=\frac{Q}{\pi d_2 h u}=\frac{QP}{\pi d_2 h H}\leqslant [p] \qquad (7\text{-}1)$$

上式可作为校核计算用。为了导出设计计算式，令 $\phi=H/d_2$，则 $H=\phi d_2$，代入式(7-1)整理后可得

$$d_2\geqslant \sqrt{\frac{QP}{\pi h\phi [p]}} \qquad (7\text{-}2)$$

对于矩形和梯形螺纹，$h=0.5P$，则

$$d_2\geqslant 0.8\sqrt{\frac{Q}{\phi [p]}} \qquad (7\text{-}3)$$

对于 30° 锯齿形螺纹，$h=0.75P$，则

$$d_2\geqslant 0.65\sqrt{\frac{Q}{\phi [p]}} \qquad (7\text{-}4)$$

螺母高度为

$$H = \phi d_2 \tag{7-5}$$

式中,$[p]$ 为材料的许用比压,MPa,见表 7-1。ϕ 为螺母厚度系数,对整体螺母 $\phi = 1.2 \sim 2.5$,对剖分式螺母 $\phi = 2.5 \sim 3.5$。

设计时,由式(7-2)算出螺纹中径 d_2 后,然后查相应的梯形螺纹、锯齿形螺纹国家标准,选取相应的公称直径 d 及螺距 P。应注意,螺纹工作圈数不宜超过 10 圈。

2）自锁性计算

对有自锁性要求的螺旋副(如起重螺旋),应进行自锁性验算,即

$$\psi = \arctan \frac{L}{\pi d_2} \leqslant \varphi_v \tag{7-6}$$

式中,φ_v 为螺旋副的当量摩擦角,$\varphi_v = \arctan(f/\cos\beta)$;$\beta$ 为螺纹牙型斜角;f 为摩擦系数,见表 7-1。

表 7-1　滑动螺旋副材料的许用压力 $[p]$ 及摩擦系数 f

螺杆-螺母的材料	滑动速度/(m/min)	许用压力 $[p]$/MPa	摩擦系数 f
钢-青铜	低速	$18 \sim 25$	$0.08 \sim 0.10$
	$\leqslant 3.0$	$11 \sim 18$	
	$6 \sim 12$	$7 \sim 10$	
淬火钢-青铜	> 15	$10 \sim 23$	$0.06 \sim 0.08$
钢-铸铁	< 2.4	$13 \sim 18$	$0.12 \sim 0.15$
	$6 \sim 12$	$4 \sim 7$	
钢-钢	低速	$7.5 \sim 13$	$0.11 \sim 0.17$

注:① 表中数值适用于 $\phi = 2.5 \sim 4$ 的情况。当 $\phi < 2.5$ 时,$[p]$ 值可提高 20%;若为剖分螺母时,则 $[p]$ 值应降低 15% $\sim$ 20%;

② 表中摩擦系数起动时取大值,运转中取小值。

3）螺杆的强度计算

螺杆工作时,同时受轴向压力(或拉力)Q 与扭矩 T 的作用,因此,按第四强度理论建立强度条件,即

$$\sigma_{ca} = \sqrt{\sigma^2 + 3\tau^2} = \sqrt{\left(\frac{Q}{A}\right)^2 + 3\left(\frac{T}{W_T}\right)^2} \leqslant [\sigma]$$

或

$$\sigma_{ca} = \frac{1}{A}\sqrt{Q^2 + 3\left(\frac{4T}{d_1}\right)^2} \leqslant [\sigma] \tag{7-7}$$

式中,A 为螺杆危险截面面积,$A = \pi d_1^2/4$,mm^2;W_T 为螺杆抗扭截面模量,$W_T = \pi d_1^3/16$,mm^3;d_1 为螺杆螺纹内径,mm;T 为螺杆所受的扭矩,$T = Q\tan(\psi + \varphi_v)\dfrac{d_2}{2}$,N·mm;$[\sigma]$ 为螺杆材料的许用应力,MPa,见表 7-2。

表 7-2　滑动螺旋副材料的许用应力

螺旋副材料		许用应力/MPa		
		$[\sigma]$	$[\sigma]_b$	$[\tau]$
螺杆	钢	$\dfrac{\sigma_s}{3\sim5}$		
螺母	青铜		$40\sim60$	$30\sim40$
	铸铁		$45\sim55$	40
	钢		$(1.0\sim1.2)[\sigma]$	$0.6[\sigma]$

注：① σ_s 为材料屈服极限；
　　② 载荷稳定时，许用应力取大值。

4）螺母螺纹牙的强度计算

由于螺母材料的强度通常低于螺杆材料的强度，因此，螺纹牙的弯曲和剪切破坏多发生在螺母。如图 7-5 所示，将螺母的一圈螺纹沿螺纹大径展开后，即可视为一悬臂梁。假设每圈螺纹承受的平均压比 Q/u 作用在中径 d_2 的圆周上，则螺纹牙危险剖面 $a-a$ 的弯曲强度条件为

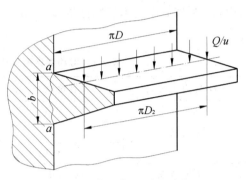

图 7-5　螺母螺纹圈的受力

$$\sigma_b = \frac{6Ql}{\pi Db^2 u} \leqslant [\sigma]_b \qquad (7\text{-}8)$$

剖面 $a-a$ 的剪切强度条件为

$$\tau = \frac{Q}{\pi Dbu} \leqslant [\tau] \qquad (7\text{-}9)$$

式中，D 为螺母螺纹的大径，mm；l 为弯曲力臂，见图 7-4，$l=(D-d_2)/2$，mm；u 为螺纹牙的工作圈数，$u=H/P$；b 为螺纹牙根部的厚度，mm，梯形螺纹 $b=0.65P$，矩形螺纹 $b=0.5P$，30°锯齿形螺纹 $b=0.74P$，式中 P 为螺距，mm；$[\sigma]_b$，$[\tau]$ 分别为螺母材料的许用弯曲应力与许用剪切应力，MPa，见表 7-2。

若螺母和螺杆材料相同，则应验算螺杆螺纹牙的弯曲强度和剪切强度（因为 $d_1<D$）。这时，将公式中的 D 改为 d_1 即可。

5）螺杆的稳定性计算

螺杆受压的稳定性条件为

$$n_{sc} = \frac{Q_c}{Q} \geqslant n_s \qquad (7\text{-}10)$$

式中，n_{sc} 为螺杆稳定性的计算安全系数；n_s 为螺杆稳定性许用安全系数，传力螺旋（如起重螺杆等）$n_s=3.5\sim5.0$，传导螺旋 $n_s=2.5\sim4.0$，精密螺杆或水平螺杆 $n_s>4$；Q_c 为螺杆的临界压力，N。

临界压力 的计算公式如下：

当 $\lambda_s = \mu l/i \geqslant 100$ 时

$$Q_c = \frac{\pi^2 EI}{(\mu l)^2} \qquad (7\text{-}11)$$

当 $\lambda_s = \mu l/i < 100$ 时，对于 $\sigma_B \geqslant 380$MPa 的普通钢，如 Q235、Q275 等，取

$$Q_c = (304 - 1.12\lambda_s)\pi d_1^2/4 \qquad (7\text{-}12)$$

对于 $\sigma_B \geqslant 480 \text{MPa}$ 的优质碳素钢，如 $35 \sim 50$ 钢等，取

$$Q_c = (461 - 2.57\lambda_s)\pi d_1^2/4 \tag{7-13}$$

式中，l 为螺杆的工作长度，mm；μ 为螺杆的长度系数，与螺杆端部支承方式有关，见表 7-3；i 为螺杆危险截面的惯性半径，$i = \sqrt{I/A} = d_1/4$，mm；I 为螺杆危险截面的惯性矩，$I = \pi d_1^4/64$，mm^4；E 为螺杆材料的拉压弹性模量，对于钢 $E = 2.06 \times 10^5 \text{MPa}$；$\lambda_s$ 为螺杆的柔度，$\lambda_s = \mu l/i$。

当 $\lambda_s = \mu l/i < 40$ 时，可不必进行稳定性校核。

表 7-3 螺杆的长度系数 μ

端部支承情况	长度系数 μ
两端固定	0.50
一端固定，一端不完全固定	0.60
一端铰支，一端不完全固定	0.70
两端不完全固定	0.75
两端铰支	1.00
一端固定，一端自由	2.00

注：判断螺杆端部支承情况的方法：
① 若采用滑动支承时，则以轴承长度 l_0 与直径 d_0 的比值来确定 $l_0/d_0 < 1.5$ 时，为铰支；$l_0/d_0 = 1.5 \sim 3.0$ 时，为不完全固定；$l_0/d_0 > 3.0$ 时，为固定支承。
② 若以整体螺母作为支承时，仍按上述方法确定。此时，取 $l_0 = H$（H 为螺母高度）。
③ 若以剖分螺母作为支承时，可作为不完全固定支承。
④ 若采用滚动支承且有径向约束时，可作为铰支；有径向和轴向约束时，可作为固定支承。

7.3 滚动螺旋传动

滚动螺旋(ball screws)传动又称滚珠丝杠传动，是在螺杆和螺母之间放入适量的滚珠，使螺杆和螺母之间的摩擦由滑动摩擦变为滚动摩擦的一种传动装置，当螺杆转动螺母移动时，滚珠则沿螺杆螺旋滚道面滚动，在螺杆上滚动数圈后，滚珠从滚道的一端滚出并沿返回装置返回另一端，重新进入滚道，从而构成一闭合回路。如图 7-6 所示，由于螺杆和螺母之间为滚动摩擦，从而提高了螺旋副的效率和传动精度。

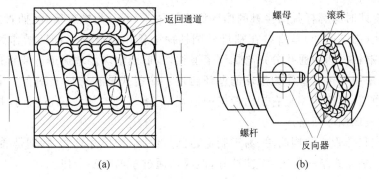

图 7-6 滚动螺旋传动
(a) 外循环式；(b) 内循环式

滚珠丝杠副传动装置诞生于 1874 年,但直到 1940 年,美国通用汽车公司萨吉诺分厂将滚珠丝杠副用于汽车的转向机构上,滚球丝杠副才开始被广泛应用于工业领域。在 20 世纪 50 年代,数控机床的诞生和自动机械的发展提高了滚珠丝杠副的加工技术,大大推动了滚珠丝杠的专业化生产,如图 7-7 所示。70 年代后期,微电子技术的发展主导的三次工业革命,使滚珠丝杠副应用日益广泛,滚珠丝杠副的专业化生产进一步提高。当前世界上先进工业国家几乎都有若干个颇具规模的滚珠丝杠副专业生产厂,例如美国的 WARNER-BEAVER 公司、GM—SAGINAW 公司,英国的 ROTAX 公司,日本的 NSK 公司、TSK 公司,西班牙的柯尔特(Korta S. A.)公司,法国的 ALE 公司,意大利的 SKF 公司等。

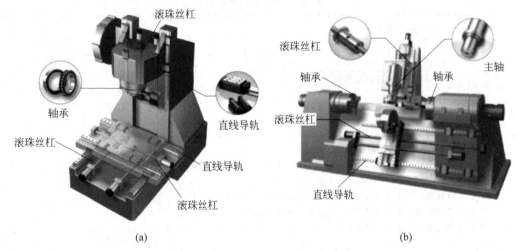

图 7-7　滚珠丝杠副的应用
(a) 加工中心;(b) 复合车床

1. 结构类型及特点

按用途和制造工艺不同,滚动螺旋传动的结构类型有多种,它们的主要区别在于滚珠循环方式、螺纹滚道法向截面形状等方面。

1) 滚珠循环方式

按滚珠在整个循环过程中与螺杆表面的接触情况,分为内循环和外循环两类,如图 7-6 所示。

(1) 外循环

滚珠在返回时与螺杆脱离接触的循环称为外循环,可分为螺旋槽式、插管式和端盖式 3 种。螺旋槽式(图 7-6(a))是直接在螺母外圆柱面上铣出螺旋线形的凹槽作为滚珠循环通道,凹槽的两端钻出两个通孔分别与螺纹滚道相切,形成滚珠循环通道。插管式和螺旋槽式原理相同,是采用外接套管作为滚珠的循环通道。端盖式是在螺母上钻有一个纵向通孔作为滚珠返回通道,螺母两端装有铣出短槽的端盖,短槽端部与螺纹滚道相切,并引导滚珠返回通道,构成滚珠循环回路。

螺旋槽式和插管式结构简单、易于制造,且螺母的结构尺寸较大,特别是插管式,同时挡珠器易磨损。端盖式结构紧凑、工艺性好,但滚珠通过短槽时易卡住。

(2) 内循环

滚珠在循环过程中始终与螺杆保持接触的循环叫内循环(图 7-6(b))。在螺母的侧孔内,装有接通相邻滚道的反向器,借助于反向器上的回珠槽,迫使滚珠沿滚道滚动 1 圈后越过螺杆螺纹滚道顶部,重新返回起始的螺纹滚道,构成单圈内循环回路。在同一个螺母上,具有循环回路的数目称为列数,内循环的列数通常有 2～4 列(即一个螺母上装有 2～4 个反向器)。为了结构紧凑,这些反向器是沿螺母周围均匀分布的。

滚珠在每一循环中绕经螺纹滚道的圈数称为工作圈数。内循环的工作圈数只有 1 圈,因而回路短,滚珠少,滚珠的流畅性好,效率高。此外,它的径向尺寸小,零件少,装配简单。内循环的缺点是反向器的回珠槽具有空间曲面,加工较复杂。

2) 螺纹滚道法向截面形状

螺纹滚道法向截面形状是指通过滚珠中心且垂直于滚道螺旋面的平面和滚道表面交线的形状。常用的截形有两种,单圆弧形(图 7-8(a))和双圆弧形(图 7-8(b))。

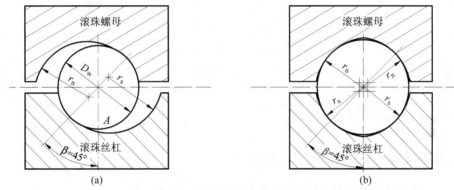

图 7-8 滚道法向截形示意图

(a) 单圆弧形;(b) 双圆弧形

滚珠与滚道表面在接触点处的公法线与通过滚珠中心的螺杆直径线间的夹角 β 叫接触角,理想接触角 $\beta=45°$。

单圆弧形的特点是砂轮成形比较简单,易于得到较高的精度。但接触角随着初始间隙和轴向力大小而变化,因此,效率、承载能力和轴向刚度均不够稳定。而双圆弧形的接触角在工作过程中基本保持不变,效率、承载能力和轴向刚度稳定,并且滚道底部不与滚珠接触,可储存一定的润滑油和脏物,使磨损减小。但双圆弧形砂轮修整、加工、检验都比较困难。

2. 材料和热处理

为了满足滚珠丝杠传动工作性能和传动精度的要求,以获得最长的工作寿命和最高的承载能力,螺纹滚道必须具有一定的硬度,一般为 58～60HRC,滚珠硬度一般要求为 62～64HRC。对于高温下工作或用不锈钢制造的滚珠丝杠传动,螺纹滚道表面硬度<58HRC 为好。对材料的要求是耐磨性好,易切削,而且变形小。如果要进行渗碳淬火处理的,宜采用低碳铬钼钢。如果要进行感应处理的,因硬度要求在 58～62HRC 的范围内,故应用含碳量为 0.4%～0.5% 的铬钼钢。一般机械特别是数控机床用的滚珠丝杠传动各零件材料如表 7-4 所示。精密滚珠丝杠传动可用氮化钢。表面硬化的镍铬合金钢滚珠丝杠副,适用于结构和强度有特殊要求的航空机械上。在原子能工业或高温、水蒸气、二氧化碳气体中工作的滚珠丝杠传动,由于无法润滑,故宜采用含马氏体的镍铬合金钢、沉淀硬化钢、可淬硬的铬钢较理想。如果要求噪声小时,可用尼龙滚珠配以钢制丝杠和螺母。

表 7-4　常用材料、热处理和硬度值

项　目		应用范围	材　料	热　处　理	HRC
内外循环	丝杠	$l \leqslant 1(\mathrm{m})$	20CrMoA	渗碳、淬火	60 ± 2
		$l \leqslant 2.5(\mathrm{m})$	42CrMoA、55、50Mn、60Mn	高、中频淬火	
		$l > 2.5(\mathrm{m})$	38CrNoAlA	氮化	850HV
		$d_0 > 40(\mathrm{mm})$	GCr15SiMn	整淬	$60 + 2$
		$d_0 \leqslant 40(\mathrm{mm})$ $l \leqslant 2(\mathrm{m})$	GCr15	整淬	$60 + 2$
		$d_0 \leqslant 40(\mathrm{mm})$	GCr15		
		$d_0 = 40 \sim 80(\mathrm{mm})$ $l \leqslant 2(\mathrm{m})$	CrWMn	整淬	
		有防腐要求者	9Cr18	中频淬火	56
	螺母		GCr15、CrWMn、9Cr18	淬火回火	$60 + 2$
			18CrMnTi、12CrNiA、12Cr2Ni4A	渗碳、淬火	
内循环	反向器		CrWMn、GCr15	淬火	$60 + 2$
			18CrMnTi、40Cr、20Cr	氮化	850HV
外循环	挡珠器		45、65Mn	淬火回火	$30 \sim 50$

注：l—丝杠螺纹滚道长度；d_0—公称直径。

3. 滚动螺旋传动的设计与计算问题

(1) 由于滚动螺旋已经标准化、系列化,生产工艺比较复杂,并由专业工厂生产,故对使用者主要是选用问题,有关的设计计算不再赘述,如需要设计可参照滚动螺旋传动及有关设计手册。

(2) 滚动螺旋的工作状态类似于滚动轴承,故在高速条件下($n > 10\mathrm{r/min}$)工作时,其主要失效形式是滚道或滚珠表面疲劳点蚀,需按滚动轴承的动强度计算;在低速条件下($n < 10\mathrm{r/min}$)工作时,主要失效形式是滚珠或滚道表面产生大的塑性变形,需要按滚动轴承进行静强度计算。

(3) 效率计算可近似采用滑动螺旋传动效率计算公式。由于滚动螺旋传动副的螺旋角大于 2°,其值远远大于自锁条件,故不能自锁。为了防止滚珠螺旋传动不自锁而可能产生的逆转动,可采用单向联轴器或反向制动装置。

(4) 为提高效率、减小磨损,滚动螺旋工作时必须进行润滑,高速时宜用稀润滑油,端部须采用密封装置。

7.4　静压螺旋传动简介

1. 工作原理

为了降低螺旋传动的摩擦,提高传动效率,并增加螺旋传动的刚性及抗振性能,可以将静压原理应用于螺旋传动中,制成静压螺旋传动(hydrostatic screw drive)。

如图 7-9(a)所示,压力油经节流器进入内螺纹牙两侧的油腔,然后经回油通路流回油箱。当螺杆不受力时,处于中间位置,而牙两侧的间隙和油腔压力都相等。当螺杆受轴向力 F_a 而左移时,间隙 h_1 减小,h_2 增大,使牙左侧压力大于右侧,从而产生一平衡 F_a 的液压力。在图 7-9(b)中,如果每一螺纹牙侧开三个油腔,则当螺杆受径向力 F_r 而下移时,油腔 A 侧间隙减小,压力增高,B 侧和 C 侧间隙增大,压力降低,从而产生一平衡 F_r 的液压力。

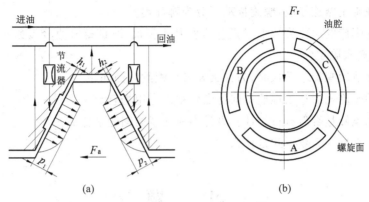

图 7-9 静压螺旋传动的工作原理

(a) 受轴向力时;(b) 受径向力时

2. 静压螺旋传动的特点

静压螺旋与滑动螺旋和滚动螺旋相比,具有下列特点:

(1) 摩擦阻力小、效率高(可达 99%);

(2) 寿命长,螺纹表面不直接接触,能长期保持工作精度;

(3) 传动平稳,低速时无爬行现象;

(4) 传动精度和定位精度高;

(5) 具有传动可逆性,必要时应设置防止逆转机构;

(6) 需要一套可靠的供油系统,并且螺母结构复杂,加工比较困难。

拓展性阅读文献指南

静压螺旋传动,因其应用较少,加之设计时考虑因素较多,涉及面较广,而且静压螺旋无标准系列产品,因此本章只作简单介绍,如需要该方面的知识,可参阅朱孝录主编《中国机械设计大典》第 4 卷第 37 篇的螺旋传动一章,该章对其设计进行了论述。

滚动螺旋是一定型产品,由专门生产厂家制造,应用中的关键是根据实际工作情况,正确选择其类型和尺寸,其设计计算为校核计算,计算中所取有关滚动螺旋数据一定要参照生产厂家的产品样本,因生产厂家不同而有所差别。滚动螺旋组合结构设计可参见滚动轴承章节。滚动螺旋精度的有关内容可参阅朱孝录主编《中国机械设计大典》第 4 卷第 37 篇螺旋传动一章。

思 考 题

7-1 按螺旋副摩擦性质,螺旋传动可分为哪几类?

7-2 滑动螺旋的主要失效形式是什么?其主要尺寸(即螺杆直径及螺母高度)主要根据哪些设计准则来确定?

7-3 设计滑动螺旋千斤顶时,为什么要考虑螺纹自锁问题?

7-4 滚动螺旋比滑动动螺旋有何优点?举出应用场合。

7-5 滚动螺旋是否需自行设计?设计中应注意的问题是什么?

7-6 滚动螺旋的失效形式是什么?

习 题

7-1 题 7-1 图为一小型压床,最大压力为 25kN,最大行程为 160mm。如螺旋副选用梯形螺纹,螺旋副当量摩擦系数 $f=0.15$,压头支承面平均直径为螺纹中径 d_2,压头支承面摩擦因数 $\mu'=10$,操作人员每只手用力最大为 200N。试设计该螺旋传动并确定手轮直径。(要求螺纹自锁)

7-2 题 7-2 图所示一弓形夹钳,用 M28 的螺杆夹紧工作,压紧力 $F=30kN$,螺杆材料为 45 钢,环形螺杆端部平均直径为 $d_0=20mm$,设螺纹副和螺杆末端与工件摩擦系数均为 $f=0.15$,试验算螺杆的强度。

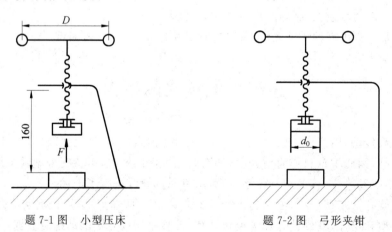

题 7-1 图 小型压床　　　　　　题 7-2 图 弓形夹钳

7-3 题 7-3 图所示螺旋传动机构,已知工作台重 $P=100N$,两支承间的距离为 100mm,丝杠的材料为 CrWMn,淬火硬度>45HRC,试校核该传动机械是否能正常工作。

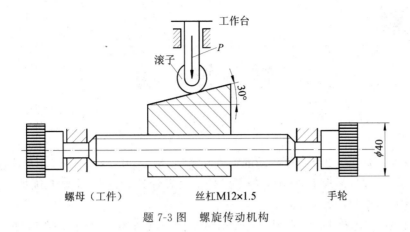

题 7-3 图 螺旋传动机构

第8章

带 传 动

内容提要：本章主要介绍带传动的特点和类型,带传动的受力分析,并在此基础上介绍了带的弹性滑动和打滑现象,详细介绍了带传动的设计计算,带的张紧和维护,最后简介同步带及其他新型带传动。

本章重点：带传动的受力分析,弹性滑动和打滑现象的联系和区别,V带传动的设计计算。

本章难点：带传动的最大有效拉力及其影响因素,带传动部分设计参数的选择原则。

8.1 概 述

1. 带传动工作原理及特点

带传动(belt drives)通常由主动轮(driver pulley)1、从动轮(driven pulley)3 和张紧在两轮上的传动带(belt)2 组成(图 8-1)。当主动轮回转时,依靠带与带轮接触面间的摩擦力带动从动轮一起回转,从而传递一定的运动和动力。

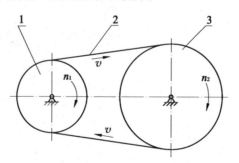

图 8-1 带传动示意图

1—主动轮；2—传动带；3—从动轮

带传动的优点：①有良好的挠性和弹性,有吸振和缓冲作用,因而使带传动平稳、噪声小；②有过载保护作用,过载时引起带在带轮上发生相对滑动,可防止零件的损坏；③制造和安装精度与齿轮传动相比较低,结构简单,制造、安装、维护均较方便；④适合于中心距较大的两轴间传动(中心距最大可达 15m)。

带传动的主要缺点：①弹性滑动使传动效率降低,不能保证准确的传动比；②带传动需要初始张紧,因此,当传递同样大的圆周力时,与啮合传动相比,轴上的压力较大；③结构尺寸较大,不紧凑；④传动带寿命较短；⑤传动带与带轮之间会产生摩擦放电现象,不宜用于有爆炸危险的场合。

2. 带传动的类型与应用

常用的带传动有平带(flat belts)传动(图 8-2(a))、V 带(V-belts)传动(图 8-2(b))、多楔带传动(V-ribbed belt)(图 8-2(c))和同步带传动(toothed timing belts)(图 8-2(d))等。

平带传动结构最简单,带轮也容易制造,在传动中心距较大的情况下应用较多。

常用的平带有帆布芯平带、编织平带(棉织、毛织和缝合棉布带)、绵纶片复合平带等几种。其中以帆布芯平带应用最广,它的规格可查阅有关国家标准。

在一般机械传动中,应用最广的是 V 带传动。V 带的横截面呈等腰梯形,带轮上也做出相应的轮槽。传动时,V 带只和轮槽的两个侧面接触,即以两侧面为工作面(图 8-2(b))。根据槽面摩擦的原理,在同样的张紧力下,V 带传动较平带传动能产生更大的摩擦力。这是 V 带传动性能上的最主要优点。再加上 V 带传动允许的传动比较大,结构较紧凑,以及 V 带多已标准化并大量生产等优点,因而 V 带传动的应用比平带传动广泛得多。

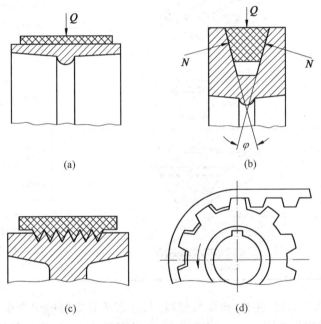

图 8-2　带传动的类型

(a) 平带传动;(b) V 带传动;(c) 多楔带传动;(d) 同步带传动

3. V 带及其标准

V 带有普通 V 带、窄 V 带、联组 V 带、齿形 V 带、大楔角 V 带、宽 V 带等多种类型,见表 8-1,其中普通 V 带应用最广。

标准普通 V 带都制成无接头的环形。其结构(表 8-1)由顶胶 1、抗拉体 2、底胶 3 和包布 4 等部分组成。抗拉体的结构分为帘布芯 V 带和绳芯 V 带两种类型。

帘布芯 V 带,制造较方便。绳芯 V 带柔韧性好,抗弯强度高,适用于转速较高、载荷不大和带轮直径较小的场合。

表 8-1　V 带的类型与结构

类型	简　图	结　构
普通 V 带	 (a) 窗布芯结构　　(b) 绳芯结构	抗拉体为帘布芯或绳芯,楔角为 40°,相对高度近似为 0.7,梯形截面环形带
窄 V 带		抗拉体为绳芯,楔角为 40°,相对高度近似为 0.9,梯形截面环形带
联组 V 带		将几根普通 V 带或窄 V 带的顶面用胶帘布等距粘结而成,有 2、3、4 或 5 根联成一组
齿形 V 带		抗拉体为绳芯结构,内周制成齿形的 V 带
大楔角 V 带		抗拉体为绳芯,楔角为 60° 的聚氨酯环形带
宽 V 带		抗拉体为绳芯,相对高度近似为 0.3 的梯形截面环形带

当 V 带受弯曲时,顶胶伸长,而底胶缩短,只有在两者之间的中性层长度不变,称为节面。带的节面宽度称为节宽(standard width)b_p,当带弯曲时,该宽度保持不变。V 带的高度 h 与其节宽 b_p 之比 $\left(\dfrac{h}{b_p}\right)$ 称为相对高度。普通 V 带的相对高度约为 0.7。

在 V 带轮上,与所配用 V 带的节宽 b_p 相对应的带轮直径称为基准直径(datum diameter)D。V 带在规定的张紧力下,位于带轮基准直径上的周线长度称为基准长度 L_d。V 带的公称长度以基准长度(datum length)L_d 表示。

窄 V 带是用合成纤维绳作抗拉体,相对高度约为 0.9 的新型 V 带。与普通 V 带相比,当高度相同时,窄 V 带的宽度约缩小 1/3,而承载能力可提高 1.5～2.5 倍,适用于传递动力大而又要求传动装置紧凑的场合。近年来,窄 V 带越来越得到广泛的应用。

普通 V 带的截型分为 Y、Z、A、B、C、D、E 7 种;窄 V 带的截型分为 SPZ、SPA、SPB、SPC 共 4 种。其截面尺寸见表 8-2,基准长度系列见表 8-3。

表 8-2　V 带的截面尺寸

截　型		节宽① b_p/mm	顶宽 b/mm	高度① h/mm	截面面积 A/mm²	楔角 φ
普通 V 带	窄 V 带					
Y		5.3	6	4	18	
Z		8.5	10	6	47	
	SPZ			8	57	
A		11.0	13	8	81	
	SPA			10	94	
B		14.0	17	10.5	138	40°
	SPB			14	167	
C		19.0	22	13.5	230	
	SPC			18	278	
D		27.0	32	19	476	
E		32.0	38	23.5	692	

① 为基本尺寸。

表 8-3　V 带的基准长度系列

基准长度 L_d/mm	普通 V 带截型							窄 V 带截型			
	Y	Z	A	B	C	D	E	SPZ	SPA	SPB	SPC
400	+	+									
450	+	+									
500	+	+									
560		+									
630		+	+					+			
710		+	+					+			
800		+	+					+	+		
900		+	+	+				+	+		
1000		+	+	+				+	+		
1120		+	+	+				+	+		
1250		+	+	+				+	+	+	
1400		+	+	+				+	+	+	
1600		+	+	+				+	+	+	
1800			+	+	+			+	+	+	
2000			+	+	+			+	+	+	+

注：超出表列范围时可另查机械设计手册，下同。

8.2　带传动工作情况分析

1. 带传动中的力分析

安装带传动时,传动带即以一定的预紧力(initial static tensile force)F_0 紧套在两个带轮上。由于 F_0 的作用,带和带轮的接触面上就产生了正压力。带传动不工作时,传动带两边的拉力相同,都等于 F_0(图 8-3(a))。

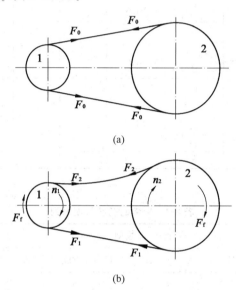

(a)

(b)

图 8-3　带传动的工作原理图

(a) 不工作时；(b) 工作时

带传动工作时(图 8-3(b)),设主动轮以转速 n_1 转动,带与带轮的接触面间便产生摩擦力 F_f,主动轮作用在带上的摩擦力方向和主动轮的圆周速度方向相同(见图 8-4(a)轮 1 的外侧),主动轮即靠此摩擦力驱使带运动；带作用在从动轮上的摩擦力方向,显然与带的运动方向相同(见图 8-4(a)轮 2 的内侧,带轮作用在带上的摩擦力的方向则与带的运动方向相反),带同样靠摩擦力 F_f 驱使从动轮以转速 n_2 转动。这时传动带两边的拉力也相应地发生了变化:带绕上主动轮的一边被拉紧,叫做紧边(tight side),紧边拉力由 F_0 增加到 F_1；带绕上从动轮的一边被放松,叫做松边(slack side),松边拉力由 F_0 减少到 F_2(见图 8-3(b))。如果近似地认为带工作时的总长度不变,则带的紧边拉力的增加量,应等于松边拉力的减少量,即

或

$$\left.\begin{array}{l} F_1 - F_0 = F_0 - F_2 \\ F_1 + F_2 = 2F_0 \end{array}\right\} \tag{8-1}$$

在图 8-4(a)中(径向箭头表示带轮作用于带上的正压力),当取主动轮一端的带为分离体时,则总摩擦力 F_f 和两边拉力对轴心的力矩代数和 $\sum T = 0$,即

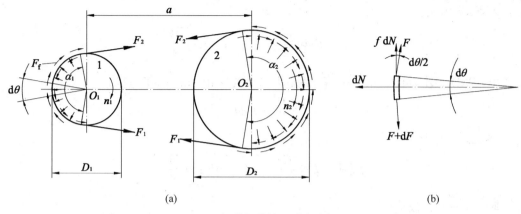

图 8-4 带与带轮的受力分析

$$F_f \cdot \frac{D_1}{2} - F_1 \cdot \frac{D_1}{2} + F_2 \cdot \frac{D_1}{2} = 0$$

由上式可得

$$F_f = F_1 - F_2$$

在带传动中,有效拉力(effective tension)F_e 并不是作用于某固定点的集中力,而是带和带轮接触面上各点摩擦力的总和,故整个接触面上的总摩擦力 F_f 即等于带所传递的有效拉力,由上式关系可知

$$F_e = F_f = F_1 - F_2 \tag{8-2}$$

即带传动所能传递的功率 P 为

$$P = \frac{F_e v}{1000} \quad (\text{kW}) \tag{8-3}$$

式中,F_e 为有效拉力,N;v 为带的速度,m/s。

将式(8-2)代入式(8-1),可得

$$\left. \begin{array}{l} F_1 = F_0 + \dfrac{F_e}{2} \\[2ex] F_2 = F_0 - \dfrac{F_e}{2} \end{array} \right\} \tag{8-4}$$

由式(8-4)可知,带两边的拉力 F_1 和 F_2 的大小,取决于预紧力 F_0 和带传动的有效拉力 F_e。而由式(8-3)可知,在带传动的传动能力范围内,F_e 的大小又和传递的功率 P 及带的速度有关。当传动的功率增大时,带两边拉力的差值 $F_e = F_1 - F_2$ 也要相应地增大。带两边拉力的这种变化,实际上反映了带和带轮接触面上摩擦力的变化。显然,当其他条件不变且预紧力 F_0 一定时,这个摩擦力有一极限值(临界值)。这个极限值就限制着带传动的传动能力。

2. 带传动的最大有效拉力及其影响因素

带传动中,当带有打滑趋势时,摩擦力即达到极限值。这时带传动的有效拉力亦达到最大值。下面来分析最大有效拉力的计算方法和影响因素(假设带为匀速运动)。

如果略去带沿圆弧运动时离心力的影响,截取微量长度的带为分离体,如图 8-4(b)所

示，$\sum F_x = 0$，则

$$dN = F \sin \frac{d\theta}{2} + (F + dF) \sin \frac{d\theta}{2}$$

上式中，因 $d\theta$ 很小，可取 $\sin \dfrac{d\theta}{2} \approx \dfrac{d\theta}{2}$，并略去二次微量 $dF \sin \dfrac{d\theta}{2}$，于是得

$$dN = F d\theta$$

又 $\sum F_y = 0$，则

$$f dN + F \cos \frac{d\theta}{2} = (F + dF) \cos \frac{d\theta}{2}$$

取 $\cos \dfrac{d\theta}{2} \approx 1$，故得

$$f dN = dF$$

于是可得

$$dN = F d\theta = \frac{dF}{f}$$

或

$$\frac{dF}{F} = f d\theta$$

两边积分

$$\int_{F_2}^{F_1} \frac{dF}{F} = \int_0^\alpha f d\theta$$

得

$$\ln \frac{F_1}{F_2} = f\alpha$$

即

$$F_1 = F_2 e^{f\alpha} \tag{8-5}$$

式中，e 为自然对数的底（e=2.718…）；f 为摩擦系数；α 为包角（wrap angle），rad。

由图 8-4(a)可得，带在带轮上的包角为

$$\left. \begin{aligned} \alpha_1 &\approx 180° - \frac{D_2 - D_1}{a} \times 60° \\ \alpha_2 &\approx 180° + \frac{D_2 - D_1}{a} \times 60° \end{aligned} \right\} \tag{8-6}$$

式(8-5)即所谓柔韧体摩擦的欧拉公式。将式(8-4)代入式(8-5)整理后，可得出带所能传递的最大有效拉力（即有效拉力的临界值）F_{ec} 为

$$F_{ec} = 2F_0 \frac{e^{f\alpha} - 1}{e^{f\alpha} + 1} = 2F_0 \frac{1 - 1/e^{f\alpha}}{1 + 1/e^{f\alpha}} \tag{8-7}$$

由式(8-7)可知，最大有效拉力 F_{ec} 与下列因素有关。

(1) 预紧力 F_0：最大有效拉力 F_{ec} 与 F_0 成正比。这是因为 F_0 越大，带与带轮间的正压力越大，则传动时的摩擦力就越大，最大有效拉力 F_{ec} 也就越大。但 F_0 过大时，将使带的磨损加剧，以致过快松弛，缩短带的工作寿命。如 F_0 过小，则带传动的工作能力得不到充分发挥，运转时容易发生跳动和打滑。

(2) 包角 α：最大有效拉力 F_{ec} 随包角 α 的增大而增大。因为 α 越大，带和带轮的接触面上所产生的总摩擦力就越大，传动能力也就越高。因为 $\alpha_1 < \alpha_2$，所以带传动的承载能力取决于小带轮的包角 α_1。

(3) 摩擦系数 f：最大有效拉力 F_{ec} 随摩擦系数的增大而增大。因为摩擦系数越大，则

摩擦力就越大,传动能力也就越高。而摩擦系数 f 与带轮的材料和表面状况、工作环境条件等有关。对于 V 型带则应为当量摩擦系数 $f_v = \dfrac{f}{\sin\dfrac{\varphi}{2}}$,$\varphi$ 为 V 带轮轮槽楔角。因为 $f_v > f$,所以在同样条件下,V 型带的传动能力大于平带。

3. 带的应力分析

带传动工作时,带中的应力有以下几种。

1)拉应力(tension stress)

$$\left.\begin{array}{ll}\text{紧边的拉应力} & \sigma_1 = \dfrac{F_1}{A}\quad(\text{MPa})\\[3mm]\text{松边的拉应力} & \sigma_2 = \dfrac{F_2}{A}\quad(\text{MPa})\end{array}\right\} \tag{8-8}$$

式中,F_1、F_2 分别为紧边和松边拉力,N;A 为带的横截面面积,mm²,见表 8-2。

2)弯曲应力(bending stress)

带绕在带轮上时要引起弯曲应力,带的弯曲应力为

$$\sigma_b \approx E\,\frac{h}{D}\quad(\text{MPa}) \tag{8-9}$$

式中,h 为带的截面厚度,mm;D 为带轮的计算直径,mm,对于 V 带轮,指它的基准直径,即轮槽基准宽度处带轮的直径;E 为带的弹性模量,MPa。

由式(8-9)可见,当 h 越大,D 越小时,带的弯曲应力 σ_b 就越大。故绕在小带轮上带的弯曲应力 σ_{b1} 大于绕在大带轮上带的弯曲应力 σ_{b2}。为了避免弯曲应力过大,带轮直径不能过小。V 带轮的最小基准直径列于表 8-4 中。

表 8-4　V 带轮的最小基准直径 $D_{\min}$

槽　　型	Z	A	B	C
	SPZ	SPA	SPB	SPC
$D_{\min}/\text{mm}$	50	75	125	200
	63	90	140	224

3)离心应力(centrifugal-force-induced stress)

当带以切线速度 v 沿带轮轮缘作圆周运动时,带本身的质量将引起离心力。由于离心力的作用,带的横截面上产生离心应力 σ_c。这个应力可用下式计算

$$\sigma_c = \frac{qv^2}{A}\quad\text{MPa} \tag{8-10}$$

式中,q 为传动带单位长度的质量,kg/m(见表 8-5);A 为带的横截面面积,mm²;v 为带的线速度,m/s。

图 8-5 表示带工作时的应力分布情况。带中可能产生的瞬时最大应力发生在带的紧边开始绕上小带轮处,此时的最大应力可近似地表示为

$$\sigma_{\max} \approx \sigma_{b1} + \sigma_1 + \sigma_c \tag{8-11}$$

表 8-5   V 带单位长度的质量 q

带 型	Z		A		B		C	
		SPZ		SPA		SPB		SPC
$q/(\mathrm{kg/m})$	0.06		0.10		0.17		0.30	
		0.07		0.12		0.20		0.37

由图 8-5 可见,带是处于变应力状态下工作的,即带每绕两带轮循环一周时,带上某点的应力是变化的。当应力循环次数达到一定值后,将使带产生疲劳破坏。

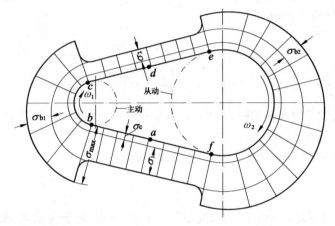

图 8-5   带工作时的应力分布情况示意图

4. 带的弹性滑动和打滑

带传动在工作时,带受到拉力后要产生弹性变形。但由于紧边和松边的拉力不同,因而弹性变形也不同。当紧边在 A_1 点绕上主动轮时(图 8-6),其所受的拉力为 F_1,此时带的线速度 v 和主动轮的圆周速度 v_1 相等。在带由 A_1 点转到 B_1 点的过程中,带所受的拉力由 F_1 逐渐降低到 F_2,带的弹性变形也就随之逐渐减小,因而带沿带轮的运动是一面绕进、一面向后收缩,所以带的速度便过渡到逐渐低于主动轮的圆周速度 v_1。这就说明了带在绕经主动轮的过程中,在带与主动轮缘之间发生了相对滑动。相对滑动现象也发生在从动轮上,但情况恰恰相反,带绕过从动轮时,拉力由 F_2 增大到 F_1,弹性变形随之增加,因而带沿带轮的运动是一面绕进、一面向前伸长,所以带的速度便过渡到逐渐高于从动轮的圆周速度 v_2,亦即带与从动轮间也发生相对滑动。这种由于带的弹性变形而引起的带与带轮间的滑动,

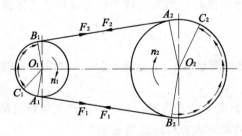

图 8-6   带的弹性滑动示意图

称为带的弹性滑动(elastic slipping)。这是带传动正常工作时固有的特性。

由于弹性滑动的影响,使从动轮的圆周速度 v_2 低于主动轮的圆周速度 v_1,其降低量可用滑动率 ε 来表示:

$$\varepsilon = \frac{v_1 - v_2}{v_1} \times 100\% \tag{8-12}$$

或

$$v_2 = (1-\varepsilon)v_1 \tag{8-12a}$$

其中

$$\left. \begin{array}{l} v_1 = \dfrac{\pi D_1 n_1}{60 \times 1000} \\[3mm] v_2 = \dfrac{\pi D_2 n_2}{60 \times 1000} \end{array} \right\} \tag{8-13}$$

式中,n_1、n_2 为主动轮和从动轮的转速,r/min;D_1、D_2 为主动轮和从动轮的计算直径,mm。

将式(8-13)代入式(8-12),可得

$$D_2 n_2 = (1-\varepsilon)D_1 n_1$$

因而带传动的实际传动比为

$$i = \frac{n_1}{n_2} = \frac{D_2}{D_1(1-\varepsilon)} \tag{8-14}$$

一般传动中,因滑动率并不大($\varepsilon \approx 1\% \sim 2\%$),故可不予考虑,而取传动比为

$$i = \frac{n_1}{n_2} \approx \frac{D_2}{D_1} \tag{8-15}$$

在正常情况下,带的弹性滑动并不是发生在相对于全部包角的接触弧上。当有效拉力较小时,弹性滑动只发生在带由主、从动轮上离开以前的那一部分接触弧上。例如 $\overparen{C_1 B_1}$ 和 $\overparen{C_2 B_2}$ (图 8-6),并把它们称为滑动弧,所对的中心角叫滑动角;而未发生弹性滑动的接触弧 $\overparen{A_1 C_1}$、$\overparen{A_2 C_2}$ 则称为静弧,所对的中心角叫静角。随着有效拉力的增大,弹性滑动的区段也将扩大。当弹性滑动区段扩大到整个接触弧(相当于 C_1 点移动到与 A_1 点重合)时,带传动的有效拉力即达到最大(临界)值 F_{ec}。如果工作载荷进一步增大,则带与带轮间将发生显著的相对滑动,即产生打滑(creeping)。打滑将使带的磨损加剧,从动轮转速急剧降低,甚至使传动失效,这种情况应当避免。

8.3　V 带传动的设计计算

1. 设计准则和单根 V 带的基本额定功率

带传动的主要失效形式为打滑和疲劳破坏。因此,带传动的设计准则应为:在保证带传动不打滑的条件下,具有一定的疲劳强度和寿命。

由式(8-2)、式(8-5)、式(8-8),并对 V 带用当量摩擦系数 f_v 代替平面摩擦系数 f,则可推导出带在有打滑趋势时的有效拉力(亦即最大有效拉力 F_{ec})为

$$F_{ec} = F_1\left(1 - \frac{1}{e^{f_v\alpha}}\right) = \sigma_1 A\left(1 - \frac{1}{e^{f_v\alpha}}\right) \tag{8-16}$$

再由式(8-11)可知，V 带的疲劳强度条件为

$$\sigma_{max} = \sigma_1 + \sigma_{b1} + \sigma_c \leqslant [\sigma]$$

或　　　　　　　　$$\sigma_1 \leqslant [\sigma] - \sigma_{b1} - \sigma_c \tag{8-17}$$

式中，$[\sigma]$ 为在一定条件下，由带的疲劳强度所决定的许用应力。

将式(8-17)代入式(8-16)，则得

$$F_{ec} = ([\sigma] - \sigma_{b1} - \sigma_c) A\left(1 - \frac{1}{e^{f_v\alpha}}\right) \tag{8-18}$$

将式(8-18)代入式(8-3)，即可得出单根 V 带所允许传递的功率为

$$P_0 = \frac{([\sigma] - \sigma_{b1} - \sigma_c)\left(1 - \frac{1}{e^{f_v\alpha}}\right)Av}{1000} \quad (kW) \tag{8-19}$$

在包角 $\alpha = 180°$、特定长度、平稳工作条件下，单根 V 带的基本额定功率 P_0 见表 8-6(a)。

表 8-6(a)　单根普通 V 带的基本额定功率 P_0　　　　　　　kW

带型	小带轮基准直径 D_1/mm	小带轮转速 n_1/(r/min)						
		400	730	800	980	1200	1460	2800
Z 型	50	0.06	0.09	0.10	0.12	0.14	0.16	0.26
	63	0.08	0.13	0.15	0.18	0.22	0.25	0.41
	71	0.09	0.17	0.20	0.23	0.27	0.31	0.50
	80	0.14	0.20	0.22	0.26	0.30	0.36	0.56
A 型	75	0.27	0.42	0.45	0.52	0.60	0.68	1.00
	90	0.39	0.63	0.68	0.79	0.93	1.07	1.64
	100	0.47	0.77	0.83	0.97	1.14	1.32	2.05
	112	0.56	0.93	1.00	1.18	1.39	1.62	2.51
	125	0.67	1.11	1.19	1.40	1.66	1.93	2.98
B 型	125	0.84	1.34	1.44	1.67	1.93	2.20	2.96
	140	1.05	1.69	1.82	2.13	2.47	2.83	3.85
	160	1.32	2.16	2.32	2.72	3.17	3.64	4.89
	180	1.59	2.61	2.81	3.30	3.85	4.41	5.76
	200	1.85	3.05	3.30	3.86	4.50	5.15	6.43
C 型	200	2.41	3.80	4.07	4.66	5.29	5.86	5.01
	224	2.99	4.78	5.12	5.89	6.71	7.47	6.08
	250	3.62	5.82	6.23	7.18	8.21	9.06	6.56
	280	4.32	6.99	7.52	8.65	9.81	10.74	6.13
	315	5.14	8.34	8.92	10.23	11.53	12.48	4.16
	400	7.06	11.52	12.10	13.67	15.04	15.51	—

表 8-6(b) 单根普通 V 带额定功率的增量 ΔP_0 kW

带型	小带轮转速 n_1 /(r/min)	传动比 i									
		1.00~1.01	1.02~1.04	1.05~1.08	1.09~1.12	1.13~1.18	1.19~1.24	1.25~1.34	1.35~1.51	1.52~1.99	≥2.0
Z 型	400	0.00	0.00	0.00	0.00	0.00	0.00	0.00	0.00	0.01	0.01
	730	0.00	0.00	0.00	0.00	0.00	0.00	0.01	0.01	0.01	0.02
	800	0.00	0.00	0.00	0.00	0.01	0.01	0.01	0.01	0.02	0.02
	980	0.00	0.00	0.00	0.01	0.01	0.01	0.02	0.02	0.02	0.02
	1200	0.00	0.00	0.01	0.01	0.01	0.01	0.02	0.02	0.02	0.03
	1460	0.00	0.00	0.01	0.01	0.01	0.02	0.02	0.02	0.02	0.03
	2800	0.00	0.01	0.02	0.02	0.03	0.03	0.03	0.04	0.04	0.04
A 型	400	0.00	0.01	0.01	0.02	0.02	0.03	0.03	0.04	0.04	0.05
	730	0.00	0.01	0.02	0.03	0.04	0.05	0.06	0.07	0.08	0.09
	800	0.00	0.01	0.02	0.03	0.04	0.05	0.06	0.08	0.09	0.10
	980	0.00	0.01	0.03	0.04	0.05	0.06	0.07	0.08	0.10	0.11
	1200	0.00	0.02	0.03	0.05	0.07	0.08	0.10	0.11	0.13	0.15
	1460	0.00	0.02	0.04	0.06	0.08	0.09	0.11	0.13	0.15	0.17
	2800	0.00	0.04	0.08	0.11	0.15	0.19	0.23	0.26	0.30	0.34
B 型	400	0.00	0.01	0.03	0.04	0.06	0.07	0.08	0.10	0.11	0.13
	730	0.00	0.02	0.05	0.07	0.10	0.12	0.15	0.17	0.20	0.22
	800	0.00	0.03	0.06	0.08	0.11	0.14	0.17	0.20	0.23	0.25
	980	0.00	0.03	0.07	0.10	0.13	0.17	0.20	0.23	0.26	0.30
	1200	0.00	0.04	0.08	0.13	0.17	0.21	0.25	0.30	0.34	0.38
	1460	0.00	0.05	0.10	0.15	0.20	0.25	0.31	0.36	0.40	0.46
	2800	0.00	0.10	0.20	0.29	0.39	0.49	0.59	0.69	0.79	0.89
C 型	400	0.00	0.04	0.08	0.12	0.16	0.20	0.23	0.27	0.31	0.35
	730	0.00	0.07	0.14	0.21	0.27	0.34	0.41	0.48	0.55	0.62
	800	0.00	0.08	0.16	0.23	0.31	0.39	0.47	0.55	0.63	0.71
	980	0.00	0.09	0.19	0.27	0.37	0.47	0.56	0.65	0.74	0.83
	1200	0.00	0.12	0.24	0.35	0.47	0.59	0.70	0.82	0.94	1.06
	1460	0.00	0.14	0.28	0.42	0.58	0.71	0.85	0.99	1.14	1.27
	2800	0.00	0.27	0.55	0.82	1.10	1.37	1.64	1.92	2.19	2.47

2. 原始数据及设计内容

设计 V 带传动给定的原始数据为传递的功率(nominal power)P、转速 n_1、n_2(或传动比 i)、传动位置要求及工作条件等。

设计内容包括确定带的截型、长度、根数、传动中心距、带轮直径及结构尺寸等。

3. 设计步骤和方法

1) 确定计算功率(design power)P_{ca}

计算功率 P_{ca} 是根据传递的功率 P,并考虑到载荷性质和每天运转时间长短等因素的影响而确定的,即

$$P_{ca} = K_A P$$

式中,P 为传递的额定功率,kW；K_A 为工作情况系数(application factor),见表 8-7。

表 8-7　工作情况系数 K_A

工　况		K_A					
		软起动			负载起动		
		每天工作小时数/h					
		<10	$10\sim16$	>16	<10	$10\sim16$	>16
载荷变动微小	液体搅拌机,通风机和鼓风机($\leqslant7.5$kW),离心式水泵和压缩机,轻型输送机	1.0	1.1	1.2	1.1	1.2	1.3
载荷变动小	带式输送机(不均匀载荷),通风机(>7.5kW),旋转式水泵和压缩机,发电机,金属切削机床,印刷机,旋转筛,锯木机和木工机械	1.1	1.2	1.3	1.2	1.3	1.4
载荷变动较大	制砖机,斗式提升机,往复式水泵和压缩机,起重机,磨粉机,冲剪机床,橡胶机械,振动筛,纺织机械,重载输送机	1.2	1.3	1.4	1.4	1.5	1.6
载荷变动很大	破碎机(旋转式、颚式等),磨碎机(球磨、棒磨、管磨)	1.3	1.4	1.5	1.5	1.6	1.8

注：① 软起动——电动机(变流起动、三角形起动、直流并励),四缸以上的内燃机,装有离心式离合器、液力联轴器的动力机。

　　负载起动——电动机(联机交流起动、直流复励或串励),四缸以下的内燃机。

② 反复起动、正反转频繁、工作条件恶劣等场合,K_A 应乘 1.2。

③ 增速传动时 K_A 应乘下列系数：

增速比：1.25～1.74　1.75～2.49　2.5～3.49　$\geqslant3.5$

系　数：　1.05　　　　1.11　　　　1.18　　　　1.28

2）选择带型

根据计算功率 P_{ca} 和小带轮转速 n_1 选取,普通 V 带见图 8-7。

3）确定带轮的基准直径 D_1 和 D_2

(1) 最小带轮直径 D_{min}

带轮越小,弯曲应力越大。弯曲应力是引起带疲劳损坏的重要原因。V 带带轮的最小直径见表 8-4。

(2) 验算带的速度 v

应使 $v\leqslant v_{max}$,如 $v>v_{max}$,则离心力过大,带的承载能力下降。对于普通 V 带,$v_{max}=25\sim30$m/s；对于窄 V 带,$v_{max}=35\sim40$m/s。但 v 也不可过小,一般要求 $v>5$m/s,如 $v<5$m/s,则所需的有效拉力 F_e 过大,所需带的根数 z 增加,轴径、轴承尺寸要随之增大。一般取 $v\approx20$m/s 为宜。

(3) 计算从动轮的基准直径 D_2

$D_2=iD_1$,并按 V 带轮的基准直径系列表 8-8 加以圆整。

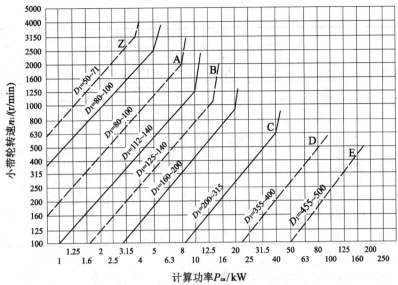

图 8-7　普通 V 带选型图

表 8-8　V 带轮的基准直径系列

基准直径 D/mm	带　型				
	Y	Z	A	B	C
		SPZ	SPA	SPB	SPC
	外径 D_w/mm				
50	53.2	54[①]			
63	66.2	67			
71	74.2	75			
75	—	79	80.5[①]		
80	83.2	84	85.5[①]		
85	—	—	90.5[①]		
90	93.2	94	95.5		
95	—	—	100.5		
100	103.2	104	105.5		
106	—		111.5		
112	115.2	116	117.5		
118	—	—	123.5		
125	128.2	129	130.5	132	
132		136	137.5	139	
140		144	145.5	147	
150		154	155.5	157	
160		164	165.5	167	
170		—	—	177	
180		184	185.5	187	

续表

基准直径 D/mm	Y	Z SPZ	A SPA	B SPB	C SPC
			外径 D_w/mm		
200		204	205.5	207	209.6
212		—		219	221.6
224		228	229.5[①]	231	233.6
236		—		243	245.6
250		254	255.5	257	259.6
265		—	—	—	274.6
280		284	285.5[①]	287	289.6

注：① D_w 参见图 8-10。

② 直径的极限偏差：基准直径按 c11，外径按 h12。

③ 没有外径值的基准直径不推荐采用。

④ ①仅限于普通 V 带轮。

4) 确定中心距 a 和带的基准长度 L_d

对于 V 带传动，中心距 a 一般可初取 a_0，为

$$0.7(D_1+D_2) < a_0 < 2(D_1+D_2)$$

决定 a_0 后，由带传动的几何关系，按下式计算所需带的基准长度 L_d'：

$$L_d' \approx 2a_0 + \frac{\pi}{2}(D_2+D_1) + \frac{(D_2-D_1)^2}{4a_0} \tag{8-20}$$

根据 L_d'，由表 8-3 选定相近的基准长度 L_d。再根据 L_d 来计算实际中心距，近似计算如下：

$$a \approx a_0 + \frac{L_d - L_d'}{2} \tag{8-21}$$

考虑安装调整和补偿张紧力(如胶带伸长而松弛后的张紧)的需要，中心距的变动范围为：$(a-0.015L_d) \sim (a+0.03L_d)$。

5) 验算主动轮上的包角 α_1

$$\alpha_1 \approx 180° - \frac{D_2-D_1}{a} \times 60° \geqslant 120° \tag{8-22}$$

个别情况下至少 90°。如 α_1 不满足要求，采取的措施有：①增大中心距 a；②加张紧轮。

6) 确定带的根数 z

$$z = \frac{P_{ca}}{(P_0+\Delta P_0)K_\alpha K_L K} \tag{8-23}$$

式中：K_α 为包角系数(wrap angle factor)，查表 8-9；K_L 为长度系数(belt length factor)，查表 8-10；K 为材质系数，对于棉帘布和棉线绳结构的三角胶带取 $K=1$，对于化学纤维线绳结构的三角胶带，取 $K=1.33$；P_0 为单根 V 带的基本额定功率，查表 8-6(a)；ΔP_0 为考虑 $i \neq 1$ 时传动功率的增量(因 P_0 是按 $\alpha_1=\alpha_2=180°$ 的条件得到的，当 $i \neq 1$ 时，从动轮直径比主动轮直径大，带绕过大带轮时的弯曲应力较绕过小带轮时小，故其传动能力有所提高)，其值见表 8-6(b)。

表 8-9 包角系数 K_α

小带轮包角/(°)	K_α	小带轮包角/(°)	K_α
180	1	145	0.91
175	0.99	140	0.89
170	0.98	135	0.88
165	0.96	130	0.86
160	0.95	125	0.84
155	0.93	120	0.82
150	0.92		

表 8-10 长度系数 K_L

基准长度 L_d/mm	K_L										
	普通 V 带							窄 V 带			
	Y	Z	A	B	C	D	E	SPZ	SPA	SPB	SPC
400	0.96	0.87									
450	1.00	0.89									
500	1.02	0.91									
560		0.94									
630		0.96	0.81					0.82			
710		0.99	0.82					0.84			
800		1.00	0.85					0.86	0.81		
900		1.03	0.87	0.81				0.88	0.83		
1000		1.06	0.89	0.84				0.90	0.85		
1120		1.08	0.91	0.86				0.93	0.87		
1250		1.11	0.93	0.88				0.94	0.89	0.82	
1400		1.14	0.96	0.90				0.96	0.91	0.84	
1600		1.16	0.99	0.93	0.84			1.00	0.93	0.86	
1800		1.18	1.01	0.95	0.85			1.01	0.95	0.88	
2000			1.03	0.98	0.88			1.02	0.96	0.90	0.81
2240			1.06	1.00	0.91			1.05	0.98	0.92	0.83
2500			1.09	1.03	0.93			1.07	1.00	0.94	0.86

在确定 V 带的根数 z 时,为了使各根 V 带受力均匀,根数不宜太多(一般 $z<10$,常用 $z<6$),否则应改选带的截型,重新计算。

7) 确定带的预紧力 F_0

预紧力的大小是保证带传动正常工作的重要因素。预紧力过小,摩擦力小,容易发生打滑;预紧力过大,则带寿命低,轴和轴承受力大。

对于 V 带传动,既能保证传动功率又不出现打滑的单根传动带最合适的预紧力 F_0 可由下式计算

$$F_0 = 500 \frac{P_{ca}}{vz}\left(\frac{2.5 - K_\alpha}{K_\alpha}\right) + qv^2 \tag{8-24}$$

式中各符号的意义同前。

由于新带容易松弛,所以对自动张紧的带传动,安装新带时的预紧力应取 $1.5F_0$。

预紧力是通过在带与两带轮的切点跨距的中点 M,加上一个垂直于两轮外公切线的适当载荷 G(图 8-8),使带沿跨距每长 100mm 所产生的挠度 y 为 1.6mm(即挠角为 1.8°)来控制的。G 值见表 8-11。

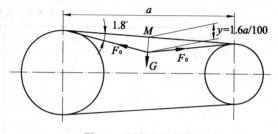

图 8-8　预紧力的控制

表 8-11　载荷 G 值

截　　型		小带轮直径 D_1/mm	带速 v/(m/s)			截　　型		小带轮直径 D_1/mm	带速 v/(m/s)		
			0~10	10~20	20~30				0~10	10~20	20~30
普通V带	Z	50~100	5~7	4.2~6	3.5~5.5	窄V带	SPZ	67~95	9.5~14	8~13	6.5~11
		>100	7~10	6~8.5	5.5~7			>95	14~21	13~19	11~18
	A	75~140	9.5~14	8~12	6.5~10		SPA	100~140	18~26	15~21	12~18
		>140	14~21	12~18	10~15			>140	26~38	21~32	18~27
	B	125~200	18.5~28	15~22	12.5~18		SPB	160~265	30~45	26~40	22~34
		>200	28~42	22~33	18~27			>265	45~58	40~52	34~47
	C	200~400	36~54	30~45	25~38		SPC	224~355	58~82	48~72	40~64
		>400	54~85	45~70	38~56			>355	82~106	72~96	64~90

注:表中高值用于新安装的 V 带或必须保持高张紧的传动。

8)计算作用在轴上的载荷 Q

为了设计带轮的轴和轴承,需已知作用在轴上的载荷 Q,可近似地由下式确定(图 8-9):

$$Q = 2zF_0 \sin\frac{\alpha_1}{2} \tag{8-25}$$

式中符号意义同前。

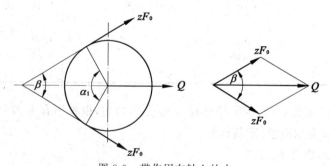

图 8-9　带作用在轴上的力

8.4　V 带轮设计

1. V 带轮设计的要求

设计 V 带轮应满足的要求有:重量轻;结构工艺性好;无过大的铸造内应力;质量分

布均匀,转速高时要经过动平衡;轮槽工作面要经过精加工(表面粗糙度一般为 3.2),以减少带的磨损;各槽的尺寸和角度应保持一定的精度,以使载荷分布较为均匀等。

2. V 带轮的材料

V 带轮的材料主要采用铸铁(cast iron),当转速较高时也采用铸钢(cast steel)(或用钢板冲压后焊接而成);小功率传动时可用铸铝或塑料。

3. 结构尺寸

铸铁制 V 带轮的典型结构有以下几种形式:

(1) 实心式(图 8-10(a)):带轮基准直径 $D \leqslant (2.5 \sim 3)d$($d$ 为轴的直径,mm)时采用。

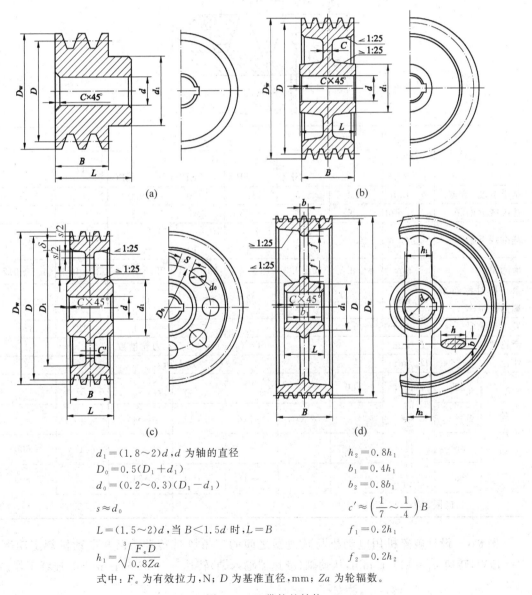

$d_1 = (1.8 \sim 2)d$,d 为轴的直径

$D_0 = 0.5(D_1 + d_1)$

$d_0 = (0.2 \sim 0.3)(D_1 - d_1)$

$s \approx d_0$

$L = (1.5 \sim 2)d$,当 $B < 1.5d$ 时,$L = B$

$h_1 = \sqrt[3]{\dfrac{F_e D}{0.8 Za}}$

$h_2 = 0.8 h_1$

$b_1 = 0.4 h_1$

$b_2 = 0.8 b_1$

$c' \approx \left(\dfrac{1}{7} \sim \dfrac{1}{4}\right) B$

$f_1 = 0.2 h_1$

$f_2 = 0.2 h_2$

式中:F_e 为有效拉力,N;D 为基准直径,mm;Za 为轮辐数。

图 8-10　V 带轮的结构

(2) 腹板式(图 8-10(b)):$D \leqslant 300\text{mm}$ 时采用。

(3) 孔板式(图 8-10(c)):$(D_1 - d_1) \geqslant 100\text{mm}$ 时采用。

(4) 轮辐式(图 8-10(d)):$D > 300\text{mm}$ 时采用。

V 带轮的结构设计,主要是根据带轮的基准直径选择结构形式;根据带的截型确定轮槽尺寸(表 8-12);带轮的结构尺寸可参照图 8-10 所列经验公式计算。确定了带轮的各部分尺寸后,即可绘制出零件图,并按工艺要求注出相应的技术条件等。

表 8-12 V 带轮的轮槽尺寸

项 目		符号	槽 型						
			Y	Z SPZ	A SPA	B SPB	C SPC	D	E
基准宽度(节宽)		b_p/mm	5.3	8.5	11.0	14.0	19.0	27.0	32.0
基准线上槽深		h_amin/mm	1.6	2.0	2.75	3.5	4.8	8.1	9.6
基准线下槽深		h_fmin/mm	4.7	7.0 9.0	8.7 11.0	10.8 14.0	14.3 19.0	19.9	23.4
槽间距		e/mm	8±0.3	12±0.3	15±0.3	19±0.4	25.5±0.5	37±0.6	44.5±0.7
第一槽对称面至端面的距离		f/mm	7±1	8±1	10^{+2}_{-1}	12.5^{+2}_{-1}	17^{+2}_{-1}	23^{+3}_{-1}	29^{+4}_{-1}
最小轮缘厚		δ_min/mm	5	5.5	6	7.5	10	12	15
带轮宽		B/mm	$B=(z-1)e+2f$,z 为轮槽数						
外径		D_w/mm	$D_\text{w}=D+2h_\text{a}$						
轮槽角 φ	32°	相应的基准直径 D/mm	≤60	—	—	—	—	—	—
	34°		—	≤80	≤118	≤190	≤315	—	—
	36°		>60	—	—	—	—	≤475	≤600
	38°		—	>80	>118	>190	>315	>475	>600
极限偏差			±1°				±30′		

例 8-1 设计破碎机用电动机与减速器之间的三角胶带传动。已知电动机额定功率 $P = 4\text{kW}$,转速 $n_1 = 1440\text{r/min}$,从动轴(减速器输入轴)转速 $n_2 = 720\text{r/min}$,16h 连续工作。

解：（1）确定计算功率 P_{ca}

由表 8-7，查得工况系数 $K_A=1.4$，故

$$P_{ca}=K_A P=1.4\times4=5.6(\text{kW})$$

（2）选择三角胶带型号

根据 P_{ca}、n_1，由图 8-7 确定 A 型普通 V 带。

（3）确定带轮计算直径

由表 8-4 取主动轮直径 $D_1=100\text{mm}$。

则从动轮直径为

$$D_2=iD_1=\frac{n_1}{n_2}D_1=\frac{1440}{720}\times100=200(\text{mm})$$

验算带的速度

$$v=\frac{\pi D_1 n_1}{60\times1000}=\frac{\pi\times100\times1440}{60\times1000}=7.54(\text{m/s})<25(\text{m/s})$$

带的速度合适。

（4）确定胶带的长度和传动中心距

根据 $0.7(D_1+D_2)<a_0<2(D_1+D_2)$ 初步确定中心距 $a_0=400\text{mm}$。

根据式（8-20）确定带的计算长度

$$L'_d=2a_0+\frac{\pi}{2}(D_2+D_1)+\frac{(D_2-D_1)^2}{4a_0}$$

$$=2\times400+\frac{\pi}{2}(200+100)+\frac{(200-100)^2}{4\times400}$$

$$=1278(\text{mm})$$

由表 8-3 选取基准长度 $L_d=1250\text{mm}$。

按式（8-21）计算实际中心距

$$a=a_0+\frac{L_d-L'_d}{2}$$

$$=400+\frac{1250-1278}{2}=386(\text{mm})$$

（5）验算主动轮的包角 α_1

由式（8-22）得

$$\alpha_1=180°-\frac{D_2-D_1}{a}\times60°=180°-\frac{200-100}{386}\times60°$$

$$=164.45°>120°$$

主动轮上的包角合适。

（6）计算三角胶带的根数 z

由式（8-23）可知

$$z=\frac{P_{ca}}{(P_0+\Delta P_0)K_\alpha K_L K}$$

由 $n_1=1440\text{r/min}$，$D_1=100\text{mm}$，$i=2$ 查表 8-6（a）和表 8-6（b）得

$$P_0 = 1.32\text{kW}, \quad \Delta P_0 = 0.17\text{kW}$$

查表 8-9 得,$K_\alpha = 0.96$;

查表 8-10 得,$K_L = 0.93$。

采用棉线绳结构的三角胶带 $K = 1$,则

$$z = \frac{5.6}{(1.32 + 0.17) \times 0.96 \times 0.93 \times 1} = 4.21$$

取 $z = 5$ 根。

(7) 计算预紧力 F_0

由式(8-24)知

$$F_0 = 500 \frac{P_{ca}}{vz}\left(\frac{2.5 - K_\alpha}{K_\alpha}\right) + qv^2$$

查表 8-5 得,$q = 0.1\text{kg/m}$,故

$$F_0 = 500 \times \frac{5.6}{7.54 \times 5} \times \left(\frac{2.5 - 0.96}{0.96}\right) + 0.1 \times 7.54^2$$

$$= 124.83(\text{N})$$

(8) 计算轴上的压轴力 Q

由式(8-25)得

$$Q = 2zF_0\sin\frac{\alpha_1}{2}$$

$$= 2 \times 5 \times 124.83\sin\frac{164.45°}{2}$$

$$= 1236.8(\text{N})$$

(9) 带轮结构的设计(略)

8.5 带的张紧与维护

1. 带的张紧

带在运转一定时间后,会因带的伸长而产生松弛现象。这将使初拉力下降,故应经常检查及时地予以调整,使带重新张紧,以保证要求的初拉力。带常用的张紧方法是改变中心距,把装有带轮的电动机安装在滑道上(图 8-11(a))或摆架式(图 8-11(b)),转动调整螺钉或调整螺母便达到张紧目的。若传动中心距是不可调整的,可采用图 8-12(a)所示的张紧装置,张紧轮一般放在松边。图 8-12(b)所示的张紧轮兼有增加包角的作用。

2. 带的维护

为保证传动的正常运转,延长带的寿命,必须重视正确地使用和维护(belt maintenance)保养,因此要求:

(1) 安装带时,最好先缩小中心距,后套上 V 带,再预调整使带张紧,不能硬撬,以免损坏胶带,降低其使用寿命。

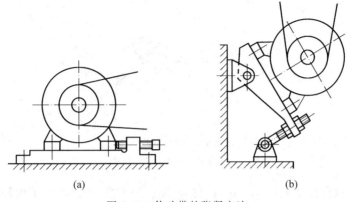

图 8-11　传动带的张紧方法

(a) 滑道式；(b) 摆架式

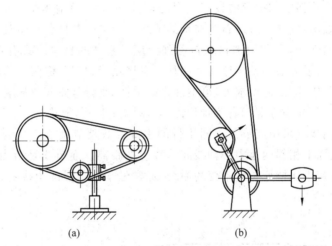

图 8-12　张紧轮装置

（2）禁止带与矿物油、酸、碱等介质接触，以免变质，也不宜在日光下曝晒。

（3）带根数较多的传动，若坏了少数几根时不要立即补全，否则由于旧带已永久变形，新旧带一起使用，载荷分配不均，反而加速新带的损坏，此时应使旧带继续工作或全部换新。

（4）为保证安全生产，带传动须安装防护罩。

（5）带工作一段时间后应当重新张紧。

8.6　同步带传动

1. 同步带传动与同步带

同步带传动由一条内周表面设有等间距齿的环形带和具有相应齿的带轮所组成(图 8-13)，运行时，带齿与带轮的齿槽相啮合传递运动和动力。它是综合了摩擦型带传动、链传动和齿轮传动各自优点的带传动。

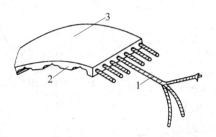

图 8-13　同步带的结构
1—强力层；2—带齿；3—带背

同步带的结构如图 8-13 所示,它是以钢丝绳为强力层,外面用氯丁橡胶或聚氨酯包裹,带的工作面压制成齿形,与齿形带轮做啮合传动。由于钢丝绳在承受负荷后仍能保持同步带的节距不变,故带与带轮之间无相对滑动,因此主动轮和从动轮能作同步传动。强力层材料应具有很高的抗拉强度和抗弯曲疲劳强度,弹性模量大。目前多采用钢丝绳或玻璃纤维沿同步带的宽度方向绕成螺旋形,布置在带的节线位置上。基体包括带齿 2 和带背 3,带齿应与带轮轮齿正确啮合,齿背用来粘结包覆强力层。基体的材料应具有良好的耐磨性、强度、抗老化性以及与强力层的粘结性。常用材料有聚氨酯和氯丁橡胶。此外,在同步带带齿的内表面有尖角凹槽,除工艺要求外,可增加带的柔性,改善弯曲疲劳强度。

按齿形形状的不同,同步带可分为梯形齿形和圆弧形齿形,形状及基本尺寸参数如图 8-14 所示。目前国产同步带采用周节制。同步带的主要参数是节距 p_b,它是在规定的张紧力下,同步带纵向截面上相邻两齿中心轴线间节线上的距离。而节线是指当同步带绕带轮发生弯曲变形时,在带中保持原长度不变的周线,通常位于承载层的中线上。节线长度 L_p 为基本长度。

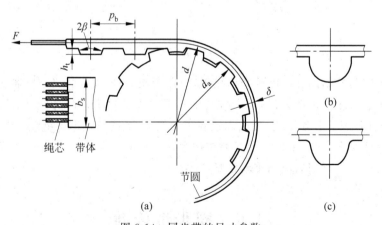

图 8-14　同步带的尺寸参数
(a)梯形齿；(b)半圆弧齿；(c)双圆弧齿

梯形齿同步带分为单面同步带(简称单面带)和双面同步带(简称双面带)两种型式,仪器中常用前一种。同步带按节距不同分为(GB/T 11616—2013)最轻型 MXL、超轻型 XXL、特轻型 XL、轻型 L、重型 H、特重型 XH、超重型 XXH 共 7 种,其节距 p_b、基准宽度 b_{s0} 及带宽 b_s 系列见表 8-13。节线长度系列见表 8-14a 和表 8-14b。

表 8-13　同步带节距 p_b、基准宽度 b_{s0} 及带宽 b_s 系列（摘自 GB/T 11616—2013、GB/T 11362—2008）

mm

型号	节距 p_b/mm	基准宽度 b_{s0}/mm	带宽 b_s/mm	代号	型号	节距 p_b/mm	基准宽度 b_{s0}/mm	带宽 b_s/mm	代号
MXL	2.032	6.4	3.2	012	H	12.700	76.2	19.1	075
			4.8	019				25.4	100
			6.4	025				38.1	150
XXL	3.175	6.4	3.2	012				50.8	200
			4.8	019				76.2	300
			6.4	025	XH	22.225	101.6	50.8	200
XL	5.080	9.5	6.4	025				76.2	300
			7.9	031				101.6	400
			9.5	037	XXH	31.750	127.0	50.8	200
L	9.525	25.4	12.7	050				76.2	300
			19.1	075				101.6	400
			25.4	100				127.0	500

表 8-14（a）　梯形齿同步带节线长度 L_p 系列（摘选自 GB/T 11616—2013）

长度代号	节线长度 L_p/mm	XL	L	H	XH	XXH	长度代号	节线长度 L_p/mm	XL	L	H	XH	XXH
60	152.40	30					260	660.40	130	—	—		
70	177.80	35					270	685.80		72	54		
80	203.20	40					300	762.00		80	60		
90	228.60	45					390	990.60		104	78		
100	254.00	50					420	1066.80		112	84		
120	304.80	60					450	1143.00		120	90		
130	330.20	65					480	1219.20		128	96		
140	355.60	70					540	1317.60		144	108		
150	381.00	75	40				600	1524.00		160	120		
160	406.40	80	—				700	1778.00			140	80	56
170	431.80	85	—				800	2032.00			160	—	64
180	457.20	90	—				900	2286.00			180	—	72
190	482.60	95	—				1000	2540.00			200	—	80
200	508.00	100	—				1100	2794.00			220		
220	558.80	110	—				1200	3048.00			—	—	96
230	584.20	115	—				1800	4572.00			—	—	144
240	609.60	120	64	48									

表 8-14(b)　梯形齿同步带节线长度 L_p 系列(摘选自 GB/T 11616—2013)

长度代号	节线长度 L_p/mm	带长上的齿数 z		长度代号	节线长度 L_p/mm	带长上的齿数 z	
		MXL	XXL			MXL	XXL
36.0	91.44	45		100.0	254.00	125	80
40.0	101.60	50		120.0	304.80	—	96
44.0	111.76	55		130.0	330.20	—	104
48.0	121.92	60		140.0	355.60	175	112
50.0	127.00		40	150.0	381.00	—	120
56.0	142.24	70	—	160.0	406.40	200	128
60.0	152.40	75	48	180.0	457.20	225	144
70.0	177.80	—	56	200.0	508.00	250	160
80.0	203.20	100	64	220.0	558.80	—	170
90.0	228.60	—	72				

注:《同步带传动　节距型号》(GB/T 11616—2013)中还有其他带长规格。

同步带的标记内容和顺序为长度代号、带型、宽度代号,如 XXL 型单面带的标记:

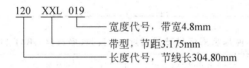

120 XXL 019
—— 宽度代号,带宽4.8mm
—— 带型,节距3.175mm
—— 长度代号,节线长304.80mm

2. 梯形齿同步带轮设计

带轮材料一般可采用钢、铸铁,轻载场合可用轻合金或塑料等,对于成批生产的带轮可采用粉末冶金材料。图 8-15 是同步带轮的常用结构,分为有边和无边或单侧有边几种情况。带轮直径较小(节圆直径 $d \leqslant (2.5 \sim 3)d_z$,$d_z$ 为轴的直径)时可采用实心型式;中等直径的带轮($d \leqslant 300$mm)可采用辐板型式。

带轮的齿形有渐开线齿形和直边齿形两种,一般推荐采用渐开线齿形,由渐开线齿形带轮刀具用展成法加工而成,因此齿形尺寸取决于其加工刀具的尺寸。

标准同步带轮的直径可利用下式求得:

$$节径 \quad d = z p_b / \pi$$

节径是节圆的直径,而节圆是同步带轮的一个假想圆,在此圆上,带轮的节距等于带的节距,如图 8-14 所示。

$$外径 \quad d_a = d - 2\delta$$

式中,δ 为节顶距,是节圆与齿顶圆之间的径向距离,如图 8-14 所示。2δ 的取值见表 8-15。

表 8-15　带轮节顶距(摘自 GB/T 11361—2008)　　　　　mm

槽型	MXL	XXL	XL	L	H	XH	XXH
两倍节顶距 2δ	0.508	0.508	0.508	0.762	1.372	2.794	3.048

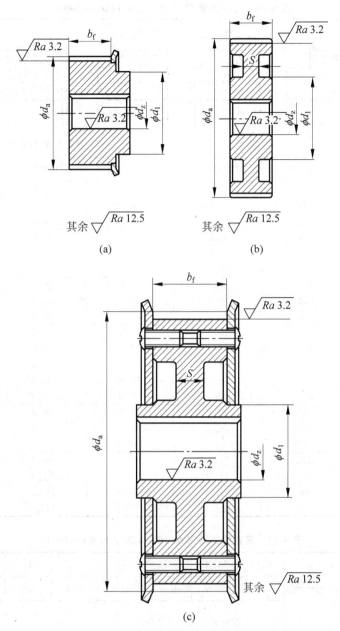

图 8-15　同步带轮的常用结构

（a）实心型式（单边）；（b）辐板型式（无边）；（c）孔板型式（双边）

　　带轮的宽度取决于所用同步带的型号及带轮两侧是否有挡圈，见表 8-16。带轮的挡圈尺寸见表 8-17。

　　带轮的结构设计，主要是根据带轮的节圆直径选择结构形式；根据带轮直径、轴间距及安装形式确定带轮宽度及挡圈结构尺寸。确定了带轮的各部分尺寸后，即可绘制出零件图，并按工艺要求标注出相应的技术条件。

表 8-16　带轮的宽度(摘自 GB/T 11361—2008)

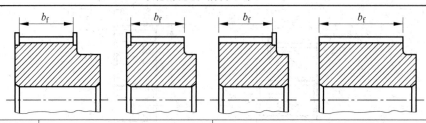

槽型	轮宽		带轮的最小宽度 b_f		
	代号	基本尺寸	双边挡圈	单边挡圈	无挡圈
MXL XXL	012	3.2	3.8	4.7	5.6
	019	4.8	5.3	6.2	7.1
	025	6.4	7.1	8.0	8.9
XL	025	6.4	7.1	8.0	8.9
	031	7.9	8.6	9.5	10.4
	037	9.5	10.4	11.1	12.2
L	050	12.7	14.0	15.5	17.0
	075	19.1	20.3	21.8	23.3
	100	25.4	26.7	28.2	29.7
H	075	19.1	20.3	22.6	24.8
	100	25.4	26.7	29.0	31.2
	150	38.1	39.4	41.7	43.9
	200	50.8	52.8	55.1	57.3
	300	76.2	79.0	81.3	83.5
XH	200	50.8	56.6	59.6	62.6
	300	76.2	83.8	86.9	89.8
	400	101.6	110.7	113.7	116.7
XXH	200	50.8	56.6	60.4	64.1
	300	76.2	83.8	87.3	91.3
	400	101.6	110.7	114.5	118.2
	500	127.0	137.7	141.5	145.2

表 8-17　带轮的挡圈尺寸(摘自 GB/T 11361—2008)

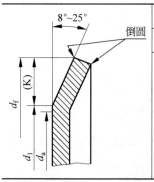

槽型	MXL	XXL	XL	L	H	XH	XXH
K	0.5	0.8	1.0	1.5	2.0	4.8	6.1

d_a——带轮外径;

d_w——挡圈弯曲处直径;

$d_w = (d_a + 0.38\text{mm}) \pm 0.25\text{mm}$;

K——挡圈最小高度,单位为 mm;

d_f——挡圈外径,mm; $d_f = d_a + 2K$。

注:① 一般小带轮均装双边挡圈,或大、小轮的不同侧各装单边挡圈;

② 轴间距 $a > 8d_1$(d_1—小带轮节径),两轮均装双边挡圈;

③ 轮轴垂直水平面时,两轮均应装双边挡圈;或至少主动轮装双边挡圈,从动轮下侧装单边挡圈;

④ 由于 d_a 和 d_w 值相近,故在图 8-15 中没有标注出 d_w。

3. 梯形齿同步带传动的设计计算

同步带传动的主要失效形式是同步带疲劳断裂、带齿的剪切和压溃以及带的两侧边、带齿的磨损。在受冲击载荷或初张紧力不足的情况下，还会发生跳齿现象。同步带传动设计时主要是限制单位齿宽的拉力，必要时才校核工作齿面的压力。

设计同步带时，一般的已知条件为：传动的用途、传递的功率、大小带轮的转速或传动比以及传动系统的空间尺寸范围等。

设计要确定的是：同步带的型号、带的长度及齿数、中心距、带轮节圆直径及齿数、带宽及带轮的结构和尺寸。

同步带传动的具体设计过程可参考相关机械设计手册。

8.7 其他新型带传动简介

1. 高速带传动

带速 $v>30\mathrm{m/s}$，高速轴转速 $n_1=10000\sim50000\mathrm{r/min}$ 的带传动属于高速带传动。这种传动要求运转平稳，传动可靠，并有一定的寿命，所以高速带都采用重量轻、薄而均匀的环形平型带。过去多用丝织带和麻织带，近年来常用绵纶编织带、薄型强力绵纶带和高速环形胶带等。

高速带轮要求重量轻、质量均匀对称、运转时空气阻力小。带轮各面均应进行精加工，并进行动平衡。高速带轮通常采用钢或铝合金制造。

为防止掉带，大、小轮缘都应加工出凸度，可制成鼓形面或双锥面。在轮缘表面常开环形槽，以防止在带与轮缘表面间形成空气层而降低摩擦系数，影响正常传动（图 8-16）。

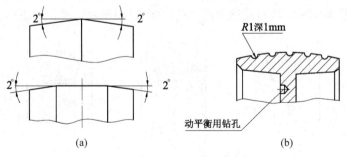

(a)   (b)

图 8-16 高速带轮轮缘

2. 多楔带传动

多楔带见图 8-17。它是平带与 V 带的组合结构，其楔形部分嵌入带轮上的楔形槽内，靠楔面摩擦工作。带是环形、无端的。摩擦力和横向刚度较大，兼有平带和 V 带的优点，故适用于传递功率较大而要求结构紧

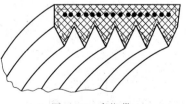

图 8-17 多楔带

凑的场合,也可用于载荷变动较大或有冲击载荷的传动。因其长度完全一致,故运转稳定性好,振动也较小,也不会从皮带轮上脱落。

拓展性阅读文献指南

有关各种类型带传动的详细设计、特点和技术要求等可参考《机械设计手册》编委会编《机械设计手册单行本：带传动和链传动》,机械工业出版社,2007。该书还介绍了联组窄V带(有效宽度制)传动及其设计特点。

关于联组窄V带的设计计算可参考中国机械设计大典编委会编《中国机械设计大典》,第四卷,第一版,江西科学技术出版社,2002。

思 考 题

8-1　带传动是怎样工作的？它有何特点？适用于什么场合？

8-2　带传动的类型有哪些？

8-3　为什么在一般机械制造业中较少采用平型带,而广泛采用V带传动？

8-4　带传动工作时,带中的应力有哪几种？

8-5　什么是带的弹性滑动和打滑？产生的原因及影响分别是什么？

8-6　影响带传动能力的因素有哪些？

8-7　传送带的张紧方法有哪些？

8-8　具有张紧轮的带传动有何利弊？张紧轮应放在什么位置？为什么？

8-9　思考题8-9图V带在轮槽中的三种位置,试说明哪一种位置正确？为什么？

|(a)|(b)|(c)|

思考题8-9图

习 题

8-1　V带传动的 $n_1 = 955 \text{r/min}$, $D_1 = D_2 = 0.2\text{m}$,B型带,带长1.4m,单班、平稳工作。问传递功率为7kW时,需几根胶带？

8-2　V带传动传递的功率 $P = 7.5\text{kW}$,平均带速 $v = 10\text{m/s}$,紧边拉力是松边拉力的两倍($F_1=2F_2$)。试求紧边拉力 F_1、有效圆周力 F_e 和预紧力 F_0。

8-3　V 带传动传递的功率 $P=5\text{kW}$,小带轮直径 $D_1=140\text{mm}$,转速 $n_1=1440\text{r/min}$,大带轮直径 $D_2=400\text{mm}$,V 带传动的滑动率 $\varepsilon=2\%$,(1)求从动轮转速 n_2;(2)求有效圆周力 F_e。

8-4　已知一普通 V 带传动,用鼠笼式交流电机驱动,中心距 $a_0\approx800\text{mm}$,转速 $n_1=1460\text{r/min}$,$n_2=650\text{r/min}$,主动轮基准直径 $D_1=125\text{mm}$,B 型带三根,棉帘布结构,载荷平稳,两班制工作。试求此 V 带传动所能传递的功率 P。

8-5　C618 车床的电动机和床头箱之间采用垂直布置的 V 形带传动。已知电动机功率 $P=4.5\text{kW}$,转速 $n=1440\text{r/min}$,传动比 $i=2.1$,二班制工作,根据机床结构,带轮中心距 a 应为 900mm 左右。试设计此 V 带传动。

8-6　题 8-6 图为外圆磨床中的三级塔轮平带开口传动,主动带轮最小直径 $D_1=50\text{mm}$,主动轴转速 $n_1=960\text{r/min}$,传动中心距约 $a_0=250\text{mm}$,从动轮最低转速 $n_{2\min}=240\text{r/min}$,最高转速 $n_{2\max}=600\text{r/min}$,中间转速 $n_{2\text{m}}=360\text{r/min}$。试设计此传动的平带长度和各级带轮的尺寸。

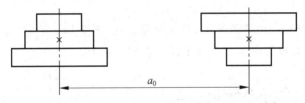

题 8-6 图　三级塔轮平带传动

第9章

链 传 动

内容提要：本章主要介绍了链传动的基本概念、传动链的结构特点、滚子链结构和链轮材料、链传动运动特性、受力分析、失效形式、承载能力和链传动设计计算。

本章重点：滚子链结构、运动特性和失效形式。

本章难点：滚子链运动特性与动载荷。

9.1 概 述

链传动(chain drives)由链条和主、从动链轮组成(图 9-1)。链轮(sprocket)上制有特殊齿形的齿,依靠链轮轮齿与链节的啮合来传递运动和动力。

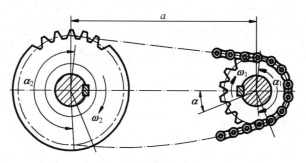

图 9-1 链传动的组成

链传动属于带有中间挠性件的啮合传动。与属于摩擦传动的带传动相比,链传动无弹性滑动和打滑现象,因而能保持准确的平均传动比,传动效率较高;又因链条不需要像带那样张得很紧,所以作用于轴上的径向压力较小,在同样使用条件下,链传动结构较为紧凑。同时链传动能在高温及速度较低的情况下工作。与齿轮传动相比,链传动的制造与安装精度要求较低,成本低廉;在远距离传动(中心距最大可达 10m 以上)时,其结构比齿轮传动更轻便。链传动的主要缺点是:在两根平行轴间只能用于同向回转的传动,运转时不能保持恒定的瞬时传动比,磨损后易发生跳齿,工作时有噪声,不宜在载荷变化很大和急速反向的传动中应用。

链传动主要用在要求工作可靠,且两轴相距较远,以及其他不宜采用齿轮传动的场合。例如在摩托车上应用了链传动,结构上大为简化,而且使用方便可靠。链传动还可应用于低速重载及极为恶劣的工作条件下,例如挖掘机的运行机构,虽然受到土块、泥浆及瞬时过载等影响,但仍能很好地工作。

在机械制造中,如农业、矿山、起重运输、冶金、建筑、石油、化工等机械都广泛地应用链传动。

按用途不同,链可分为传动链(driving chain)、输送链(conveying chain)和起重链(lifting chain)三种。输送链和起重链主要用在运输和起重机械中,而在一般机械传动中,常用的是传动链。

传动链传递的功率一般在 100kW 以下,链速一般不超过 15m/s,推荐使用的最大传动比 i_{max} =8。传动链有短节距精密滚子链(简称滚子链(roller chain))和齿形链(silent chain)等类型,其中滚子链应用最广,齿形链应用较少。

9.2　传动链的结构特点

1. 滚子链

滚子链(roller chain)的结构如图 9-2 所示。它由滚子(roller) 1、套筒(sleeve) 2、销轴(pin) 3、内链板(inner chain plate) 4 和外链板(outer chain plate) 5 组成。内链板与套筒之间、外链板与销轴之间分别用过盈配合固联。滚子与套筒之间,套筒与销轴之间均为间隙配合。当内、外链板相对转动时,套筒可绕销轴自由转动。滚子是活套在套筒上的,工作时,滚子沿链轮齿廓滚动,这样就可减轻齿廓的磨损。链的磨损主要发生在销轴与套筒的接触面上。因此,内、外链板间应留少许间隙,以便润滑油渗入销轴和套筒的摩擦面间。

链板一般制成 8 字形,以使它的各个横截面具有接近相等的抗拉强度,同时也减小了链的质量和运动时的惯性力。

当传递大功率时,可采用双排链(图 9-3)或多排链。多排链的承载能力与排数成正比。但由于精度的影响,各排的载荷不易均匀,故排数不宜过多。

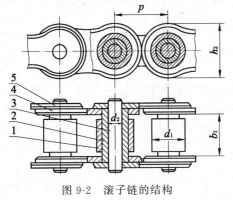

图 9-2　滚子链的结构

1—滚子；2—套筒；3—销轴；4—内链板；5—外链板

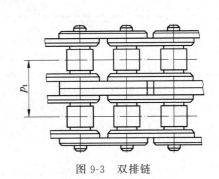

图 9-3　双排链

滚子链的接头型式如图 9-4 所示。当链节数为偶数时,接头处可用开口销(图 9-4(a))或弹簧卡片(图 9-4(b))来固定,一般前者用于大节距,后者用于小节距;当链节数为奇数时,需采用图 9-4(c)所示的过渡链节。由于过渡链节的链板要受附加弯矩的作用,所以在一般情况下最好不用奇数链节。

如图 9-2 所示,滚子链和链轮啮合的基本参数是节距(pitch) p、滚子外径 d_1 和内链节

内宽 b_1(对于多排链还有排距 p_t,见图 9-3)。其中节距 p 是滚子链的主要参数,节距增大时,链条中各零件的尺寸也要相应地增大,可传递的功率也随着增大。链的使用寿命在很大程度上取决于链的材料及热处理方法。因此,组成链的所有元件均需经过热处理,以提高其强度、耐磨性和耐冲击性。

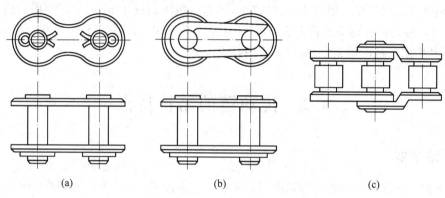

(a)   (b)   (c)

图 9-4 滚子链的接头型式

考虑到我国链条生产的历史和现状,以及国际上几乎所有国家的链节距均用英制单位,我国链条标准《传动用短节距精密滚子链、套筒链、附件和链轮》(GB/T 1243—2006)中规定节距用英制折算成米制的单位。表 9-1 列出了 GB/T 1243—2006 规定的几种规格滚子链的主要尺寸和极限拉伸载荷。表中链号和相应的国际标准链号一致,链号数乘以 25.4/16mm,即为节距值。后缀 A 或 B 分别表示 A 或 B 系列。本章仅介绍最常用的 A 系列滚子链传动的设计。

表 9-1 滚子链规格和主要参数

链号	节距 p	排距 p_t	滚子外径 d_1	内链节内宽 b_1	销轴直径 d_2	内链板高度 h_2	极限拉伸载荷(单排)Q[①]	每米质量(单排)q
	mm						kN	kg/m
05B	8.00	5.64	5.00	3.00	2.31	7.11	4.4	0.18
06B	9.525	10.24	6.35	5.72	3.28	8.26	8.9	0.40
08B	12.70	13.92	8.51	7.75	4.45	11.81	17.8	0.70
08A	12.70	14.38	7.95	7.85	3.96	12.07	13.8	0.60
10A	15.875	18.11	10.16	9.40	5.08	15.09	21.8	1.00
12A	19.05	22.78	11.91	12.57	5.94	18.08	31.1	1.50
16A	25.40	29.29	15.88	15.75	7.92	24.13	55.6	2.60
20A	31.75	35.76	19.05	18.90	9.53	30.18	86.7	3.80
24A	38.10	45.44	22.23	25.22	11.10	36.20	124.6	5.60
28A	44.45	48.87	25.40	25.22	12.70	42.24	169.0	7.50
32A	50.80	58.55	28.58	31.55	14.27	48.26	222.4	10.10
40A	63.50	71.55	39.68	37.85	19.84	60.33	347.0	16.10
48A	76.20	87.83	47.63	47.35	23.80	72.39	500.4	22.60

① 过渡链节取 Q 值的 80%。

滚子链的标记为：

| 链号 | 排数 | 整链链节数 | 标准编号 |

例如：08A-1-87　GB/T 1243—2006 表示：A 系列、节距 12.7mm、单排、87 节的滚子链。

2. 齿形链

齿形链(silent chain)又称无声链，它是由一组带有两个齿的链板左右交错并列铰接而成(图 9-5)。链齿外侧是直边，工作时链齿外侧边与链轮轮齿相啮合来实现传动，其啮合的齿楔角有 60° 和 70° 两种，前者用于节距 $p \geqslant 9.525$mm，后者用于 $p < 9.525$mm。齿楔角为 60° 的齿形链传动因较易制造，应用较广，其标准为《齿形链和链轮》(GB/T 10855—2016)。

(a)　　　　　　　　　　　(b)

图 9-5　齿形链

(a) 带内导板；(b) 带外导板

齿形链上设有导板，以防止链条在工作时发生侧向窜动。导板有内导板和外导板两种。用内导板齿形链时，链轮轮齿上应开出导向槽。内导板可以较精确地把链定位于适当的位置，故导向性好，工作可靠，适用于高速及重载传动。用外导板齿形链时，链轮轮齿不需开出导向槽，故链轮结构简单，但其导向性差，外导板与销轴铆合处易松脱。当链轮宽度大于 25~30mm 时，一般采用内导板齿形链；当链轮宽度较小，链轮轮齿上切削导向槽有困难时，可采用外导板齿形链。

与滚子链相比，齿形链传动平稳、无噪声，承受冲击性能好，工作可靠。

齿形链适宜于传动比大而中心距较小的高速传动。齿形链的缺点是比滚子链结构复杂，价格较高，且制造较难。

9.3　滚子链链轮的结构和材料

链轮(sprocket)是链传动的主要零件，链轮齿形已经标准化。链轮设计主要是确定其结构及尺寸，选择材料和热处理方法。

1. 链轮的基本参数及主要尺寸

链轮的基本参数是配用链条的节距 p，套筒的最大外径 d_1，排距 p_t 以及齿数 z。链轮的主要尺寸及计算公式见表 9-2。

表 9-2　滚子链链轮主要尺寸及计算公式

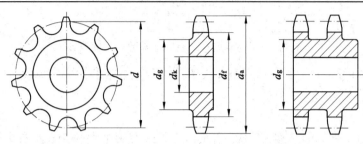

名　称	代号	计　算　公　式	备　注
分度圆直径	d	$d = p/\sin(180°/z)$	
齿顶圆直径	d_a	$d_{amax} = d + 1.25p - d_1$ $d_{amax} = d + \left(1 - \dfrac{1.6}{z}\right)p - d_1$ 若为三圆弧一直线齿形,则 $d_a = p\left(0.54 + \cot\dfrac{180°}{z}\right)$	可在 d_{amax}、d_{amin} 范围内任意选取,但选用 d_{amax} 时,应考虑采用展成法加工有发生顶切的可能性
分度圆弦齿高	h_a	$h_{amax} = \left(0.625 + \dfrac{0.8}{z}\right)p - 0.5d_1$ $h_{amax} = 0.5(p - d_1)$ 若为三圆弧一直线齿形,则 $h_a = 0.27p$	h_a 是为简化放大齿形图的绘制而引入的辅助尺寸(见表 9-5) h_{amax} 相应于 d_{amax} h_{amin} 相应于 d_{amin}
齿根圆直径	d_f	$d_f = d - d_1$	
齿侧凸缘 (或排间槽) 直径	d_g	$d_g \leqslant p\cot\dfrac{180°}{z} - 1.04h_2 - 0.76$ h_2 为内链板高度(表 9-1)	

注:d_a、d_g 值取整数,其他尺寸精确到 0.01mm。

2. 链轮齿形

滚子链与链轮的啮合属于非共轭啮合,其链轮齿形的设计可以有较大的灵活性,GB/T 1243—2006 中没有规定具体的链轮齿形,仅仅规定了最大和最小齿槽形状及其极限参数,见表 9-3。凡在两个极限齿槽形状之间的各种标准齿形均可采用。

表 9-3　滚子链链轮的最大和最小齿槽形状

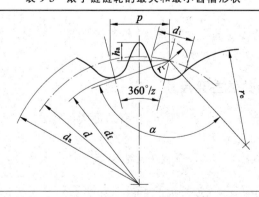

名　　称	代　号	计 算 公 式	
		最大齿槽形状	最小齿槽形状
齿面圆弧半径	r_e	$r_{emin}=0.008d_1(z^2+180)$	$r_{emax}=0.12d_1(z+2)$
齿沟圆弧半径	r_i	$r_{imax}=0.505d_1+0.069\sqrt[3]{d_1}$	$r_{imin}=0.505d_1$
齿沟角	α	$\alpha_{min}=120°-\dfrac{90°}{z}$	$\alpha_{max}=140°-\dfrac{90°}{z}$

链轮轴向齿廓及尺寸,应符合 GB/T 1243—2006 的规定,见图 9-6 及表 9-4。

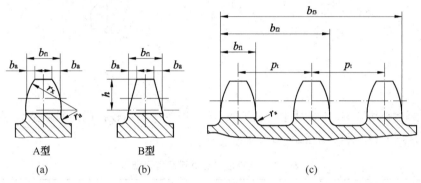

图 9-6　轴向齿廓

表 9-4　滚子链链轮轴向齿廓尺寸

名　　称		代号	计 算 公 式		备　　注
			$p\leqslant12.7$	$p>12.7$	
齿宽	单排	b_{f1}	$0.93b_1$	$0.95b_1$	$p>12.7$ 时,经制造厂同意,亦可使用 $p\leqslant12.7$ 时的齿宽。b_1 为内链节内宽,见表 9-1
	双排、三排		$0.91b_1$	$0.93b_1$	
	四排以上		$0.88b_1$	$0.93b_1$	
倒角宽		b_a	$b_a=(0.1\sim0.15)p$		
倒角半径		r_x	$r_x\geqslant p$		
倒角深		h	$h=0.5p$		仅适用于 B 型
齿侧凸缘(或排间槽)圆角半径		r_a	$r_a\approx0.04p$		
链轮齿总数		b_{fn}	$b_{fn}=(n-1)p_t+b_{f1}$ n 为排数		

3. 链轮的结构

小直径的链轮可制成整体式(图 9-7(a));中等尺寸的链轮可制成孔板式(图 9-7(b));大直径的链轮,常采用可更换的齿圈用螺栓连接在轮毂上(图 9-7(c))。

4. 链轮的材料

链轮的材料应能保证轮齿具有足够的耐磨性和强度。由于小链轮轮齿的啮合次数比大

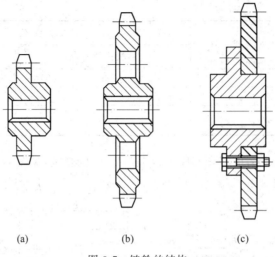

(a)　　　　　(b)　　　　　(c)

图 9-7　链轮的结构

链轮轮齿的啮合次数多,所受冲击也较严重,故小链轮应采用较好的材料制造。

链轮常用的材料和应用范围见表 9-5。

表 9-5　链轮常用的材料及齿面硬度

材　　料	热处理	热处理后硬度	应 用 范 围
15、20	渗碳、淬火、回火	50～60HRC	$z\leqslant25$,有冲击载荷的主、从动链轮
35	正火	160～200HBS	在正常工作条件下,齿数较多($z>25$)的链轮
40、50、ZG310—570	淬火、回火	40～50HRC	无剧烈振动及冲击的链轮
15Cr、20Cr	渗碳、淬火、回火	50～60HRC	有动载荷及传递较大载荷的重要链轮($z<25$)
35SiMn、40Cr、35CrMo	淬火、回火	40～50HRC	使用优质链条,重要的链轮
Q235、Q275	焊接后退火	140HBS	中等速度、传递中等功率的较大链轮
普通灰铸铁(不低于 HT150)	淬火、回火	260～280HBS	$z_2>50$ 的从动链轮
夹布胶木	—	—	功率小于 6kW、速度较高、要求传动平稳和噪声小的链轮

9.4　链传动的几何计算

1. 链节数(chain number)L_p

链节线长度计算式

$$L'_p = \frac{(z_1+z_2)p}{2} + 2a + \left(\frac{z_2-z_1}{2\pi}\right)^2 \frac{p^2}{a} \tag{9-1}$$

式中,z_1、z_2 为主、从动轮齿数,a 为中心距,p 为链节距。

链的长度常用链节数 L_p 表示,将式(9-1)除以节距 p 得

$$L_p = \frac{z_1 + z_2}{2} + \frac{2a}{p} + \left(\frac{z_2 - z_1}{2\pi}\right)^2 \frac{p}{a} \tag{9-2}$$

2. 中心距（center distance）a

求解式（9-2）可得两链轮的中心距计算式

$$a = \frac{p}{4}\left[\left(L_p - \frac{z_1 + z_2}{2}\right) + \sqrt{\left(L_p - \frac{z_1 + z_2}{2}\right)^2 - 8\left(\frac{z_2 - z_1}{2\pi}\right)^2}\right] \tag{9-3}$$

9.5 链传动的运动特性

1. 链传动的运动不均匀性

因为链是由刚性链节通过销轴铰接而成，当与链轮啮合时，链呈一正多边形分布在链轮上，链轮回转一周，链就移动一正多边形周长 zp 的距离，所以链的平均速度为

$$v_m = n_1 z_1 p = n_2 z_2 p \tag{9-4}$$

式中，n_1、n_2 为主、从动轮的速度。

由上式可知平均传动比

$$i = \frac{n_1}{n_2} = \frac{z_2}{z_1} \tag{9-5}$$

平均传动比 i 指的是链轮的平均转速之比，链在每一瞬时的链速和传动比是变化的。

为了方便起见，设链的紧边（即主动边）在传动时总处于水平位置，如图 9-8 所示。设主动轮以等角速 ω_1 转动，其节圆圆周速度为 $v_1 = \frac{d_1 \omega_1}{2}$，又设链水平和垂直运动的瞬时速度分别为 v 和 v_1，则

$$v = v_1 \cos\beta = \frac{d_1 \omega_1}{2}\cos\beta \tag{9-6a}$$

$$v' = v_1 \sin\beta = \frac{d_1 \omega_1}{2}\sin\beta \tag{9-6b}$$

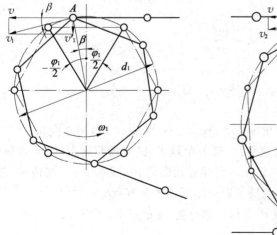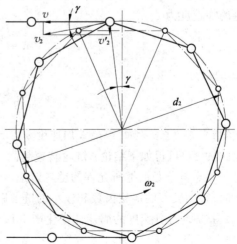

图 9-8 链传动的速度分析

式中,β 是 A 点的圆周速度与水平线的夹角,如图所示,β 角范围为

$$-\frac{\varphi_1}{2} \leqslant \beta \leqslant +\frac{\varphi_1}{2} \tag{9-7}$$

φ_1 为主动轮上一个节距所对的圆心角,$\varphi_1 = 360°/z_1$。

由此可知,链速 v 将随链轮转动的位置变化,每转过一齿反复一次,其变化情况如图 9-9 所示。

设从动轮的角速度为 ω_2,圆周速度为 v_2,由图 9-8 知

$$v_2 = \frac{v}{\cos\gamma} = \frac{v_1\cos\beta}{\cos\gamma} = \frac{d_2\omega_2}{2} \tag{9-8}$$

又因为

$$v_1 = \frac{d_1\omega_1}{2}$$

则瞬时传动比

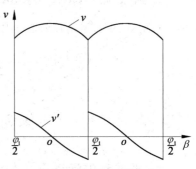

图 9-9　瞬时链速的变化

$$i_t = \frac{\omega_1}{\omega_2} = \frac{\dfrac{v_1}{\dfrac{d_1}{2}}}{\dfrac{v_1\cos\beta}{\dfrac{d_2}{2}\cos\gamma}} = \frac{d_2\cos\gamma}{d_1\cos\beta} \tag{9-9}$$

由于 γ 和 β 随时间而变化,所以虽然主动轮角速度 ω_1 是常数,从动轮角速度 ω_2 却随 γ 和 β 的变化而变化,故瞬时传动比 i_t 也随时间而变,且与齿数有关。这就是链传动的多边形效应,也是链传动工作不平稳的原因。

只有当 $z_1 = z_2$,并且紧边链长为链节距的整数倍的特殊情况下,才能保证瞬时传动比 i_t 为常数。通常可以通过合理选择参数来减少链速和瞬时传动比变化范围。

2. 链传动的动载荷

链传动在工作时引起动载荷的主要原因是:

(1) 因为从动轮的角速度是变化的,所以从动轮及与其相连接的质量也将具有不均匀的回转速度。由于回转质量的加速和减速,从而产生了附加的动载荷。

链的加速度为

$$a = \frac{\mathrm{d}v}{\mathrm{d}t} \tag{9-10}$$

把式(9-6)微分

$$a = -\frac{d_1\omega_1}{2}\sin\beta\frac{\mathrm{d}\beta}{\mathrm{d}t} = -\frac{d_1\omega_1^2}{2}\sin\beta \tag{9-11}$$

由上式知,当 $\beta = \pm\varphi_1/2$ 时得最大加速度 $a_{\max} = \pm\omega_1^2 p/2$;当 $\beta = 0$ 时,加速度 $a_{\min} = 0$。

由式(9-11)可得如下结论:链轮转速越高,链节距越大,链轮齿数越少,则动载荷越大。因此对于一定链节距的链所允许的链轮转速不得超过极限值 n_L,见表 9-6。在转速、链轮大小一定时,采用较多的链轮齿数和较小的链节距对降低动载荷有利。

(2) 链条垂直分速度的周期性变化产生垂直加速度,使链条上、下抖动。

表 9-6 套筒滚子链链轮的推荐用最高转速 n_R 及极限转速 n_L

链轮转速	链节距 p/mm									
	9.525	12.70	15.875	19.05	25.40	31.75	38.10	44.45	50.80	63.50
n_R/(r/min)	2500	1250	1000	900	800	630	500	400	300	200
n_L/(r/min)	5000	3100	2300	1800	1200	1000	900	600	450	300

(3) 当链节进入链轮的瞬间,链节和轮齿以一定的相对速度相啮合,从而使链和链齿受到冲击并产生附加的动载荷。由于链节对链齿的连续冲击,将使传动产生振动和噪声,并将加速链的损坏和轮齿的磨损,同时也增加了能量的消耗。

(4) 当链张紧不好使松边垂度较大时,在起动、制动和反转等情况下,将产生惯性冲击。

链节对轮齿的冲击动能越大,对传动的破坏作用也越大。根据理论分析,冲击动能 $U = qp^3n^2/C$,q 为链单位长度质量,C 为常数。因此,从减少冲击能量来看,应采用较小的链节距并限制链轮的最高转速。

9.6 链传动的受力分析

链传动在安装时,应使链条受到一定的张紧力,其张紧力是通过使链保持适当的垂度所产生的悬垂拉力来获得的。链传动张紧的目的主要是使松边不致过松,以免影响链条正常退出啮合和产生振动、跳齿或脱链等现象,因而所需的张紧力比起带传动来要小得多。

链在工作过程中,紧边(tight side)和松边(slack side)的拉力是不等的。若不计传动中的动载荷,则链的紧边受到的拉力 F_1 是由链传递的有效圆周力(effective circle force)F_e、链的离心力所引起的拉力(centrifugal force)F_c 以及由链条松边垂度引起的悬垂拉力(overhang force)F_f 三部分组成的:

$$F_1 = F_e + F_c + F_f \tag{9-12}$$

链的松边所受拉力 F_2 则由 F_c 及 F_f 两部分组成:

$$F_2 = F_c + F_f \tag{9-13}$$

有效圆周力为

$$F_e = 1000\frac{P}{v} \quad (\text{N})$$

式中,P 为传递的功率,kW;v 为链速,m/s。

离心力引起的拉力为

$$F_c = qv^2 \quad (\text{N})$$

式中,q 为单位长度链条的质量,kg/m(见表 9-1);v 为链速,m/s。

悬垂拉力 F_f 的大小与链条的松边垂度及传动的布置方式有关(图 9-10),在 F_f' 和 F_f'' 中选用大者:

$$\left.\begin{array}{l} F_f' = K_f qa \times 10^{-2} \quad (\text{N}) \\ F_f'' = (K_f + \sin\alpha)qa \times 10^{-2} \quad (\text{N}) \end{array}\right\} \tag{9-14}$$

式中,a 为链传动的中心距,mm;q 为单位长度链条的质量,kg/m;K_f 为垂度系数,见

图 9-10。

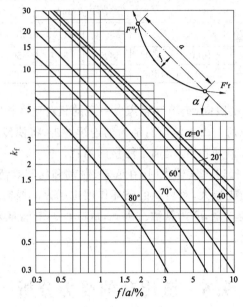

图 9-10　悬垂拉力的确定

图 9-10 中, f 为垂度, α 为两轮中心联线与水平面的倾斜角。作用在轴上的拉力 Q 可近似取为主动边和从动边拉力之和,离心拉力对它无影响不计在内,由此得

$$Q \approx F_e + 2F_f \tag{9-15}$$

又由于垂度拉力不大,故近似取

$$Q \approx 1.2F_e \tag{9-16}$$

9.7　链传动的失效形式及承载能力

1. 链传动的失效形式

(1) 链的疲劳破坏。链的零件在交变应力作用下,经过一定的循环次数,链板发生疲劳断裂或是滚子表面出现疲劳点蚀和疲劳裂纹。在润滑良好和正确设计、安装的情况下,疲劳强度是链传动能力设计的主要依据。

(2) 链条的磨损。这是开式链传动的主要失效形式。链条铰链在啮入和脱离轮齿时,铰链的销轴与套筒间有相对滑动,引起磨损,使链的实际节距变长,产生跳齿和脱链现象。

(3) 冲击疲劳。工作时链由于频繁起动、反转、制动或受重复冲击载荷时,承受较大动载荷,经过多次冲击,滚子、套筒和销轴最终产生冲击疲劳断裂。它的总循环次数一般在 10^4 次以内。

(4) 铰链的胶合。速度很高或润滑不当时,在铰链的销轴和套筒的工作表面产生胶合。

(5) 过载拉断。在低速重载时,或有突然巨大过载时,就会产生拉伸断裂。

2. 链传动承载能力

链传动在不同的工作情况下主要失效形式均不同,图 9-11 是链在一定寿命下,小链轮在不同转速下由于各种失效形式限定的极限功率曲线。曲线 1 是在良好、充分润滑的条件下,由磨损破坏限定的极限功率曲线;曲线 2 是由变应力下链板疲劳破坏限定的极限功率曲线;曲线 3 是由滚子套筒冲击疲劳强度限定的功率曲线;曲线 4 是销轴与套筒胶合限定的极限功率曲线;曲线 5 是良好润滑情况下的额定功率曲线,它是设计时实际使用的;曲线 6 是润滑条件不好或是工作条件恶劣的情况下的极限功率曲线。

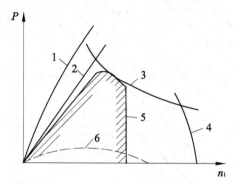

图 9-11 套筒滚子链的极限功率曲线

图 9-12 所示为 A 系列套筒滚子链的实用功率曲线图,它是在 $z_1 = 19$、$L = 100p$、单排链、载荷平稳、按照推荐的润滑方式润滑(图 9-13)、工作寿命为 15000h、链因磨损而引起的相对伸长量不超过 3% 的情况下,实验得到的极限功率曲线基础上作了修正得到的。根据小链轮的转速 n_1,在图 9-12 上可查出各种链条(链速 $v > 0.6 \text{m/s}$)允许传递的额定功率 P_0。

当实际情况不符合实验规定的条件时,由图 9-12 查得的 P_0 值应乘以一系列修正系数。

当不能按图 9-13 推荐的方式润滑而润滑不良时,则磨损加剧。此时链主要是磨损破坏,额定功率 P_0 值应降低到下列值:

(1) $v \leqslant 1.5 \text{m/s}$,润滑不良时为图值的 $30\% \sim 60\%$,无润滑时为 15%(寿命不能保证 15000h);

(2) $1.5 \text{m/s} \leqslant v \leqslant 7 \text{m/s}$,润滑不良时为图值的 $15\% \sim 30\%$;

(3) $v > 7 \text{m/s}$,润滑不良时该传动不可靠,不宜采用;

(4) $v < 0.6 \text{m/s}$,属低速传动,这时链的主要破坏是过载拉断,应进行静强度校核。静强度安全系数 S 应满足下式要求:

$$S = \frac{Q_n}{K_A F_1} \geqslant 4 \sim 8 \tag{9-17}$$

链的极限拉伸载荷 $Q_n = nQ$。n 为排数;单排链极限拉伸载荷 Q(kN),见表 9-1;工作情况系数 K_A,见表 9-7;F_1 为链的紧边工作拉力(kN),按式(9-12)计算。

当实际工作寿命低于 15000h 时,则按有限寿命进行设计,其允许传递的功率可高些,设计时可参考有关资料。

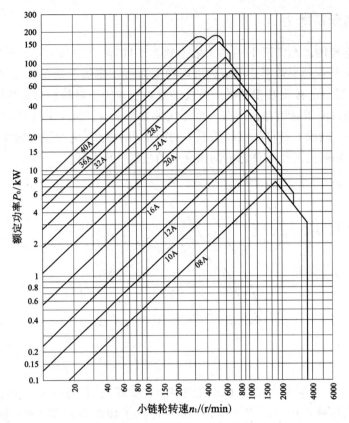

图 9-12　A 系列套筒滚子链的额定功率曲线($v > 0.6\mathrm{m/s}$)

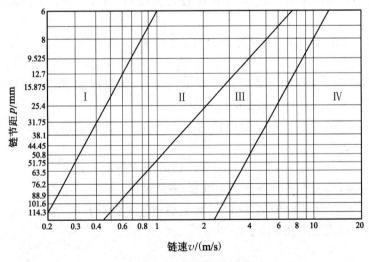

图 9-13　推荐的润滑方式

Ⅰ—人工定期润滑；Ⅱ—滴油润滑；Ⅲ—油浴或飞溅润滑；Ⅳ—压力喷油润滑

9.8　链传动的设计计算

链传动设计需要确定的主要参数有链节距、排数及链轮齿数、传动比、中心距、链节数等。

1. 链的节距和排数

链的节距大小决定了链节和链轮各部分尺寸的大小。在一定条件下,链的节距越大,承载能力越高,但传动不平稳性,动载荷和噪声也越严重,传动尺寸也大。一般载荷大、中心距小、传动比大时,选小节距多排链,以保持小轮有一定的啮合齿数;中心距大、传动比小,而速度不太高时,选大节距单排链。

链传动所能传递的功率:

$$P_0 \geqslant \frac{P_{ca}}{K_z K_L K_p} \tag{9-18}$$

$$P_{ca} = K_A P \tag{9-19}$$

式中,P_0 为在特定条件下,单排链所能传递的功率,如图 9-12 所示;P_{ca} 为链传动的计算功率;K_A 为工作情况系数(表 9-7),工作情况特别恶劣时,K_A 值较表中所列值要大得多;K_z 为小链轮齿数系数(表 9-8),当工作在图 9-12 曲线顶点的左侧时(链板疲劳),查表中 K_z,当工作在右侧时(滚子套筒冲击疲劳),查表中 K_z';K_p 为多排链系数(表 9-9);K_L 为链长系数(图 9-14),链板疲劳查曲线 1,滚子套筒冲击疲劳查曲线 2。

表 9-7　链传动工作情况系数 K_A

载 荷 种 类	输入动力种类		
	内燃机-液力传动	电动机-汽轮机	内燃机-机械传动
平 稳 载 荷	1.0	1.0	1.2
中等冲击载荷	1.2	1.3	1.4
较大冲击载荷	1.4	1.5	1.7

表 9-8　链轮齿数系数 K_z 及 K_z'

z_1	9	10	11	12	13	14	15	16	17
K_z	0.446	0.500	0.554	0.609	0.664	0.719	0.775	0.831	0.887
K_z'	0.326	0.382	0.441	0.502	0.566	0.633	0.701	0.773	0.846
z_1	19	21	23	25	27	29	31	33	35
K_z	1.00	1.11	1.23	1.34	1.46	1.58	1.70	1.82	1.93
K_z'	1.00	1.16	1.33	1.51	1.69	1.89	2.08	2.29	2.50

表 9-9　多排链系数 K_p

排数	1	2	3	4	5	6
K_p	1	1.7	2.5	3.3	4.0	4.6

根据式(9-18)求出链所能传递的功率,由图 9-12 查出合适的链节距和排数。

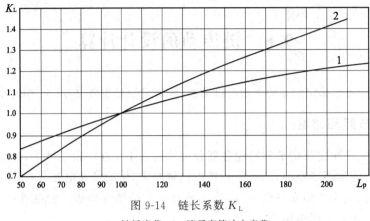

图 9-14　链长系数 K_L

1—链板疲劳；2—滚子套筒冲击疲劳

2. 链轮齿数 z_1、z_2 及传动比 i

小链轮齿数不宜过少，大链轮齿数也不宜太多，一般链轮最少齿数 $z_{min}=17$。当链轮速度很低时，最小可到 9，z_1 过少，则传动的不均匀性和动载荷过大，寿命下降；大链轮齿数 z_2 不能过大，除了传动尺寸和质量过大外，如图 9-15 所示，当链节磨损引起的节距伸长量 Δp 一定时，链轮的齿数越多，链轮上一个链节所对应的圆心角就越小，链节所在圆的直径增加量 Δd 越大，铰链会越接近齿顶，从而越容易产生跳齿和脱链。一般大链轮的最大齿数 $z_{2max}=120$。一般可根据链速来选小链轮齿数（表 9-10）。

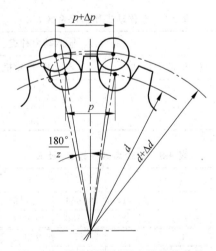

图 9-15　链节距增长量和铰链外移量

表 9-10　小链轮齿数 z_1

链速 $v/(\text{m/s})$	0.6~3	3~8	>8
z_1	≥17	≥21	≥25

另外，由于链节数通常是偶数，为考虑磨损均匀，链轮齿数一般应取与链节数互为质数的奇数。

为使传动尺寸不过大,链在小轮上包角不能过小,同时啮合的齿数不可太少,传动比 i 一般应小于 6,推荐 $i=2\sim3.5$。当速度较低,载荷平稳和传动尺寸不受限制时 i 可达 10。

3. 链节数 L_p 和链轮中心距

在传动比 $i\neq1$ 时,链轮中心距过小,则链在小链轮上的包角小,与小链轮啮合的链节数少。同时,因总的链节数减少,链速一定时,链节的应力变化次数增加,使链的寿命降低。但中心距太大时,除结构不紧凑外,还会使链的松边颤动。

一般情况下,可初选中心距为

$$a_0=(30\sim50)p$$

最大可取 $a_{max}=80p$。

当有张紧装置或托扳时,a_0 可大于 $80p$。

最小中心距 a_{min} 可先按传动比 i 初步确定:

当 $i\leqslant3$ 时,$a_{min}=\dfrac{d_{a1}+d_{a2}}{2}+(30\sim50)$　(mm)

当 $i>3$ 时,$a_{min}=\dfrac{d_{a1}+d_{a2}}{2}\cdot\dfrac{9+i}{10}$　(mm)

式中,d_{a1},d_{a2} 为两链轮齿顶圆直径。

链长度及中心距分别按式(9-2)或式(9-1)及式(9-3)计算,计算得链节数 L_p 应圆整为相近的整数,最好为偶数,以免使用过渡链节。

为了便于链的安装和保证合理的松边下垂量,安装中心距应较计算中心距略小。中心距通常是可调节的,以便在链节增长后能调节张紧程度。一般中心距调整量 $\Delta a\geqslant2p$,调整后松边下垂量一般控制为 $(0.01\sim0.02)a$。链用可调中心距或用张紧轮进行张紧,另外还可用压板和托板张紧。当两轮轴心线倾斜角大于 60° 时,必须有张紧装置。当无张紧装置而中心距又不可调的情况下,中心距应准确计算。

9.9　链传动的布置、张紧及润滑

1. 链传动的布置

(1) 链传动必须布置在垂直平面内,不能布置在水平或倾斜平面内。

(2) 两链轮中心连线最好是水平的,或与水平面成 45° 以下的倾斜角,尽量避免垂直传动。

(3) 属于下列情况时,主动边最好布置在传动的上面,如图 9-16 所示:①中心距 $a\leqslant30p$ 和 $i\geqslant2$ 的水平传动(图(a));②倾斜角相当大的传动(图(b));③中心距 $a\geqslant60p$、传动比 $i\leqslant1.5$ 和链轮齿数 $z_1\leqslant25$ 的水平传动(图(c))。在前两种情况中,从动边在上时,可能有少数链节垂落在小链轮上或下方的链轮上,因而有咬链的危险;在后一种情况中,从动边在上时,有发生主动边和从动边相互碰撞的可能。

2. 链传动的张紧

链传动张紧的方法和带传动不同,张紧并不决定链的工作能力,而只决定垂度的大小。

张紧方法很多,最常见的是移动链轮以增大两轮的中心距。但若中心距不可调时,也可采用张紧轮传动,如图 9-17 所示。张紧轮应装在靠近主动轮的从动边上。不论是带齿的还是不带齿的张紧轮,其节圆直径最好与小链轮的节圆直径相近。不带齿的张紧轮可以用夹布胶木制成,宽度应比链宽约 5mm。

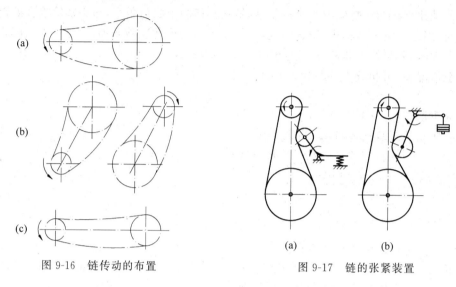

图 9-16　链传动的布置　　　　　图 9-17　链的张紧装置

3. 链传动的润滑与防护

铰链中有润滑油时,有利于缓冲、减小摩擦和降低磨损,润滑条件良好与否对传动工作能力和使用寿命有很大的影响。

链传动的润滑方法可按图 9-13 选取。

链传动推荐使用的润滑油黏度等级为 32、46、68 的全损耗系统用油。只有转速很慢又无法供油的地方,才用油脂代替。

采用喷镀塑料的套筒或粉末冶金的含油套筒,因有自润滑作用,允许不另加润滑油。

为了工作安全、保持环境清洁、防止灰尘侵入、减小噪声以及由于润滑需要等原因,链传动常用铸造或焊接护罩封闭,并且作油池的护罩应设置油面指示器、注油孔、排油孔等。

传动功率较大和转速较高的链传动,则采用落地式链条箱。

例 9-1　试设计一带式运输机用套筒滚子链传动。已知电动机的功率 $P=5.5\text{kW}$,$n_1=720\text{r/min}$,电动机轴径 $d=42\text{mm}$,链传动比 $i=3$,按图 9-13 规定进行润滑、工作平稳。

解:(1)选择链轮齿数 z_1、z_2

由题意估计链速 v 在 3~8m/s 之间,希望结构较紧凑,由表 9-10 确定小链轮齿数 $z_1=21$。大链轮齿数 $z_2=iz_1=3\times21=63<120$ 合适。

(2)确定计算功率 P_{ca}

由表 9-7 考虑工作平稳、电动机拖动选 $K_A=1.0$,则计算功率

$$P_{ca}=K_A P=5.5\times1.0=5.5(\text{kW})$$

（3）确定链节距 p

初定中心距 $a_0 = 40p$，则链节数

$$L_p = \frac{2a_0}{p} + \frac{z_1 + z_2}{2} + \frac{p}{a_0}\left(\frac{z_2 - z_1}{2\pi}\right)^2$$

$$= \frac{2 \times 40p}{p} + \frac{21 + 63}{2} + \frac{p}{40p}\left(\frac{63 - 21}{2\pi}\right)^2$$

$$= 123.13 \text{ 节}$$

取 $L_p = 124$ 节。

由图 9-12 按小轮转速估计，可能产生链板疲劳破坏。由表 9-8 查得 $K_z = 1.11$，由表 9-9 查得多排链系数 $K_p = 1.0$，由图 9-14 查得 $K_L = 1.06$。

要求传动所需传递的功率

$$P_0 = \frac{P_{ca}}{K_z K_L K_p} = \frac{5.5}{1.11 \times 1.06 \times 1.0} = 4.67 (\text{kW})$$

查图 9-12 选合适的小节距链 10A 链，$p = 15.875$mm，并由图证明确系链板疲劳，估计正确。

（4）确定链长 L、中心距 a

链长　$L = \dfrac{L_p p}{1000} = \dfrac{124 \times 15.875}{1000} = 1.97(\text{m})$

中心距　$a = \dfrac{p}{4}\left[\left(L_p - \dfrac{z_1 + z_2}{2}\right) + \sqrt{\left(L_p - \dfrac{z_1 + z_2}{2}\right)^2 - 8\left(\dfrac{z_2 - z_1}{2\pi}\right)^2}\right]$

$$= \frac{15.875}{4}\left[\left(124 - \frac{21 + 63}{2}\right) + \sqrt{\left(124 - \frac{21 + 63}{2}\right)^2 - 8\left(\frac{63 - 21}{2\pi}\right)^2}\right]$$

$$= 642(\text{mm})$$

中心距调整量　$\Delta a \geqslant 2p = 2 \times 15.875 = 31.75(\text{mm})$

实际中心距　$a' = a - \Delta a = 642 - 31.75 = 610(\text{mm})$

（5）求作用在轴上的力 Q

链速　$v = \dfrac{n_1 z_1 p}{60 \times 1000} = \dfrac{720 \times 21 \times 15.875}{60 \times 1000} = 4(\text{m/s})$

因此在选 z_1 时，链速估计正确。

工作拉力　$F_e = 1000\dfrac{P}{v} = 1000 \times \dfrac{5.5}{4} = 1375(\text{N})$

轴上的压力　$Q = 1.2F = 1.2 \times 1375 = 1650(\text{N})$

设计结果：链条　10A-1-124　GB/T 1243—2006；大小链轮齿数 $z_2 = 63, z_1 = 21$；中心距 $a' = 610$mm；轴上压力 $Q = 1650$N。

拓展性阅读文献指南

有关链传动的类型及其相关标准可参阅全国链传动标准化技术委员会，中国标准出版社第三编辑室主编《零部件及相关标准汇编》链传动卷，中国标准出版社，2011。

对于链传动工作情况分析、各种类型链传动设计计算和链传动的应用等内容可以参考：①常德功、樊智敏、孟兆明主编《带传动和链传动设计手册》中的链传动部分,化学工业出版社,2011;②机械设计手册编委会编《机械设计手册》带传动和链传动篇,机械工业出版社,2007。

思 考 题

9-1 试述链节距大小对传动的影响。

9-2 影响链传动速度不均匀的原因是什么？其主要影响因素有哪些？

9-3 套筒滚子链传动中,为什么链条的节数一般为偶数？

9-4 套筒滚子链小链轮的齿数为什么不宜取得过小？为什么一般为奇数？

9-5 链传动中大链轮的齿轮为什么不能过多？

9-6 链传动和带传动采用张紧装置的目的是否相同？

9-7 观察变速自行车张紧装置,说明其张紧的原理。

9-8 链传动功率较大时,可选用大节距单排链,也可选用小节距多排链,两者各适用于什么情况？

习   题

9-1 一链式运输机驱动装置采用套筒滚子链传动,链节距 $p=25.4\text{mm}$,主动链轮齿数 $z_1=17$,从动链轮齿数 $z_2=69$,主动链轮转速 $n_1=960\text{r/min}$,试求：

(1) 链条的平均速度 v;

(2) 链条的最大速度 $v_{\max}$ 和最小速度 $v_{\min}$;

(3) 平均传动比 i。

9-2 某单列套筒滚子链传动,所需传递功率 $P=1.5\text{kW}$,链节距已选定为 $p=12.7\text{mm}$,主动轮转速 $n_1=150\text{r/min}$,从动链轮转速 $n_2=50\text{r/min}$,要求链速 $v\leqslant0.6\text{m/s}$,试确定：

(1) 大小链轮的齿数 z_1、z_2 及链速 v;

(2) 链的工作拉力;

(3) 大小链轮的节圆直径。

9-3 当链节磨损率 $\Delta p/p=3\%$,链节距 $p=12.7\text{mm}$ 时,根据图 9-15,分别求出链轮齿数 $z=50,100,150$ 时的分度圆直径 d 的增量 Δd,并分析齿数对脱链可能性的影响。

9-4 已知一链传动的主动链轮转速 $n_1=480\text{r/min}$,齿轮 $z_1=21$,从动链轮齿数 $z_2=43$,中心距 $a=700\text{mm}$,选用 12A 号链条,工况系数 $k_A=1$。试求该链传动能够传递的功率。

9-5 某链传动传递的功率 $P=1\text{kW}$,主动链轮转速 $n_1=480\text{r/min}$,从动链轮转速 $n_2=140\text{r/min}$,载荷平稳,定期人工润滑,试设计此链传动。

第 10 章

齿 轮 传 动

内容提要：本章主要介绍了齿轮传动的失效形式与设计准则，齿轮材料及热处理，齿轮传动的计算载荷，标准直齿圆柱齿轮传动的受力分析和强度计算，齿轮传动的设计参数、许用应力与精度选择，斜齿轮和圆锥齿轮传动的受力分析和强度计算，变位齿轮传动强度特点，齿轮的结构设计，齿轮传动的润滑和其他齿轮传动简介。

本章重点：齿轮传动失效形式，计算载荷概念，标准直齿和斜齿圆柱齿轮和圆锥齿轮传动的受力分析，标准直齿和斜齿轮传动的强度计算。

本章难点：载荷系数，斜齿轮和锥齿轮的受力分析和强度计算，变位齿轮的强度特点。

10.1　概　　述

齿轮传动是机械传动中应用最为广泛的一类传动，常用的渐开线齿轮传动具有以下一些主要特点：

（1）传动效率高。在常用的机械传动中，齿轮传动的效率是最高的。一级圆柱齿轮传动在正常润滑条件下效率可达到 99% 以上。在大功率传动中，高传动效率是十分重要的。

（2）传动比恒定。齿轮传动具有不变的瞬时传动比，因此齿轮传动可用于圆周速度为 200m/s 以上的高速传动。

（3）结构紧凑。在同样使用条件下，齿轮传动所需空间尺寸比带传动和链传动小得多。

（4）工作可靠、寿命长。齿轮传动在正确安装，良好润滑和正常维护条件下，具有其他机械传动无法比拟的高可靠性和寿命。

与带传动和链传动相比，齿轮传动的主要缺点表现在：对齿轮制造、安装要求高。齿轮制造常用插齿机和滚齿机等专用机床及专用刀具；通常的齿轮传动为闭式传动，需要良好的维护保养，因此齿轮传动成本和费用高；并且齿轮传动不适合较大中心距的两轴间的动力传递。

根据传动轴的相对位置，齿轮传动可分为平行轴齿轮传动（parallel shafts gear drives）、相交轴齿轮传动（intersectant shafts gear drives）和交错轴齿轮传动（crossed shafts gear drives）三类。

齿轮传动可设计成闭式（closed-type）、开式（open-type）和半开式（semi-open）三种结构型式。闭式传动中，齿轮传动部分被密封在齿轮箱中，具有良好的润滑，常用于汽车、机床和航空发动机等的齿轮传动中；开式传动中，齿轮传动部分完全暴露，不能实现良好润滑，也极易使外界包括一些硬质颗粒在内的杂物进入齿轮啮合表面，容易造成轮齿磨损，因此开式传动通常用于低速及不重要传动场合，例如农业机械、建筑机械及简易机械设备等；半开式传动为介于闭式和开式传动的一类传动,传动安装有简单防护罩,但不能密封齿轮传动部分,也不能完全隔绝外界。

10.2　齿轮传动的失效形式与设计准则

1. 失效形式

齿轮传动的失效主要表现在轮齿的失效,而轮齿的失效会因不同的工作条件和不同的齿轮材料和热处理有多种形式。常见的失效形式可分为两类,即轮齿折断和齿面损坏。齿面损坏包括点蚀、磨损、胶合和塑性变形。

1) 轮齿折断(breaking-off)

轮齿的折断在正常工作条件下主要为轮齿的弯曲疲劳折断(bending fatigue and fracture)。轮齿进入啮合受载时,齿根部位由于存在截面突变和加工刀痕等引起的应力集中,使齿根产生最大的弯曲应力,在齿根表面产生疲劳裂纹。当轮齿反复受载,疲劳裂纹会不断扩展,最终使轮齿疲劳折断(图 10-1)。

此外,在轮齿受到突然过载时,也可能出现过载折断(fracture for over load)或剪断。当轮齿经严重磨损使齿厚过分减薄后,也会在正常载荷下发生折断。

对于直齿圆柱齿轮(spur gears),轮齿折断发生在齿根部位(the dedendum);对于斜齿轮(helical gears),由于轮齿工作面接触线为一斜线,因此轮齿折断为局部折断(partial fracture)如图 10-1 所示 。提高轮齿的抗折断能力,可采取以下几方面的措施:①适当增大齿根过渡圆角半径,降低齿根过渡区域的表面粗糙度,从而可降低应力集中(decreasing root stress concentration)程度;②采用正变位齿轮以增加轮齿的齿厚;③提高轴及支承系统的刚性(rigidity),使轮齿接触载荷沿齿宽均匀分布;④选择合理的齿轮材料和热处理(heat treatment)工艺,使齿轮具有足够的齿芯韧性和足够的齿面硬度;⑤采用喷丸、滚压等工艺对齿根表面强化处理(surface reinforcement treatment)。

2) 齿面疲劳点蚀(contact fatigue and pitting)

齿面疲劳点蚀是闭式软齿面齿轮传动的主要失效形式。轮齿进入啮合时,齿面受到载荷作用产生接触应力,该接触应力近似为脉动循环变应力,在交变的接触应力作用下,齿面会形成疲劳裂纹,疲劳裂纹扩展到一定深度后又扩展到齿面,使齿面发生颗粒状材料剥落,形成麻点状小凹坑,这种现象称为齿面疲劳点蚀,当疲劳点蚀扩展到齿面的一定面积时,齿面就被损坏了(图 10-2)。

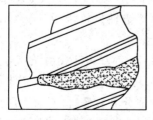

图 10-1　轮齿疲劳折断

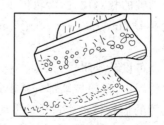

图 10-2　齿面疲劳点蚀

齿面疲劳点蚀通常发生在节线附近区域(near the line of action),在该区域齿面相对滑动速度较低,形成润滑油膜条件差,润滑不良,摩擦力较大。对于直齿轮,节线附近通常为单齿对啮合,节线上的啮合载荷大,更不易形成润滑油膜,所以疲劳点蚀总是最先在最靠近节线部位形成,然后向周围扩展。

提高齿面硬度、降低表面粗糙度是提高齿面抗疲劳点蚀能力的最常用方法；采用正角度变位齿轮(corrected gears)传动($x_{\Sigma} = x_1 + x_2 > 0$),以增大综合曲率半径(curvature radius),也可提高齿面接触疲劳强度；轮齿的良好润滑能减缓点蚀,延长轮齿的工作寿命,选择较高黏度的润滑油,对速度不高的齿轮传动能收到较好的效果。因为黏度较小的润滑油相对而言在齿面出现疲劳裂纹后更易浸入裂纹中,在轮齿啮合过程中,裂纹内的润滑油由于挤压和动压作用产生很大的压力,该压力加速裂纹的继续扩展,从而加速疲劳点蚀的形成。

开式齿轮传动由于磨损较快,很少出现点蚀。

3) 齿面磨损(tooth wear)

齿面磨损是开式齿轮传动的主要失效形式。由于开式传动不能实现良好润滑,摩擦力大,啮合齿面间容易进入磨料性杂质(如砂粒、铁屑等),使齿面以较快速度磨损而损坏(图 10-3),这种磨损称齿面磨粒磨损(abrasive tooth wear)。

减轻或防止磨粒磨损的措施有：①提高齿面硬度；②降低表面粗糙度值；③降低滑动系数；④注意润滑油的清洁和定期更换等。

4) 齿面胶合(glue of gears)

齿面胶合是高速重载的齿轮(high speed gears under high pressure)传动(如航空发动机减速器)的主要失效形式。由于齿面的压力大,相对滑动速度高,摩擦热大,会产生很高的瞬时温度,使啮合的两齿面发生粘结现象,形成"冷焊"结点,同时结点部位材料被剪切,就会在其中一个表面上形成沿相对滑动方向的剪切痕迹,造成齿面损伤,这种破坏形式称为热胶合(图 10-4)。

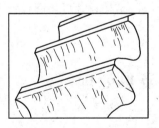

图 10-3　齿面磨损

图 10-4　齿面胶合

在一些低速重载的齿轮传动中,由于齿面间的润滑油膜受过大挤压力作用而遭破坏,也会形成胶合现象。这种胶合失效并没有瞬时高温产生,因此称之为冷胶合。防止和减轻齿面的胶合,可采用抗胶合能力较强的润滑油,如硫化润滑油,或者在润滑油中加入极压添加剂；另外,采用角度变位以降低齿面滑动系数；减小模数和齿高以降低滑动系数；选用抗胶合性能好的齿轮副材料；使大小齿轮保持适当的硬度差；提高齿面硬度和降低齿面粗糙度等措施也可防止或减轻齿面胶合。

5）塑性变形(plastic deformations)

塑性变形是低速重载齿轮(low speed gears under high pressure)传动的一种主要失效形式。齿面在过大的摩擦力作用下处于屈服状态,产生沿摩擦力方向的齿面材料塑性流动,从而使齿面的正确轮廓曲线被损坏,造成失效。当两齿面硬度不同时,通常在硬度低的齿面上发生塑性变形的失效形式,但在一些情况下,也会在硬度较高的齿面产生塑性变形(图 10-5)。

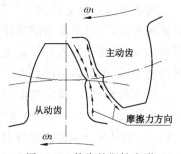

图 10-5   轮齿的塑性变形

塑性变形可分为滚压塑变和锤击塑变。滚压塑变是由啮合轮齿的相互滚压与滑动引起的材料塑性流动形成,其特点是塑性流动方向与齿面产生的摩擦力方向一致,在主动轮的节线处形成沟槽,而在从动轮的节线处被挤出脊棱。锤击塑变则由于过大的冲击引起的齿面塑性变形,其特征是在齿面上形成浅沟槽,沟槽的取向与齿面接触线相一致。提高轮齿齿面硬度和采用较高黏度或加有极压添加剂的润滑油可以减缓或者防止轮齿产生塑性变形。

2．设计准则

齿轮传动设计准则包括齿面接触疲劳强度准则和齿根弯曲疲劳强度准则,对于高速大功率的齿轮传动(如航空发动机主传动、汽轮发电机组传动等),设计准则还包括齿面抗胶合能力准则。

闭式软齿面齿轮传动的主要失效形式为疲劳点蚀,因此闭式软齿面齿轮传动的设计准则为齿面接触疲劳强度准则,保证齿面的最大接触应力小于许用应力。硬齿面齿轮传动或者齿芯韧性较弱的齿轮传动,通常采用齿根弯曲疲劳强度准则。对于开式齿轮传动,采用齿根弯曲疲劳强度准则。因为磨损是其主要失效形式,所以通常采取增大计算结果模数或降低许用弯曲应力两种方法来考虑磨损因素的影响。

齿轮的轮圈、轮辐和轮毂等部位通常不作强度计算,结构设计可参阅设计手册或同类齿轮的结构尺寸。

10.3   齿轮材料及热处理

根据轮齿的主要失效形式,设计齿轮传动,应使齿面具有较高的抗点蚀、抗磨损、抗胶合和抗塑性变形的能力,齿根则要有较高的抗折断能力。因此,对齿轮材料性能的基本要求为:齿面要硬,齿芯要韧。

1．常用的齿轮材料

1）钢

钢材韧性好,耐冲击,容易通过热处理和化学处理来改善其机械性能和提高硬度,是制造齿轮最常用的材料。

（1）锻钢（malleable steel）

锻钢可制成软齿面和硬齿面两种齿轮。

① 软齿面齿轮。对于强度、速度和精度要求不高的齿轮传动，可采用软齿面齿轮。软齿面齿轮的齿面硬度低于 350HBS，热处理方法为调质或正火，常用材料为 45 和 40Cr 等。加工方法一般为热处理后切齿，切制后即为成品，精度等级一般为 8 级，精切时为 7 级。

② 硬齿面齿轮。硬齿面齿轮齿面硬度大于 350HBS。高速、重载及精密机械（如精密机床、航空发动机等）采用硬齿面齿轮传动。材料通常选用 20Cr、20CrMnTi、40Cr、38CrMoAlA 等，经过表面硬化处理后，齿面可得到很高的硬度。加工方法一般为先切齿，然后表面硬化处理，最后进行磨齿等精加工，齿轮精度可达 5 级或 6 级，常用的表面硬化处理方法有表面淬火、渗碳淬火、氮化和氰化等。

（2）铸钢（cast steel）

铸钢通常用于尺寸较大的齿轮，需退火和正火处理，以消除和降低铸造应力且改善组织的均匀性。

2）铸铁（cast iron）

铸铁质脆，其力学性能、抗冲击和耐磨性均较差，但具有较强的抗胶合和抗点蚀能力。铸铁制造的齿轮常用于工作平稳、低速和功率不大的场合。

用于齿轮的铸铁可分为灰铸铁（gray iron）和球墨铸铁（nodular cast iron），球墨铸铁比灰铸铁具有较好的机械性能和耐磨性，但价格要高于灰铸铁。

3）非金属材料（non-metal material）

非金属材料如工程塑料（plastic）（ABS、聚酰胺、改性尼龙等）、夹布塑胶（textolite）等制造的齿轮用于高速、轻载和精度不高的传动中。非金属材料制造的齿轮具有低噪声的特点。

常用的齿轮材料及其力学性能列于表 10-1 中。

表 10-1　常用齿轮材料及其机械特性

材料牌号	热处理方法	强度极限 σ_B/MPa	屈服极限 σ_s/MPa	硬度/HBS	
				齿芯部	齿面
HT250		250		170～241	
HT300		300		187～255	
HT350		350		197～269	
QT500-5		500		147～241	
QT600-2		600		229～302	
ZG310-570	正　火	580	320	156～217	
ZG340-640		650	350	169～229	
45		580	290	162～217	
ZG340-640		700	380	241～269	
45		650	360	217～255	
30CrMnSi	调　质	1100	900	310～360	
35SiMn		750	450	217～269	
38SiMnMo		700	550	217～269	
40Cr		700	500	241～286	

续表

材料牌号	热处理方法	强度极限 σ_B/MPa	屈服极限 σ_s/MPa	硬度/HBS	
				齿芯部	齿面
45	调质后表面淬火				40~50HRC
40Cr					48~55HRC
20Cr	渗碳后淬火	650	400	300	58~62HRC
20CrMnTi		1100	850		
$12Cr_2Ni_4$		1100	850	320	
$20Cr_2Ni_4$		1200	1100	350	
35CrAlA	调质后氮化(氮化层厚 $\delta \geqslant 0.3 \sim 0.5mm$)	950	750	255~321	>850HV
38CrMoAlA		1000	850		
夹布塑胶		100		25~35	

注：40Cr 钢可用 40MnB 或 40MnVB 钢代替；20Cr、20CrMnTi 钢可用 $20Mn_2B$ 或 20MnVB 钢代替。

2. 齿轮材料选择原则

在合理选择齿轮材料时,可考虑以下几个方面:

(1) 齿轮材料必须满足工作条件的要求。例如,用于飞行器上的齿轮,要满足质量轻、传递功率大和可靠性高的要求,因此必须选择机械性能高的合金钢(alloy steels);矿山机械中的齿轮传动,一般功率很大、工作速度较低、周围环境灰尘或粉尘浓度高,因此往往选择铸钢或铸铁等材料;家用及办公用机械的功率通常都很小,但要求在传动平稳、低噪声和无润滑条件下工作,因此常选用工程塑料作为齿轮材料。

(2) 应考虑齿轮尺寸的大小、毛坯成型方法及热处理和制造工艺。大尺寸的齿轮一般采用铸造毛坯,可选用铸钢或铸铁作为齿轮材料。中等或中等以下尺寸要求较高的齿轮常选用锻造毛坯,可选择锻钢制造。尺寸较小而要求不高时,可选用圆钢作为毛坯,通过机加工切制而成。采用渗碳表面处理工艺时,应选用低碳钢或低碳合金钢作为齿轮材料;氮化钢和调质钢采用氮化工艺。

(3) 正火碳钢用于制作在载荷平稳或轻度冲击下工作的齿轮,不能承受较大的冲击载荷;调质钢则可用于制作中等冲击载荷下工作的齿轮。

(4) 合金钢常用于制造高速、重载并在冲击载荷下工作的齿轮。

(5) 飞行机器中的齿轮传动,要求齿轮尺寸尽可能小,应采用表面硬化处理的高强度合金钢。

(6) 钢制软齿面齿轮,配对两轮齿面的硬度差应为 30~50HBS 以上。当小齿轮与大齿轮的齿面具有较大硬度差(如小齿轮齿面为淬火并磨制,大齿轮齿面为调质),且速度又高时,较硬的小齿轮齿面对较软的大齿轮齿面会起较显著的冷作硬化效应,从而提高了大齿轮齿面的疲劳极限。因此,当配对的两齿轮齿面具有较大的硬度差时,大齿轮的接触疲劳许用应力可提高约 20%,但硬度高的齿轮,齿面应有较小的粗糙度。

10.4　齿轮传动的计算载荷

轮齿在进入啮合时,齿面便受到载荷的作用。设齿面接触线上的法向载荷为 F_n,F_n 即为名义载荷(nominal load)。名义载荷是在理想工作条件下的工作载荷,用数学方法计算得到。理想工作条件包括不考虑载荷沿齿宽方向分布的不均匀性和轮齿齿廓曲线误差等,因此名义载荷与实际工作条件下的齿面所受载荷不一致。所以在进行齿轮传动的强度计算时,不能用 F_n 直接进行计算,而应该用计算载荷(design load)F_{nc} 进行计算:

$$F_{nc} = KF_n \tag{10-1}$$

式中,K 为载荷系数(loading factor)。载荷系数由 4 个系数组成,即

$$K = K_A K_v K_\beta K_\alpha \tag{10-2}$$

式中,K_A 为工作情况系数(application factor);K_v 为动载荷系数(dynamic factor);K_β 为齿向载荷分布系数(factor of load distribution across the tooth face);K_α 为齿间载荷分配系数(factor of load distribution across teeth)。下面分别分析这 4 个系数对齿轮传动的影响。

1. 工作情况系数 K_A

工况系数 K_A 考虑了齿轮啮合时外部因素引起的附加动载荷对传动造成的影响。外部因素包括原动机和工作机的特性、质量比、联轴器类型以及运行状态等。齿轮传动设计时可查阅设计手册确定(表 10-2)。

表 10-2　工作情况系数 K_A

载荷状态	工 作 机 器	原 动 机			
		电动机、均匀运转的蒸汽机、燃气轮机	蒸汽机、燃气轮机、液压装置	多缸内燃机	单缸内燃机
均匀平稳	发电机、均匀传送的带式输送机或板式输送机、螺旋输送机、轻型升降机、包装机、机床进给机构、通风机、均匀密度材料搅拌机等	1.00	1.10	1.25	1.50
轻微冲击	不均匀传送的带式输送机或板式输送机、机床的主传动机构、重型升降机、工业与矿用风机、重型离心机、变密度材料搅拌机等	1.25	1.35	1.50	1.75
中等冲击	橡胶挤压机、橡胶和塑料作间断工作的搅拌机、轻型球磨机、木工机械、钢坯初轧机、提升装置、单缸活塞泵等	1.50	1.60	1.75	2.00
严重冲击	挖掘机、重型球磨机、橡胶糅合机、破碎机、重型给水泵、旋转式钻探装置、压砖机、带材冷轧机、压坯机等	1.75	1.85	2.00	2.25 或更大

注: 表中所列 K_A 值仅适用于减速传动;若为增速传动,K_A 值约为表值的 1.1 倍。当外部机械与齿轮装置间有挠性连接时,通常 K_A 值可适当减小。

2. 动载荷系数 K_v

齿轮传动总存在着轮齿齿廓制造误差和装配误差,当受载时总存在着弹性变形,这些误差对齿轮传动会造成不利的影响。动载系数主要考虑了轮齿制造误差及弹性变形对传动的影响。例如,配对齿轮由于法向基节不相等,使两轮齿不能正确啮合传动,瞬时传动比也不能保持恒定,引起角加速度,产生动载荷,造成冲击。齿轮传动系统的弹性变形,使从双对齿啮合过渡到单对齿啮合或单对齿啮合过渡到双对齿啮合期间产生动载荷。

齿轮的制造精度及圆周速度对轮齿啮合过程中动载荷的大小影响较大,提高齿轮制造精度、减小齿轮直径以降低圆周速度,均可显著减小动载荷。

对轮齿进行齿顶修缘也可以降低动载荷。所谓齿顶修缘,是把齿顶的一小部分齿廓曲线(分度圆压力角 $\alpha=20°$ 的渐开线)修整成 $\alpha>20°$ 的渐开线。如图 10-6 所示,因 $p_{b2}>p_{b1}$,则后一对轮齿在未进入啮合区时就开始接触,从而产生动载冲击,这种冲击称为齿顶冲击。为此将从动轮 2 进行齿顶修缘,图中从动轮 2 的虚线齿廓即为修缘后的齿廓,实践齿廓则为未经修缘的齿廓。由图可以明显看出,修缘后的轮齿齿顶处的法向基节 $p'_{b2}<p_{b2}$,因此当 $p_{b2}>p_{b1}$ 时,对修缘了的轮齿,在开始啮合阶段,相啮合的轮齿的法向基节就小一些,啮合时产生的动载荷也就小一些。

又如图 10-7 所示,若 $p_{b1}>p_{b2}$,则在后一对齿已进入啮合区时,其主动齿齿根与从动齿齿顶还未啮合。要待前一对齿离开正确啮合区一段距离后,后一对齿才能开始啮合,在此期间,仍不免要产生动载荷和冲击,这种冲击称齿腰冲击。若将主动轮 1 也进行齿顶修缘(如图 10-7 中点划线齿廓所示),即可减小这种动载荷。

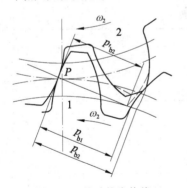 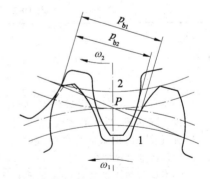

图 10-6　从动轮齿修缘　　　　图 10-7　主动轮齿修缘

高速齿轮传动或硬齿面齿轮,轮齿应进行修缘。但修缘量过大,不仅重合度减小过多,而且动载荷也不一定会相应减小,所以轮齿的修缘量应合适。

动载荷系数 K_v 可参考图 10-8 选用。

3. 齿向载荷分布系数 K_β

如图 10-9 所示,当轴承相对于齿轮作不对称配置时,受载前轴无弯曲变形,轮齿啮合正确,两个节圆柱恰好相切;受载后轴产生弯曲变形(图 10-10(a)),轴上的齿轮也随之偏斜,使作用在齿面上的载荷沿接触线分布不均匀(图 10-10(b))。

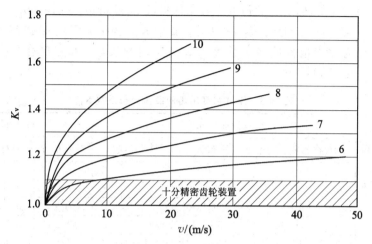

图 10-8　动载荷系数 K_v 值

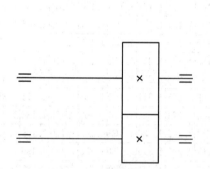

图 10-9　轴承作不对称配置

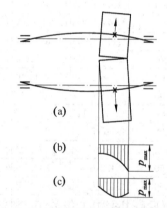

图 10-10　轮齿所受的载荷分布不均

　　轴的扭转变形,轴承、支座的弹性变形和制造、装配误差等也是引起沿齿宽方向载荷分布不均匀的因素。齿向载荷分布系数 K_β 考虑了上述因素引起的沿齿宽方向载荷分布不均匀对齿轮传动造成的影响。

　　为了改善载荷沿齿宽方向分布不均的情况,可以采取增大轴、轴承及支座的刚度,对称配置轴承,以及适当限制轮齿的宽度等措施。对高速、重载(如航空发动机)的齿轮传动应避免悬臂布置。

　　把轮齿做成鼓形(图 10-11),亦可改善载荷分布不均匀情况。当轴弯曲变形而导致齿轮偏斜时,鼓形齿齿面上的载荷分布如图 10-10(c)所示。显然这对于载荷偏于轮齿一端的情况大有改善。

　　由于小齿轮轴的弯曲及扭转变形,改变了轮齿沿齿宽的正常啮合位置。若相应于轴的这些变形量,沿小齿轮齿宽对轮齿作适当修形,则可以在很大程度上改善载荷沿接触线分布不均现象。这种沿齿宽对轮齿修形,通常用于圆

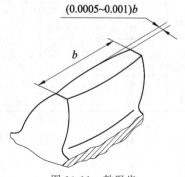

图 10-11　鼓形齿

柱斜齿轮及人字齿轮传动,称为轮齿的螺旋角修形(helical angle correction)。

齿向载荷分布系数 K_β 分为 $K_{H\beta}$ 和 $K_{F\beta}$。其中 $K_{H\beta}$ 为按齿面接触疲劳强度计算时所用的系数,而 $K_{F\beta}$ 为按齿根弯曲疲劳强度计算时所用的系数。$K_{H\beta}$ 简化值可参考表 10-3 确定。

表 10-3　接触强度用齿向载荷分布系数 $K_{H\beta}$

齿面硬度和小齿轮布置形式		软齿面齿轮									硬齿面齿轮					
		对称布置			非对称布置			悬臂布置			对称布置		非对称布置		悬臂布置	
ϕ_d	精度等级 b/mm	6	7	8	6	7	8	6	7	8	5	6	5	6	5	6
0.2	40	1.052	1.066	1.109	1.053	1.066	1.109	1.054	1.067	1.111	1.064	1.067	1.065	1.067	1.067	1.070
	80	1.058	1.075	1.121	1.059	1.075	1.121	1.060	1.077	1.123	1.068	1.073	1.069	1.073	1.071	1.076
	120	1.064	1.084	1.134	1.065	1.084	1.134	1.066	1.086	1.135	1.072	1.079	1.073	1.080	1.075	1.082
	160	1.070	1.093	1.146	1.071	1.093	1.146	1.072	1.095	1.148	1.076	1.086	1.077	1.086	1.079	1.089
	200	1.076	1.102	1.158	1.077	1.103	1.159	1.078	1.104	1.160	1.080	1.092	1.081	1.093	1.083	1.095
0.4	40	1.072	1.085	1.128	1.074	1.087	1.130	1.099	1.112	1.155	1.096	1.098	1.100	1.102	1.140	1.143
	80	1.078	1.094	1.140	1.080	1.096	1.143	1.105	1.121	1.168	1.100	1.104	1.104	1.108	1.144	1.149
	120	1.084	1.103	1.153	1.086	1.106	1.155	1.111	1.131	1.180	1.104	1.111	1.108	1.115	1.148	1.155
	160	1.090	1.112	1.165	1.092	1.115	1.168	1.117	1.140	1.193	1.108	1.117	1.112	1.121	1.152	1.162
	200	1.096	1.122	1.178	1.098	1.124	1.180	1.123	1.149	1.205	1.112	1.124	1.116	1.128	1.156	1.168
0.6	40	1.104	1.117	1.160	1.116	1.129	1.172	1.243	1.256	1.299	1.148	1.150	1.168	1.170	1.376	1.388
	80	1.110	1.126	1.172	1.122	1.138	1.185	1.249	1.265	1.311	1.152	1.156	1.172	1.171	1.380	1.396
	120	1.116	1.135	1.185	1.128	1.148	1.197	1.254	1.274	1.324	1.156	1.163	1.176	1.183	1.385	1.404
	160	1.122	1.144	1.197	1.134	1.157	1.210	1.261	1.283	1.336	1.160	1.169	1.180	1.189	1.390	1.411
	200	1.128	1.154	1.210	1.140	1.166	1.222	1.267	1.293	1.349	1.164	1.176	1.184	1.196	1.395	1.419
0.8	40	1.148	1.162	1.205	1.188	1.201	1.244	1.587	1.601	1.644	1.220	1.223	1.284	1.287	2.044	2.057
	80	1.154	1.171	1.217	1.194	1.210	1.257	1.593	1.610	1.656	1.224	1.229	1.288	1.293	2.049	2.064
	120	1.160	1.180	1.230	1.199	1.219	1.269	1.599	1.619	1.669	1.228	1.236	1.292	1.299	2.054	2.072
	160	1.166	1.189	1.242	1.206	1.229	1.281	1.605	1.628	1.681	1.232	1.242	1.296	1.306	2.058	2.080
	200	1.172	1.198	1.254	1.212	1.238	1.294	1.611	1.637	1.693	1.236	1.248	1.300	1.312	2.063	2.087
1.0	40	1.206	1.219	1.262	1.302	1.315	1.358	2.278	2.291	2.334	1.314	1.316	1.491	1.504	3.382	3.395
	80	1.212	1.228	1.275	1.308	1.324	1.371	2.284	2.300	2.347	1.318	1.323	1.496	1.511	3.387	3.402
	120	1.218	1.238	1.287	1.314	1.334	1.383	2.290	2.310	2.359	1.322	1.329	1.500	1.519	3.391	3.410
	160	1.224	1.247	1.300	1.320	1.343	1.396	2.296	2.319	2.372	1.326	1.336	1.505	1.526	3.396	3.417
	200	1.230	1.256	1.312	1.326	1.352	1.408	2.302	2.328	2.384	1.330	1.348	1.510	1.534	3.401	3.425
1.2	40	1.276	1.290	1.333	1.475	1.489	1.532	3.499	3.512	3.556	1.441	1.454	1.827	1.840	5.748	5.761
	80	1.282	1.299	1.345	1.481	1.498	1.544	3.505	3.522	3.568	1.446	1.462	1.832	1.847	5.753	5.768
	120	1.288	1.308	1.358	1.487	1.507	1.557	3.511	3.531	3.580	1.451	1.469	1.836	1.855	5.758	5.776
	160	1.294	1.317	1.370	1.493	1.516	1.569	3.517	3.540	3.593	1.456	1.477	1.841	1.862	5.762	5.784
	200	1.300	1.326	1.382	1.500	1.525	1.581	3.523	3.549	3.605	1.460	1.484	1.846	1.870	5.767	5.791

$K_{F\beta}$ 则根据 $K_{H\beta}$、齿宽 b 与齿高 h 之比值 b/h 由图 10-12 中查取。

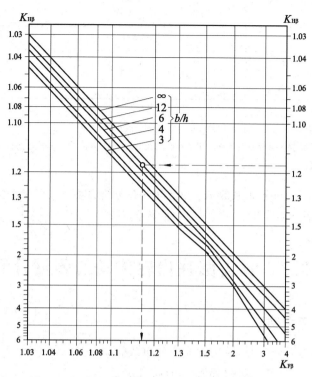

图 10-12　弯曲强度计算的齿向载荷分布系数 $K_{F\beta}$

4. 齿间载荷分配系数 K_α

　　一对相互啮合的斜齿和直齿圆柱齿轮,如在啮合区中有两对以上齿同时工作,则载荷应分配在这几对齿上。由于制造误差和轮齿变形等原因,载荷在各啮合齿对之间的分配是不均匀的。齿间载荷分配系数就是考虑同时啮合的各对轮齿间载荷分配不均匀的系数,它取决于轮齿啮合刚度、基圆齿距误差、修缘量、跑合量等多种因素。对于不需精确计算的直齿轮和 $\beta \leqslant 30°$ 的斜齿圆柱齿轮传动,接触强度计算和弯曲强度计算的齿间载荷分配系数 $K_{H\alpha}$ 和 $K_{F\alpha}$ 可参考表 10-4。

表 10-4　齿间载荷分配系数 $K_{H\alpha}$、$K_{F\alpha}$

$K_A F_t / b$		$\geqslant 100 \text{N/mm}$				$<100 \text{N/mm}$
精度等级Ⅱ组		5	6	7	8	5～9 级
经表面硬化的直齿轮	$K_{H\alpha}$		1.0	1.1	1.2	$\geqslant 1.2$
	$K_{F\alpha}$					$\geqslant 1.2$
经表面硬化的斜齿轮	$K_{H\alpha}$	1.0	1.1	1.2	1.4	$\geqslant 1.4$
	$K_{F\alpha}$					
未经表面硬化的直齿轮	$K_{H\alpha}$		1.0		1.1	$\geqslant 1.2$
	$K_{F\alpha}$					$\geqslant 1.2$

续表

$K_A F_t/b$		$\geqslant 100\text{N/mm}$			$< 100\text{N/mm}$
未经表面硬化 的斜齿轮	$K_{H\alpha}$	1.0	1.1	1.2	$\geqslant 1.4$
	$K_{F\alpha}$				

注：① 对修形齿轮,取 $K_{H\alpha} = K_{F\alpha} = 1$。

　　② 如大、小齿轮精度等级不同时,按精度等级较低者取值。

　　③ $K_{H\alpha}$ 为按齿面接触疲劳强度计算时用的齿间载荷分配系数,$K_{F\alpha}$ 为按齿根弯曲疲劳强度计算时用的齿间载荷分配系数。

要精确计算齿向载荷分布系数 K_β 和齿间载荷分配系数 K_α 可参考国标《渐开线圆柱齿轮承载能力计算方法》(GB/T 3480—1997)的相关内容。

10.5　直齿圆柱齿轮传动的强度计算

1. 轮齿的受力分析

在进行轮齿的受力分析时,沿接触线的分布载荷简化为一集中载荷,并且作用在节点上(图 10-13)。其中,F_n 是名义法向载荷(normal force)。

略去啮合齿面间的摩擦力,F_n 可分解为两个互相垂直的分力,即圆周力(peripheral force)F_t 和径向力(radial force)F_r,如图 10-13 所示。两分力和法向载荷可表示为

$$\left.\begin{array}{l} F_t = 2T_1/d_1 \\ F_r = F_t \tan\alpha \\ F_n = F_t/\cos\alpha \end{array}\right\} \tag{10-3}$$

式中,T_1 为小齿轮传递的扭矩,N·mm; d_1 为小齿轮分度圆直径,mm; α 为齿轮压力角,标准齿轮 $\alpha = 20°$。

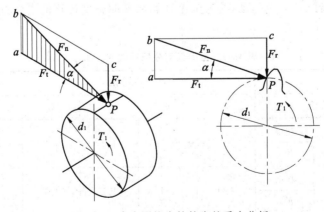

图 10-13　直齿圆柱齿轮轮齿的受力分析

2. 齿根弯曲疲劳强度计算

轮齿进入啮合区时,齿面受到载荷力作用,在齿根产生弯曲应力。轮齿从开始进入啮合到退出啮合过程中,齿面上载荷的作用部位是变化的。例如,对于主动轮,啮合接触线是从齿根滑到齿顶。在不同部位啮合,齿根产生的弯曲应力是不相同的,其最大弯曲应力产生在轮齿啮合点位于单齿对啮合区最高点时。当载荷作用于单对齿啮合区最高点时计算齿根弯曲应力时,算法比较复杂,通常只用于高精度的齿轮传动。对于一般的齿轮传动(如 7、8、9 级精度),选择轮齿顶点作为计算点,即按载荷作用在齿顶并按单齿对啮合来计算齿根的弯曲疲劳强度。在齿顶啮合时,齿根会产生足够大的弯曲应力,并且考虑制造误差的话,实际上齿顶处啮合时的轮齿会分配到较多的载荷。当然,采用这样的计算方法,轮齿的弯曲强度比较富裕。实际计算时,考虑到齿顶啮合时非单齿对啮合,引入重合度系数考虑其对承载的影响。

如图 10-14 所示为轮齿在齿顶啮合时的受载情况。如图 10-15 所示为齿顶受载时,轮齿根部的弯曲应力和拉压应力图。

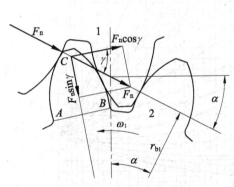

图 10-14　齿顶啮合受载

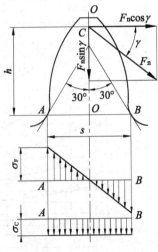

图 10-15　齿根应力图

法向载荷 F_n 作用在齿顶时,使齿根产生弯曲应力和压缩应力,通常压缩应力比弯曲应力小得多,所以仅按弯曲应力建立齿根弯曲疲劳强度计算公式。

如图 10-15 所示,视轮齿为短悬臂梁,则齿根危险截面的弯曲应力为

$$\sigma_{F0} = \frac{M}{W} = \frac{F_n \cos\gamma h}{\dfrac{bs^2}{6}} = \frac{6F_n \cos\gamma h}{bs^2}$$

计入载荷系数 K 后,将 $F_{nc} = \dfrac{2KT_1}{d_1 \cos\alpha}$ 代入上式,并将分子分母分别除以 m 后得

$$\sigma_{F0} = \frac{2KT_1}{bd_1 m} \cdot \frac{6(h/m)\cos\gamma}{(s/m)^2 \cos\alpha}$$

令 $Y_{Fa} = \dfrac{6\left(\dfrac{h}{m}\right)\cos\gamma}{\left(\dfrac{s}{m}\right)^2 \cos\alpha}$,则上式可写成

$$\sigma_{F0} = \frac{KF_tY_{Fa}}{bm}$$

Y_{Fa} 是一个量纲,为一系数,只与轮齿的齿廓形状有关(即与齿制、齿轮齿数 z_1、变位系数 x 和螺旋角 β 有关),而与齿的大小无关,称为齿形系数(tooth form factor)。s 值大或 h 值小的齿轮,Y_{Fa} 的值较小,Y_{Fa} 较小的齿轮抗弯曲强度高。部分齿形系数 Y_{Fa} 值见图10-16。

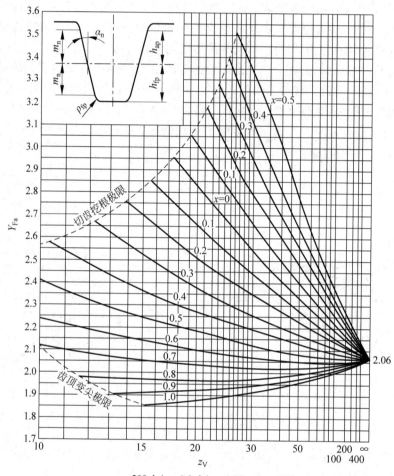

$\alpha_n=20°,\ h_a/m_n=1.0,\ h_f/m_n=1.25,\ \rho_f/m_n=0.38$

图10-16　外齿轮的齿形系数

考虑齿根处的过渡圆角引起的应力集中作用以及弯曲应力以外的其他应力对齿根应力的影响,引入应力修正系数(stress modifying factor),记为 Y_{Sa},部分数据见图10-17。

在弯曲应力公式中计入 Y_{Sa},并计入非单齿对啮合的重合度系数(factor of overtapration)Y_ε,就得到了齿根的弯曲疲劳强度计算公式:

$$\sigma_F = \sigma_{F0}Y_\varepsilon Y_{Sa} = \frac{2KT_1}{bd_1m}Y_{Fa}Y_{Sa}Y_\varepsilon$$

$$= \frac{KF_tY_{Fa}Y_{Sa}Y_\varepsilon}{bm} \leqslant [\sigma]_F \tag{10-4}$$

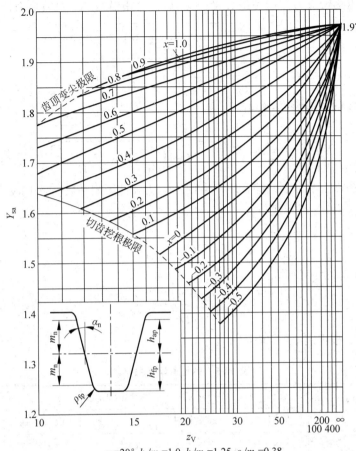

$$\alpha_n = 20°,\ h_a/m_n = 1.0,\ h_f/m_n = 1.25,\ \rho_f/m_n = 0.38$$

图 10-17　外齿轮应力修正系数

上式中,重合度系数 Y_ε 的计算式为: $Y_\varepsilon = 0.25 + \dfrac{0.75}{\varepsilon_\alpha}$,$\varepsilon_\alpha$ 为端面重合度。

令 $\varphi_d = b/d_1$,φ_d 称为齿宽系数(gear width factor),把 $b = \varphi_d d_1$、$F_t = 2T_1/d_1$ 和 $m = d_1/z_1$,代入式(10-4),得

$$\sigma_F = \frac{2KT_1 Y_{Fa} Y_{Sa} Y_\varepsilon}{\varphi_d m^3 z_1^2} \leqslant [\sigma]_F \tag{10-5a}$$

上式可改写为

$$m \geqslant \sqrt[3]{\frac{2KT_1}{\varphi_d z_1^2} \cdot \frac{Y_{Fa} Y_{Sa} Y_\varepsilon}{[\sigma]_F}} \tag{10-5b}$$

式(10-5a)称为校核公式,式(10-5b)称为设计公式。

3. 齿面接触疲劳强度计算

轮齿进入啮合时,齿面受到载荷作用而产生接触应力,当齿面最大接触应力 σ_H 超过齿面接触疲劳极限应力时,齿面就会形成疲劳点蚀而遭破坏,所以齿面接触疲劳强度应满足:

$$\sigma_H \leqslant [\sigma]_H$$

$[\sigma]_H$ 为齿面许用接触应力。齿面最大接触应力 σ_H 可由赫兹公式(2-44)来计算,即

$$\sigma_H = \sqrt{\frac{F_{nc}\left(\dfrac{1}{\rho_1} \pm \dfrac{1}{\rho_2}\right)}{\pi\left[\left(\dfrac{1-\mu_1^2}{E_1}\right) + \left(\dfrac{1-\mu_2^2}{E_2}\right)\right]L}}$$

式中,L 为齿面接触线的长度,mm。

令

$$\frac{1}{\rho_{\Sigma}} = \frac{1}{\rho_1} \pm \frac{1}{\rho_2}, \quad Z_E = \sqrt{\frac{1}{\pi\left[\left(\dfrac{1-\mu_1^2}{E_1}\right) + \left(\dfrac{1-\mu_2^2}{E_2}\right)\right]}}$$

式中,ρ_{Σ} 为啮合齿面上啮合点的综合曲率半径;Z_E 为弹性影响系数(elasticity coefficient)。所以,最大接触应力 σ_H 可写成

$$\sigma_H = Z_E\sqrt{\frac{F_{nc}}{\rho_{\Sigma}L}}$$

齿面接触疲劳强度条件可写成

$$\sigma_H = Z_E\sqrt{\frac{F_{nc}}{L\rho_{\Sigma}}} \leqslant [\sigma]_H \tag{10-6}$$

弹性影响系数 Z_E 根据表 10-5 确定。

表 10-5   弹性影响系数 Z_E $\sqrt{\text{MPa}}$

弹性模量 $E/$MPa 齿轮材料	配对齿轮材料				
	灰铸铁	球墨铸铁	铸　钢	锻　钢	夹布塑胶
	11.8×10^4	17.3×10^4	20.2×10^4	20.6×10^4	0.785×10^4
锻　　钢	162.0	181.4	188.9	189.8	56.4
铸　　钢	161.4	180.5	188.0		
球墨铸铁	156.6	173.9	—	—	—
灰铸铁	143.7	—			

注:表中所列夹布塑胶的泊松比 μ 为 0.5,其余材料的 μ 均为 0.3。

同计算齿根最大弯曲应力一样,需要选择齿面上的计算点。对于重合度 $1\leqslant\varepsilon_\alpha\leqslant2$ 的直齿圆柱齿轮传动,齿面接触应力 σ_H 分布如图 10-18 所示。由图 10-18 中可以看出,以小齿轮单齿对啮合的最低点(图中 C 点)产生的接触应力最大,与小齿轮啮合的大齿轮,对应的啮合点是大齿轮单齿对啮合的最高点,位于靠近大齿轮的齿顶面上。通常同一齿面首先在靠近齿根的齿面发生点蚀,然后向齿顶面扩展,亦即齿顶面比齿根面具有较高的接触疲劳强度。由图 10-18 中可以看出,大齿轮在节点处的接触应力较大,同时大齿轮单齿对啮合的最低点(图中 D 点)处接触应力也较大。按理应分别对小轮和大轮节点与单齿对啮合的最低点处进行接触强度计算。但按单齿对啮合的最低点计算接触应力比较繁琐,而且当小齿轮齿数 $z_1\geqslant20$ 时,按单齿对啮合的最低点所计算得的接触应力与按节点啮合计算得的接触应力极为相近。因此,通常选节点(pitch point)作为接触疲劳强度计算点。

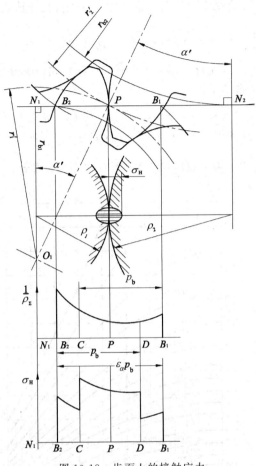

图 10-18　齿面上的接触应力

在节点处,小齿轮在该处的曲率半径为

$$\rho_1 = \frac{d_1}{2}\sin\alpha'$$

则综合曲率半径写成

$$\frac{1}{\rho_{\Sigma}} = \frac{1}{\rho_1} \pm \frac{1}{\rho_2} = \frac{\rho_2 \pm \rho_1}{\rho_2 \rho_1} = \frac{\dfrac{\rho_2}{\rho_1} \pm 1}{\rho_1 \left(\dfrac{\rho_2}{\rho_1}\right)}$$

参考图 10-18,得 $\rho_1 = \overline{N_1 P}$,$\rho_2 = \overline{N_2 P}$。

　　所以　　　　　　　　$\rho_2/\rho_1 = d_2'/d_1' = z_2/z_1 = u$（$u$ 为齿数比）

故得

$$\frac{1}{\rho_{\Sigma}} = \frac{1}{\rho_1} \cdot \frac{u \pm 1}{u} \tag{10-7}$$

上式亦写成

$$\frac{1}{\rho_{\Sigma}} = \frac{2}{d_1'\sin\alpha'} \cdot \frac{u \pm 1}{u} = \frac{2\cos\alpha'}{d_1\cos\alpha\sin\alpha'} \cdot \frac{u \pm 1}{u} \tag{10-7a}$$

接触线总长度 L 由齿轮宽度 b 和端面重合度 ε_α 决定,其计算式为

$$L=\frac{b}{Z_\varepsilon^2}, \quad Z_\varepsilon=\sqrt{\frac{4-\varepsilon_\alpha}{3}} \tag{10-7b}$$

Z_ε 为重合度系数(factor of overlap-ratio)。把式(10-7a)、式(10-8)、式(10-3)及式(10-7b)代入式(10-6)并计入载荷系数 K,得

$$\sigma_H=Z_E\sqrt{\frac{KF_t}{b\cos^2\alpha}\cdot\frac{2Z_\varepsilon^2\cos\alpha'}{d_1\sin\alpha'}\cdot\frac{u\pm1}{u}}=Z_E Z_\varepsilon\sqrt{\frac{KF_t}{bd_1}\cdot\frac{u\pm1}{u}}\sqrt{\frac{2\cos\alpha'}{\sin\alpha'\cos^2\alpha}}\leqslant[\sigma]_H$$

令 $Z_H=\sqrt{\dfrac{2\cos\alpha'}{\sin\alpha'\cos^2\alpha}}$,称 Z_H 为节点区域系数,可查图 10-19 得到。

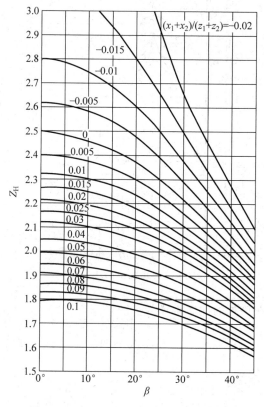

图 10-19 $\alpha_n=20°$时的节点区域系数 Z_H

由此可得

$$\sigma_H=\sqrt{\frac{KF_t}{bd_1}\cdot\frac{u\pm1}{u}}Z_H Z_E Z_\varepsilon\leqslant[\sigma]_H \tag{10-8}$$

将 $F_t=2T_1/d_1$、$\varphi_d=b/d_1$ 代入上式,得

$$\sqrt{\frac{2KT_1}{\varphi_d d_1^3}\cdot\frac{u\pm1}{u}}Z_H Z_E Z_\varepsilon\leqslant[\sigma]_H$$

上式写成

$$d_1\geqslant\sqrt[3]{\frac{2KT_1}{\varphi_d}\cdot\frac{u\pm1}{u}\left(\frac{Z_H Z_E Z_\varepsilon}{[\sigma]_H}\right)^2} \tag{10-9}$$

对于标准直齿圆柱齿轮,$Z_H = 2.5$,分别代入式(10-8)和式(10-9)得

$$\sigma_H = 2.5 Z_E Z_\epsilon \sqrt{\frac{KF_t}{bd_1} \cdot \frac{u \pm 1}{u}} \leqslant [\sigma]_H \qquad (10\text{-}8a)$$

$$d_1 \geqslant 2.32 \sqrt[3]{\frac{KT_1}{\varphi_d} \cdot \frac{u \pm 1}{u} \left(\frac{Z_E Z_\epsilon}{[\sigma]_H}\right)^2} \qquad (10\text{-}9a)$$

式(10-8)称为校核公式,式(10-9)称为设计公式。

4. 齿轮传动强度计算说明

(1) 由式(10-4)可得,对配对齿轮的弯曲疲劳强度计算,公式中其他参数值均相同,只有$[\sigma]_F/(Y_{Fa}Y_{Sa})$的值可能不同。因此进行齿根弯曲疲劳强度计算时,应将$[\sigma]_{F1}/(Y_{Fa1}Y_{Sa1})$和$[\sigma]_{F2}/(Y_{Fa2}Y_{Sa2})$中较小的值代入计算公式中计算。

(2) 因配对齿轮的接触应力是一样的,即$\sigma_{H1} = \sigma_{H2}$,在进行齿面接触疲劳强度计算时,应将$[\sigma]_{H1}$和$[\sigma]_{H2}$中较小的值代入计算公式中计算。

(3) 当配对齿轮的齿面为硬齿面时,两轮的材料和热处理方法均可取一样的。设计这类齿轮传动时,可分别按齿根弯曲疲劳强度及齿面接触疲劳强度设计公式计算,并取其中较大者作为设计结果。

(4) 在用设计公式计算齿轮的分度圆直径(或模数)时,动载系数K_v、齿间载荷分配系数K_α及齿向载荷分布系数K_β不能预先确定,这时应试取一载荷系数K_t(如取$K_t = 1.2 \sim 1.4$),计算得到的分度圆直径d_1(或m_n)记为d_{1t}(或m_{nt});然后按d_{1t}值计算圆周速度,查取K_v、K_α、K_β值。若计算得的K与K_t值相差较大,可按下式修正试算所得的分度圆直径d_{1t}(或m_{nt}):

$$d_1 = d_{1t}\sqrt[3]{K/K_t} \qquad (10\text{-}10)$$

$$m_n = m_{nt}\sqrt[3]{K/K_t} \qquad (10\text{-}11)$$

(5) 由式(10-5b)和式(10-9a)可知,在齿轮的齿宽系数、齿数、传动比和材料一定的条件下,影响齿轮弯曲强度的主要因素是齿轮模数,模数越大,轮齿的弯曲疲劳强度越高。影响齿轮接触疲劳强度的主要因素是小齿轮的直径(或中心距),小齿轮的直径越大,齿轮的齿面接触疲劳强度越高。

10.6 齿轮传动的设计参数、许用应力与精度选择

1. 设计参数的选择

1) 压力角(presure angle)α 的选择

增大压力角,节点处齿廓曲率半径增加而节点区域系数下降,齿根厚度增加而齿形系数和应力修正系数下降,有利于提高齿轮传动的弯曲强度和接触强度,但相应增加轮齿的刚度,对降低噪声和动载不利。我国对一般用途齿轮传动规定标准压力角$\alpha = 20°$;对于重合度接近 2 的高速齿轮传动,可采用齿顶高系数为$1 \sim 1.2$,压力角为$16° \sim 18°$的齿轮,这样可增加轮齿的柔性,降低噪声和动载荷。

2) 小齿轮齿数(tooth number of pinion)z_1 的选择

若保持中心距 a 不变,增加齿数,能增大重合度、改善传动的平稳性,同时能减小模数和降低齿高。降低齿高能减小齿面滑动速度,减少过度磨损和胶合的可能性;但模数小了,齿厚会减薄,则会降低轮齿的弯曲强度。当承载能力主要取决于齿面接触强度时,以齿数多一些为好。闭式软齿面齿轮传动主要失效形式为齿面点蚀,因此宜取较多的小齿轮齿数,以提高传动平稳性和减小冲击振动,z_1 可取 20～40。开式齿轮传动和闭式硬齿面齿轮传动,轮齿主要失效形式为磨损和弯曲疲劳折断,设计这类传动时是按弯曲疲劳强度进行设计的,所以宜取较小的齿数 z_1,z_1 可取 17～20。

3) 齿宽系数(gear width ratio)φ_d 的选择

取较大的齿宽系数 φ_d,则轮齿较宽,承载能力提高,但沿齿宽方向的齿面上载荷分布更不均匀。表 10-6 为圆柱齿轮齿宽系数 φ_d 的推荐值。

表 10-6　圆柱齿轮的齿宽系数 φ_d

支承状况	两支承相对小齿轮作对称布置	两支承相对小齿轮作不对称布置	小齿轮作悬臂布置
φ_d	0.9～1.4(1.2～1.9)	0.7～1.15(1.1～1.65)	0.4～0.6

注:① 大、小齿轮皆为硬齿面时 φ_d 应取表中偏下限的数值;若皆为软齿面或仅大齿轮为软齿面时 φ_d 可取表中偏上限的数值;

② 括号内的数值用于人字齿轮,此时 b 为人字齿轮的总宽度;

③ 金属切削机床的齿轮传动,若传递的功率不大时,φ_d 可小到 0.2;

④ 非金属齿轮可取 $\varphi_d \approx 0.5 \sim 1.2$。

通常小齿轮的齿宽比配对大齿轮的齿宽略宽,以避免两齿轮因轴向有错位使啮合齿宽减小的情况。

4) 变位系数的选择和对齿轮强度的影响

变位系数影响齿轮的齿形、几何尺寸、端面重合度、滑动率、齿面接触应力和齿根弯曲应力等。适当的变位系数可以避免轮齿根切,凑配中心距。正变位可使轮齿齿厚加大,提高轮齿弯曲强度,负变位则轮齿减薄,弯曲强度下降,但变位系数 x 过大,则齿顶会变尖。对于齿面接触疲劳强度来说,一对齿轮的变位系数之和 $x_\Sigma = x_1 + x_2 > 0$ 的正传动,由于啮合角 $\alpha' > \alpha$,节点区域系数相对于 $x_\Sigma = x_1 + x_2 = 0$ 的零传动齿轮为小,接触应力变小,接触疲劳强度会提高,但重合度有所下降;反之,$x_\Sigma = x_1 + x_2 < 0$ 的负传动 $\alpha' < \alpha$,节点区域系数变大,接触强度降低。另外,采用合适的正变位齿轮传动可以提高轮齿的抗胶合能力和耐磨性。

变位系数选择时,应根据不同的设计目的和约束条件综合考量后确定。在考虑不根切、凑配中心距等条件下,变位齿轮应保证有较高的弯曲和接触疲劳强度,良好的耐磨性和抗胶合性。表 10-7 给出了推荐使用的变位系数。也可参考相关的机械设计手册确定变位系数。

圆锥齿轮传动通常不作角度变位,可进行切向变位修正,使大小齿轮具有基本相等的弯曲强度。

表 10-7　提高外啮合齿轮传动强度的变位系数推荐值

$z_1(z_{v1})$	$x(x_n)$ 适用性[①]	$z_2(z_{v2})$													
		22		28		34		42		50		65		80		100	
		x_1	x_2	x_1	x_2	x_1	x_2	x_1	x_2	x_1	x_2	x_1	x_2	x_1	x_2	x_1	x_2
15	I	0.28	0.75	0.26	1.04	0.23	1.32	0.20	1.53	0.25	1.65	0.26	1.87	0.30	2.14	0.36	2.32
	II	0.73	0.32	0.79	0.35	0.83	0.34	0.92	0.32	0.97	0.31	0.80	0.04	0.73	−0.15	0.71	−0.22
	III	0.55	0.54	0.60	0.63	0.63	0.72	0.68	0.88	0.66	1.02	0.67	1.22	0.67	1.36	0.66	1.70
18	I	0.58	0.64	0.40	1.02	0.30	1.30	0.29	1.48	0.30	1.63	0.41	1.89	0.48	2.08	0.52	2.31
	II	0.81	0.38	0.89	0.38	0.93	0.37	1.02	0.36	1.05	0.36	1.10	0.40	1.14	0.40	1.00	0.28
	III	0.60	0.63	0.63	0.72	0.67	0.82	0.68	0.94	0.70	1.11	0.71	1.35	0.71	1.61	0.71	1.90
22	I	0.68	0.68	0.59	0.94	0.48	1.20	0.40	1.48	0.43	1.60	0.53	1.80	0.61	1.99	0.65	2.19
	II	0.95	0.39	1.04	0.40	1.08	0.38	1.18	0.38	1.20	0.42	1.10	0.36	1.15	0.26	1.12	0.22
	III	0.67	0.67	0.71	0.81	0.74	0.90	0.76	1.03	0.76	1.17	0.76	1.44	0.76	1.73	0.76	1.98
28	I	—		0.86	0.86	0.80	1.08	0.72	1.33	0.64	1.60	0.70	1.82	0.75	2.04	0.80	2.22
	II			1.26	0.42	1.30	0.36	1.24	0.31	1.20	0.25	1.17	0.18	1.16	0.12	1.12	0.08
	III			0.85	0.85	0.86	1.02	0.88	1.02	0.91	1.26	0.88	1.56	0.87	1.85	0.86	2.12
34	I	—		—		1.00	1.00	0.88	1.30	0.80	1.58	0.83	1.79	0.89	1.97	0.94	2.18
	II					1.34	0.34	1.26	0.26	1.25	0.20	1.20	0.15	1.16	0.07	1.13	0.00
	III					1.00	1.00	1.00	1.16	1.00	1.31	0.99	1.55	0.98	1.80	1.00	2.15

① I—适用于提高接触强度；II—适用于提高弯曲强度；III—适用于提高耐磨性及抗胶合能力。

② 如同时考虑提高弯曲和接触强度，可将表中的推荐值折中考虑。

2. 齿轮的许用应力

齿轮的许用应力(admissible stress)$[\sigma]$可按下式进行计算。

$$[\sigma] = \frac{K_N \sigma_{lim}}{S} \tag{10-12}$$

式中，S 为疲劳强度安全系数；σ_{lim} 为齿轮疲劳极限应力。接触疲劳强度计算时，由于点蚀破坏后只引起噪声，振动增大，并不会很快导致传动不能继续工作，故可取 $S = S_H = 1$。齿根弯曲疲劳强度计算时，则取 $S = S_F = 1.25 \sim 1.5$。K_N 为寿命系数。弯曲疲劳寿命系数 K_{FN} 可查图 10-20，接触疲劳寿命系数 K_{HN} 查图 10-21。

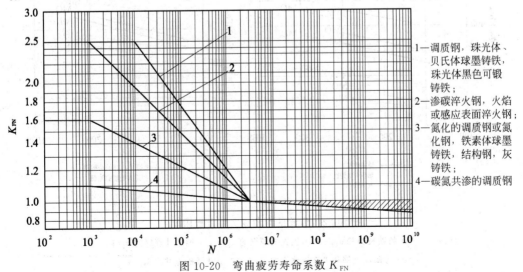

图 10-20　弯曲疲劳寿命系数 K_{FN}

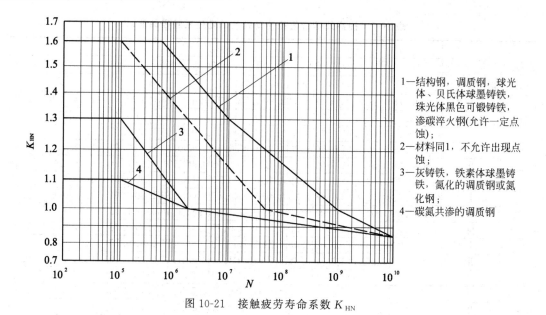

图 10-21   接触疲劳寿命系数 K_{HN}

齿轮工作应力循环次数 N 由下式计算

$$N = 60njL_h$$

式中，n 为齿轮转速；j 为齿轮每转啮合次数；L_h 为齿轮总工作小时数。

弯曲疲劳极限值查图 10-22；接触疲劳极限值查图 10-23。图中，$\sigma_{Flim} = \sigma_{FE}$，ML、MQ、ME 分别表示齿轮材料和热处理质量达到最低要求、中等要求、很高要求时的疲劳极限取值线。图 10-22、图 10-23 所示的极限应力值为失效概率为 1‰时的试验齿轮极限应力，一般选取其中间偏下值。

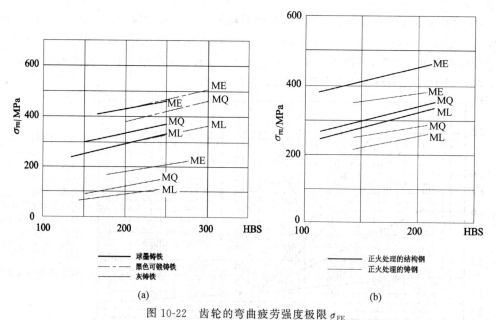

图 10-22   齿轮的弯曲疲劳强度极限 σ_{FE}

（a）铸铁材料的 σ_{FE}；（b）正火处理钢的 σ_{FE}；（c）调质处理钢的 σ_{FE}；

（d）渗碳淬火钢和表面硬化钢的 σ_{FE}；（e）氮化及碳氮共渗钢的 σ_{FE}

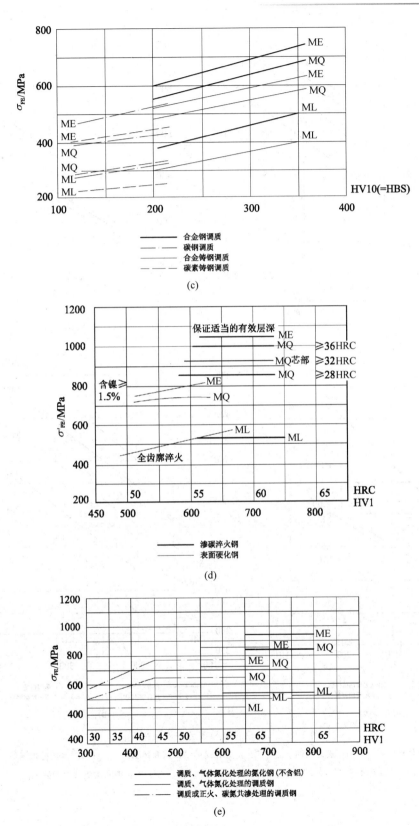

图 10-22（续）

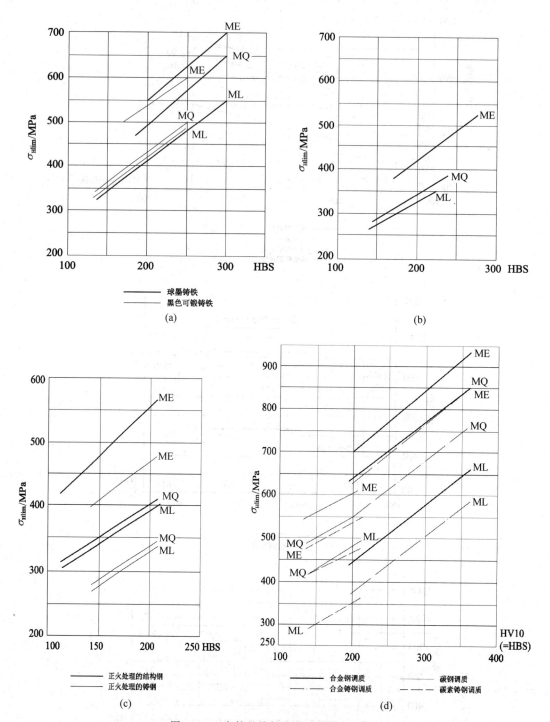

图 10-23　齿轮的接触疲劳强度极限 σ_{Hlim}

（a）铸铁材料的 σ_{Hlim}；（b）灰铸钢的 σ_{Hlim}；（c）正火处理的结构钢和铸钢的 σ_{Hlim}；（d）调质处理钢的 σ_{Hlim}；

（e）渗碳淬火钢和表面硬化(火焰或感应淬火)钢的 σ_{Hlim}；（f）氮化钢和碳氮共渗钢的 σ_{Hlim}

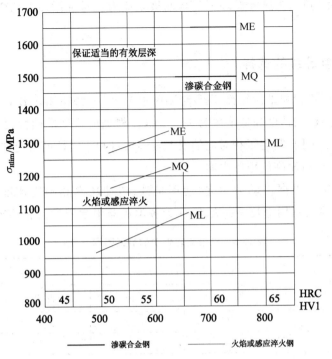

(e)

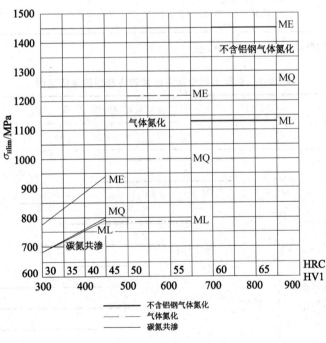

(f)

图 10-23（续）

另外,图 10-22 所示为脉动循环下的弯曲极限应力。对称循环下的弯曲极限应力仅为脉动循环下的 70%。

3. 齿轮精度等级的选择

在渐开线圆柱齿轮和锥齿轮精度标准(GB/T 10095—2008 和 GB 11365—1989)中,规定了 12 个精度等级,按精度高低依次为 1～12 级。根据对运动准确性、传动平稳性和载荷分布均匀性的要求不同,制定了相对应的误差检验项目和不同精度所允许的公差值,标准中还规定了齿坯公差、齿轮副侧隙等内容。

齿轮精度等级应根据传动的用途、使用条件、传动功率和圆周速度等决定。表 10-8 为各精度等级的最大圆周速度 v。表 10-9 为各类机器中常用的齿轮传动精度等级范围。

表 10-8　动力齿轮传动的最大圆周速度 v　　　　　　　　m/s

精 度 等 级	圆柱齿轮传动		锥齿轮传动[①]	
	直 齿	斜 齿	直 齿	曲线齿
5 级和以上	≥15	≥30	≥12	≥20
6 级	<15	<30	<12	<20
7 级	<10	<15	<8	<10
8 级	<6	<10	<4	<7
9 级	<2	<4	<1.5	<3

① 锥齿轮传动的圆周速度按平均直径计算。

表 10-9　各类机器中常用的齿轮传动精度等级范围

机 器 类 型	精 度 等 级										
	2	3	4	5	6	7	8	9	10	11	12
测量齿轮		───	───	───							
透平机用减速器		───	───	───	───						
金属切削机床		───	───	───	───	───					
航空发动机			───	───	───	───					
轻便汽车				───	───	───					
内燃机车和电气机车				───	───	───					
载重汽车及一般用途减速器					───	───	───				
拖拉机及轧钢机的小齿轮					───	───	───	───			
起重机构						───	───	───	───		
矿山用卷扬机							───	───	───		
农业机械						───	───	───	───		

例 10-1　如图 10-24 所示,试设计此带式输送机减速器的高速级齿轮传动。已知输入功率 $P_1 = 40\text{kW}$,小齿轮转速 $n_1 = 960\text{r/min}$,齿数比 $u = 3.2$,由电动机驱动,工作寿命 15 年,两班制,载荷平稳。

解:1)选定齿轮类型、精度等级、材料及齿数

(1) 按已知条件,选用直齿圆柱齿轮传动。

(2) 此减速器为大功率传动,故采用硬齿面齿轮传动。由表 10-1 大小齿轮材料的选 40Cr,表面淬火,表面硬度为 48~55HRC。

(3) 因表面淬火,轮齿变形,需要磨削,故选 6 级精度。

(4) 选小齿轮齿数 $z_1 = 24$,则 $z_2 = uz_1 = 77$。

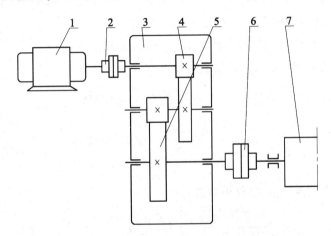

图 10-24　带式输送机传动简图

1—电动机;2,6—联轴器;3—减速器;4—高速级齿轮传动;5—低速级齿轮传动;7—输送机滚筒

2)按齿面接触疲劳强度设计

根据设计计算公式(10-9)进行试算,即

$$d_{1t} \geq \sqrt[3]{\frac{K_t T_1}{\varphi_d} \cdot \frac{u \pm 1}{u} \cdot \left(\frac{Z_\varepsilon Z_E Z_H}{[\sigma]_H}\right)^2}$$

(1) 确定上式中各参数

① 试选载荷系数 $K_t = 1.3$;

② 小齿轮传递的扭矩为

$$T_1 = 95.5 \times 10^5 P_1/n_1 = 95.5 \times 10^5 \times 40/960 = 3.98 \times 10^5 (\text{N} \cdot \text{mm})$$

③ 查表 10-6,选齿宽系数 $\varphi_d = 1.0$;

④ 由图 10-19 查得区域系数 $Z_H = 2.5$;

⑤ 查表 10-5,得弹性影响系数 $Z_E = 189.8\sqrt{\text{MPa}}$;

⑥ 查图 10-23(e),按齿面硬度中间值 52HRC,查得大、小齿轮的接触疲劳强度极限为

$$\sigma_{\text{Hlim1}} = \sigma_{\text{Hlim2}} = 1170\text{MPa}$$

⑦ 重合度系数 Z_ε,端面重合度

$$\varepsilon_\alpha = \left[1.88 - 3.32\left(\frac{1}{z_1} + \frac{1}{z_2}\right)\right]\cos\beta$$

$$= \left[1.88 - 3.32\left(\frac{1}{24} + \frac{1}{77}\right)\right]\cos 0° = 1.70$$

由式(10-7b)得

$$Z_\varepsilon = \sqrt{\frac{4 - \varepsilon_\alpha}{3}} = \sqrt{\frac{4 - 1.70}{3}} = 0.876$$

⑧ 计算应力循环次数

$$N_1 = 60n_1 j L_h = 60 \times 960 \times 1 \times (300 \times 15 \times 8 \times 2) = 4.417 \times 10^9 (次)$$

$$N_2 = 4.417 \times 10^9 / 3.2 = 1.296 \times 10^9 \text{ 次}$$

⑨ 查图 10-21,得接触疲劳寿命系数 $K_{HN1} = 0.88$,$K_{HN2} = 0.90$。

⑩ 计算接触疲劳许用应力:取安全系数 $S = 1$,则

$$[\sigma]_{H1} = \frac{K_{HN1}\sigma_{Hlim1}}{S} = 1030 MPa$$

$$[\sigma]_{H2} = \frac{K_{HN2}\sigma_{Hlim2}}{S} = 1053 MPa$$

(2) 计算

① 设计公式中代入$[\sigma]_H$中较小的值,得

$$d_{1t} \geqslant 2.32 \sqrt[3]{\frac{K_t T_1}{\varphi_d} \cdot \frac{u \pm 1}{u} \cdot \left(\frac{Z_\varepsilon Z_E}{[\sigma]_H}\right)^2}$$

$$= 2.32 \times \sqrt[3]{\frac{1.3 \times 3.98 \times 10^5}{1.0} \times \frac{4.2}{3.2} \times \left(\frac{189.8 \times 0.876}{1030}\right)^2}$$

$$= 60.46 (mm)$$

② 计算小齿轮分度圆圆周速度 v

$$v = \frac{\pi d_{1t} n_1}{60 \times 1000} = \frac{\pi \times 60.46 \times 960}{60 \times 1000} = 3.04 (m/s)$$

③ 计算齿宽 b

$$b = \varphi_d d_{1t} = 1.0 \times 60.46 = 60.46 (mm)$$

④ 计算齿宽与齿高之比 b/h

模数 $m_t = d_{1t}/z_1 = 60.46/24 = 2.52 (mm)$

齿高 $h = 2.25 m_t = 2.25 \times 2.52 = 5.67 (mm)$

$b/h = 60.46/5.67 = 10.66$

⑤ 计算载荷系数

查图 10-8,由 $v = 3.04 m/s$,6 级精度,得 $K_v = 1.05$;

查表 10-4,由 $K F_t/b = 1.3 \times 2 \times 3.98 \times 10^5/(60.46 \times 60.46) = 283 (N/mm) \geqslant 100 N/mm$,得 $K_{H\alpha} = K_{F\alpha} = 1.0$;

查表 10-2,得 $K_A = 1$;

查表 10-3,得 $K_{H\beta}=1.51$(由表中 6 级精度硬齿面齿轮查得 $K_{H\beta}$)

查图 10-12,得 $K_{F\beta}=1.43$。

所以载荷系数 $K=K_A K_v K_{H\alpha} K_{H\beta}=1\times1.05\times1.0\times1.51=1.59$。

⑥ 按实际载荷系数修正 d_{1t}

$$d_1=d_{1t}\sqrt[3]{\frac{K}{K_t}}=60.46\times\sqrt[3]{\frac{1.59}{1.3}}=64.66(\text{mm})$$

⑦ 计算模数 m

$$m=d_1/z_1=64.66/24=2.69(\text{mm})$$

3) 按齿根弯曲疲劳强度设计

设计公式为

$$m\geqslant\sqrt[3]{\frac{2KT_1}{\varphi_d z_1^2}\left(\frac{Y_{Fa}Y_{Sa}Y_\varepsilon}{[\sigma]_F}\right)}$$

(1) 确定设计公式中的参数

① 查图 10-22(d),得大、小齿轮的弯曲疲劳强度极限 $\sigma_{FE1}=\sigma_{FE2}=680\text{MPa}$;

② 查图 10-20,得弯曲疲劳寿命系数 $K_{FN1}=0.88$,$K_{FN2}=0.9$;

③ 计算弯曲疲劳许用应力:

取安全系数 $S=1.4$,则

$$[\sigma]_{F1}=\frac{K_{FN1}\sigma_{FE1}}{S}=427.4\text{MPa}$$

$$[\sigma]_{F2}=\frac{K_{FN2}\sigma_{FE2}}{S}=437.14\text{MPa}$$

④ 计算载荷系数 K

$$K=K_A K_v K_{F\alpha} K_{F\beta}=1.0\times1.05\times1.0\times1.43=1.50$$

⑤ 查图 10-16,得齿形系数 $Y_{Fa1}=2.65$,$Y_{Fa2}=2.226$;

⑥ 查图 10-17,得应力校正系数 $Y_{Sa1}=1.58$,$Y_{Sa2}=1.764$;

⑦ 计算重合度系数 Y_ε

$$Y_\varepsilon=0.25+\frac{0.75}{\varepsilon_\alpha}=0.25+\frac{0.75}{1.70}=0.70$$

⑧ 计算大、小齿轮 $(Y_{Fa}Y_{Sa})/[\sigma]_F$ 值

$$\frac{Y_{Fa1}Y_{Sa1}}{[\sigma]_{F1}}=\frac{2.65\times1.58}{427.4}=0.0098$$

$$\frac{Y_{Fa2}Y_{Sa2}}{[\sigma]_{F2}}=\frac{2.226\times1.764}{437.14}=0.00898$$

所以小齿轮弯曲强度较弱。

(2) 计算齿轮模数

设计公式中代入 $(Y_{Fa}Y_{Sa})/[\sigma]_F$ 的较大值,得

$$m\geqslant\sqrt[3]{\frac{2\times1.50\times3.98\times10^5}{1.0\times24^2}\times0.0098\times0.7}=2.53(\text{mm})$$

由计算结果可看出,由齿面接触疲劳强度计算的模数 m 略大于由齿根弯曲疲劳强度计算的模数,但由于齿轮模数 m 的大小主要取决于弯曲强度所决定的承载能力,而齿面接触疲劳强度所决定的承载能力仅与齿轮直径(即模数与齿数的乘积)有关,所以,可取由弯曲强度算得的模数 2.53,并就近圆整为标准值 $m=3\text{mm}$。因按接触强度算得的分度圆直径 $d_1=64.66\text{mm}$,这时需要修正齿数

$$z_1=\frac{d_1}{m}=\frac{64.66}{3}=21.55,\quad \text{取 } z_1=22$$

则
$$z_2=uz_1=3.2\times 22=70$$

4) 几何尺寸计算

(1) 计算分度圆直径

$$d_1=mz_1=22\times 3=66(\text{mm})$$
$$d_2=mz_2=3\times 70=210(\text{mm})$$

(2) 计算中心距

$$a=\frac{1}{2}(d_1+d_2)=\frac{1}{2}(66+210)=138(\text{mm})$$

(3) 计算齿轮宽度

$$b=\varphi_d d_1=1\times 66=66(\text{mm})$$

取 $b_2=66\text{mm}$,考虑安装误差和保证接触宽度,取 $b_1=b_2+(3\sim 5)=70\text{mm}$。

5) 圆整中心距后的强度校核

为方便设计和制造,本例采用变位法将中心距调整为整数 $a'=140\text{mm}$,其他几何参数不变,齿轮变位后,齿轮副几何尺寸发生变化,必要时(如齿轮强度变弱)需重新校核齿轮强度,以保证齿轮的工作能力。

(1) 计算变位系数和 x_Σ

变位后齿轮副的啮合角 $\alpha'=\arccos[(a\cos\alpha)/a']=\arccos[(138\times\cos20°)/140]=22.14°$

根据无侧隙啮合方程,变位系数之和

$$x_\Sigma=x_1+x_2=(\text{inv}\alpha'-\text{inv}\alpha)(z_1+z_2)/(2\tan\alpha)$$
$$=(\text{inv}22.14°-\text{inv}20°)(22+70)/(2\tan20°)=0.695$$

(2) 分配变位系数 x_1、x_2

变位系数的分配有很多方法,可参考相关设计手册和参考书,本例按表 10-7 接触疲劳强度推荐的变位系数分配比例,取 $x_1=0.231,x_2=0.695-0.231=0.464$。

(3) 齿面接触疲劳强度校核

这里节点区域系数,由 $(x_1+x_2)/(z_1+z_2)=0.0075$,查图 10-19 得,$Z_H=2.37$,$Z_\varepsilon$ 按 $\varepsilon_\alpha=1.682$ 计算得 $Z_\varepsilon=0.879$。其余参数如前所述。

$$\sigma_H=\sqrt{\frac{2KT_1}{\varphi_d d_1^3}\cdot\frac{u+1}{u}}\cdot Z_H Z_E Z_\varepsilon=\sqrt{\frac{2\times 1.59\times 3.98\times 10^5\times 4.2}{1.0\times 66^3\times 3.2}}\times 2.37\times 189.8\times 0.879$$

$$=950.43(\text{MPa})<[\sigma]_{H\min}=1030\text{MPa}$$

齿面接触强度满足要求,且接触应力小于标准齿轮。

（4）弯曲疲劳强度计算

这里齿形系数 $Y_{Fa1}=2.43$，$Y_{Fa2}=2.15$，应力修正系数 $Y_{Sa1}=1.66$，$Y_{Sa2}=1.87$，重合度系数 $Y_{\varepsilon}=0.25+\dfrac{0.75}{\varepsilon_{\alpha}}=0.25+\dfrac{0.75}{1.682}=0.696$。其余参数如前所述。

$$\sigma_{F1}=\frac{2KT_1Y_{Fa1}Y_{Sa1}Y_{\varepsilon}}{\varphi_d m^3 z_1^2}=\frac{2\times1.50\times3.98\times10^5\times2.43\times1.66\times0.696}{1\times3^3\times22^2}$$

$$=256.52(\text{MPa})<[\sigma]_{F1}$$

$$\sigma_{F2}=\frac{2KT_1Y_{Fa2}Y_{Sa2}Y_{\varepsilon}}{\varphi_d m^3 z_1^2}=\frac{2\times1.50\times3.98\times10^5\times2.15\times1.87\times0.696}{1\times3^3\times22^2}$$

$$=255.67(\text{MPa})<[\sigma]_{F2}$$

齿根弯曲强度满足要求，且两齿轮弯曲强度比较接近。

6）结构设计及绘制齿轮零件图（从略）

10.7　斜齿圆柱齿轮传动强度计算

1. 轮齿受力分析

如图 10-25 所示为标准斜齿圆柱齿轮（standard helical gear）受力分析数学模型，F_n 为法向载荷。图中，α_t 为端面压力角；α_n 为法面压力角，标准斜齿轮 $\alpha_n=20°$；β 为分度圆上螺旋角；β_b 为啮合平面螺旋角，即基圆螺旋角。

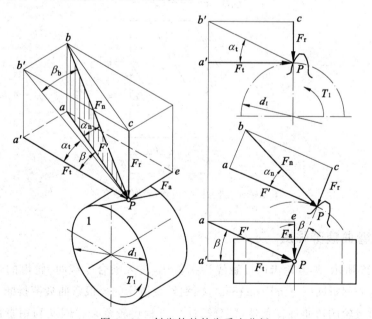

图 10-25　斜齿轮的轮齿受力分析

法向载荷 F_n 可分解为三个互相垂直的分力，即圆周力 F_t、径向力 F_r 和轴向力（axial force）F_a。参考图 10-25，三个分力和 F_n 分别可表示成

$$
\left.
\begin{aligned}
F_t &= 2T_1/d_1 \\
F_r &= F_t \tan\alpha_n / \cos\beta \\
F_a &= F_t \tan\beta \\
F_n &= F_t/(\cos\alpha_n \cos\beta) = F_t/(\cos\alpha_t \cos\beta_b)
\end{aligned}
\right\}
\tag{10-13}
$$

由于斜齿轮会产生轴向力,所以设计斜齿轮应选择合适的螺旋角 β,通常螺旋角取值范围为 $\beta=8°\sim20°$,较大的螺旋角 β 会使轴承受到较大的轴向力。

如图 10-26 所示,斜齿轮在啮合区中的实线为实际接触线,每一条全齿宽的接触线长为 $b/\cos\beta_b$,接触线总长为所有啮合齿上接触线长度之和,而且在啮合过程中,啮合线总长通常是变化的。对于斜齿轮可取接触线总长度 $L=b\varepsilon_a/\cos\beta_b$,式中,$\varepsilon_\alpha$ 为斜齿轮的端面重合度。

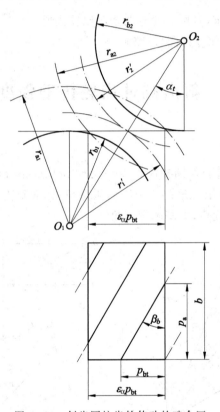

图 10-26　斜齿圆柱齿轮传动的啮合区

2. 齿根弯曲疲劳强度

如图 10-27 所示,斜齿轮齿面接触线为一斜线,进入啮合受载时,轮齿的弯曲疲劳折断为如图所示的局部折断(partial fracture),区别于直齿轮的齿根弯曲疲劳折断。若按轮齿局部折断建立斜齿轮的弯曲强度条件,则分析计算过程比较复杂。因此利用直齿圆柱齿轮的强度条件式(10-4)和式(10-5b),考虑螺旋角 β 引起的接触线长、同时啮合齿数多等对轮齿弯曲强度的影响,引入螺旋角系数 Y_β,则可以写出斜齿轮的弯曲疲劳强度校核计算和设计计算公式分别为

$$\sigma_F = \frac{2KT_1}{bd_1 m_n} Y_{Fa} Y_{Sa} Y_\varepsilon Y_\beta$$

$$= \frac{KF_t}{bm_n} Y_{Fa} Y_{Sa} Y_\varepsilon Y_\beta \leqslant [\sigma]_F \quad MPa \tag{10-14}$$

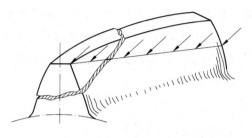

图 10-27　斜齿圆柱齿轮受载及折断

斜齿轮的法向载荷作用于过作用点的法截面内,该载荷在轮齿齿根处产生的弯曲应力,与法截面内的轮齿齿形和齿根过渡曲线有关;齿面接触应力同样与法截面内的齿廓形状有关。由于斜齿轮的当量齿轮所具有的齿廓形状与斜齿轮的法面齿形最为接近,所以,斜齿轮的强度计算以直齿轮的强度计算为基础,将斜齿轮转化为当量直齿轮来进行,并通过相关系数来修正当量齿轮与实际斜齿轮的差别。

$$m_n \geqslant \sqrt[3]{\frac{2KT_1 Y_\beta Y_\varepsilon \cos^2\beta}{\varphi_d z_1^2} \cdot \frac{Y_{Fa} Y_{Sa}}{[\sigma]_F}} \tag{10-15}$$

式中,Y_ε 为斜齿轮的重合度系数,$Y_\varepsilon = 0.25 + \dfrac{0.75}{\varepsilon_{\alpha v}}$,$\varepsilon_{\alpha v}$ 为斜齿轮当量齿轮的端面重合度,$\varepsilon_{\alpha v} = \varepsilon_\alpha / \cos^2\beta_b$;$Y_{Fa}$ 为斜齿轮的法面齿形系数,按当量齿数 $z_v = \dfrac{z}{\cos^3\beta}$ 由图 10-16 查取;Y_{Sa} 为斜齿轮应力校正系数,按 z_v 由图 10-17 查取;Y_β 为螺旋角影响系数(helix angle coefficient),由图 10-28 确定。

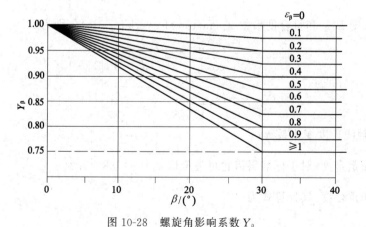

图 10-28　螺旋角影响系数 Y_β

3. 齿面接触疲劳强度计算

斜齿轮齿面接触疲劳强度条件建立方法同样以直齿圆柱齿轮接触强度条件为基础,但作以下几点修正:①斜齿轮接触线是倾斜的,有利于提高接触强度,引入螺旋角系数 $Z_\beta = \sqrt{\cos\beta}$;②节点的曲率半径应按法面计算;③斜齿轮传动重合度大,传动平稳,接触线总长度随啮合位置不同而变化,且受端面重合度 ε_α 和纵向重合度 ε_β 的共同影响。

斜齿轮传动的综合曲率半径 ρ_Σ、计算载荷 F_{nc} 和接触线长度 L 的关系式如下

$$\frac{1}{\rho_\Sigma} = \frac{1}{\rho_{n1}} \pm \frac{1}{\rho_{n2}}$$

参考图 10-29, $\rho_n = \dfrac{\rho_t}{\cos\beta_b}$, ρ_t 可表示为 $\rho_t = \dfrac{d'\sin\alpha_t}{2}$,所以

$$\frac{1}{\rho_\Sigma} = \frac{2\cos\beta_b}{d_1'\sin\alpha_t} \pm \frac{2\cos\beta_b}{u d_1'\sin\alpha_t} = \frac{2\cos\beta_b}{d_1'\sin\alpha_t}\left(\frac{u \pm 1}{u}\right) \tag{10-16a}$$

$$F_{nc} = \frac{KF_t}{\cos\alpha_t\cos\beta_b} = \frac{2KT_1}{d_1} \cdot \frac{1}{\cos\alpha_t\cos\beta_b} \tag{10-16b}$$

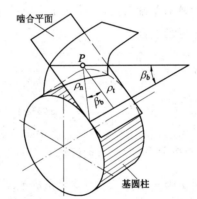

图 10-29 斜齿圆柱齿轮法面曲率半径

最小接触线长度 $L_{\min}$ 和重合度系数 Z_ε(factor of overlap-ratio)分别为

$$\left.\begin{aligned} L_{\min} &= \frac{\chi\varepsilon_\alpha b}{\cos\beta_b} = \frac{b}{Z_\varepsilon^2\cos\beta_b} \\ Z_\varepsilon &= \sqrt{\frac{4-\varepsilon_\alpha}{3}(1-\varepsilon_\beta) + \frac{\varepsilon_\beta}{\varepsilon_\alpha}} \end{aligned}\right\} \tag{10-17}$$

式中,χ 为接触线长度变化系数;

ε_α 为端面重合度,对于标准斜齿轮可近似取 $\varepsilon_\alpha = \left[1.88 - 3.2\left(\dfrac{1}{z_1} \pm \dfrac{1}{z_2}\right)\right]\cos\beta$;

ε_β 为纵向重合度,其计算式为

$$\varepsilon_\beta = b\sin\beta/(\pi m_n) = 0.318\varphi_d z_1\tan\beta \tag{10-18}$$

如 $\varepsilon_\beta > 1$,取 $\varepsilon_\beta = 1$。

将式(10-16a)、式(10-16b)和式(10-17)代入式(10-6)并计入螺旋角系数 Z_β 后,得斜齿

圆柱齿轮传动齿面接触疲劳强度的校核公式和设计公式为

$$\sigma_H = Z_E \sqrt{\frac{2\cos\beta_b \cos\alpha_t'}{\sin\alpha_t' \cos^2\alpha_t}} Z_\varepsilon Z_\beta \sqrt{\frac{2KT_1}{bd_1^2} \cdot \frac{u\pm1}{u}}$$

$$= Z_E Z_H Z_\varepsilon Z_\beta \sqrt{\frac{2KT_1}{bd_1^2} \cdot \frac{u\pm1}{u}} \leqslant [\sigma]_H \qquad (10\text{-}19)$$

$$d_1 \geqslant \sqrt[3]{\frac{2KT_1}{\varphi_d} \cdot \frac{u\pm1}{u} \left(\frac{Z_E Z_H Z_\varepsilon Z_\beta}{[\sigma]_H}\right)^2} \qquad (10\text{-}20)$$

式中,螺旋角系数 Z_β 可按下式计算

$$Z_\beta = \sqrt{\cos\beta} \qquad (10\text{-}21)$$

$Z_H = \sqrt{\dfrac{2\cos\beta_b \cos\alpha_t'}{\sin\alpha_t' \cos^2\alpha_t}}$ 为节点区域系数,也可由图 10-19 确定。式中其余参数同直齿轮。

例 10-2　按例 10-1 的数据,改用斜齿轮传动,试设计此齿轮传动参数。

解：1) 选择精度等级、材料及齿数

(1) 材料及热处理与例 10-1 相同;

(2) 精度等级选 7 级;

(3) 小齿轮齿数 $z_1 = 24$,大齿轮齿数 $z_2 = 77$;

(4) 初选螺旋角 $\beta = 14°$。

2) 按齿面接触疲劳强度设计

设计公式为

$$d_{1t} \geqslant \sqrt[3]{\frac{2K_t T_1}{\varphi_d} \cdot \frac{u\pm1}{u} \cdot \left(\frac{Z_H Z_E Z_\varepsilon Z_\beta}{[\sigma]_H}\right)^2}$$

(1) 确定公式中各参数值

① 试选 $K_t = 1.6$。

② 查图 10-19 取节点区域系数 $Z_H = 2.433$;

$$\varepsilon_\alpha = \left[1.88 - 3.2\left(\frac{1}{z_1} + \frac{1}{z_2}\right)\right]\cos\beta = \left[1.88 - 3.2\left(\frac{1}{24} + \frac{1}{77}\right)\right]\cos14° = 1.65$$

$$\varepsilon_\beta = 0.318\varphi_d z_1 \tan\beta = 0.318 \times 0.9 \times 24 \times \tan14° = 1.713 > 1, 取 \varepsilon_\beta = 1$$

所以重合度系数 Z_ε 为

$$Z_\varepsilon = \sqrt{\frac{4-\varepsilon_\alpha}{3}(1-\varepsilon_\beta) + \frac{\varepsilon_\beta}{\varepsilon_\alpha}} = \sqrt{\frac{1}{\varepsilon_\alpha}} = \sqrt{\frac{1}{1.65}} = 0.78$$

③ 许用接触应力 $[\sigma]_H = \min\{[\sigma]_{H1}, [\sigma]_{H2}\} = 1030\text{MPa}$;

④ 螺旋角系数 $Z_\beta = \sqrt{\cos\beta} = \sqrt{\cos14°} = 0.97$。

其余参数均与例 10-1 相同。

(2) 计算

① 由齿面接触疲劳强度计算公式,得

$$d_{1t} \geqslant \sqrt[3]{\frac{2 \times 1.6 \times 3.98 \times 10^5}{1.0} \times \frac{4.2}{3.2} \times \left(\frac{2.433 \times 189.8 \times 0.97 \times 0.78}{1030}\right)^2} = 57.72(\text{mm})$$

② 计算圆周速度

$$v = \frac{\pi d_{1t} n_1}{60 \times 1000} = \frac{\pi \times 57.72 \times 960}{60 \times 1000} = 2.91(\text{m/s})$$

③ 计算齿宽 b 及模数 m_{nt}

$$b = \varphi_d d_{1t} = 1.0 \times 57.72 = 57.72(\text{mm})$$

$$m_{nt} = \frac{d_{1t}\cos\beta}{z_1} = \frac{57.72 \times \cos14°}{24} = 2.34(\text{mm})$$

$$h = 2.25 m_{nt} = 5.27\text{mm}, \quad b/h = 10.95$$

④ 计算载荷系数 K

查图 10-8 得 $K_v = 1.10$；查表 10-3 得 $K_{H\beta} = 1.51$；查图 10-12 得 $K_{F\beta} = 1.45$；查表 10-4，得 $K_{H\alpha} = K_{F\alpha} = 1.2$；工况系数已知为 $K_A = 1$；故载荷系数 K 为

$$K = K_A K_v K_{H\alpha} K_{H\beta} = 1 \times 1.1 \times 1.2 \times 1.51 = 1.99$$

⑤ 按实际载荷修正的小齿轮分度圆直径 d_1 为

$$d_1 = d_{1t}\sqrt[3]{K/K_t} = 57.72 \times \sqrt[3]{1.99/1.6} = 62.07(\text{mm})$$

⑥ 计算模数 m_n

$$m_n = \frac{d_1\cos\beta}{z_1} = \frac{62.07 \times \cos14°}{24} = 2.51(\text{mm})$$

3) 按齿根弯曲强度设计

$$m_n \geqslant \sqrt[3]{\frac{2KT_1 Y_\beta Y_\varepsilon \cos^2\beta}{\varphi_d z_1^2} \cdot \frac{Y_{Fa}Y_{Sa}}{[\sigma]_F}}$$

(1) 确定公式中各参数

① 计算载荷系数

$$K = K_A K_v K_{F\alpha} K_{F\beta} = 1 \times 1.10 \times 1.2 \times 1.45 = 1.914$$

② 根据纵向重合度 $\varepsilon_\beta = 1.713$，查图 10-28，得螺旋角影响系数 $Y_\beta = 0.87$。

③ 重合度系数

$$\alpha_t = \arctan(\tan\alpha_n/\cos\beta) = \arctan(\tan20°/\cos14°) = 20.562°$$

$$\beta_b = \arctan(\tan\beta\cos\alpha_t) = \arctan(\tan14°\cos20.562°) = 13.14°$$

$$\varepsilon_{\alpha v} = \varepsilon_\alpha/\cos^2\beta_b = 1.65/\cos^2 13.14° = 1.744$$

$$Y_\varepsilon = 0.25 + \frac{0.75}{\varepsilon_{\alpha v}} = 0.25 + \frac{0.75}{1.744} = 0.68$$

④ 计算当量齿数

$$z_{v1} = \frac{z_1}{\cos^3\beta} = \frac{24}{\cos^3 14°} = 26.27$$

$$z_{v2} = \frac{z_2}{\cos^3\beta} = \frac{77}{\cos^3 14°} = 84.29$$

⑤ 查取齿形系数

查图 10-16，得 $Y_{Fa1} = 2.592$，$Y_{Fa2} = 2.23$。

⑥ 查取应力修正系数

查图 10-17，得 $Y_{Sa1} = 1.596$，$Y_{Sa2} = 1.774$。

其余参数与例 10-1 相同。

⑦ 计算大、小齿轮的 $\dfrac{Y_{Fa}Y_{Sa}}{[\sigma]_F}$ 值

$$\frac{Y_{Fa1}Y_{Sa1}}{[\sigma]_{F1}}=\frac{2.592\times1.596}{427.4}=0.00968$$

$$\frac{Y_{Fa2}Y_{Sa2}}{[\sigma]_{F2}}=\frac{2.23\times1.774}{437.14}=0.00904$$

所以,小齿轮的弯曲强度较弱。

(2) 设计计算

$$m_n\geqslant\sqrt[3]{\frac{2\times1.914\times3.98\times10^5\times0.87\times0.68\times(\cos14°)^2}{1.0\times24^2}\times0.00968}$$

$$=2.48(mm)$$

因为硬齿面齿轮传动承载能力主要取决于齿根弯曲疲劳强度,故取标准模数 $m_n=$ 2.5mm。修正齿数为

$$z_1=\frac{d_1\cos\beta}{m_n}=\frac{62.07\cos14°}{2.5}=24.10,取\ z_1=24$$

则

$$z_2=uz_1=77$$

4) 几何尺寸计算

(1) 计算中心距

$$a=\frac{(z_1+z_2)m_n}{2\cos\beta}=\frac{(24+77)\times2.5}{2\times\cos14°}=130.11(mm)$$

圆整中心距为 $a=130$mm。

(2) 按圆整后的中心距修正螺旋角

$$\beta=\arccos\frac{(z_1+z_2)m_n}{2a}=\arccos\frac{(24+77)\times2.5}{2\times130}=13.80°$$

β 值变化不大,不必修正 ε_α、K_β、Z_H 等参数。

(3) 计算分度圆直径

$$d_1=\frac{z_1m_n}{\cos\beta}=\frac{24\times2.5}{\cos13.80°}=61.783(mm)$$

$$d_2=\frac{z_2m_n}{\cos\beta}=\frac{77\times2.5}{\cos13.80°}=198.222(mm)$$

(4) 计算齿宽

$$b=\varphi_d d_1=1.0\times61.783=61.783(mm)$$

取 $b_2=62$mm,$b_1=b_2+5=67$(mm)。

5) 结构设计

按 10.9 节设计齿轮结构,如图 10-30 所示为大齿轮的零件图纸。

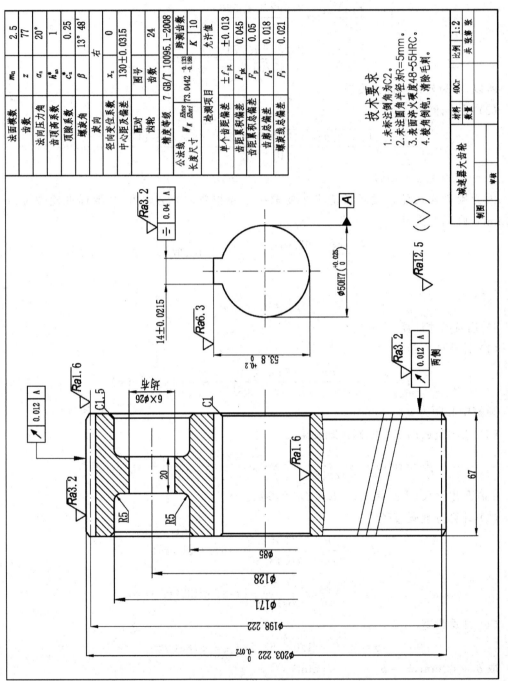

图 10-30 大齿轮零件图

法面模数	m_n	2.5
齿数	z	77
法向压力角	α_n	20°
齿顶高系数	h_{an}^*	1
顶隙系数	c_n^*	0.25
螺旋角	β	13°48'
旋向		右
径向变位系数	x_n	0
中心距及偏差		130±0.0315
配轮	图号	
	齿数	24
精度等级	7 GB/T 10095.1-2008	跨测齿数 K 10
公法线 长度尺寸	W_K $\frac{Edms}{Edmi}$ 73.0442$\frac{-0.133}{-0.166}$	允许值
检测项目		
单个齿距偏差	±f_{pt}	±0.013
齿距累积偏差	F_{pk}	0.045
齿距累积总偏差	F_p	0.05
齿廓总偏差	F_α	0.018
螺旋线总偏差	F_β	0.021

技术要求
1.未标注倒角为C2。
2.未注圆角半径对R=5mm。
3.表面淬火硬度48~55HRC。
4.棱角倒钝,清除毛刺。

减速器大齿轮
材料 40Cr
数量
比例 1:2
关张筹委
制图
审核

10.8 直齿圆锥齿轮传动强度计算

锥齿轮用于传递两相交轴之间的运动,按齿向锥齿轮分为直齿、斜齿和曲线齿。本教材仅介绍轴交角 $\Sigma = 90°$ 的直齿锥齿轮的强度计算。

1. 设计参数

圆锥齿轮的主要设计参数包括齿数比 u、锥顶距 R、分度圆直径 d_1 和 d_2、齿宽中点平均分度圆直径 d_{m1} 和 d_{m2} 等。由于国家标准规定以齿宽中点处的当量齿轮作为计算模型,因此,需建立齿轮大端参数与齿宽中点参数及齿宽中点当量齿轮参数之间的关系。直齿圆锥齿轮(standard bevel gear)传动按齿宽中点背锥(back cone)展开得到两个平均当量直齿圆柱齿轮(virtual gear)的传动,如图 10-31 所示。

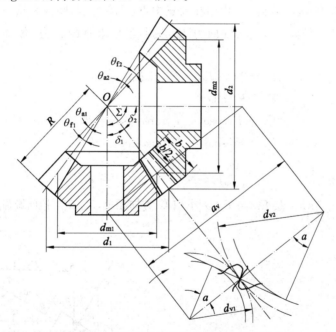

图 10-31 直齿圆锥齿轮传动的平均当量齿轮

其主要设计参数之间的关系为

$$u = \frac{z_2}{z_1} = \frac{d_2}{d_1} = \tan\delta_2 = \cot\delta_1$$

$$R = \sqrt{\left(\frac{d_1}{2}\right)^2 + \left(\frac{d_2}{2}\right)^2} = d_1 \frac{\sqrt{u^2 + 1}}{2}$$

$$\frac{d_{m1}}{d_1} = \frac{d_{m2}}{d_2} = \frac{R - 0.5b}{R} = 1 - 0.5\frac{b}{R} = 1 - 0.5\varphi_R$$

$$d_{v1} = \frac{d_{m1}}{\cos\delta_1} = d_{m1}\frac{\sqrt{u^2 + 1}}{u}, \quad d_{v2} = \frac{d_{m2}}{\cos\delta_2} = d_{m2}\sqrt{u^2 + 1}$$

$$z_{v1} = \frac{d_{v1}}{m_{m1}} = \frac{z_1}{\cos\delta_1}, \quad z_{v2} = \frac{z_2}{\cos\delta_2}$$

$$u_v = \frac{z_{v2}}{z_{v1}} = u^2$$

$$m_m = m(1 - 0.5\varphi_R)$$

式中，δ_1、δ_2 为小齿轮和大齿轮的分度圆锥顶角；φ_R 为齿宽系数，一般可取 $\varphi_R = \dfrac{b}{R} = 0.25 \sim$

0.35；z_{v1}、z_{v2} 为平均当量齿轮齿数；d_{v1}、d_{v2} 为平均当量齿轮分度圆直径；u_v 为当量齿轮的齿数比；m_m 为平均当量齿轮模数，亦即圆锥齿轮齿宽中点的模数(简称平均模数)。

直齿圆锥齿轮传动以大端参数为标准值，强度计算则以齿宽中点处背锥展开的平均当量齿轮作为计算依据。

2. 轮齿受力分析

如图 10-32 所示，法向载荷 F_n 作用在齿宽中点(节点)。与圆柱齿轮一样，法向载荷 F_n 可分解成圆周力 F_t、径向力 F_r 和轴向力 F_a 三个互相垂直的分力，各分力及 F_n 大小表示为

$$\left.\begin{aligned}
F_t &= 2T_1/d_{m1} = F_{t1} = F_{t2} \\
F' &= F_t\tan\alpha \\
F_{r1} &= F'\cos\delta_1 = F_t\tan\alpha\cos\delta_1 = F_{a2} \\
F_{a1} &= F'\sin\delta_1 = F_t\tan\alpha\sin\delta_1 = F_{r2} \\
F_n &= \frac{F_t}{\cos\alpha}
\end{aligned}\right\} \qquad (10\text{-}22)$$

式中，F_{t1} 与 F_{t2}、F_{r1} 与 F_{a2} 及 F_{a1} 与 F_{r2} 大小相等、方向相反，F_{a1}、F_{a2} 指向锥齿轮各自的左端。

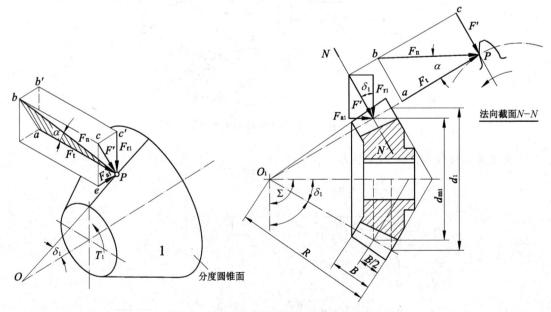

图 10-32　直齿圆锥齿轮的轮齿受力分析

3. 齿根弯曲疲劳强度计算

直齿圆锥齿轮由背锥展成的平均当量齿轮可看成是直齿圆柱齿轮。因此可直接利用直齿圆柱齿轮的齿根弯曲强度公式来建立圆锥齿轮的齿根弯曲疲劳强度计算公式,并考虑直齿锥齿轮一般用于不重要的场合,精度较低,取 $Y_\varepsilon = 1$,因此得计算公式为

$$\sigma_F = \frac{KF_t Y_{Fa} Y_{Sa}}{b m_m} \leqslant [\sigma]_F$$

式中,Y_{Fa}、Y_{Sa} 分别是齿形系数和齿根应力修正系数,可按当量齿数分别查图 10-16 和图 10-17 确定;m_m 为圆锥齿轮平均模数,$m_m = m(1 - 0.5\varphi_R)$。

所以 $$\sigma_F = \frac{KF_t Y_{Fa} Y_{Sa}}{bm(1 - 0.5\varphi_R)} \leqslant [\sigma]_F \tag{10-23}$$

式(10-23)中参数 b 和 F_t 表示为

$$b = R\varphi_R = d_1 \varphi_R \frac{\sqrt{u^2+1}}{2} = m z_1 \varphi_R \frac{\sqrt{u^2+1}}{2}$$

$$F_t = \frac{2T_1}{d_{m1}} = \frac{2T_1}{m_m z_1} = \frac{2T_1}{m(1 - 0.5\varphi_R)z_1}$$

代入式(10-23)中,分别得到校核和设计公式为

$$\sigma_F = \frac{KT_1 Y_{Fa} Y_{Sa}}{\varphi_R(1 - 0.5\varphi_R)^2 m^3 z_1^2 \sqrt{u^2+1}} \leqslant [\sigma]_F \tag{10-24}$$

$$m \geqslant \sqrt[3]{\frac{4KT_1}{\varphi_R(1 - 0.5\varphi_R)^2 z_1^2 \sqrt{u^2+1}} \cdot \frac{Y_{Fa} Y_{Sa}}{[\sigma]_F}} \tag{10-25}$$

4. 齿面接触疲劳强度计算

同齿根弯曲疲劳强度,齿面接触疲劳强度按平均当量齿轮来计算,应用赫兹公式

$$\sigma_H = Z_E \sqrt{\frac{F_{nc}}{\rho_\Sigma L}}$$

式中,接触线长度取为 $L = b$(齿宽);计算载荷 $F_{nc} = \dfrac{KF_t}{\cos\alpha}$;$\rho_\Sigma$ 为综合曲率半径。

$$\frac{1}{\rho_\Sigma} = \frac{1}{\rho_{v1}} + \frac{1}{\rho_{v2}}$$

$$\rho_{v1} = \frac{d_{v1}}{2}\sin\alpha = \frac{d_{m1}\sin\alpha}{2\cos\delta_1}, \qquad \rho_{v2} = \frac{u_v d_{v1}}{2}\sin\alpha = \frac{u_v d_{m1}\sin\alpha}{2\cos\delta_1}$$

所以 $$\frac{1}{\rho_\Sigma} = \frac{2\cos\delta_1}{d_{m1}\sin\alpha}\left(1 + \frac{1}{u_v}\right)$$

把 L、F_{nc} 和 ρ_Σ 表达式代入齿面接触应力计算公式中,并由 $u_v = u^2$,$\cos\delta_1 = \dfrac{u}{\sqrt{u^2+1}}$,$d_{m1} = d_1(1 - 0.5\varphi_R)$,经整理后得

$$\sigma_H = Z_E Z_H \sqrt{\frac{4KT_1}{\varphi_R(1 - 0.5\varphi_R)^2 d_1^3 u}} \leqslant [\sigma]_H \tag{10-26}$$

$$d_1 \geqslant \sqrt[3]{\left(\frac{Z_E Z_H}{[\sigma]_H}\right)^2 \frac{KT_1}{\varphi_R (1 - 0.5\varphi_R)^2 u}} \tag{10-27}$$

10.9   齿轮的结构设计

　　齿轮的结构设计包括齿轮的齿圈、轮毂、轮辐等的结构及尺寸设计。齿轮结构设计与齿轮的几何形状、毛坯类型、材料、加工方法、使用要求及经济性考虑等因素相关,通常依据荐用的经验数据或参考类似的齿轮结构进行结构设计。

　　对于直径很小的钢制齿轮,可将齿轮与轴做成一体,称为齿轮轴(gear shaft),如图 10-33 所示。图 10-34 中,当齿轮结构尺寸 $e < 2m_t$(m_t 为端面模数,圆柱齿轮)和 $e < 1.6m$(圆锥齿轮)时,均应将齿轮与轴做成一体。当 e 值超过上述尺寸时,齿轮与轴分开制造则更为合理。

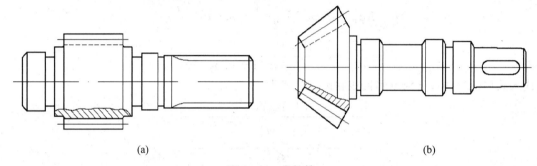

(a)   (b)

图 10-33   齿轮轴

(a) 圆柱齿轮轴;(b) 圆锥齿轮轴

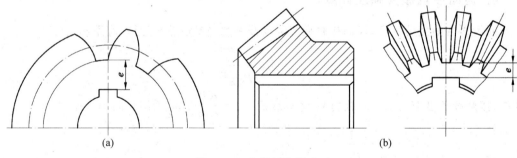

(a)   (b)

图 10-34   齿轮结构尺寸 e

(a) 圆柱齿轮;(b) 圆锥齿轮

　　当齿顶圆 $d_a \leqslant 160$mm 时,可做成实心结构的齿轮(solid gear),如图 10-35 所示。当齿顶圆直径 $d_a < 500$mm 时,齿轮做成腹板式结构,如图 10-36 所示。腹板上可设计为有孔或无孔结构。对于齿顶圆直径 $d_a > 300$mm 的铸造圆锥齿轮,可做成带加强筋的腹板式结构,如图 10-37 所示。

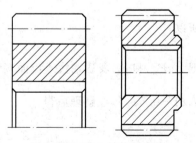

图 10-35   实心结构的齿轮

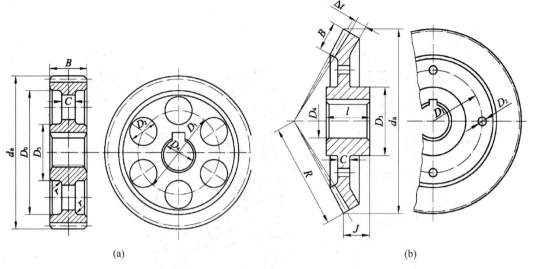

(a)　　　　　　　　　　　　　(b)

图 10-36　腹板式结构的齿轮($d_a < 500$mm)

$D_1 \approx (D_0 + D_3)/2$；$D_2 \approx (0.25 \sim 0.35)(D_0 - D_3)$；

$D_3 \approx 1.6 D_4$（钢材）；$D_3 \approx 1.7 D_4$（铸铁）；$n_1 \approx 0.5 m_n$；$r \approx 5$mm；

圆柱齿轮：$D_0 \approx d_a - (10 \sim 14) m_n$；$C \approx (0.2 \sim 0.3)B$；

圆锥齿轮：$l \approx (1 \sim 1.2)D_4$；$C \approx (3 \sim 4)m$；尺寸 J 由结构设计而定；$\Delta_1 = (0.1 \sim 0.2)B$

常用齿轮的 C 值不应小于 10mm，航空用齿轮可取 $C \approx 3 \sim 6$mm

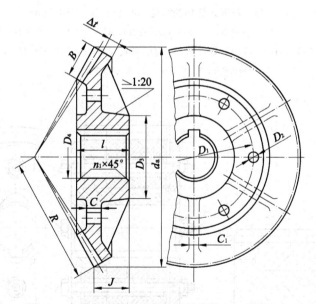

图 10-37　带加强筋的腹板式圆锥齿轮($d_a < 300$mm)

当齿顶圆直径 400mm$< d_a <$1000mm 时，可做成轮辐式结构的齿轮（cast wheel with crossed spokes），如图 10-38 所示。

如图 10-39 所示为组装齿圈式结构的齿轮（combined gear）。这种结构形式可采用不同的材料来制造齿圈和轮毂，例如齿圈用钢，轮毂用铸铁。

如图 10-40 所示为用夹布塑胶等非金属板材制造的齿轮结构。

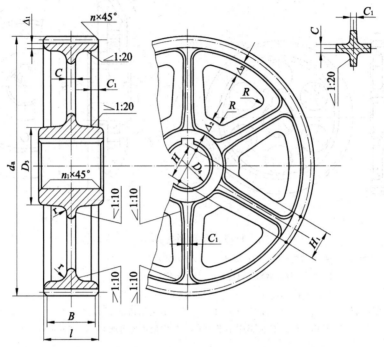

图 10-38　轮辐式结构的齿轮（400mm＜d_a＜1000mm）

B＜240mm；$D_3 \approx 1.6 D_4$（铸钢）；$D_3 \approx 1.7 D_4$（铸铁）；$\Delta_1 \approx (3 \sim 4) m_n$，但不应小于 8mm；

$\Delta_2 \approx (1-1.2) \Delta_1$；$H \approx 0.8 D_4$（铸钢）；$H \approx 0.9 D_4$（铸铁）；$H_1 \approx 0.8 H$；$C \approx H/5$；$C_1 \approx H/6$；

$R \approx 0.5 H$；$1.5 D_4 > l \geqslant B$；轮辐数常取为 6

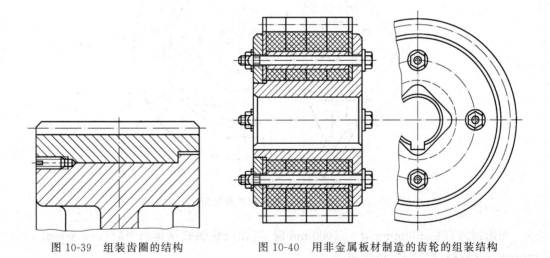

图 10-39　组装齿圈的结构　　　图 10-40　用非金属板材制造的齿轮的组装结构

10.10　齿轮传动的润滑

齿轮传动需要润滑,良好的润滑能降低啮合齿面间的滑动摩擦力,减少能量损耗,提高传动效率;同时润滑能防锈和散热,延长齿轮寿命等。

1. 齿轮传动润滑方式

开式传动和低速闭式传动采用人工周期性加油润滑,润滑剂分为润滑油和润滑脂。

闭式齿轮传动,根据圆周速度分为两种润滑方式。

(1) 当齿轮圆周速度 $v < 12\text{m/s}$ 时,采用浸油润滑(submerged lubrication),如图 10-41 所示。齿轮传动工作时,浸入润滑油的轮齿随着转动把润滑油带入啮合齿面,实现润滑,同时把部分润滑油由离心力甩到齿轮箱内壁上,起到了散热作用。

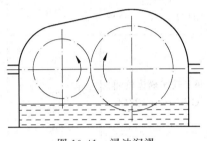

图 10-41　浸油润滑

圆柱齿轮浸油深度一般不超过一个齿高,但不少于 10mm;圆锥齿轮应浸入全齿宽,至少应浸入齿宽一半。多级齿轮传动中,可设计带油轮实现未浸入油池的齿轮润滑,如图 10-42 所示。

(2) 当齿轮圆周速度 $v > 12\text{m/s}$ 时,不能采用浸油润滑,可采用喷油润滑(spray lubrication),如图 10-43 所示。

2. 润滑剂的选择

齿轮传动常用润滑剂为润滑油和润滑脂。表 10-10 列出了齿轮传动常用的润滑油和润滑脂的牌号及应用范围。

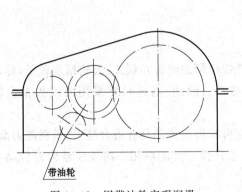

图 10-42　用带油轮实现润滑

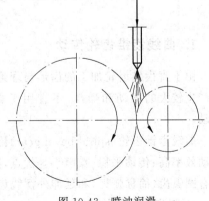

图 10-43　喷油润滑

表 10-10　齿轮传动常用的润滑剂①

名　　称	牌　号	运动黏度 ν/cSt(40℃)	应　　用
全损耗系统用油 (GB 443—1989)	L-AN46 L-AN68 L-AN100	41.4～50.6 61.2～74.8 90.0～110.0	适用于对润滑油无特殊要求的转子、轴承、齿轮和其他低负荷机械等部件的润滑
闭式工业齿轮油 (GB 5903—2011)	68 100 150 220 320	61.2～74.8 90～110 135～165 198～242 288～352	适用于工业设备齿轮的润滑
普通开式 齿轮油 (SH/T 0360—1992)	68 100 150	100℃ 60～75 90～110 135～165	主要适用于开式齿轮、链条和钢丝绳的润滑
重负荷车辆齿轮油 GB 13895—2018	120 150 200 250 300 350	50℃ 110～130 130～170 180～220 230～270 280～320 330～370	适用于经常处于边界润滑的重载、车辆用直、斜齿轮和蜗轮装置及轧钢机齿轮装置
钙钠基润滑脂 (SH/T 0370—1995)	ZGN-2 ZGN-3		适用于 80～100℃,有水分或较潮湿的环境中工作的齿轮传动,但不适于低温工作情况
石墨钙基润滑脂 (SH/T 0369—1992)	ZG-S		适用于起重机底盘的齿轮传动、开式齿轮传动、需耐潮湿的部位

① 表中所列仅为齿轮油的一部分,必要时可参阅有关资料。

10.11　其他齿轮传动简介

1. 曲线齿锥齿轮传动

由于直齿锥齿轮加工的齿形与理论球面渐开线齿形之间存在误差,齿轮精度较低,传动中产生较大的振动和噪声,不宜用于高速齿轮传动。因此,高速时宜采用曲线齿锥齿轮传动。

曲线齿锥齿轮(spiral bevel gear)传动较之直齿锥齿轮传动具有重合度大、承载能力高、传动效率高、传动平稳、噪声小等优点,因而获得了日益广泛的应用。曲线齿锥齿轮传动主要有圆弧齿(简称弧齿)和延伸外摆线齿两种类型。

1) 弧齿锥齿轮传动

这种齿轮沿齿长方向的齿线为圆弧(图 10-44(a)),可在专用的格里森(Gleason)铣齿机上切齿,并容易磨齿,是曲线齿锥齿轮中应用最为广泛的一种。这种齿轮,齿线上各点的螺旋角是不同的,一般取齿宽中点分度圆螺旋角 β_m 为名义螺旋角。β_m 越大,齿轮传动越平稳,噪声越低,常取 $\beta=35°$。当 $\beta_m=0°$ 时,称为零度齿锥齿轮(图 10-44(b)),其传动平稳性和生产效率比直齿锥齿轮高,常用于替代直齿锥齿轮。

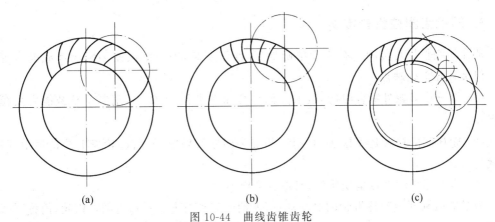

图 10-44 曲线齿锥齿轮

(a) 弧齿锥齿轮;(b) 零度齿锥齿轮;(c) 延伸外摆线齿锥齿轮

弧齿锥齿轮的最小齿数可小到 $z_{min}=6\sim8$,故传动比可比直齿锥齿轮大得多。零度锥齿轮的最小齿数可小到 $z_{min}=13$。弧齿锥齿轮传动的强度条件,可按美国格里森公司提供的方法计算,详见有关参考文献。

2) 延伸外摆线齿锥齿轮传动

这种齿轮沿齿长方向为延伸外摆线(图 10-44(c)),采用等高齿,可在奥利康(Oerlikon)机床上切齿。这种齿轮的主要优点是:①可用连续分度方法加工,生产效率高,齿距精度较好;②齿长为等高齿,沿轮齿接触面共轭条件较好,齿的接触区也较理想。其缺点是:磨齿困难,不宜用于高速传动。这种齿轮传动广泛用于汽车、机床、拖拉机等机械中。

2. 准双曲面齿轮传动简介

准双曲面齿轮(hypoid gear)传动,最常用的为轴交角 $\Sigma=90°$。与锥齿轮传动不同的是:其轴线有一偏置(图 10-45)。由于轴线偏置,使得大、小齿轮的轴线不相交,小齿轮轴可从大齿轮轴下穿过,避免悬臂布置,这样,可做成两端支承的结构,增大了小齿轮轴的刚性。对于后轮驱动的汽车,这种偏置有利于降低传动装置的高度,使汽车的重心下降,从而可提高整机的平稳性。这种齿轮常做成齿廓为渐开线的弧线齿,可在普通的弧齿锥齿轮机床上加工,且可磨齿。这种传动,小、大齿轮的螺旋角 β_{m1} 与 β_{m2} 不相等,一般 $\beta_{m1}>\beta_{m2}$。通常要取 $\beta_{m2}=30°\sim35°$;β_{m1} 则视 z_1 而定,z_1 越小,β_{m1} 应越大。由于 β_m

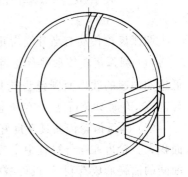

图 10-45 准双曲面齿轮传动

不相等,故一对准双曲面齿轮要能正常传动,必须保证法向齿距相等,即两轮的法向模数是相等的,但其端面模数却不是相等的。一般小齿轮的端面模数较大,故与锥齿轮传动相比,在传动比相同时,其小齿轮直径得以增大,从而可提高传动的刚性。

这种齿轮传动,具有轴的布置方便、传动平稳、噪声低、承载能力大等特点,多用于高速、重载、传动比大而要求结构紧凑的场合,目前不仅广泛应用于汽车工作,其他工业领域也逐渐得到应用。

3. 圆弧齿圆柱齿轮传动

渐开线圆柱齿轮传动具有易于精确加工,便于安装,中心距误差不影响承载能力等优点。但是存在下列缺点:

(1) 渐开线齿轮外啮合时,其接触点的综合曲率半径 ρ_Σ 较小,限制了承载能力大幅度的提高;

(2) 轮齿间的接触是线接触,对制造和安装误差较敏感,易引起轮齿上载荷集中,降低承载能力;

(3) 齿廓间滑动系数是变化的,易造成磨损不均。

为了克服渐开线圆柱齿轮的这些缺点,人们研究和发展了圆弧齿圆柱齿轮,简称圆弧齿轮(图 10-46)。

圆弧齿轮传动是一种平行轴斜齿轮传动,其端面或法面齿廓为圆弧,通常小齿轮做成凸齿,大齿轮做成凹齿(图 10-47),凸齿的齿廓圆心多在节圆上,凹齿的齿廓圆心略偏于节圆外,凹齿的齿廓半径 ρ_2 略大于凸齿的齿廓半径 ρ_1。因此,轮齿在端面上是点接触。

图 10-46　圆弧齿轮传动

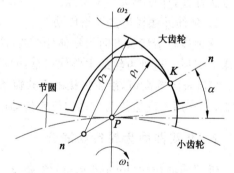

图 10-47　圆弧齿廓的瞬时啮合

圆弧齿轮传动与渐开线齿轮传动相比有下列特点:

(1) 圆弧齿轮传动啮合轮齿的综合曲率半径 ρ_Σ 较大,轮齿具有较高的接触强度。用于低速和中速的软齿面圆弧齿轮传动,其接触承载能力至少为渐开线直齿圆柱齿轮传动的 1.75 倍,有时甚至可达 2~2.5 倍,其弯曲强度虽不够理想,但仍比渐开线齿轮高。

(2) 圆弧齿轮传动具有良好的跑合性,经啮合后,相啮合的轮齿能紧密贴合,实际啮合面积大。轮齿在啮合过程中主要是滚动摩擦,啮合点又以相当高的速度沿啮合线移动,对齿面间的油膜形成有利,不仅可减少啮合摩擦损失,提高传动效率,而且有助于提高齿面的接触强度和耐磨性。

(3) 圆弧齿轮没有根切,齿数可少到 6~8 个。

(4) 圆弧齿轮传动中心距的偏差,对轮齿沿齿高的正常接触影响很大。它将降低承载能力,因而对中心距的精度要求较高。

如图 10-46 所示为单圆弧齿轮,近年来又由单圆弧齿轮发展为双圆弧齿轮。而双圆弧齿轮传动较之单圆弧者,不仅接触线长,而且主、从动齿轮的齿根较厚,齿面接触强度、齿根弯曲强度以及耐磨性均更高。

由于圆弧齿轮传动的上述特点,近二十多年来,在冶金、矿山、化工、起重运输等机械中得到广泛的应用。

拓展性阅读文献指南

有关直齿和斜齿圆柱齿轮、圆锥齿轮传动强度计算、齿轮传动参数设计、许用应力和精度选择等可以参考:①秦大同,谢里阳主编《现代机械设计手册》第 3 卷,化学工业出版社,2011;②赵振杰著《渐开线圆柱齿轮传动设计》。中国水利水电出版社,2018。

有关圆弧齿轮传动和其他新型齿轮传动的介绍可以参考:①成大先主编《机械设计手册》有关齿轮传动设计部分,化学工业出版社,2008;②齿轮手册编委会编《齿轮手册》第 2 版(上、下册),机械工业出版社,2004。

思 考 题

10-1　什么是传动比和齿数比? 有何区别?

10-2　齿轮传动主要有哪几种失效形式? 避免失效的措施有哪些?

10-3　齿轮传动强度计算中引入的载荷系数 K 考虑了哪几方面的影响? 分别加以说明。

10-4　齿面点蚀是怎样产生的? 出现在齿面的什么部位? 为什么? 提高抗点蚀的措施有哪些?

10-5　为了提高齿轮的抗弯曲折断能力,试至少提出三种措施。

10-6　为什么一对齿轮中,通常小齿轮的材料要比大齿轮的好些? 小齿轮齿面硬度要比大齿轮高些?

10-7　设计斜齿轮时,当中心距 a 不为整数时,为什么要将 a 圆整? 圆整后,当齿数、模数不变时,为保证齿轮的装配或仍为无侧隙啮合,应采取什么措施?

10-8　齿轮接触疲劳强度和弯曲疲劳强度的计算模型作了哪些假设?

10-9　齿形系数和应力修正系数与齿轮的哪些参数有关? 如何确定斜齿轮与锥齿轮的这两个系数?

10-10　齿轮的弯曲疲劳强度与接触疲劳强度主要取决于齿轮的哪些参数?(在齿轮材料、热处理和传动比等一定的情况下)

10-11　齿轮的变位对齿轮弯曲疲劳强度和接触疲劳强度的影响如何?

10-12　斜齿轮的强度计算与直齿轮相比有什么区别?

10-13　圆锥齿轮强度计算的依据是什么?

习　题

10-1　题10-1图示为圆锥圆柱齿轮传动装置。齿轮1为主动件,为使中间轴上传动件的轴向力能相抵消,试确定:

(1) 一对斜齿轮3、4轮齿的旋向;

(2) 用图表示中间轴上传动件的受力(用各分力表示)情况。

10-2　题10-2图示两级斜齿轮传动,已知第一对齿轮:$z_1 = 20$,$z_2 = 40$,$m_{n1} = 5\text{mm}$,$\beta_{1,2} = 15°$;第二对齿轮:$z_3 = 17$,$z_4 = 52$,$m_{n2} = 7\text{mm}$。今使轴Ⅱ上传动件的轴向力相互抵消,试确定:

(1) 斜齿轮3、4的螺旋角$\beta_{3,4}$的大小及轮齿的旋向;

(2) 用图表示轴Ⅱ上传动件的受力情况(用各分力表示)。

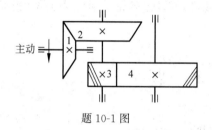
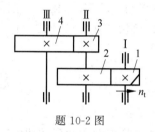

题10-1图　　　　　　　　题10-2图

10-3　设计铣床的一闭式直齿圆柱齿轮传动。已知:$P_1 = 7.5\text{kW}$,$n_1 = 1450\text{r/min}$,$z_1 = 26$,$z_2 = 54$,寿命$t_h = 12000\text{h}$,小轮为不对称布置,单向传动,由电机驱动。

10-4　如题10-4图所示齿轮传动,齿轮1、2、3均为中碳调质钢,其热处理后的硬度:齿轮1为280HBS,齿轮2为300HBS,齿轮3为260HBS,试确定:

(1) 齿轮1主动和齿轮2主动两种情况下,齿轮2的齿根弯曲应力和齿面接触应力的循环性质。

(2) 如果取寿命系数$K_{FN} = K_{HN} = 1$,则两种情况下齿轮2的许用接触应力和许用弯曲应力分别是多少?

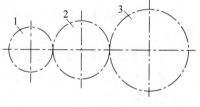

题10-4图

10-5　有一NGW型行星齿轮传动如题10-5图所示,主动轮转速$n_1 = 720\text{r/min}$,输入功率$P = 7.5\text{kW}$,各轮齿数$z_a = 20$,$z_b = 40$,$z_c = 100$,压力角$\alpha_n = 20°$,模数$m = 4\text{mm}$。求:

(1) 从动轴系杆的输出转速。

(2) 行星轮在a、b两点所受的力大小和方向(图示)。

10-6　试确定某单级斜齿圆柱齿轮减速器所能传递的功率。已知:原动机为电机,并与小齿轮轴通过联轴器连接,其转速$n_1 = 960\text{r/min}$,齿轮法向模数$m_n = 10\text{mm}$,齿数$z_1 = 18$、$z_2 = 81$,螺旋角$\beta = 12°10'36''$,齿宽$b = 80\text{mm}$,压力角$\alpha_n = 20°$,齿轮精度为7级,三班制、单向工作,有中等冲击,预期寿命5年,大小齿轮材料均为40Cr调质,齿面硬度:齿轮1为320HBS、齿轮2为280HBS。

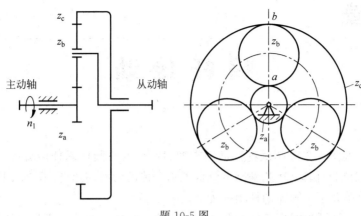

题 10-5 图

10-7　如题 10-1 图所示圆锥-圆柱齿轮减速器。已知：$P_1 = 8.7\text{kW}$，$n_1 = 970\text{r/min}$，$z_1 = 21$，$z_2 = 69$，锥齿轮模数为 3mm，齿宽系数为 0.3，齿轮单向运转，单班工作，预期寿命 10 年。齿轮 1 材料为 40MnB，调质；齿轮 2 材料为 45 钢，调质。试验算锥齿轮的强度。

10-8　设计一传动比 $i_{12} = 3.2$ 的外啮合圆柱齿轮传动，初选 $z_1 = 28$，$z_2 = 90$，$m = 2.5\text{mm}$，能满足承载能力要求，但中心距不为整数，试将中心距调整为尾数为 0 和 5 的整数，并保证承载能力不下降。试确定：

（1）有几种调整方法？

（2）确定这几种调整方法的齿轮参数和主要尺寸。

第11章

蜗 杆 传 动

内容提要：本章主要介绍蜗杆传动的类型、特点，普通圆柱蜗杆传动的主要参数、几何尺寸计算和承载能力计算；在此基础上分析了蜗杆传动的滑动速度、效率、润滑及热平衡计算；本章最后简单介绍了圆弧圆柱蜗杆传动。

本章重点：普通圆柱蜗杆传动的几何尺寸计算、力分析、蜗轮轮齿强度计算。

本章难点：蜗杆传动的力分析、承载能力计算。

11.1 蜗杆传动的类型及特点

蜗杆传动(worm gears)是一种空间齿轮传动，能实现交错角为 $90°$ 的两轴间动力和运动传递(图 11-1)。蜗杆传动与圆柱齿轮传动和圆锥齿轮传动相比具有结构紧凑、传动比大、传动平稳和易自锁等显著特点。其主要缺点为齿面摩擦力大、发热量高及传动效率低。蜗杆传动通常用于中、小功率非长时间连续工作的应用场合。

图 11-1 圆柱蜗杆传动

1. 蜗杆传动类型

根据蜗杆(worm)形状不同，蜗杆传动可分为圆柱蜗杆(cylindrical worm)传动(图 11-1)、环面蜗杆(enveloping worm)传动(图 11-2)和锥蜗杆(spiroid)传动(图 11-3)。

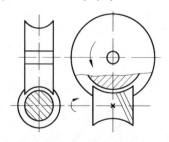

图 11-2 环面蜗杆传动

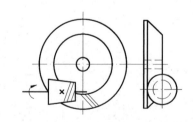

图 11-3 锥蜗杆传动

1) 圆柱蜗杆传动

圆柱蜗杆传动包括普通圆柱蜗杆传动(normal cylindrical worm)和圆弧圆柱蜗杆传动(arc-contact worm)两类。

（1）普通圆柱蜗杆传动

普通圆柱蜗杆根据切制位置不同可分为阿基米德蜗杆（straight sided axial worm，ZA 蜗杆）、渐开线蜗杆（involute helicoid worm，ZI 蜗杆）、法向直廓蜗杆（straight sided normal worm，ZN 蜗杆）和锥面包络蜗杆（milled helicoid worm，ZK 蜗杆）四种。除 ZK 蜗杆外，齿面一般是在车床上用直线刀刃的车刀车制而成。根据车刀安装位置不同，加工出来的蜗杆齿面在不同截面中的齿廓曲线就会不同。

① 阿基米德蜗杆（ZA 蜗杆）。这种蜗杆在垂直于蜗杆轴线的平面（即端面）上，齿廓为阿基米德螺旋线（图 11-4），而在通过其轴线的平面上，其齿廓为直线，齿形角 $\alpha_0 = 20°$。在车床上加工可采用直线刀刃的单刀（导程角 $\gamma \leqslant 3°$）或双刀（$\gamma > 3°$），切制齿形时，切削刃的顶面必须通过蜗杆的轴线。这种蜗杆难以精确磨削。

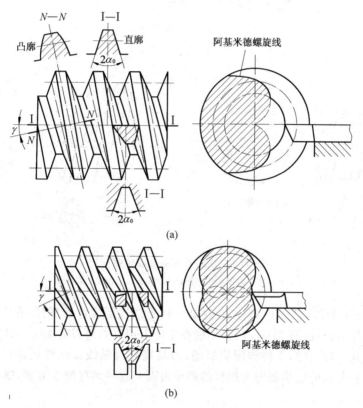

图 11-4　阿基米德蜗杆（ZA 蜗杆）

（a）单刀加工；（b）双刀加工

② 渐开线蜗杆（ZI 蜗杆）。这种蜗杆的端面齿廓为渐开线（图 11-5），相当于一个少齿数（等于蜗杆头数）、大螺旋角的渐开线圆柱斜齿轮。渐开线蜗杆用两把直线刀刃的车刀在车床上车削加工。刀刃顶面应与基圆柱相切，其中一把刀具高于蜗杆轴线，另一把刀具则低于蜗杆轴线。这种蜗杆可以用平面砂轮磨削，但需要专用机床。

③ 法向直廓蜗杆（ZN 蜗杆）。这种蜗杆的端面齿廓为延伸渐开线（图 11-6），法面（N—N）齿廓为直线。法向直廓蜗杆也是用直线刀刃的单刀或双刀在车床上车削而成。这种蜗杆磨削起来也比较困难。

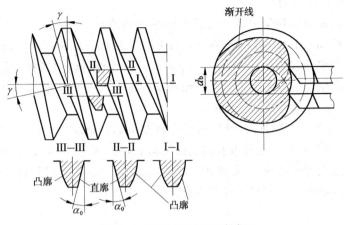

图 11-5　渐开线蜗杆(ZI 蜗杆)

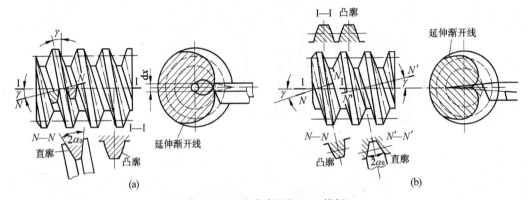

图 11-6　法向直廓蜗杆(ZN 蜗杆)

(a) 车刀对中齿厚中线法面；(b) 车刀对中齿槽中线法面

　　④ 锥面包络圆柱蜗杆(ZK 蜗杆)。这是一种非线性螺旋齿面蜗杆,在 I—I 及 N—N 截面上的齿廓均为曲线(图 11-7(a))。不能在车床上用直线刃刀具加工,只能在铣床上铣制并在磨床上磨削。加工时,工件作螺旋运动,刀具绕自身轴线作回转运动(图 11-7(b)),铣刀(或砂轮)回转曲面的包络面即为蜗杆的螺旋齿面。这种蜗杆便于磨削,蜗杆的精度较高,应用日渐广泛。

　　与蜗杆配对蜗轮(worm wheel)的齿廓,由蜗杆齿廓确定。因为蜗轮是用与配对蜗杆尺寸和形状相一致的刀具在滚齿机上加工而成的,滚切时的中心距也与蜗杆传动的中心距相同。

　　(2) 圆弧圆柱蜗杆传动(ZC 蜗杆)

　　圆弧圆柱蜗杆(arc-contact worm)与普通圆柱蜗杆相比,仅是齿廓形状不同(图 11-8)。蜗杆的螺旋面是用刃边为凸圆弧形的刀具切制,蜗轮则用范成法制造。定义过蜗杆轴线且垂直于蜗轮轴线的平面为中间平面,则在该平面上,蜗杆齿廓为凹弧形(图 11-8(b)),而配对蜗轮的齿廓为凸弧形。

　　圆弧圆柱蜗杆传动是一种线接触啮合传动,其主要特点为：传动效率高,一般可达90%

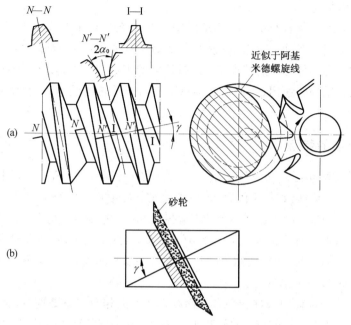

图 11-7　锥面包络圆柱蜗杆（ZK 蜗杆）

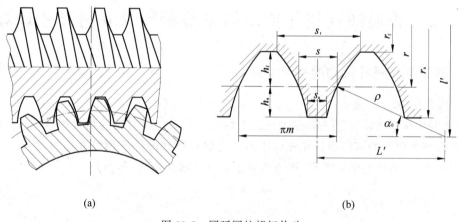

(a)　　　　　　　　　　　　(b)

图 11-8　圆弧圆柱蜗杆传动

以上；承载能力强，可高出普通圆柱蜗杆传动 50%～150%，且结构紧凑。其广泛应用于冶金、矿山、起重等机械设备的减速机构中。

2）环面蜗杆传动

参看图 11-2，环面蜗杆传动（enveloping worm）的蜗杆在轴向的外形是以凹圆弧为母线所形成的旋转曲面，蜗轮的节圆位于蜗杆的节弧面上，即蜗杆的节弧沿蜗轮的节圆包裹蜗轮。在中间平面（mid plane）上，蜗杆和蜗轮都是直线齿廓。环面蜗杆传动的特点是：同时啮合齿数多，而且轮齿的接触线与蜗杆齿运动的方向近似于垂直，具有良好的受力状况和形成齿面间润滑油膜的条件，因此承载能力强，效率较高。

除上述环面蜗杆外，还有一次包络和二次包络（双包络）环面蜗杆传动两种，其承载能力和效率较上述环面蜗杆传动均有显著的提高。

3）锥蜗杆传动

如图 11-3 所示,锥锅杆(spiroid)传动的蜗杆是由在节锥上分布的等导程螺旋形成的；而蜗轮在外观上就像一个曲线齿锥齿轮,与其他蜗轮一样也是用与锥蜗杆一致的锥滚刀在滚齿机上加工而成。锥蜗杆传动的特点是:同时接触的齿数多,重合度大,传动比范围大,能调整侧隙等。但由于结构的原因,传动具有不对称性,正、反转时受力不同,承载能力与效率也不同。

2. 蜗杆传动的特点

（1）能实现大传动比。动力传动中一般传动比 $i=50\sim80$；在分度机构或手动机构传动中,传动比 i 可达到 300；若只传递运动,传动比可达 1000。

（2）蜗杆在传动过程中是连续不断的螺旋齿的啮合,蜗杆和蜗轮在传动过程中是逐渐进入啮合和逐渐退出啮合的,同时啮合的齿对数又较多,因此传动平稳,冲击载荷小,噪声低。

（3）蜗杆传动通常具有自锁性(selp-locking),即蜗杆螺旋线升角(lead angle)小于啮合面当量摩擦角(equivalent friction angle)。

（4）蜗杆在传动过程中与蜗轮啮合齿面存在较大的相对滑动速度,摩擦和磨损较大,容易引起过热,使润滑(lubrication)失效,因此与其他齿轮传动相比,发热量大,传动效率低。

11.2　普通圆柱蜗杆传动的主要参数及几何尺寸计算

1. 普通圆柱蜗杆传动的主要参数

1）模数 m 和压力角 α

普通圆柱蜗杆传动(图 11-9)在主平面上相当于齿条与斜齿轮的啮合传动,对阿基米德蜗杆而言,该平面上的轴向模数和轴向压力角为蜗杆传动的标准模数和压力角,记为 m 和 α。在主平面上,蜗杆的轴向模数、压力角等于蜗轮的端面模数、压力角,即

$$m_{a1}=m_{t2}=m$$

$$\alpha_{a1}=\alpha_{t2}$$

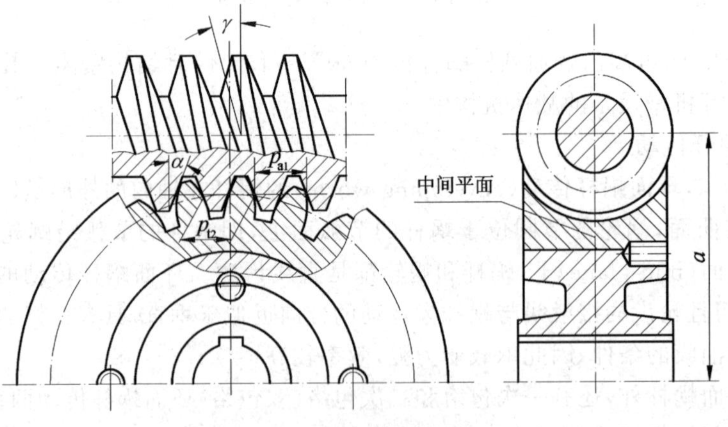

图 11-9　普通圆柱蜗杆传动

ZA 蜗杆的轴向压力角 α_a 为标准值($20°$),其余三种(ZN、ZI、ZK)蜗杆的法向压力角 α_n 为标准值($20°$),蜗杆轴向压力角与法向压力角的关系为

$$\tan\alpha_a = \frac{\tan\alpha_n}{\cos\gamma}$$

式中,γ 为导程角。

2)蜗杆的分度圆直径 d_1 和直径系数 q

在标准蜗杆传动中,将蜗杆分度圆直径 d_1 规定为标准值,见表 11-1。并将分度圆直径 d_1 与模数 m 之比用 q 表示

$$q = d_1/m \tag{11-1}$$

式中,q 称为蜗杆直径系数,q 取标准值(参看表 11-1)。蜗杆传动中引入直径系数 q 是由蜗轮加工特点所决定的。为保证蜗杆与配对蜗轮的正确啮合,只要有一种尺寸的蜗杆,就需一把对应的蜗轮滚刀,即对同一模数不同直径的蜗杆,必须对每一种模数配备相应数量的蜗轮滚刀。因此,为了限制蜗轮滚刀的数量,引入直径系数 q 并取标准值,使每一标准模数规定了一定数量的蜗杆分度圆直径 d_1,便于生产管理,提高经济效益。

如果采用非标准滚刀或飞刀切制蜗轮,d_1 和 q 值可不受标准的限制。

3)蜗杆头数 z_1

蜗杆头数 z_1 通常取 1、2、4、6。单头蜗杆传动传动比较大,易自锁,但传动效率较低;多头蜗杆传动可提高传动效率,但头数过多,会造成蜗杆的加工困难。

4)导程角 γ

将蜗杆分度圆上的螺旋线展开如图 11-10 所示,则蜗杆的导程角 γ 可由下式确定:

$$\tan\gamma = \frac{p_z}{\pi d_1} = \frac{z_1 p_a}{\pi d_1} = \frac{z_1 m\pi}{\pi d_1} = \frac{z_1}{q} \tag{11-2}$$

式中,p_a 为蜗杆轴向齿距。

5)传动比 i 和齿数比 u

$$i = \frac{n_1}{n_2} = \frac{z_2}{z_1} = u \tag{11-3}$$

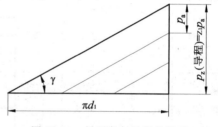

图 11-10　导程角与导程的关系

式中,n_1、n_2 分别为蜗杆和蜗轮的转速,r/min;z_2 为蜗轮齿数;z_1 为蜗杆头数。

6)蜗轮齿数 z_2

为避免根切,蜗轮齿数理论上应满足 $z_{2min} \geqslant 17$。分析证明,当 $z_2 < 26$ 时,啮合区较小,传动平稳性差;当 $z_2 \geqslant 30$ 时,蜗杆和蜗轮始终有两对齿同时啮合,此时传动平稳性良好。所以通常要求 $z_2 > 28$。

蜗杆传动用于动力传动时,要求 $z_2 < 80$,因为若保持蜗轮直径不变,z_2 越大,模数就越小,将使蜗轮轮齿的弯曲强度削弱,而若保持模数不变,将增大蜗轮尺寸,使得蜗杆支承跨距增加,降低了蜗杆的弯曲刚度。z_1 与 z_2 的选取可参考表 11-2。

7)标准中心距 a

蜗杆传动标准中心距 a 为

$$a = \frac{1}{2}(d_1 + d_2) = \frac{m}{2}(q + z_2) \tag{11-4}$$

表 11-1 列出了普通圆柱蜗杆传动的基本尺寸和参数。设计普通圆柱蜗杆传动时,可按表 11-1、表 11-2 来确定蜗杆和蜗轮的主要参数和尺寸。

表 11-1　普通圆柱蜗杆和蜗轮基本尺寸及参数(摘自 GB/T 10088—2018)

中心距 a/mm	模数 m/mm	分度圆直径 d_1/mm	$m^2 d_1$ /mm³	蜗杆头数 z_1	直径系数 q	分度圆导程角 γ	蜗轮齿数 z_2	变位系数 x_2
40	1	18	18	1	18.00	3°10'47"	62	0
50							82	0
40		20	31.25		16.00	3°34'35"	49	−0.500
50	1.25	22.4	35	1	17.92	3°11'38"	62	+0.040
63							82	+0.440
50		20	51.2	1	12.50	4°34'26"	51	−0.500
	1.6			2		9°05'25"		
				4		17°44'41"		
63		28	71.68	1	17.50	3°16'14"	61	+0.125
80							82	+0.250
40		22.4	89.6	1	11.20	5°06'08"	29	−0.100
(50)	2			2		10°07'29"	(39)	(−0.100)
(63)				4		19°39'14"	(51)	(+0.400)
				6		28°10'43"		
80		35.5	142	1	17.75	3°13'28"	62	+0.125
100							82	
50		28	175	1	11.20	5°06'08"	29	−0.100
(63)	2.5			2		10°07'29"	(39)	(+0.100)
(80)				4		19°39'14"	(53)	(−0.100)
				6		28°10'43"		
100		45	281.25	1	18.00	3°10'47"	62	0
63		35.5	352.25	1	11.27	5°04'15"	29	−0.1349
(80)	3.15			2		10°03'48"	(39)	(+0.2619)
(100)				4		19°32'29"	(53)	(−0.3889)
				6		28°01'50"		
125		56	555.66	1	17.778	3°13'10"	62	−0.2063
80		40	640	1	10.00	5°42'38"	31	−0.500
(100)	4			2		11°18'36"	(41)	(−0.500)
(125)				4		21°48'05"	(51)	(+0.750)
				6		30°57'50"		
160		71	1136	1	17.75	3°13'28"	62	+0.125
100		50	1250	1	10.00	5°42'38"	31	−0.500
(125)	5			2		11°18'36"	(41)	(−0.500)
(160)				4		21°48'05"	(53)	(+0.500)
(180)				6		30°57'50"	(61)	(+0.500)
200		90	2250	1	18.00	3°10'47"	62	0

续表

中心距 a/mm	模数 m/mm	分度圆直径 d_1/mm	$m^2 d_1$ $/\text{mm}^3$	蜗杆头数 z_1	直径系数 q	分度圆导程角 γ	蜗轮齿数 z_2	变位系数 x_2
125 (160) (180) (200)	6.3	63	2500.47	1 2 4 6	10.00	$5°42'38''$ $11°18'36''$ $21°48'05''$ $30°57'50''$	31 (41) (48) (53)	-0.6587 (-0.1032) (-0.4286) $(+0.2460)$
250		112	4445.28	1	17.778	$3°13'10''$	61	$+0.2937$
160 (200) (225) (250)	8	80	5120	1 2 4 6	10.00	$5°42'38''$ $11°18'36''$ $21°48'05''$ $30°57'50''$	31 (41) (47) (52)	-0.500 (-0.500) (-0.375) $(+0.250)$

注：① 本表中导程角 γ 小于 $3°30'$ 的圆柱蜗杆均为自锁蜗杆。

② 括号中的参数不适用于蜗杆头数 $z_1=6$ 时。

表 11-2　蜗杆头数 z_1 与蜗轮齿数 z_2 的推荐用值

$i=z_2/z_1$	z_1	z_2
≈ 5	6	$29\sim31$
$7\sim15$	4	$29\sim61$
$14\sim30$	2	$29\sim61$
$29\sim82$	1	$29\sim82$

2. 蜗杆传动的变位

在蜗杆传动设计中，有时为了配凑中心距或提高蜗杆传动的承载能力和传动效率，常采用变位蜗杆传动(correction of worm gears)。变位是利用刀具相对于蜗轮毛坯的径向位移来实现。蜗杆无变位，只对蜗轮进行变位。图 11-11 列出了常见的几种变位情况。

图 11-11 中 a'、z_2' 分别为变位后的中心距和蜗轮齿数，x_2 为蜗轮变位系数。变位后，蜗轮分度圆和节圆仍然重合，只是蜗杆在主平面上的节线有所改变，不再与其分度线重合。

变位蜗杆传动根据使用情况可采用下列两种变位方式。

(1) 变位后，蜗轮齿数不变，即 $z_2'=z_2$，蜗杆传动中心距改变，$a'\neq a$，如图 11-11(a)、(c)所示，中心距 a' 计算公式为

$$a'=a+x_2 m=(d_1+d_2+2x_2 m)/2 \tag{11-5}$$

(2) 变位后，蜗杆传动中心距不变，$a'=a$；蜗轮齿数改变，$z_2'\neq z_2$，如图 11-11(d)、(e)所示。z_2' 计算公式为

$$\frac{d_1+d_2+2x_2 m}{2}=\frac{m}{2}(q+z_2'+2x_2)=\frac{m}{2}(q+z_2)$$

所以

$$z_2'=z_2-2x_2 \tag{11-6}$$

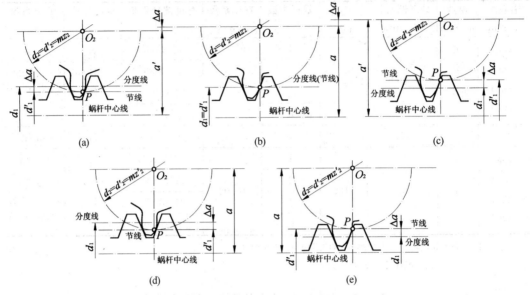

图 11-11　蜗杆传动的变位

(a) 变位传动 $x_2<0, z_2'=z_2, a'<a$；(b) 标准传动 $x_2=0$；

(c) 变位传动 $x_2>0, z_2'=z_2, a'>a$；(d) 变位传动 $x_2<0, a'=a, z_2'>z_2$；

(e) 变位传动 $x_2>0, a'=a, z_2'<z_2$

变位系数 $$x_2=\frac{z_2-z_2'}{2}$$ (11-6a)

3. 蜗杆传动的几何尺寸计算

图 11-12、表 11-3 和表 11-4 分别列出了蜗杆传动几何计算公式和一些结构尺寸。

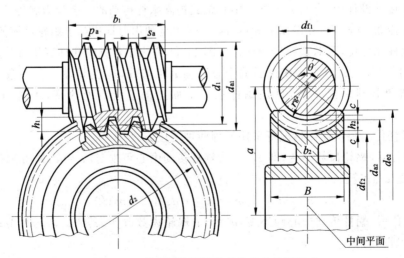

图 11-12　普通圆柱蜗杆传动的基本几何尺寸

表 11-3　普通圆柱蜗杆传动基本几何尺寸计算关系式

名　　　称	代号	计算关系式	说　明
中心距	a	$a=(d_1+d_2+2x_2m)/2$	按规定选取
模数	m	$m=m_a=\dfrac{m_n}{\cos\gamma}$	按规定选取
蜗轮变位系数	x_2	$x_2=\dfrac{a}{m}-\dfrac{d_1+d_2}{2m}$	
蜗杆直径系数	q	$q=d_1/m$	
蜗杆轴向齿距	p_a	$p_a=\pi m$	
蜗杆导程	p_z	$p_z=\pi mz_1$	
蜗杆分度圆直径	d_1	$d_1=mq$	按规定选取
蜗杆齿顶圆直径	d_{a1}	$d_{a1}=d_1+2h_{a1}=d_1+2h_a^*m$	
蜗杆齿根圆直径	d_{f1}	$d_{f1}=d_1-2h_{f1}=d_1-2(h_a^*m+c)$	
顶隙	c	$c=c^*m$	按规定选取
渐开线蜗杆基圆直径	d_{b1}	$d_{b1}=d_1\tan\gamma/\tan\gamma_b=mz_1/\tan\gamma_b$	
蜗杆节圆直径	d_1'	$d_1'=d_1+2x_2m=m(q+2x_2)$	
蜗杆导程角	γ	$\tan\gamma=mz_1/d_1=z_1/q$	
渐开线蜗杆基圆导程角	γ_b	$\cos\gamma_b=\cos\gamma\cos\alpha_n$	
蜗轮分度圆直径	d_2	$d_2=mz_2=2a-d_1-2x_2m$	
蜗轮喉圆直径	d_{a2}	$d_{a2}=d_2+2h_{a2}$	
蜗轮齿根圆直径	d_{f2}	$d_{f2}=d_2-2h_{f2}$	
蜗轮齿顶高	h_{a2}	$h_{a2}=\dfrac{1}{2}(d_{a2}-d_2)=m(h_a^*+x_2)$	
蜗轮齿根高	h_{f2}	$h_{f2}=\dfrac{1}{2}(d_2-d_{f2})=m(h_a^*-x_2+c^*)$	
蜗轮齿高	h_2	$h_2=h_{a2}+h_{f2}=\dfrac{1}{2}(d_{a2}-d_{f2})=m(2h_a^*+c^*)$	
蜗轮咽喉母圆半径	r_{g2}	$r_{g2}=a-\dfrac{1}{2}d_{a2}$	
蜗轮齿宽角	θ	$\theta=2\arcsin\left(\dfrac{b_2}{d_1}\right)$	
蜗轮节圆直径	d_2'	$d_2'=d_2$	

表 11-4　蜗轮宽度 B、顶圆直径 d_{e2} 及蜗杆齿宽 b_1 的计算公式

z_1	B	d_{e2}	x_2	b_1	
1	$\leqslant 0.75d_{a1}$	$\leqslant d_{a2}+2m$	0	$\geqslant(11+0.06z_2)m$	当变位系数 x_2 为中间值时，b_1 取 x_2 邻近两公式所求值的较大者。
			-0.5	$\geqslant(8+0.06z_2)m$	
			-1.0	$\geqslant(10.5+z_1)m$	
2		$\leqslant d_{a2}+1.5m$	0.5	$\geqslant(11+0.1z_2)m$	经磨削的蜗杆，按左式所求的 b_1 应再增加下列值：
			1.0	$\geqslant(12+0.1z_2)m$	当 $m<10\text{mm}$ 时，增加 25mm；
4	$\leqslant 0.67d_{a1}$	$\leqslant d_{a2}+m$	0	$\geqslant(12.5+0.09z_2)m$	当 $m=10\sim16\text{mm}$ 时，增加 $35\sim40\text{mm}$；
			-0.5	$\geqslant(9.5+0.09z_2)m$	当 $m>16\text{mm}$ 时，增加 50mm
			-1.0	$\geqslant(10.5+z_1)m$	
			0.5	$\geqslant(12.5+0.1z_2)m$	
			1.0	$\geqslant(13+0.1z_2)m$	

11.3　普通圆柱蜗杆传动承载能力计算

1. 蜗杆传动失效形式、设计准则及常用材料

蜗杆传动的主要失效形式包括齿面点蚀(pitting)、齿根折断(breaking-off)、齿面胶合(seizure)和过度磨损(excessive wear)。在蜗杆传动设计中,蜗杆轮齿的强度总是比蜗轮轮齿的强度高得多,所以失效通常只发生在蜗轮上。由于蜗杆传动的齿面相对滑动速度大,因此在许多蜗杆传动中,蜗轮最有可能的失效形式是齿面胶合和过度磨损。

开式蜗杆传动的主要失效形式是齿面过度磨损和轮齿折断,因此应以保证齿根弯曲疲劳强度作为主要设计准则。

闭式蜗杆传动的主要失效形式为齿面胶合和点蚀。因此通常按齿面接触疲劳强度进行设计,然后按齿根弯曲疲劳强度校核。此外还需进行热平衡计算和蜗杆刚度计算。

由上述蜗杆传动的失效形式可知,蜗杆、蜗轮材料不仅要求有足够的强度,更要具有良好的减摩和耐磨性能。

蜗杆材料通常为碳素钢或合金钢。高速重载蜗杆材料采用 15Cr、20Cr 等,热处理为渗碳淬火,齿面硬度为 58~63HRC;也可选择 40、45 和 40Cr 等,热处理采用表面淬火,齿面硬度为 45~55HRC;一般蜗杆传动和低速中载蜗杆传动,蜗杆材料可选择 40 和 45 钢,经调质处理后,齿面硬度为 220~300HBS。

常用蜗轮材料为铸造锡青铜(ZCuSn10P1 和 ZCuSn5Pb5Zn5)、铸造铝铁青铜(ZCuAl10Fe3)及灰铸铁(HT150 和 HT200)等。锡青铜耐磨性最好,但价格较高,适用于滑动速度 $v_s \geqslant 3\text{m/s}$ 的重要传动。铝铁青铜的耐磨性较锡青铜差,但价格便宜,一般用于滑动速度 $v_s \leqslant 4\text{m/s}$ 的传动;当滑动速度 $v_s \leqslant 2\text{m/s}$ 时,可采用灰铸铁。

2. 蜗杆传动受力分析

如图 11-13 所示,右旋蜗杆为主动件,旋转方向为如图逆时针方向,F_n 为作用于节点 P 的法向载荷。把 F_n 分解为三个互相垂直的分力,即圆周力 F_t(tangential force)、径向力 F_r(radial force)和轴向力 F_a(axial force)。由于蜗杆和蜗轮交错成 90°角,所以三个分力满足关系式:

$$F_{t1} = F_{a2} = \frac{2T_1}{d_1} \tag{11-7}$$

$$F_{a1} = F_{t2} = \frac{2T_2}{d_2} \tag{11-8}$$

$$F_{r1} = F_{r2} = F_{t2}\tan\alpha \tag{11-9}$$

法向载荷 F_n 表示成(参考图 11-13,并略去摩擦力):

$$F_n = \frac{F_{a1}}{\cos\alpha_n \cos\gamma} = \frac{F_{t2}}{\cos\alpha_n \cos\gamma} = \frac{2T_2}{d_2 \cos\alpha_n \cos\gamma} \tag{11-10}$$

式中,T_1、T_2 分别为蜗杆和蜗轮上的扭矩,蜗杆主动时,$T_2 = T_1 i_{12} \eta$,η 为蜗杆传动的啮合效率,i 为蜗杆传动的传动比;d_1、d_2 分别为蜗杆和蜗轮的分度圆直径;γ 为蜗杆的螺旋线升角。

蜗杆轴向分力 F_{a1} 的方向是由螺旋线旋向和蜗杆转向决定的。可用蜗杆的左(右)手螺

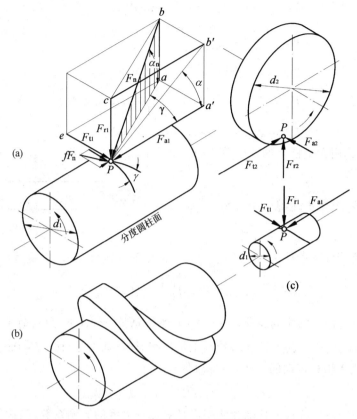

图 11-13　蜗杆传动的受力分析

旋定则来判定,即根据蜗杆齿的螺旋方向伸左手或右手(左旋伸左手,右旋伸右手),握住蜗杆轴线,以四指所示方向为蜗杆转向,则拇指伸直时所指方向即为蜗杆所受轴向力 F_{a1} 方向,蜗轮所受圆周力 F_{t2} 的方向与 F_{a1} 相反,F_{t2} 方向即为啮合点蜗轮的速度方向。

　　例 11-1　如图 11-14 所示轮系,已知主动斜齿轮 1 的转向。若蜗杆为单头蜗杆,模数 $m=10$mm,蜗杆直径系数 $q=8$,传动比 $i=40$,作用在蜗轮上的阻力矩 1000N·m,蜗杆的传动效率 $\eta=0.45$,要求确定:(1)如欲使蜗轮 6 顺时针转动,蜗杆的转向及蜗杆齿的螺旋方向是什么? (2)求出蜗杆传动中作用在蜗杆上三个分力的大小,并画出三个分力的方向。

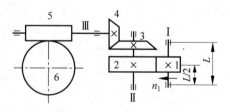

图 11-14　齿轮蜗轮轮条

　　解:(1) 由主动斜齿轮 1 的转向可知,锥齿轮 4 和蜗杆 5 所在的Ⅲ轴转向向上(主视图),因此蜗杆 5 转向向上。蜗轮 6 顺时针转动,说明其受到的圆周力在与蜗杆 5 啮合处是向右,从而可得出蜗杆 5 受到的轴向力水平向左,由蜗杆 5 的轴向力方向和转动方向,可以确定蜗杆 5 的轮齿为右旋。

　　(2) 由作用在蜗轮轴上的扭矩 $T=1000$N·m,可以求得:

　　作用在蜗杆轴上的扭矩 $T_5=\dfrac{T}{i\eta}=\dfrac{1000}{40\times0.45}=55(\text{N·m})$

$$d_5 = mq = 10 \times 8 = 80 \text{(mm)}$$

$$F_{t5} = \frac{2T_5}{d_5} = \frac{2 \times 55}{80 \times 10^{-3}} = 1389 \text{(N)}$$

$$d_6 = mz_6 = 10 \times 40 = 400 \text{(mm)}$$

$$F_{a5} = F_{t6} = \frac{2T_6}{d_6} = \frac{2 \times 1000}{400 \times 10^{-3}} = 5000 \text{(N)}$$

$$F_{r5} = F_{r6} = F_{t6} \tan\alpha = 1819.85 \text{(N)}$$

在啮合处,作用在蜗杆上的三个分力方向表示如图 11-15 所示。

图 11-15　蜗杆所受分力图示

3. 蜗杆传动强度计算

1) 蜗轮齿面接触疲劳强度计算

齿面接触疲劳强度条件为 $\sigma_H \leqslant [\sigma]_H$,$\sigma_H$ 为齿面最大接触应力,应用赫兹公式计算,即

$$\sigma_H = Z_E \sqrt{\frac{KF_n}{L\rho_\Sigma}} \text{ MPa}$$

式中,F_n 为啮合齿面上的法向载荷,N;L 为接触线总长,mm;K 为载荷系数;Z_E 为材料弹性系数,$\sqrt{\text{MPa}}$,对于青铜或铸铁蜗轮与钢蜗杆配对时,取 $Z_E = 160\sqrt{\text{MPa}}$。

在上式中代入蜗杆传动的参数,整理后得

$$\sigma_H = Z_E Z_\rho \sqrt{KT_2/a^3} \leqslant [\sigma]_H \tag{11-11}$$

式中,Z_ρ 为蜗杆传动的接触线长度和曲率半径对接触强度的影响系数,简称接触系数,可查图 11-16 确定。

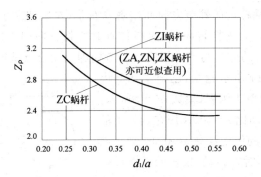

图 11-16　圆柱蜗杆传动的接触系数 Z_ρ

载荷系数 $K = K_A K_\beta K_v$。其中 K_A 为工况系数,查表 11-5 确定;K_β 为齿向载荷分布系数,载荷平稳时,取 $K_\beta = 1$,当载荷变化较大,或有冲击、振动时,取 $K_\beta = 1.3 \sim 1.6$。K_v 为动载荷系数,蜗杆传动具有传动平稳的特点,因此可按以下方法选取 K_v 值:蜗轮圆周速度 $v_2 \leqslant 3\text{m/s}$ 的精制蜗杆传动,$K_v = 1.0 \sim 1.1$;蜗轮圆周速度 $v_2 > 3\text{m/s}$ 的一般蜗杆传动,$K_v = 1.1 \sim 1.2$。

$[\sigma]_H$ 为蜗轮齿面许用接触应力。当蜗轮材料为灰铸铁或高强度青铜($\sigma_B \geqslant 300\text{MPa}$)时,蜗杆传动的承载能力主要取决于齿面胶合强度。通常采用接触疲劳强度进行条件性计算。由于胶合不属于疲劳失效,$[\sigma]_H$ 的值与应力循环次数 N 无关,因而可直接从表 11-6 中查取。

表 11-5 工作情况系数 K_A

工 作 类 型	I	II	III
载荷性质	均匀、无冲击	不均匀、小冲击	不均匀、大冲击
每小时起动次数	<25	25～50	>50
起动载荷	小	较大	大
K_A	1	1.15	1.2

表 11-6 灰铸铁及铸铝铁青铜蜗轮的许用接触应力 $[\sigma]_H$　　　　MPa

材　料		滑动速度 v_s/(m/s)						
蜗　杆	蜗　轮	<0.25	0.25	0.5	1	2	3	4
20 或 20Cr 渗碳、淬火,	灰铸铁 HT150	206	166	150	127	95	—	—
45 号钢淬火,齿面硬度	灰铸铁 HT200	250	202	182	154	115	—	—
大于 45HRC	铸铝铁青铜 ZCuAl10Fe3	—	—	250	230	210	180	160
45 号钢或 Q275	灰铸铁 HT150	172	139	125	106	79	—	—
	灰铸铁 HT200	208	168	152	128	96	—	—

若蜗轮材料为强度极限 $\sigma_B<300$MPa 的锡青铜,蜗轮的承载能力主要取决于齿面的接触疲劳强度,即齿面的失效形式为疲劳点蚀。许用接触应力 $[\sigma]_H$ 按下式计算

$$[\sigma]_H = K_{HN}[\sigma]_{0H}$$

式中,$[\sigma]_{0H}$ 为基本许用接触应力,可查表 11-7 确定。K_{HN} 为接触强度寿命系数,$K_{HN}=\sqrt[8]{\dfrac{10^7}{N}}$,$N$ 为应力循环次数,$N=60jn_2L_h$,而 n_2 为蜗轮转速(r/min),L_h 则为蜗轮总工作小时数(h),j 为蜗轮每转一圈每个轮齿的啮合次数。

表 11-7 铸锡青铜蜗轮的基本许用接触应力 $[\sigma]_{0H}$　　　　MPa

蜗轮材料	铸 造 方 法	蜗杆螺旋面的硬度	
		≤45HRC	>45HRC
铸锡磷青铜	砂模铸造	150	180
ZCuSn10P1	金属模铸造	220	268
铸锡锌铅青铜	砂模铸造	113	135
ZCuSn5Pb5Zn5	金属模铸造	128	140

注:锡青铜的基本许用接触应力为应力循环次数 $N=10^7$ 时之值。当 $N\neq10^7$ 时,需将表中数值乘以寿命系数 K_{HN};当 $N>25\times10^7$ 时,取 $N=25\times10^7$;当 $N<2.6\times10^5$ 时,取 $N=2.6\times10^5$。

式(11-11)为蜗轮接触疲劳强度校核公式,写成设计公式为

$$a \geqslant \sqrt[3]{KT_2\left(\frac{Z_E Z_\rho}{[\sigma]_H}\right)^2} \tag{11-12}$$

2) 蜗轮齿根弯曲疲劳强度计算

蜗轮轮齿折断主要发生在蜗轮齿数较多($z_2>90$)或开式传动中。因此,对闭式蜗杆传动通常只作弯曲强度的校核计算,蜗轮齿根弯曲疲劳强度计算除了判别轮齿弯曲断裂的可能性,对于承受重载的动力蜗杆副,通过计算还可判别由于弯曲应力引起的轮齿弹性变形量

是否显著影响蜗杆副的运动平稳性。

　　蜗轮的齿形是比较复杂的,精确计算蜗轮齿根的弯曲应力非常困难。蜗杆传动在主平面上可看成齿条与斜齿轮的传动,因此蜗轮进行齿根弯曲疲劳强度计算时通常把蜗轮近似地当做斜齿轮来考虑。由斜齿轮齿根弯曲应力计算公式,得

$$\sigma_F = \frac{KF_{t2}}{b_2 m_n} Y_{Fa2} Y_{Sa2} Y_{\varepsilon} Y_{\beta} = \frac{2KT_2}{b_2 d_2 m_n} Y_{Fa2} Y_{Sa2} Y_{\varepsilon} Y_{\beta}$$

式中,b_2 为蜗轮轮齿弧长,取 $b_2 = \dfrac{\pi d_1 \theta}{360° \cos\gamma}$,其中 θ 为蜗轮齿宽角,可按表 11-3 中公式计算;m_n 为法向模数,$m_n = m\cos\gamma$,mm;Y_{Sa2} 为齿根应力修正系数,在 $[\sigma]_F$ 中考虑;Y_{ε} 为弯曲疲劳强度重合度系数,取 $Y_{\varepsilon} = 0.667$;Y_{β} 为螺旋角影响系数,取 $Y_{\beta} = 1 - \dfrac{\gamma}{140°}$。

　　将以上参数代入上式,得

$$\sigma_F = \frac{1.53KT_2}{d_1 d_2 m} Y_{Fa2} Y_{\beta} \leqslant [\sigma]_F \tag{11-13}$$

式中,Y_{Fa2} 为蜗轮齿形系数,根据当量齿数 $z_{v2} = z_2 / \cos^3\gamma$ 及变位系数 x_2 从图 11-17 中查取;$[\sigma]_F$ 为蜗轮许用弯曲应力,其值按此式计算

$$[\sigma]_F = [\sigma]_{0F} \cdot K_{FN}$$

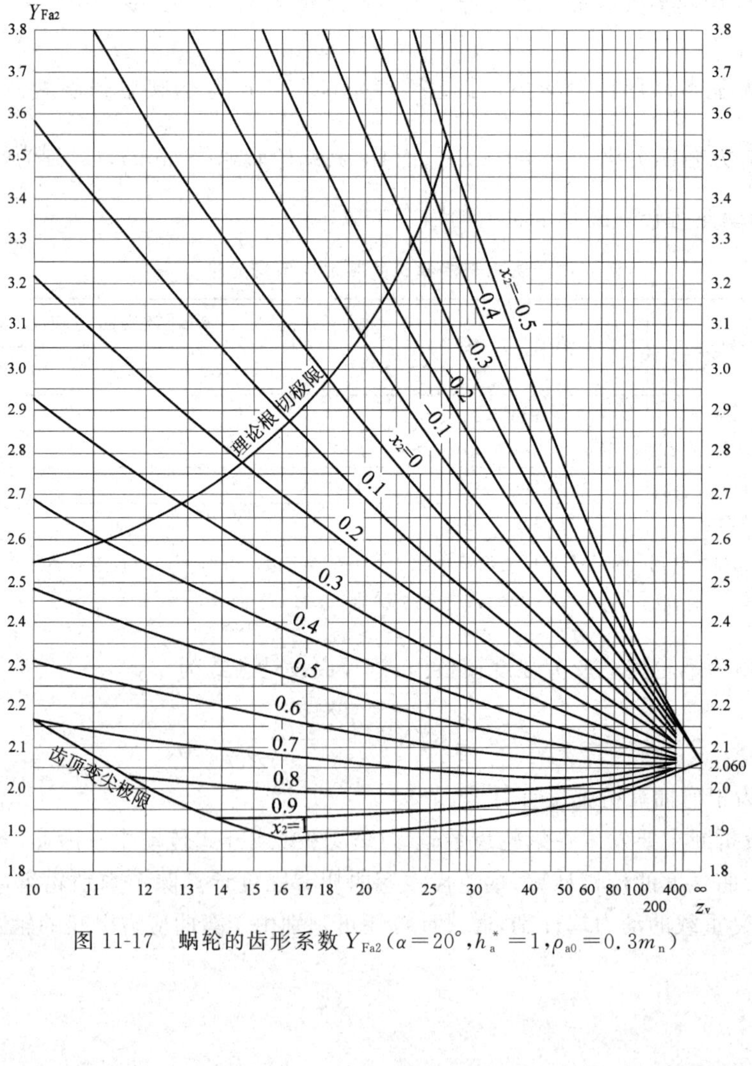

图 11-17　蜗轮的齿形系数 Y_{Fa2} ($\alpha = 20°$, $h_a^* = 1$, $\rho_{a0} = 0.3m_n$)

式中,$[\sigma]_{0F}$ 为计入齿根应力修正系数 Y_{Sa2} 后蜗轮的基本许用应力,其值可查表 11-8 确定;

K_{FN} 为寿命系数,$K_{FN}=\sqrt[9]{\dfrac{10^6}{N}}$,$N$ 为应力循环次数。

表 11-8　蜗轮的基本许用弯曲应力 $[\sigma]_{0F}$　　　　　　　　MPa

蜗 轮 材 料		铸造方法	单侧工作 $[\sigma]_{0F}$	双侧工作 $[\sigma_{-1}]_{0F}$
铸锡青铜 ZCuSn10P1		砂模铸造	40	29
		金属模铸造	56	40
铸锡锌铅青铜 ZCuSn5Pb5Zn5		砂模铸造	26	22
		金属模铸造	32	26
铸铝铁青铜 ZCuAl10Fe3		砂模铸造	80	57
		金属模铸造	90	64
灰铸铁	HT150	砂模铸造	40	28
	HT200	砂模铸造	48	34

注:表中各种青铜的基本许用弯曲应力为应力循环次数 $N=10^6$ 时之值。当 $N\neq10^6$ 时,需将表中数值乘以寿命系数 K_{FN};当 $N>25\times10^7$ 时,取 $N=25\times10^7$;$N<10^5$ 时,取 $N=10^5$。

式(11-13)为蜗轮弯曲疲劳强度校核公式,写成设计公式为

$$m^2 d_1 \geqslant \dfrac{1.53 K T_2}{z_2 [\sigma]_F} Y_{Fa2} Y_\beta \qquad (11\text{-}14)$$

计算出 $m^2 d_1 (\mathrm{mm}^3)$ 后,从表 11-1 中可查取相应的参数。

4. 蜗杆的刚度计算

蜗杆在受载后发生弯曲弹性变形,若弹性变形量过大,会造成蜗杆与蜗轮不能正确啮合,加剧齿面的磨损,所以通常在蜗杆传动设计中要进行蜗杆的刚度(rigidity)计算。

蜗杆的结构特点是一种杆状零件,两端近似为铰支座,且在杆长中间作用一集中载荷 P,$P=\sqrt{F_{r1}^2+F_{t1}^2}$,$F_{r1}$ 和 F_{t1} 分别为蜗杆啮合后受到的径向力和圆周力。刚度计算时,把蜗杆看成是简支梁,取蜗杆齿根圆直径为梁直径,则蜗杆的最大挠度 y 可按下式近似计算,并得其刚度计算条件为

$$y=\dfrac{\sqrt{F_{t1}^2+F_{r1}^2}}{48EI}L'^3 \leqslant [y] \qquad (11\text{-}15)$$

式中,E 为蜗杆材料弹性模量,MPa;I 为蜗杆截面惯性矩,$I=\dfrac{\pi d_{f1}^4}{64}$,$\mathrm{mm}^4$,$d_{f1}$ 为蜗杆齿根圆直径,mm;L' 为蜗杆两端支承间的跨距,mm,初步计算时可取 $L'\approx0.9d_2$,d_2 为蜗轮分度圈直径;$[y]$ 为许用最大挠度,设计计算时,一般可取 $[y]=\dfrac{d_1}{1000}$,d_1 为蜗杆分度圆直径,mm。

5. 普通圆柱蜗杆传动精度等级及其选择

根据 GB/T 10089—2018 圆柱蜗杆、蜗轮精度国家标准的规定,蜗杆传动分 12 个精度

等级,1 级最高,12 级最低。

普通圆柱蜗杆传动的精度(accuracy)选择一般为 6～9 级。6 级精度传动适用于中等精度机床的分度机构、发动机调节系统的传动以及读数装置的精密传动,允许的蜗轮圆周速度 $v_2 > 5\text{m/s}$;7 级精度通常适用于运输和一般工业中的中等速度($v_2 < 7.5\text{m/s}$)的动力传动; 8 级精度常用于短时工作的低速传动($v_2 \leqslant 3\text{m/s}$)。

11.4　蜗杆传动的滑动速度及效率

1. 蜗杆传动滑动速度

蜗杆传动过程中,蜗杆与蜗轮啮合面会产生相当大的滑动速度(sliding velocity)(参看图 11-18)。根据速度分析方法可得

$$v_1 = v_2 + v_s$$

式中,v_2 为蜗轮圆周速度;v_s 为相对滑动速度;v_1 则为蜗杆节点绝对速度,且 $v_1 = \pi d_1 n_1 /(60 \times 1000)$,$d_1$ 和 n_1 分别为蜗杆的分度圆直径和转速。

故由图 11-18 中的速度三角形,得滑动速度 v_s(m/s)为

$$v_s = \frac{v_1}{\cos\gamma} = \frac{\pi d_1 n_1}{60 \times 1000\cos\gamma} \tag{11-16}$$

较大的齿面滑动速度,使蜗杆传动更易发生齿面磨损和胶合。当蜗杆传动具有良好的润滑形成条件(即形成润滑油膜条件)时,较大的滑动速度则有助于形成润滑油膜,降低齿面摩擦,提高传动效率。

2. 蜗杆传动效率

闭式蜗杆传动的功率损耗一般包括三部分,即啮合摩擦损耗、轴承摩擦损耗和浸入油池中零件搅油引起的损耗。蜗杆传

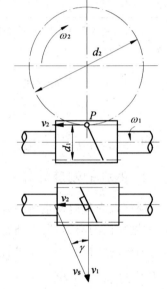

图 11-18　蜗杆传动的滑动速度

动效率(efficiency)η 即为计入了这三项功率损耗的效率:

$$\eta = \eta_1 \eta_2 \eta_3 \tag{11-17}$$

其中,由啮合摩擦损耗所决定的效率 η_1 起主要作用:

$$\eta_1 = \tan\gamma / \tan(\gamma + \varphi_v) \tag{11-18}$$

式中,γ 为普通圆柱蜗杆分度圆柱上的导程角;φ_v 为当量摩擦角,$\varphi_v = \arctan f_v$,f_v 为当量摩擦系数,其值可在表 11-9 中选取。

η_2 和 η_3 分别为轴承效率和蜗杆或蜗轮搅油引起的效率。一般设计中可取 $\eta_2 \eta_3 = 0.95 \sim 0.96$。所以蜗杆传动效率 η 可表示为

$$\eta = \eta_1 \eta_2 \eta_3 = (0.95 \sim 0.96) \frac{\tan\gamma}{\tan(\gamma + \varphi_v)} \tag{11-19}$$

蜗杆传动设计时,可根据蜗杆头数估取传动效率:

蜗杆头数 z_1	1	2	4	6
传动效率 η	0.7	0.8	0.9	0.95

表 11-9　普通圆柱蜗杆传动的 v_s、f_v、φ_v 值

蜗轮齿圈材料	锡青铜				无锡青铜		灰铸铁			
蜗杆齿面硬度	≥45HRC		其他		≥45HRC		≥45HRC		其他	
滑动速度 $v_s^{①}$/(m/s)	$f_v^{②}$	$\varphi_v^{②}$	f_v	φ_v	$f_v^{②}$	$\varphi_v^{②}$	$f_v^{②}$	$\varphi_v^{②}$	f_v	φ_v
0.01	0.110	6°17′	0.120	6°51′	0.180	10°12′	0.180	10°12′	0.190	10°45′
0.05	0.090	5°09′	0.100	5°43′	0.140	7°58′	0.140	7°58′	0.160	9°05′
0.10	0.080	4°34′	0.090	5°09′	0.130	7°24′	0.130	7°24′	0.140	7°58′
0.25	0.065	3°43′	0.075	4°17′	0.100	5°43′	0.100	5°43′	0.120	6°51′
0.50	0.055	3°09′	0.065	3°43′	0.090	5°09′	0.090	5°09′	0.100	5°43′
1.0	0.045	2°35′	0.055	3°09′	0.070	4°00′	0.070	4°00′	0.090	5°09′
1.5	0.040	2°17′	0.050	2°52′	0.065	3°43′	0.065	3°43′	0.080	4°34′
2.0	0.035	2°00′	0.045	2°35′	0.055	3°09′	0.055	3°09′	0.070	4°00′
2.5	0.030	1°43′	0.040	2°17′	0.050	2°52′				
3.0	0.028	1°36′	0.035	2°00′	0.045	2°35′				
4	0.024	1°22′	0.031	1°47′	0.040	2°17′				
5	0.022	1°16′	0.029	1°40′	0.035	2°00′				
8	0.018	1°02′	0.026	1°29′	0.030	1°43′				
10	0.016	0°55′	0.024	1°22′						
15	0.014	0°48′	0.020	1°09′						
24	0.013	0°45′								

① 如滑动速度与表中数值不一致时,可用插入法求得 f_v 和 φ_v 值。

② 蜗杆齿面经磨削或抛光并仔细磨合、正确安装,以及采用黏度合适的润滑油进行充分润滑时。

11.5　蜗杆传动的润滑及热平衡计算

1. 蜗杆传动的润滑

蜗杆传动的齿面相对滑动速度大,发热量高,良好的润滑(lubrication)对蜗杆传动特别重要。当润滑不良时,传动效率显著下降,齿面会产生很大的摩擦力而造成急剧磨损和发生胶合。所以通常采用较大黏度润滑油和正常的热平衡条件实现良好润滑,并且常在润滑油中加入添加剂,以提高蜗轮齿面的抗胶合能力。

1）润滑油

蜗杆传动可使用多种润滑油,根据蜗杆、蜗轮配对材料和工作条件选择合适的润滑油。对于钢制蜗杆配对青铜蜗轮,常用润滑油列于表 11-10 中。

2）润滑油黏度及给油方法

润滑油黏度和给油方法一般根据相对滑动速度及载荷类型进行选择。闭式传动,常用的润滑油黏度和给油方法见表 11-11;开式传动,通常采用较高黏度齿轮油或润滑脂。

表 11-10　蜗杆传动常用的润滑油

全损耗系统用油牌号 L-AN	68	100	150	220	320	460	680
运动黏度 ν_{40}/cSt	61.2～74.8	90～110	135～165	198～242	288～352	414～506	612～748
黏度指数　(不小于)	90						
闪点(开口)/℃(不低于)	180			200			220
凝点/℃(不高于)	−8						−5

注:其余指标可参看 GB 5903—1986。

表 11-11　蜗杆传动的润滑油黏度荐用值及给油方法

蜗杆传动的相对滑动速度 v_s/(m/s)	0～1	0～2.5	0～5	>5～10	>10～15	>15～25	>25
载荷类型	重	重	中	(不限)	(不限)	(不限)	(不限)
运动黏度 ν_{40}/cSt	900	500	350	220	150	100	80
给油方法	油池润滑			喷油润滑或油池润滑	喷油润滑时的喷油压力 /MPa		
					0.7	2	3

3) 润滑油量

对于闭式传动采用油池润滑时,应当有适当的油量,既能保证浸入油池中的蜗杆或蜗轮能带入啮合面足够的油量,又能使搅油时能量损耗不会过多。对于下置式蜗杆或侧置式蜗杆传动,浸油深度通常为一个蜗杆齿高;对于上置式蜗杆传动,浸油深度约为蜗轮外径的 1/3。

2. 蜗杆传动热平衡计算

蜗杆传动过程中,由于传动效率较低,会产生较多的热量。对于闭式蜗杆传动,这些热量若不能及时散发(heat dissipation)出去,就会使润滑油油温过高使润滑油稀释,齿面间的润滑油啮合时基本被完全挤出,使齿面间摩擦力增加,从而加剧磨损和引起胶合失效。所以闭式传动通常要进行热平衡(heat balance)计算。

设单位时间内蜗杆传动的发热量为 H_1(单位为 1W=1J/s),则

$$H_1 = 1000P(1-\eta) \tag{11-20}$$

式中,P 为蜗杆传递的功率,kW。

若以自然冷却方式,设单位时间内的散热量为 H_2(W),则

$$H_2 = K_d S(t - t_0)$$

式中,K_d 为箱体表面传热系数,取 $K_d = 8.15～17.45$,W/(m²·℃);S 为内表面能被润滑油飞溅到,而外表面又可为周围空气冷却的箱体表面面积,m²;t 为油工作温度,一般应限制在 60～70℃,最高不应超过 80℃;t_0 为周围环境温度,通常取常温 $t_0 = 20$℃。

达到热平衡时,$H_1 = H_2$,即 $1000P(1-\eta) = K_d S(t-t_0)$。

上式中解出 t(℃),得

$$t = t_0 + \frac{1000P(1-\eta)}{K_d S} \tag{11-21}$$

从式(11-21)中求出箱体所需最小散热面积 $S(\mathrm{m}^2)$ 为

$$S = \frac{1000P(1-\eta)}{K_{\mathrm{d}}(t-t_0)} \tag{11-22}$$

式(11-21)和式(11-22)两式中,若计算结果为 $t > 80℃$ 或散热面积不足时,可采取以下几项措施来提高蜗杆传动的散热能力:

（1）箱体上加散热片以增大散热面积,如图 11-19 所示。

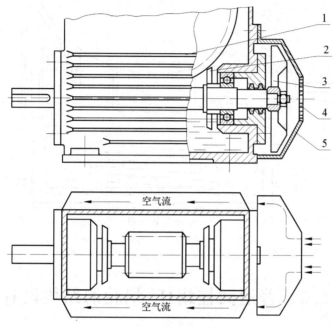

图 11-19　加散热片和风扇的蜗杆传动
1—散热片；2—溅油轮；3—风扇；4—过滤网；5—集气罩

（2）在蜗杆轴端加装风扇实现强制风冷却,如图 11-19 所示。

采取第二项措施时,由于加装了风扇,便增加了功率损耗,此时总功率损耗 $P_{\mathrm{f}}(\mathrm{kW})$ 为

$$P_{\mathrm{f}} = (P - \Delta P_{\mathrm{F}})(1-\eta) \tag{11-23}$$

式中, $\Delta P_{\mathrm{F}}(\mathrm{kW})$ 为风扇损耗的功率,按下式计算:

$$\Delta P_{\mathrm{F}} \approx \frac{1.5v_{\mathrm{F}}^3}{10^5} \tag{11-24}$$

v_{F} 为风扇叶轮的圆周速度,m/s, $v_{\mathrm{F}} = \dfrac{\pi D_{\mathrm{F}} n_{\mathrm{F}}}{60 \times 1000}$,其中, D_{F} 为风扇叶轮外径,mm; n_{F} 为风扇转速,r/min。

单位时间内产生热量 $H_1(\mathrm{W})$:

$$H_1 = 1000(P - \Delta P_{\mathrm{F}})(1-\eta) \tag{11-25}$$

单位时间内散热量 $H_2(\mathrm{W})$:

$$H_2 = (K_{\mathrm{d}}'S_1 + K_{\mathrm{d}}S_2)(t-t_0) \tag{11-26}$$

式中, S_1 、 S_2 分别为风冷面积及自然冷却面积,m^2 ; K_{d}' 为风冷时的表面传热系数,可查表 11-12 确定。

表 11-12 风冷时的表面传热系数 K_d'

蜗杆转速/(r/min)	750	1000	1250	1550
$K_d'/(\mathrm{W/(m^2 \cdot \ ℃)})$	27	31	35	38

（3）在传动箱内安装循环冷却管路，如图 11-20 所示。

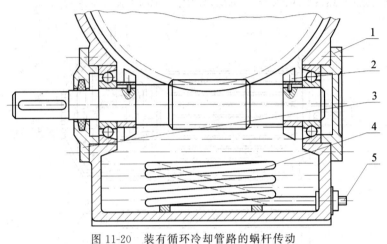

图 11-20 装有循环冷却管路的蜗杆传动

1—闷盖；2—溅油轮；3—透盖；4—蛇形管；5—冷却水出、入接口

11.6 普通圆柱蜗杆、蜗轮的结构设计

蜗杆螺旋部分直径不会很大，通常与轴做成一个整体，如图 11-21 所示。其中图 11-21(a)所示结构无退刀槽（recess of thread portion），螺旋部分用铣制的方法加工，图 11-21(b)所示的结构有退刀槽，螺旋部分可车制，也可以铣制。这种结构比前者刚度要差一些。

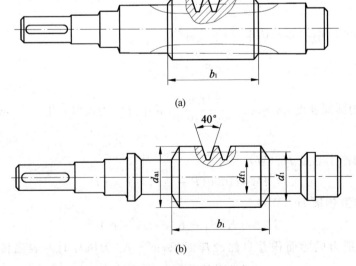

(a)

(b)

图 11-21 蜗杆的结构形式

常用蜗轮结构形式有以下几种：

（1）齿圈式（structune with the fitted rim）：如图 11-22（a）所示，这种结构由青铜齿圈与铸铁轮芯组成。齿圈与轮芯一般用 H7/r6 配合装配，并加装 4～6 个紧定螺钉，以提高连接的可靠性。螺钉直径可取（1.2～1.5）m，m 为蜗杆传动的模数；螺钉拧入深度为（0.3～0.4）B，B 为蜗轮宽度；螺钉中心线位置偏向轮芯 2～3mm，以便于钻孔加工。这种结构多用于尺寸不太大或工作温度变化较小的地方。

（2）螺栓连接式（fastening the rim by flanges）：如图 11-22（b）所示，轮齿和轮芯可用普通螺栓连接，也可用铰制孔螺栓连接。这种结构装拆方便，多用于尺寸较大或容易磨损的蜗轮。

（3）整体浇铸式（integral casting）：如图 11-22（c）所示，主要用于铸铁蜗轮或尺寸很小的青铜蜗轮。

（4）拼铸式（cast joint）：如图 11-22（d）所示，通常采用铸铁轮芯，并在铸铁轮芯上浇铸青铜齿圈，然后切齿而成。

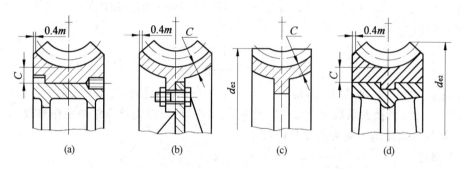

图 11-22　蜗轮的结构形式（m 为蜗轮模数，m 和 C 的单位均为 mm）

(a) $C \approx 1.6m+1.5$mm；(b) $C \approx 1.5m$；(c) $C \approx 1.5m$；(d) $C \approx 1.6m+1.5$mm

例 11-2　试设计一搅拌机用的闭式蜗杆减速器中的普通圆柱蜗杆传动。已知：输入功率 $P=9$kW，蜗杆转速 $n_1=1450$r/min，传动比 $i=20$。工作载荷较稳定，传动不反向，有轻微冲击，要求寿命 L_h 为 12000h。

解：1）选择蜗杆传动类型

依据 GB/T 10088—2018 推荐，采用渐开线蜗杆（ZI）。

2）选择材料

分析已知条件，采用蜗杆为 45 号钢，热处理为淬火处理，齿面硬度为 45～55HRC。蜗轮采用铸锡磷青铜 ZCuSn10P1。蜗轮结构采用齿圈式的结构，轮芯用灰铸铁 HT100。

3）按齿面接触疲劳强度设计

设计公式为

$$a \geqslant \sqrt[3]{KT_2\left(\frac{Z_E Z_\rho}{[\sigma]_H}\right)^2}$$

（1）确定作用在蜗轮上的转矩 T_2

取 $z_1=2$，则 $\eta=0.8$（估取），T_2 为

$$T_2 = 9.55 \times 10^6 \frac{P_2}{n_2} = 9.55 \times 10^6 \frac{9 \times 0.8}{1450/20} = 948400(\text{N} \cdot \text{mm})$$

（2）确定载荷系数 K

取 $K_\beta=1$；查表 11-5，得 $K_A=1.15$；取动载荷系数 $K_v=1.05$，则
$$K = K_A K_v K_\beta = 1.15 \times 1.05 \times 1 = 1.21$$

（3）确定弹性影响系数 Z_E

钢制蜗杆与配对青铜蜗轮 $Z_E = 160\sqrt{\text{MPa}}$。

（4）确定接触系数 Z_ρ

假设蜗杆分度圆直径 d_1 与传动中心距 a 的比值 $d_1/a=0.35$，查图 11-16，得 $Z_\rho=2.9$。

（5）确定许用接触应力 $[\sigma]_H$

查表 11-7，得蜗轮基本许用应力 $[\sigma]_{0H}=268\text{MPa}$，应力循环次数 N 为
$$N = 60jn_2L_h = 60 \times 1 \times \frac{1450 \times 12000}{20} = 5.22 \times 10^7$$

寿命系数 $\qquad K_{HN} = \sqrt[8]{\dfrac{10^7}{5.22 \times 10^7}} = 0.8134$

所以 $\qquad [\sigma]_H = K_{HN}[\sigma]_{0H} = 0.8134 \times 268 = 218(\text{MPa})$

（6）计算中心距 a
$$a \geqslant \sqrt[3]{1.21 \times 948400 \times \left(\frac{160 \times 2.9}{218}\right)^2} = 173.234(\text{mm})$$

取中心距 $a=200\text{mm}$，查表 11-2，得 $m=8\text{mm}$，$d_1=80\text{mm}$，这时 $d_1/a=0.4$。

查图 11-16，得接触系数 $Z'_\rho=2.74$，因为 $Z'_\rho < Z_\rho$，所以以上计算结果不作修改。

4）蜗杆与蜗轮的主要参数与几何尺寸

（1）蜗杆

轴向齿距 $p_a=25.133\text{mm}$，直径系数 $q=10$，齿顶圆直径 $d_{a1}=96\text{mm}$，齿根圆直径 $d_{f1}=60.8\text{mm}$，分度圆导程角 $\gamma=11°18'36''$，蜗杆轴向齿厚 $S_a=12.566\text{mm}$。

（2）蜗轮

蜗轮齿数 $z_2=40$

蜗轮分度圆直径 $\quad d_2 = mz_2 = 8 \times 40 = 320(\text{mm})$

蜗轮喉圆直径 $\quad d_{a2} = d_2 + 2h_{a2} = 320 + 2 \times 8 = 336(\text{mm})$

蜗轮齿根圆直径 $\quad d_{f2} = d_2 - 2h_{f2} = 320 - 2 \times 8(1+0.2) = 300.8(\text{mm})$

蜗轮咽喉母圆半径 $\quad r_{g2} = a - \dfrac{1}{2}d_{a2} = 200 - \dfrac{1}{2} \times 336 = 32(\text{mm})$

5）校核齿根弯曲疲劳强度
$$\sigma_F = \frac{1.53KT_2}{d_1 d_2 m\cos\gamma}Y_{Fa2}Y_\beta \leqslant [\sigma]_F$$

当量齿数 $\quad z_{v2} = \dfrac{z_2}{\cos^3\gamma} = \dfrac{40}{(\cos 11.31°)^3} = 40.79$

查图 11-17，由 $x_2=0$，$z_{v2}=40.79$，得 $Y_{Fa2}=2.43$。

螺旋角系数 $Y_\beta = 1 - \dfrac{\gamma}{140°} = 1 - \dfrac{11.31°}{140°} = 0.91921$。

许用弯曲应力 $[\sigma]_F$ 计算查表 11-8，得基本许用弯曲应力 $[\sigma]_{0F}=56\text{MPa}$；寿命系数为

$$K_{FN} = \sqrt[9]{\frac{10^6}{5.22 \times 10^7}} = 0.644$$

故许用弯曲应力$[\sigma]_F$为

$$[\sigma]_F = 56 \times 0.644 = 36.086 \text{MPa}$$

$$\sigma_F = \frac{1.53 \times 1.21 \times 948400}{80 \times 320 \times 8} \times 2.43 \times 0.91921 = 19.15 \text{MPa} < [\sigma]_F$$

蜗轮的弯曲强度足够。

6）精度等级确定

根据工作要求，查阅有关手册，可确定选择 8 级精度，侧隙种类为 f，标注为 8f GB/T 10089—2018。

7）热平衡计算（略）

8）蜗杆刚度计算（略）

11.7　圆弧圆柱蜗杆传动简介

1. 圆弧圆柱蜗杆传动特点

圆弧圆柱蜗杆（ZC 蜗杆）传动是一种新型的蜗杆传动。实践证明，这种蜗杆传动比普通圆柱蜗杆传动的承载能力大，传动效率高，使用寿命长，可以实现交错轴之间的传动，蜗杆能安装在蜗轮的上、下方或侧面。因此圆弧圆柱蜗杆传动有逐渐代替普通圆柱蜗杆传动的趋势。它的主要特点有：

（1）传动比范围大，可实现 1：100 的大传动比传动；

（2）蜗杆与蜗轮的齿廓呈凸凹啮合，接触线与相对滑动速度方向间的夹角大，有利于润滑油膜的形成；

（3）当蜗杆主动时，啮合效率可达 95％以上，比普通圆柱蜗杆传动的啮合效率提高 10％～20％；

（4）传动的中心距难以调整，对中心距误差的敏感性较强。

2. 圆弧圆柱蜗杆传动类型

圆弧圆柱蜗杆传动可分为圆环面包络圆柱蜗杆传动和轴向圆弧齿圆柱蜗杆传动两种类型。

1）圆环面包络圆柱蜗杆传动

该蜗杆齿面是圆环面砂轮与蜗杆作相对螺旋运动时，砂轮曲面族的包络面。圆环面包络圆柱蜗杆传动又可分为 ZC_1 和 ZC_2 两种型式。

ZC_1 蜗杆传动，蜗杆齿面是由圆环面（砂轮）形成的，蜗杆轴线与砂轮轴线的公垂线通过蜗杆齿槽的某一位置。砂轮与蜗杆齿面的瞬时接触线是一条固定的空间曲线。砂轮与蜗杆的相对位置如图 11-23（a）所示。

ZC_2 蜗杆传动，蜗杆齿面是由圆环面（砂轮）形成的，蜗杆曲线与砂轮轴线的轴交角为某

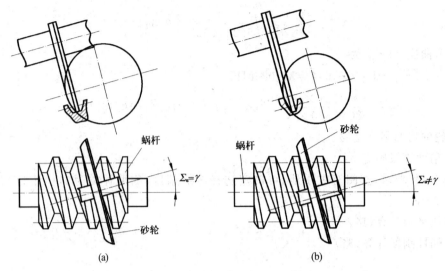

(a) (b)

图 11-23　圆环面包络圆柱蜗杆传动

一角度,该二轴线的公垂线通过砂轮齿廓曲率中心。砂轮与蜗杆齿面的瞬时接触线是一条与砂轮的轴向齿廓互相重合的固定平面曲线。砂轮与蜗杆的相对位置如图 11-23(b)所示。

2) 轴向圆弧圆柱蜗杆(ZC_3)传动

该蜗杆齿面是由蜗杆轴向平面(含轴平面)内一段凹圆弧绕蜗杆的轴线作螺旋运动时形成的,也就是将凸圆弧车刀前刃面置于蜗杆轴向平面内,车刀绕蜗杆轴线作相对螺旋运动时所形成的轨迹曲面。车刀与蜗杆的相对位置如图 11-24 所示。

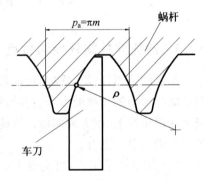

图 11-24　轴向圆弧圆柱蜗杆传动

3. 圆弧圆柱蜗杆传动的主要参数及其选择

圆弧圆柱蜗杆传动的主要参数有齿形角 α_0、变位系数 x_2 及齿廓圆弧半径 ρ(图 11-8(b))。

1) 齿形角 α_0

依据啮合分析,推荐选取齿形角 $\alpha_0 = 23° \pm 2°$。

2) 变位系数 x_2

一般推荐 $x_2 = 0.5 \sim 1.5$。代替普通圆柱蜗杆传动时,一般选 $x_2 = 0.5 \sim 1$。当传动的转速较高时,应尽量选取较大的变位系数,取 $x_2 = 1 \sim 1.5$。此外,当 $z_1 > 2$ 时,取 $x_2 = 0.7 \sim 1.2$;$z_1 \leqslant 2$ 时,取 $x_2 = 1 \sim 1.5$。

3) 齿廓圆弧半径 ρ

齿廓圆弧半径 ρ 可按 $\rho = (0.72 \pm 0.1) h_a^* \left(\dfrac{1}{\sin\alpha_0} \right)^{2.2}$ 计算。实际应用中,推荐 $\rho = (5 \sim 5.5) m$(m 为模数)。当 $z_1 = 1$、2 时,取 $\rho = 5m$;$z_1 = 3$ 时,$\rho = 5.3m$;$z_1 = 4$ 时,$\rho = 5.5m$。

圆弧圆柱蜗杆的齿形参数及几何尺寸见表 11-13。

表 11-13　圆弧圆柱蜗杆齿形参数及几何尺寸计算（参见图 11-8(b)）

名　称	符号	计算公式	备　注
齿形角	α_0	常取 $\alpha_0 = 23°$	
蜗杆齿厚	s	$s = 0.4\pi m$	m 为模数，下同
蜗杆齿间宽	e	$e = 0.6\pi m$	
蜗杆轴向齿距	p_a	$p_a = \pi m$	
齿廓圆弧半径	ρ	$\rho = (5 \sim 5.5)m$	
齿廓圆弧中心到蜗杆轴线的距离	l'	$l' = \rho \sin\alpha_0 + 0.5qm$	
齿廓圆弧中心到蜗杆齿对称线的距离	L'	$L' = \rho\cos\alpha_0 + 0.5s = \rho\cos\alpha_0 + 0.2\pi m$	
齿顶高	h_a	$h_a = m$	
齿根高	h_f	$h_f = 1.2m$	
齿全高	h	$h = 2.2m$	
顶隙	c	$c = 0.2m$	
蜗杆齿顶厚度	s_a	$s_a = 2\left[L' - \sqrt{\rho^2 - (l' - r_{a1})^2}\right]$	
蜗杆齿根厚度	s_f	$s_f = 2\left[L' - \sqrt{\rho^2 - (l' - r_{f1})^2}\right]$	
蜗杆分度圆柱导程角	γ	$\gamma = \arctan(z_1/q)$	
法面模数	m_n	$m_n = m\cos\gamma$	
蜗杆法面齿厚	s_n	$s_n = s\cos\gamma$	
齿廓圆弧半径最小界限值	ρ_{min}	$\rho_{min} \geqslant \dfrac{h_a}{\sin\alpha_0} = \dfrac{h_a^* m}{\sin\alpha_0}$	

拓展性阅读文献指南

　　蜗杆传动在进行轮齿间的受力分析时，通常为了简单略去了摩擦力。增加摩擦力的受力分析可参阅吴宗泽主编《机械设计》（第 7 版），高等教育出版社出版，2001。

　　环面蜗杆传动和圆弧圆柱蜗杆传动（ZC），近年来在我国也较普遍应用起来，有关这两种蜗杆传动的详细设计计算、参数选择等问题可参阅：①齿轮手册编委会编《齿轮手册》（第 2 版），机械工业出版社，2001；②朱孝录主编《机械传动设计手册》（第 2 版），化学工业出版社，2010。

思　考　题

　　11-1　蜗杆传动有哪些特点？

　　11-2　简述蜗杆传动正确啮合条件；阿基米德蜗杆传动在其主平面上相当于什么形式的齿轮啮合？

　　11-3　蜗杆传动主要失效形式是什么？

11-4   闭式蜗杆传动为什么要进行热平衡计算？

11-5   分析影响蜗杆传动啮合效率的几何因素。

习　　题

11-1   试分析题11-1图所示蜗杆传动中各轴的回转方向、蜗轮轮齿的螺旋线方向及蜗杆、蜗轮所受各力的作用位置及方向(用各分力表示)。

11-2   题11-2图中所示为手动绞车。已知：$m=8,q=8,z_1=1,z_2=40,D=200\text{mm}$。问：

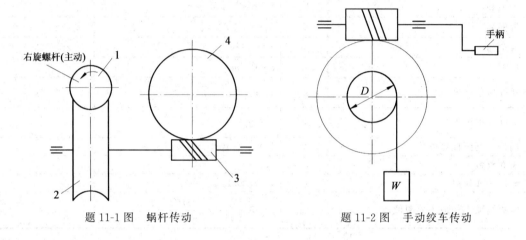

题 11-1 图　蜗杆传动　　　　　　　题 11-2 图　手动绞车传动

(1) 欲使重物 W 上升 1m，手柄应转多少转？转向如何？

(2) 若当量摩擦系数 $f_v=0.2$，该传动啮合效率 η_1 是多少？该机构能否自锁？

11-3   题11-3图所示蜗杆齿轮传动装置。右旋蜗杆1为主动件，为使轴Ⅱ、Ⅲ上传动件的轴向力能相抵消，试确定：

(1) 蜗杆的转向；

(2) 一对斜齿轮 3、4 轮齿的齿向；

(3) 用图表示轴Ⅱ上传动件的受力(用各分力表示)情况。

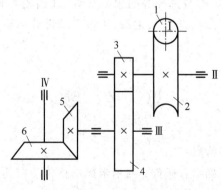

题 11-3 图　蜗杆齿轮传动

11-4　某蜗杆传动中,蜗杆轴向模数 $m=8$mm,传动比 $i_{12}=19$,蜗杆分度圆直径 $d_1=63$mm,蜗杆头数 $z_1=2$,中心距 $a=183.5$mm,要求使中心距圆整为 185mm,传动比不变。求变位系数 x_2 和蜗杆、蜗轮的主要几何尺寸,以及参数 z_2、q、d_1、d_{f1}、d_{a1}、d_2、d_{f2}、d_{a2}、γ。

11-5　设计用于带式输送机的普通圆柱蜗杆传动,传递功率 $P_1=5.0$kW,$n_1=960$r/min,传动比 $i=23$,由电动机驱动,载荷平稳。蜗杆材料为 40Cr,渗碳淬火,硬度 58HRC。蜗轮材料为 ZCuSn10P1,金属模铸造。蜗杆减速器每日工作 8h,要求工作寿命为 7 年(每年按 300 工作日计)。

11-6　设计某纺织机械中的单级蜗杆传动减速器,驱动用电机功率为 5.5kW,主动轴转速 $n_1=1440$r/min,减速比 $i_{12}=20$,工作载荷稳定,双向传动,长期连续运转,蜗杆下置,润滑情况良好,要求工作寿命为 15000h。

第4篇 轴系零部件

    轴系零部件主要包括轴(shaft)、滑动轴承(sliding bearing)、滚动轴承(rolling contact bearing)、联轴器(coupling)、离合器(clutch)和制动器(brake)。轴用于支承回转零件并传递运动和动力。轴承用于支承轴或轴上回转零件,根据摩擦类型轴承可分为滑动轴承和滚动轴承两类。

    联轴器和离合器都是用于连接两轴并传递运动和转矩。它们的区别在于,联轴器只有在机器停止后,两轴才能分离或接合,而离合器则在机器工作时就可使两轴分离或接合。制动器是用来降低机械的运转速度或迫使机械停止运转的部件。

第 12 章

轴

　　内容提要：本章主要介绍轴的结构设计、强度计算、刚度与振动稳定性问题以及提高轴的刚、强度的措施。本章首先介绍了轴的用途、分类、材料及选择原则等基本知识；在此基础上分析了轴的结构设计方法，从拟定轴上零件的装配方案到零件的轴向和周向定位方式，到各轴段直径和长度的确定方法都进行了详细的阐述，并介绍了提高轴的结构工艺性的方法；本章详细介绍轴的扭转强度、弯扭合成强度和安全系数校核方法，并简要介绍轴的弯曲和扭转刚度计算方法、振动稳定性问题及临界转速的计算。本章最后介绍了提高轴的强度与刚度的措施，内容涉及如何减少轴的应力集中、如何减少轴承受的载荷以及如何提高轴的疲劳强度。

　　本章重点：轴的分类，轴的结构设计，轴的弯扭合成强度计算。

　　本章难点：轴的结构设计。

12.1　概　　述

1. 轴的用途及分类

　　所有作回转运动的传动零件(例如齿轮、蜗轮等)都必须安装在轴上才能传递运动和动力。因此，轴(shaft)是组成机器的一个主要零件。它的主要作用有两个：支承回转零件，传递运动和动力。

　　轴按承载的情况可分为转轴、心轴和传动轴三种。同时承受弯矩和扭矩的轴称为转轴，如图 12-1 所示支承齿轮的轴为转轴，两键槽间是受扭矩的轴段，弯矩则由齿轮所受的径向力和周向力产生。只受弯矩而不承受扭矩的轴称为心轴，如图 12-2(a)所示为转动心轴，如图 12-2(b)所示为固定心轴。该两轴上所支承的为滑轮，滑轮上绳所受的拉力施加到轴上则表现为弯矩。图(a)中的轴与滑轮用键连接在一起，所以轴随滑轮一起转动，图(b)中的滑轮是空套在轴上的，所以当滑轮转动时，轴是固定不动的。主要受扭矩而不受弯矩或弯矩很小的轴称为传动轴，如图 12-3 所示为一传动轴。

　　按照轴线形状的不同，轴还可以分为曲轴

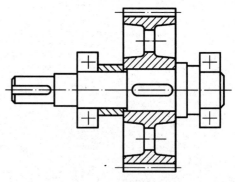

图 12-1　支承齿轮的转轴

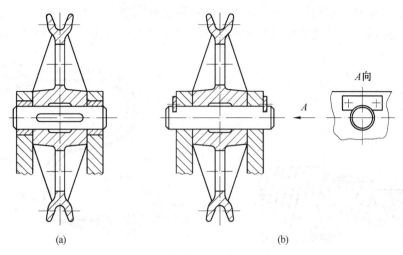

图 12-2 心轴

（a）转动心轴；（b）固定心轴

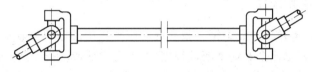

图 12-3 传动轴

(crank shaft)（图 12-4）和直轴（straight shaft）（图 12-5）两大类。曲轴和连杆一起可将旋转运动改变为往复直线运动。直轴根据外形不同,可分为光轴（plain shaft）（图 12-5(a)）和阶梯轴（multidiameter shaft）（图 12-5(b)）两种。光轴加工方便,应力集中少,但轴上零件不易装配及定位,常用于传递纯扭矩;阶梯轴则刚好相反,常用作转轴。直轴一般都制成实心的。当需要在轴中装设其他零件或减轻轴的重量时,常将轴制成空心的（图 12-6）。空心轴内外径比值通常为 $\frac{1}{2} \sim \frac{2}{3}$,以保证轴的刚度及扭转稳定性。

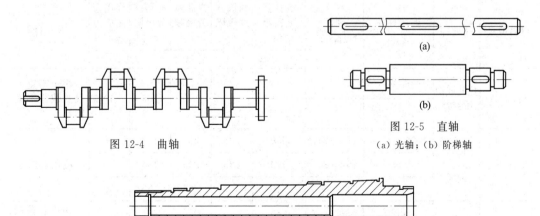

图 12-4 曲轴

图 12-5 直轴

（a）光轴；（b）阶梯轴

图 12-6 空心轴

除此之外,还有钢丝软轴。钢丝软轴是由多层钢丝绕制而成的(图 12-7)。它具有良好的挠性,可以把回转运动灵活地传到狭窄的空间位置(图 12-8),例如牙钻的传动轴。

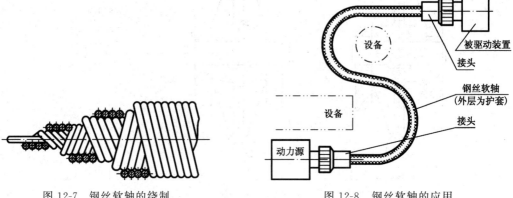

图 12-7　钢丝软轴的绕制　　　　　　　　图 12-8　钢丝软轴的应用

2. 轴的材料及其选择

轴的常用材料有碳素钢和合金钢。碳素钢对应力集中的敏感性较低,还可通过热处理改善其综合性能,价格也比合金钢低廉,因此应用较为广泛,常用 45 钢。合金钢则具有更高的机械性能和更好的淬火性能。因此,在传递大动力并要求减小尺寸与质量、提高轴颈的耐磨性以及处于高温或低温条件下工作时,常采用合金钢制造的轴。

在一般工作温度下碳素钢与合金钢的弹性模量基本相同。因此,用合金钢代替碳素钢并不能提高轴的刚度。

各种热处理(如高频淬火、渗碳、氮化、氰化等)以及表面强化处理(如喷丸、滚压等),对提高轴的抗疲劳强度都有着显著的效果。

表 12-1 中列出了轴的常用材料及其主要机械性能。

表 12-1　轴的常用材料及其主要机械性能

材料牌号	热处理	毛坯直径/mm	硬度/HBS	抗拉强度极限 σ_B	屈服强度极限 σ_s	弯曲疲劳极限 σ_{-1}	剪切疲劳极限 τ_{-1}	许用弯曲应力 $[\sigma_{-1}]_b$	备注
				MPa					
Q235-A	热轧或锻后空冷	≤100		400~420	225	170	105	40	用于不重要及受载荷不大的轴
		>100~250		375~390	215				
45	正火回火调质	≤100	170~217	590	295	255	140	55	应用最广泛
		>100~300	162~217	570	285	245	135		
		≤200	217~255	640	355	275	155	60	
40Cr	调质	≤100	241~286	785	510	355	205	70	用于载荷较大,而无很大冲击的重要轴
		>100~300		685	490	335	185		

续表

材料牌号	热处理	毛坯直径 /mm	硬度 /HBS	抗拉强度极限 σ_B	屈服强度极限 σ_s	弯曲疲劳极限 σ_{-1}	剪切疲劳极限 τ_{-1}	许用弯曲应力 $[\sigma_{-1}]_b$	备　注
				MPa					
40CrNi	调质	≤100	270~300	900	735	430	260	75	用于很重要的轴
		>100~300	240~270	785	570	370	210		
38SiMnMo	调质	≤100	229~286	735	590	365	210	70	用于重要的轴,性能近于40CrNi
		>100~300	217~269	685	540	345	195		
38CrMoAlA	调质	≤60	293~321	930	785	440	280	75	用于要求高耐磨性,高强度且热处理(氮化)变形很小的轴
		>60~100	277~302	835	685	410	270		
		>100~160	241~277	785	590	375	220		
20Cr	渗碳淬火回火	≤60	渗碳56~62 HRC	640	390	305	160	60	用于要求强度及韧性均较高的轴
3Cr13	调质	≤100	≥241	835	635	395	230	75	用于腐蚀条件下的轴
1Cr18Ni9Ti	淬火	≤100	≤192	530	195	190	115	45	用于高、低温及腐蚀条件下的轴
		>100~200		490		180	110		
QT600-3			190~270	600	370	215	185		用于制造复杂外形的轴
QT800-2			245~335	800	480	290	250		

注:① 表中所列疲劳极限 σ_{-1} 值是按下列关系式计算的,供设计时参考。碳钢:$\sigma_{-1} \approx 0.43\sigma_B$;合金钢:$\sigma_{-1} \approx 0.2(\sigma_B+\sigma_s)+100$;不锈钢:$\sigma_{-1} \approx 0.27(\sigma_B+\sigma_s)$;$\tau_{-1} \approx 0.156(\sigma_B+\sigma_s)$;球墨铸铁:$\sigma_{-1} \approx 0.36\sigma_B$,$\tau_{-1} \approx 0.31\sigma_B$。

② 1Cr18Ni9Ti(GB1221—1984)可选用,但不推荐。

3. 轴设计的主要内容

轴的设计主要包括结构设计和工作能力计算两方面的内容。

轴的结构设计是根据轴上零件的装配、定位及轴的加工等方面的要求合理地定出其各部分的形状和尺寸。轴的结构设计是否合理,会直接影响轴的工作能力和轴上零件的工作可靠性,还会直接关系到轴上零件装配的难易程度等。因此,轴的结构设计是轴设计中的重要内容。

轴的工作能力计算主要是对轴进行强度、刚度和振动稳定性计算。对于一般机械轴,只需对轴进行强度计算,以防止断裂或塑性变形;对于有刚度要求的轴,还需进行刚度计算,以防止过大的弹性变形;对于高速运转的轴,还要进行振动稳定性计算,以防止发生共振而破坏。

12.2　轴的结构设计

轴的结构主要取决于以下因素：轴在机器中的安装位置及形式、轴上零件的布置和固定方式、轴的受力情况、轴的加工工艺等。

轴的结构应满足：①轴和装在轴上的零件要有准确、牢固的工作位置；②轴上零件装拆和调整方便；③轴应具有良好的制造工艺性等。

1. 拟定轴上零件的装配方案

拟定轴上零件的装配方案就是预定出轴上主要零件的装配方向、顺序和相互关系,它是进行轴的结构设计的前提,它决定了轴的基本结构形式。如图 12-9 所示的减速器阶梯轴,应先在轴上装上平键 1,再从轴右端逐一装入齿轮、套筒、右端轴承,然后从轴左端装入左端轴承。轴上零件安装完毕后,将轴置于减速器的轴承孔中,装上轴承左、右端盖。最后装上平键 2,并从轴右端装入联轴器。拟定装配方案时,一般应多考虑几个方案,进行分析比较再选择出最佳方案。

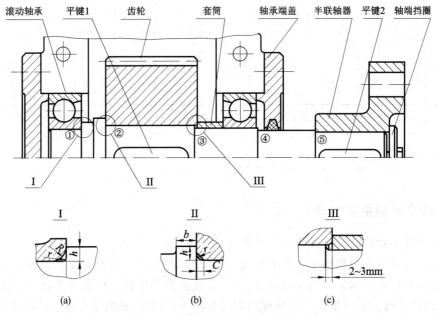

图 12-9　轴上零件装配与轴的结构示例

2. 轴上零件的定位

1) 零件的轴向定位

（1）轴肩（shaft shoulder）

用轴肩定位方便可靠,能承受较大的轴向载荷,应用较多,如图 12-9 中的①、②、③、④、⑤,其中①、②、⑤为定位轴肩,分别用于定位左轴承、齿轮和半联轴器。③、④为过渡轴肩,不定位任何零件,只是轴径有变化,方便安装。但轴肩处因轴截面的变化将产生应力集中,轴肩过多也不利于加工。用于定位的轴肩其高度 h 一般为$(0.07\sim0.1)d$,d 为与零件相配合处的轴径尺寸。用于定位滚动轴承的轴肩(图 12-9 Ⅰ 处),其高度必须低于轴承内圈的高度,以便拆卸轴承,轴肩的高度可参阅手册中轴承的安装尺寸。为了可靠地定位,轴上圆角半径 r 必须小于零件的圆角半径 R 或倒角 C(图 12-9(a)、(b))。轴和零件的圆角、倒角尺寸见表 12-2。

表 12-2　零件倒角 C 与圆角半径 R 的推荐值　　　　　　　　　　　　mm

直径 d	>6~10		>10~18	>18~30	>30~50		>50~80	>80~120	>120~180
C 或 R	0.5	0.6	0.8	1.0	1.2	1.6	2.0	2.5	3.0

（2）套筒（spacer）

套筒定位(图 12-9 Ⅲ 处)结构简单、定位可靠,一般用于轴的中部且两个零件间距较小时的情况。因套筒与轴的配合较松,所以高速轴上不宜用套筒定位。

（3）轴用圆螺母（locknut）

双圆螺母或与带翅垫圈(lockwasher)一起定位(图 12-10)可承受较大的轴向力,但轴上螺纹处有较大的应力集中,会削弱轴的强度,故一般用细牙螺纹,并用于固定轴端的零件。当轴上两个零件距离较远时也常采用圆螺母定位。

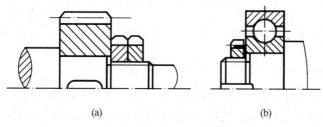

(a)　　　　　　　　　　　　(b)

图 12-10　圆螺母定位

（4）轴端挡圈（shaft end ring）

轴端挡圈仅适用于轴端零件的固定,可承受较大的轴向力,应用很广,如图 12-9 所示。

（5）轴承端盖（bearing cover）

轴承端盖用螺钉或榫槽与箱体连接而使滚动轴承的外圈得到轴向定位,如图 12-9 所示。

（6）弹性挡圈（circlip）、紧定螺钉（set screw）或锁紧挡圈（locking ring）

弹性挡圈(图 12-11)、紧定螺钉(图 12-12)和锁紧挡圈(图 12-13)结构简单,但只能承受不大的轴向力,紧定螺钉和锁紧挡圈还可兼作周向定位之用。

（7）圆锥面（conical surface）

对于承受冲击载荷和同心度要求较高的轴端零件,可采用圆锥面定位(图 12-14),并与挡圈、螺母一起使用。利用圆锥面定位,轴上零件装拆方便。

用套筒、螺母和轴端挡圈作轴向定位时,装零件的轴段长度应略小于零件轮毂的宽度 2~3mm(图 12-9 Ⅲ 处),以便使被定位零件的端面与定位面紧贴,防止零件窜动。

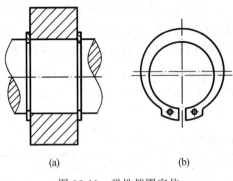

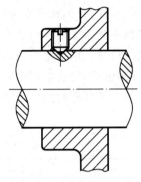

图 12-11　弹性挡圈定位

(a) 定位处结构；(b) 轴用弹性挡圈

图 12-12　紧定螺钉定位

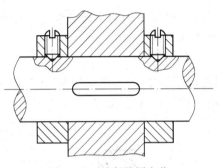

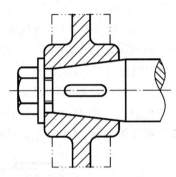

图 12-13　锁紧挡圈定位

图 12-14　圆锥面定位

2) 零件的周向定位

周向定位是为了保证轴上零件与轴不发生相对转动并能传递一定的力矩。键(key)、花键(spline)、紧定螺钉(set screw)、销(pin)、过盈配合(interference fit)等常作为轴上零件的周向定位方法。其中，键与花键最为常用，而紧定螺钉只用于传力不大处。

3. 各轴段的直径和长度的确定

零件的定位及装配方案确定好以后，轴的大体形状已基本确定。各轴段的直径则应根据其上所受载荷来确定。但初定轴径时，轴所受的具体载荷还不能确定，由于轴所受扭矩通常在轴的结构设计前已能求得，所以可根据轴所受扭矩估算轴所需的最小直径 d_{min}。然后再按轴上零件的装配方案和定位要求，从 d_{min} 开始逐一确定各段轴的直径。

有配合要求的轴段，应尽量采用标准直径。

为了使零件顺利地装到轴上，避免配合表面的擦伤，安装时零件经过各段轴的直径应小于零件的孔径(如图 12-9 中轴肩③、④右侧的直径)。为了使与轴作过盈配合的零件易于装配，相配轴段的压入端应制出锥度(图 12-15)。

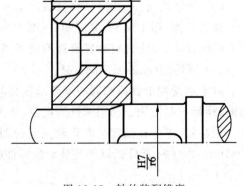

图 12-15　轴的装配锥度

还必须注意为了装配与拆卸方便可靠,不能用同一轴径安装三个以上的零件,这一原则对轴的结构设计必须遵守,否则将造成较大缺点或无法实现的结构。

4. 轴的结构工艺性

轴的结构工艺性是指轴的结构形式应便于加工和轴上零件的装配,成本低且生产率高。在满足使用要求的前提下,轴的结构形式应尽量简化,以利于加工。

轴端应制出 45°的倒角,以利于装配零件和去掉毛刺;轴上磨削表面在过渡处应有砂轮越程槽(relief groove for grinding wheels)(图 12-16(a)),以利于磨削加工;需要切制螺纹的轴段,应留有螺纹退刀槽(relief groove for threading)(图 12-16(b))。

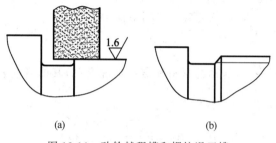

(a)　　　　　　　　　　(b)

图 12-16　砂轮越程槽和螺纹退刀槽
(a) 砂轮越程槽;(b) 螺纹退刀槽

为减少装夹工件的时间,同一轴上不同轴段的键槽应尽可能布置在轴的同一母线上,且取相同尺寸。为了制造方便,节省工时,轴上直径相近处的多个圆角应尽可能采用相同的尺寸,倒角、键槽宽度、砂轮越程槽宽度、螺纹退刀槽宽度亦是如此。

12.3　轴的强度计算

轴的计算准则是校核轴的强度与刚度,使之满足要求,必要时还应校核轴的振动稳定性。

1. 按扭转强度条件计算

对于只受扭矩作用或主要承受扭矩作用的传动轴,应按扭转强度条件计算轴的直径。对于既受弯矩又受扭矩的轴,在轴的结构设计完成之前,通常不能确定支反力及弯矩的大小,这时只能近似地按扭转强度条件估算最小轴径 $d_{\min}$,而用降低许用扭转剪应力$[\tau_T]$的办法来补偿弯矩对轴的强度的影响。

轴受扭矩时的强度条件为

$$\tau_T = \frac{T}{W_T} \approx \frac{9.55 \times 10^6 \dfrac{P}{n}}{0.2 d^3} \leqslant [\tau_T] \quad \text{MPa} \tag{12-1}$$

式中,τ_T 为轴的扭转剪应力,MPa;T 为轴所受的扭矩,N·mm;W_T 为轴的抗扭截面模量,mm³,见表 12-4,对于实心圆轴,$W_T = \pi d^3/16 \approx 0.2 d^3$;$P$ 为轴所传递的功率,kW;n 为轴的转速,r/min;d 为轴的截面直径,mm;$[\tau_T]$为许用扭转剪应力,MPa,见表 12-3。

表 12-3　几种常用轴材料的许用扭转应力$[\tau_{\mathrm{T}}]$及 A_0 值

轴的材料	Q235-A 20	45	40Cr、35SiMn、42SiM$_n$,38SiMnMo	1Cr18Ni9Ti
$[\tau_{\mathrm{T}}]$/MPa	12～20	20～40	40～52	15～25
A_0	158～135	135～106	106～97	147～124

注：① 表中$[\tau_{\mathrm{T}}]$已考虑了弯矩对轴的影响。
　　② 关于 A_0 值的取法：估计弯矩较小,材料强度较高,或轴刚度要求不严时,A_0 取偏小值,反之取偏大值；轴上无轴向载荷,A_0 取偏小值,反之取偏大值；对输出轴端,A_0 取偏小值,对输入轴端及中间轴,A_0 取偏大值；用 35SiMn 钢时,A_0 取偏大值。

由式(12-1)可推出轴的直径

$$d \geqslant \sqrt[3]{\frac{5 \times 9.55 \times 10^6 P}{[\tau_{\mathrm{T}}]n}} = A_0 \sqrt[3]{\frac{P}{n}} \quad \mathrm{mm} \tag{12-2}$$

式中,$A_0 = \sqrt[3]{\dfrac{5 \times 9.55 \times 10^6}{[\tau_{\mathrm{T}}]}}$,与轴的材料和载荷情况有关,其值可查表 12-3。

对于空心轴,则

$$d \geqslant A_0 \sqrt[3]{\frac{P}{n(1-\beta^4)}} \quad \mathrm{mm} \tag{12-3}$$

式中,β 为空心轴内径 d_1 与外径 d 之比,通常 $\beta = \dfrac{d_1}{d} = 0.5 \sim 0.6$。

应当指出,当轴上开有键槽时,应增大轴径以考虑键槽对轴的强度削弱的影响。一般有一个键槽时轴径增大 3%,有两个键槽时增大 7%,然后将轴径圆整为标准直径。

2. 按弯扭合成强度条件计算

对于转轴,在弯矩、扭矩皆已知的条件下,可按弯扭合成强度条件进行计算。

1) 作出轴的受力简图

计算时,将轴上的分布载荷简化成集中力,作用点取为载荷分布段的中点。同时,将轴上作用力分解为水平分力和垂直分力,并求水平支反力 R_{H} 和垂直支反力 R_{V}(图 12-17(a))。

2) 作弯矩图

根据轴的受力简图,分别作水平面(图 12-17(b))和垂直面(图 12-17(c)) 内的弯矩图,然后根据下式计算总弯矩并作出合成弯矩图(图 12-17(d)):

$$M = \sqrt{M_{\mathrm{H}}^2 + M_{\mathrm{V}}^2} \tag{12-4}$$

3) 作扭矩图

作用在轴上的扭矩,一般从传动件轮毂宽度的中点算起。扭矩图如图 12-17(e)所示。

4) 作计算弯矩(当量弯矩)图

根据第三强度理论求出计算弯矩(当量弯矩)(equivalent bending moment)M_{ca},并作 M_{ca} 图(图 12-17(f)),M_{ca} 计算公式如下

$$M_{\mathrm{ca}} = \sqrt{M^2 + (\alpha T)^2} \tag{12-5}$$

式中,α 为将扭矩折算为等效弯矩的折算系数(converted coefficient)。因为通常弯矩所产生的弯曲应力是对称循环的变应力,而扭矩所产生的扭转剪应力常常是不对称循环的变应

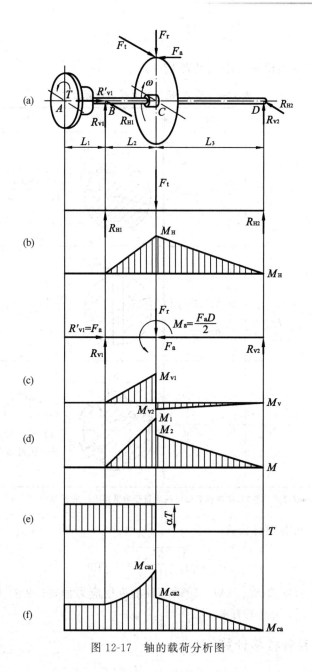

图 12-17　轴的载荷分析图

力,故求当量弯矩时应计入这种循环特性差异的影响,其值与扭矩变化情况有关。对于对称循环变化的扭矩,取 $\alpha=[\sigma_{-1}]_b/[\sigma_{-1}]_b=1$;对于脉动循环变化的扭矩,取 $\alpha=[\sigma_{-1}]_b/[\sigma_0]_b\approx0.6$;对于不变的扭矩,取 $\alpha=[\sigma_{-1}]_b/[\sigma_{+1}]_b\approx0.3$。其中 $[\sigma_{-1}]_b$、$[\sigma_0]_b$、$[\sigma_{+1}]_b$ 分别为对称循环(symmetric cycle)、脉动循环(pulsation cycle)及静应力状态下的许用弯曲应力。

5) 校核轴的强度

在同一轴上各截面所受的载荷是不同的,设计计算时应针对某些危险截面(计算弯矩大而直径偏小的截面)进行强度计算:

$$\sigma_{ca} = \frac{M_{ca}}{W} \leqslant [\sigma_{-1}] \quad \text{MPa} \tag{12-6}$$

式中,W 为轴的抗弯截面模量,mm^3,见表 12-4。

表 12-4　抗弯、抗扭截面模量计算公式

截　面	W	W_T	截　面	W	W_T
	$\dfrac{\pi d^3}{32} \approx 0.1 d^3$	$\dfrac{\pi d^3}{16} \approx 0.2 d^3$		$\dfrac{\pi d^3}{32} - \dfrac{bt(d-t)^2}{d}$	$\dfrac{\pi d^3}{16} - \dfrac{bt(d-t)^2}{d}$
	$\dfrac{\pi d^3}{32}(1-\beta^4)$ $\approx 0.1 d^3(1-\beta^4)$ $\beta = \dfrac{d_1}{d}$	$\dfrac{\pi d^3}{16}(1-\beta^4)$ $\approx 0.2 d^3(1-\beta^4)$ $\beta = \dfrac{d_1}{d}$		$\dfrac{\pi d^3}{32}\left(1-1.54\dfrac{d_1}{d}\right)$	$\dfrac{\pi d^3}{16}\left(1-\dfrac{d_1}{d}\right)$
	$\dfrac{\pi d^3}{32} - \dfrac{bt(d-t)^2}{2d}$	$\dfrac{\pi d^3}{16} - \dfrac{bt(d-t)^2}{2d}$		$[\pi d^4 + (D-d)(D+d)^2 zb]/32D$ z—花键齿数	$[\pi d^4 + (D-d)(D+d)^2 zb]/16D$ z—花键齿数

注:近似计算时,单、双键槽可忽略,花键轴截面可视为直径为平均直径的圆截面。

对于实心圆轴,可有设计公式

$$d \geqslant \sqrt[3]{\frac{M_{ca}}{0.1[\sigma_{-1}]_b}} \quad \text{mm} \tag{12-7}$$

对于心轴,$T=0$,所以 $M_{ca}=M$。转动心轴的许用应力如式(12-6)为$[\sigma_{-1}]_b$,固定心轴的许用应力为$[\sigma_0]_b$,$[\sigma_0]_b \approx 1.7[\sigma_{-1}]_b$。

3. 轴的安全系数校核计算

1) 疲劳强度校核

在式(12-6)中,没有考虑到载荷性质、应力集中、尺寸因素、表面质量及强化等因素对疲劳强度(fatigue strength)的影响,因此对轴在确定变应力情况下的安全程度必须进行安全系数(safety factor)的核算。在已知轴的外形、尺寸及载荷的基础上,可通过分析确定出几个危险剖面,这时不仅要考虑计算弯曲应力的大小,而且要考虑应力集中和绝对尺寸等因素影响的程度,求出计算安全系数 S_{ca} 并应使其大于或等于设计安全系数 S。

$$S_{ca} = \frac{S_\sigma S_\tau}{\sqrt{S_\sigma^2 + S_\tau^2}} \geqslant S \tag{12-8}$$

仅有法向应力时,应满足

$$S_\sigma = \frac{\sigma_{-1}}{K_\sigma \sigma_a + \psi_\sigma \sigma_m} \geqslant S \tag{12-9}$$

仅有扭转切应力时,应满足

$$S_\tau = \frac{\tau_{-1}}{K_\tau \tau_a + \psi_\tau \tau_m} \geqslant S \tag{12-10}$$

以上各式中的符号含义及相关数据在第 2 章内有详细说明。设计安全系数值可按表 12-5 选取。

表 12-5　轴的许用安全系数 S

材料均匀性及计算精度	S
材料均匀,载荷与应力计算精确	1.3～1.5
材料不够均匀,计算精确度较低	1.5～1.8
材料均匀性及计算精确度很低或轴径 $d > 200\text{mm}$	1.8～2.5

2) 静强度校核

静强度校核的目的在于校核轴对塑性变形的抵抗能力。轴上的尖峰载荷作用时间很短,出现次数也很少,不足以引起疲劳破坏,但却能使轴产生塑性变形。所以设计时应根据轴上作用的最大瞬时载荷来进行静强度校核。公式如下

$$S_{sca} = \frac{S_{s\sigma} S_{s\tau}}{\sqrt{S_{s\sigma}^2 + S_{s\tau}^2}} \geqslant S_s \tag{12-11}$$

$$S_{s\sigma} = \frac{\sigma_s}{\left(\dfrac{M_{max}}{W} + \dfrac{F_{amax}}{A}\right)} \tag{12-12}$$

$$S_{s\tau} = \frac{\tau_s}{T_{max}/W_T} \tag{12-13}$$

式中,S_{sca} 为危险截面静强度的计算安全系数;S_s 为对应屈服强度的设计安全系数,按制造轴材料塑性的高低取 $S_s = 1.2 \sim 2$,塑性高者取小值,塑性低者取大值;$S_{s\sigma}$ 为只考虑弯曲时的安全系数;$S_{s\tau}$ 为只考虑扭转时的安全系数;σ_s 为材料的抗弯屈服极限(bending yield limit),MPa;τ_s 为材料的抗扭屈服极限(torsional yield limit),MPa,$\tau_s = (0.55 \sim 0.62)\sigma_s$;$M_{max}$ 为轴的危险截面上的最大弯矩,N·mm;T_{max} 为轴的危险截面上的最大扭矩,N·mm;F_{amax} 为轴的危险截面上的最大轴向力,N;A 为轴的危险截面的面积,mm^2;W、W_T 为轴的危险截面的抗弯和抗扭截面模量,mm^3,见表 12-4。

例 12-1　试设计图 12-18 所示的圆锥-圆柱齿轮减速器的输出轴。输入轴与电动机相联,输入轴通过弹性柱销联轴器与工作机相联,输入轴为单向旋转(从左端看为顺时针方向)。已知电动机功率 $P = 10\text{kW}$,转速 $n_1 = 1450\text{r/min}$,齿轮机构的参数列于下表:

级　别	z_1	z_2	m_n/mm	m_t/mm	β	α_n	h_a^*	齿宽/mm
高速级	20	75		3.5		20°	1	大圆锥齿轮轮毂长 $L = 50$
低速级	23	95	4	4.0404	8°06′34″			$B_1 = 85$　　$B_2 = 80$

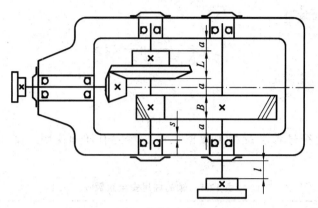

图 12-18   圆锥-圆柱齿轮减速器简图

解：1) 求输出轴上功率 P_3、转速 n_3、扭矩 T_3

若取每级齿轮传动的效率(包括轴承效率)$\eta = 0.97$，则

$$P_3 = P\eta^2 = 10 \times 0.97^2 = 9.41(\text{kW})$$

$$n_3 = n_1 \frac{1}{i} = 1450 \times \frac{20}{75} \times \frac{23}{95} = 93.61(\text{r/min})$$

$$T_3 = 9.55 \times 10^6 \frac{P_3}{n_3} = 9550000 \times \frac{9.41}{93.61} = 959998.93(\text{N} \cdot \text{mm})$$

2) 求作用在齿轮上的力

低速级大齿轮分度圆直径为

$$d_2 = m_t z_2 = 4.0404 \times 95 = 383.84(\text{mm})$$

齿轮所受的圆周力、径向力和轴向力分别为

$$F_t = \frac{2T_3}{d_2} = \frac{2 \times 959998.93}{383.84} = 5002.08(\text{N})$$

$$F_r = F_t \frac{\tan\alpha_n}{\cos\beta} = 5002.08 \times \frac{\tan 20°}{\cos 8°06'34''} = 1839(\text{N})$$

$$F_a = F_t \tan\beta = 5002.08 \times \tan 8°06'34'' = 712.74(\text{N})$$

圆周力 F_t、径向力 F_r、轴向力 F_a 方向如图 12-17 所示。

3) 初估轴直径

选取轴的材料为 45 钢，调质处理，查表 12-3，取 $A_0 = 112$，得

$$d_{min} = A_0 \sqrt[3]{\frac{P_3}{n_3}} = 112 \times \sqrt[3]{\frac{9.41}{93.61}} = 52.08(\text{mm})$$

输出轴的最小直径是用于安装联轴器。为使所选直径 $d_{\text{I-II}}$（图 12-20）与联轴器的孔径相适应，故需同时选取联轴器型号。

联轴器的计算转矩 $T_{ca} = K_A T_3$，考虑扭矩变化很小，取 $K_A = 1.3$，则

$$T_{ca} = K_A T_3 = 1.3 \times 959998.93 = 1247998.6(\text{N} \cdot \text{mm})$$

查标准 GB 5014—2003，选用 HL4 型弹性柱销联轴器，其公称扭矩为 1250000N·mm。半联轴器 I 的孔径 $d_1 = 55\text{mm}$，所以取轴径 $d_{\text{I-II}} = 55\text{mm}$；半联轴器长度 $L = 112\text{mm}$，半联轴器与轴配合的毂孔长度 $L_1 = 84\text{mm}$。

4）轴的结构设计

（1）拟定轴上零件的装配方案：见图 12-19，圆柱齿轮、套筒、左端轴承、轴承端盖和联轴器依次由轴的左端装入，仅有右端轴承从轴的右端装入。

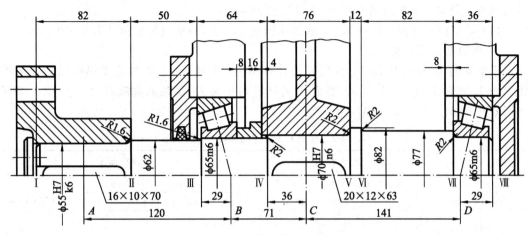

图 12-19　轴的结构与装配

（2）根据轴向定位的要求确定轴的各段直径和长度，见表 12-6。

表 12-6　确定各轴段的直径及长度

位置	直径和长度 /mm	原　　因
联轴器处 Ⅰ—Ⅱ段	$d_{Ⅰ-Ⅱ}=55$	与半联轴器的孔径相配合
	$L_{Ⅰ-Ⅱ}=82$	保证轴端挡圈只压在半联轴器上而不压在轴的端面上，$L_{Ⅰ-Ⅱ}$ 应略短于 L_1（84mm）
Ⅱ—Ⅲ段	$d_{Ⅱ-Ⅲ}=62$	为满足半联轴器的轴向定位要求，Ⅱ—Ⅲ右端需制出一轴肩
	$L_{Ⅱ-Ⅲ}=50$	轴承端盖的总宽度为20mm，根据其装拆要求及轴承润滑要求，端盖外端面与半联轴器右端面间距离取为30mm
Ⅲ—Ⅳ段	$d_{Ⅲ-Ⅳ}=65$	与滚动轴承30313的内径相配合
	$L_{Ⅲ-Ⅳ}=64$	$L_{Ⅲ-Ⅳ}=36$（滚动轴承30313的宽度）+8（滚动轴承距箱体内壁距离）+16（齿轮距箱体内壁距离）+（80−76）=64mm
Ⅳ—Ⅴ段	$d_{Ⅳ-Ⅴ}=70$	安装齿轮，有键槽，轴径增大 5%，再取标准直径
	$L_{Ⅳ-Ⅴ}=76$	为了使套筒端面可靠地压紧齿轮，此轴段长度 $L_{Ⅳ-Ⅴ}$ 应略短于轮毂宽度（80mm）
Ⅴ—Ⅵ段	$d_{Ⅴ-Ⅵ}=82$	齿轮右端采用轴肩定位，轴肩高度 $h>0.07d$，取 $h=6$mm
	$L_{Ⅴ-Ⅵ}=12$	轴环宽度 $b⩾1.4h$
Ⅵ—Ⅶ段	$d_{Ⅵ-Ⅶ}=77$	右端滚动轴承采用轴肩定位，由手册查得定位轴肩高度 $h=6$mm
	$L_{Ⅵ-Ⅶ}=82$	$L_{Ⅵ-Ⅶ}=50$（大圆锥齿轮轮毂长）+20（圆锥齿轮与圆柱齿轮间距离）+16（齿轮距箱体内壁间距离）+8（滚动轴承距箱体内壁距离）−12（$L_{Ⅴ-Ⅵ}$）=82mm
Ⅶ—Ⅷ段	$d_{Ⅶ-Ⅷ}=65$	与滚动轴承30313的内径相配合
	$L_{Ⅶ-Ⅷ}=36$	与滚动轴承30313的宽度相一致

(3) 轴上零件的周向定位：齿轮、半联轴器与轴的周向定位均采用平键连接。按 d_{IV-V} 查手册选平键 $b \times h = 20 \times 12$(GB 1095—2003)，键槽长 63mm(GB 1096—2003)，齿轮轮毂与轴的配合为 H7/n6；半联轴器与轴的连接，用平键 $16 \times 10 \times 70$，配合为 H7/k6。滚动轴承与轴通过过渡配合实现周向定位，轴径公差为 m6。

(4) 确定轴上圆角和倒角尺寸：取轴端倒角 $2 \times 45°$，各轴肩处圆角见图 12-19。

5) 求轴上支反力及弯矩

根据轴的结构图(图 12-19)作出轴的计算简图(图 12-17)。作为简支梁的轴的支承跨距 $L_2 + L_3 = 71 + 141 = 212$mm。截面 C 处计算弯矩最大，是轴的危险截面。表 12-7 中列出了 C 处的 M_H、M_V、M 及 M_{ca} 值。

表 12-7   截面 C 处的 M_H、M_V、M 及 M_{ca}

载 荷	水平面 H	垂直面 V
支反力 R	$R_{H1} = 3327$N，$R_{H2} = 1675$N	$R_{v1} = 1869$N，$R_{v2} = -30$N
弯矩 M_H/M_V	$M_H = 236217$N·mm	$M_{v1} = 132699$ N·mm，$M_{v2} = -4140$N·mm
总弯矩 M	$M_1 = \sqrt{236217^2 + 132699^2} = 270938$N·mm $M_2 = \sqrt{236217^2 + 4140^2} = 236253$N·mm	
扭矩 T	$T_3 = 959998.93$N·mm	
计算弯矩 M_{ca}	$M_{ca1} = \sqrt{270938^2 + (0.6 \times 959998.93)^2} = 636540$N·mm(其中的 0.6 为所取的 α 值) $M_{ca2} = M_2 = 236253$N·mm	

6) 按弯扭合成应力校核轴的强度

校核轴上承受最大计算弯矩的截面 C 的强度

$$\sigma_{ca} = \frac{M_{ca1}}{W} = \frac{636540}{0.1 \times 70^3} = 18.6(\text{MPa})$$

轴的材料为 45 钢，$\sigma_B = 600$MPa，查表 12-1，$[\sigma_{-1}]_b = 60$MPa。因此，$\sigma_{ca} < [\sigma_{-1}]_b$，故安全。

7) 疲劳强度校核

从应力集中对轴的疲劳强度的影响来看，截面 IV 和 V 处过盈配合引起的应力集中最严重，但截面 V 不受扭矩作用，轴径也大，不必校核。该轴只须校核截面 IV 左右两侧即可。

(1) 截面 IV 左侧

抗弯截面模量 $W = 0.1d^3 = 0.1 \times 65^3 = 27463(\text{mm}^3)$

抗扭截面模量 $W_T = 0.2d^3 = 0.2 \times 65^3 = 54925(\text{mm}^3)$

作用于截面 IV 左侧的弯矩 M 为

$$M = 270938 \times \frac{71 - 36}{71} = 133561(\text{N} \cdot \text{mm})$$

作用于截面 IV 上的扭矩 T_3 为

$$T_3 = 959998.93(\text{N} \cdot \text{mm})$$

截面 IV 左侧的弯曲应力

$$\sigma_b = \frac{M}{W} = \frac{133561}{27463} = 4.86(\text{MPa})$$

截面 IV 左侧的扭转切应力

$$\tau_T = \frac{T_3}{W_T} = \frac{959998.93}{54925} = 16.93(\text{MPa})$$

轴的材料为 45 钢,调质。查表 12-1 得 $\sigma_B=640\text{MPa}$,$\sigma_{-1}=275\text{MPa}$,$\tau_{-1}=155\text{MPa}$。

截面上由于轴肩而形成的理论应力集中系数 α_σ 及 α_τ 查表 2-3 选取。因 $\dfrac{r}{d}=\dfrac{2.0}{65}=0.031$,$\dfrac{D}{d}=\dfrac{70}{65}=1.08$,插值得

$$\alpha_\sigma=2.0,\quad \alpha_\tau=1.31$$

查图 2-8 可得轴的材料的敏感系数

$$q_\sigma=0.82,\quad q_\tau=0.85$$

所以有效应力集中系数按公式(2-10a)为

$$k_\sigma=1+q_\sigma(\alpha_\sigma-1)=1+0.82\times(2.0-1)=1.82$$
$$k_\tau=1+q_\tau(\alpha_\tau-1)=1+0.85\times(1.31-1)=1.26$$

由图 2-9 得尺寸系数 $\varepsilon_\sigma=0.67$,$\varepsilon_\tau=0.82$。

轴按磨削加工,由图 2-11 和式(2-12)得表面质量系数为

$$\beta_\sigma=0.92,\quad \beta_\tau=0.6\beta_\sigma+0.4=0.6\times0.92+0.4=0.95$$

则综合系数值为

$$K_\sigma=\frac{k_\sigma}{\varepsilon_\sigma\beta_\sigma}=\frac{1.82}{0.67\times0.92}=2.95$$
$$K_\tau=\frac{k_\tau}{\varepsilon_\tau\beta_\tau}=\frac{1.26}{0.82\times0.95}=1.62$$

由 2.3 节得材料特性系数

$$\psi_\sigma=0.1\sim0.2,\quad \text{取 } \psi_\sigma=0.1$$
$$\psi_\tau=0.05\sim0.1,\quad \text{取 } \psi_\tau=0.05$$

计算安全系数 S_{ca}

$$S_\sigma=\frac{\sigma_{-1}}{K_\sigma\sigma_a+\psi_\sigma\sigma_m}=\frac{275}{2.95\times4.86+0.1\times0}=19.18$$
$$S_\tau=\frac{\tau_{-1}}{K_\tau\tau_a+\psi_\tau\tau_m}=\frac{155}{1.62\times\frac{16.93}{2}+0.05\times\frac{16.93}{2}}=10.96$$
$$S_{ca}=\frac{S_\sigma S_\tau}{\sqrt{S_\sigma^2+S_\tau^2}}=\frac{19.18\times10.96}{\sqrt{19.18^2+10.96^2}}=9.52>S=1.5$$

所以其安全。

(2) 截面Ⅳ右侧

抗弯截面模量 $\quad W=0.1d^3=0.1\times70^3=34300(\text{mm}^3)$

抗扭截面模量 $\quad W_T=0.2d^3=0.2\times70^3=68600(\text{mm}^3)$

作用于截面Ⅳ右侧的弯矩 M 为

$$M=270938\times\frac{71-36}{71}=133561(\text{N}\cdot\text{mm})$$

作用于截面Ⅳ上的扭矩 T_3 为

$$T_3=959998.93(\text{N}\cdot\text{mm})$$

截面Ⅳ右侧的弯曲应力

$$\sigma_b=\frac{M}{W}=\frac{133561}{34300}=3.89(\text{MPa})$$

截面IV右侧的扭转切应力

$$\tau_T = \frac{T_3}{W_T} = \frac{959998.93}{68600} = 13.99(\text{MPa})$$

过盈配合产生的应力集中系数,查表 2-9 并由式(2-11)得

$$\frac{k_\sigma}{\varepsilon_\sigma} = 3.16, \qquad \frac{k_\tau}{\varepsilon_\tau} = 0.8 \times \frac{k_\sigma}{\varepsilon_\sigma} = 0.8 \times 3.16 = 2.53$$

轴按磨削加工,由图 2-11 和式(2-12)得表面质量系数为

$$\beta_\sigma = 0.92, \qquad \beta_\tau = 0.6\beta_\sigma + 0.4 = 0.6 \times 0.92 + 0.4 = 0.95$$

所以综合系数为

$$K_\sigma = \frac{k_\sigma}{\varepsilon_\sigma \beta_\sigma} = \frac{3.16}{0.92} = 3.43$$

$$K_\tau = \frac{k_\tau}{\varepsilon_\tau \beta_\tau} = \frac{2.53}{0.95} = 2.66$$

轴在截面IV右侧的安全系数为

$$S_\sigma = \frac{\sigma_{-1}}{K_\sigma \sigma_a + \psi_\sigma \sigma_m} = \frac{275}{3.43 \times 3.89 + 0.1 \times 0} = 20.61$$

$$S_\tau = \frac{\tau_{-1}}{K_\tau \tau_a + \psi_\tau \tau_m} = \frac{155}{2.66 \times \dfrac{13.99}{2} + 0.05 \times \dfrac{13.99}{2}} = 8.18$$

$$S_{ca} = \frac{S_\sigma S_\tau}{\sqrt{S_\sigma^2 + S_\tau^2}} = \frac{20.61 \times 8.18}{\sqrt{20.61^2 + 8.18^2}} = 7.6 > S = 1.5$$

该轴在截面IV右侧强度足够,轴的设计计算部分结束。

8) 绘制轴的工作图(图 12-20)

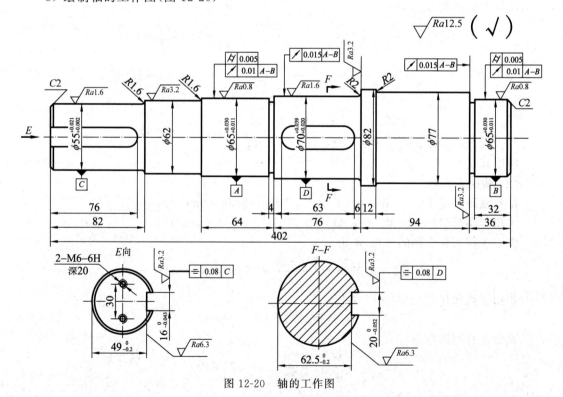

图 12-20 轴的工作图

12.4　轴的刚度及振动稳定性

1. 轴的刚度计算

轴受载以后要发生弯曲和扭转变形,过大的变形会影响轴上零件正常工作。对于有刚度要求的轴,必须进行刚度的校核计算。轴的刚度分为弯曲刚度和扭转刚度,校核时计算出轴受载后的变形量,并控制其不大于允许变形量。

1）轴的弯曲刚度校核

轴的弯曲刚度（bending rigidity）以挠度（bending deflection）和偏转角（deflection angle）来度量。按材料力学中的公式和方法算出轴的挠度 y 和偏转角 θ,使其满足轴的弯曲刚度条件

挠度 $\qquad\qquad\qquad\qquad y \leqslant [y]$ $\qquad\qquad\qquad\qquad$ (12-14)

偏转角 $\qquad\qquad\qquad\qquad \theta \leqslant [\theta]$ $\qquad\qquad\qquad\qquad$ (12-15)

式中,$[y]$ 为轴的允许挠度,mm,表 12-8;$[\theta]$ 为轴的允许偏转角,rad,表 12-6。

表 12-8　轴的允许挠度及允许偏转角

名　　　称	允许挠度$[y]$/mm	名　　　称	允许偏转角$[\theta]$/rad
一般用途的轴	$(0.0003 \sim 0.0005)l$	滑动轴承	0.001
刚度要求较严的轴	$0.0002l$	向心球轴承	0.005
感应电动机轴	0.1Δ	调心球轴承	0.05
安装齿轮的轴	$(0.01 \sim 0.03)m_n$	圆柱滚子轴承	0.0025
安装蜗轮的轴	$(0.02 \sim 0.05)m_{t2}$	圆锥滚子轴承	0.0016
		安装齿轮处轴的截面	$0.001 \sim 0.002$

注：l 为轴的跨距,mm;Δ 为电动机定子与转子间的气隙,mm;m_n 为齿轮的法面模数;m_{t2} 为蜗轮的端面模数。

2）轴的扭转刚度校核

轴的扭转刚度（torsional rigidity）是以每米长的扭转角（torsion angle）来度量的。一般按材料力学中的公式算出每米长的扭转角 φ,使其满足轴的扭转刚度条件：

扭转角 $\qquad\qquad\qquad\qquad \varphi \leqslant [\varphi]$ $\qquad\qquad\qquad\qquad$ (12-16)

一般传动轴：$[\varphi] = 0.5 \sim 1(°)/m$;精密传动轴：$[\varphi] = 0.25 \sim 0.5(°)/m$。

2. 轴的振动稳定性及临界转速

轴旋转时,由于轴及轴上零件的材料组织不均匀,制造误差,对中不良,将产生离心力,这种周期性的干扰力会引起轴的弯曲振动（横向振动）（bending vibration）。当这种强迫振动的频率与轴本身的弯曲自振频率一致时,就会出现弯曲共振（bending resonance）现象。轴传递的功率有周期性变化时,轴也会产生周期性的扭转变形,这将会引起扭转振动（torsional vibration）。同样,也有可能产生轴的扭转共振（torsional resonance）。若轴受到周期性的轴向干扰力时,轴也会产生纵向振动（axial vibration）及纵向共振（axial resonance）。一般通用机械中,轴的弯曲振动较为常见,纵向振动则由于轴的纵向自振频率

很高,不予考虑,所以下面只对弯曲振动问题加以说明。

　　轴在引起共振时的转速称为临界转速(critical rotary speed)。若轴的转速在临界转速附近,轴将发生显著变形,最终使轴和机器遭到破坏。同型振动的临界转速中最低的称为一阶临界转速,其余的为二阶、三阶等。计算临界转速的目的就在于使轴的工作转速避开轴的临界转速。

　　下面介绍求解弯曲振动临界转速的方法。如图12-21,一个装有单圆盘的双铰支轴。设圆盘质量 m 很大,轴的质量可略去不计,并假设圆盘材料不均匀而未经平衡,其质心 c 与轴线间有偏心距 e。该圆盘以角速度 ω 转动时,由于离心力而产生挠度 y。此时轴的临界角速度为

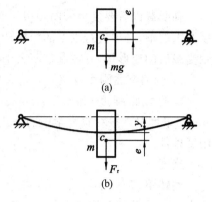

$$\omega_c = \sqrt{\frac{k}{m}} \qquad (12\text{-}17)$$

图 12-21　装有单圆盘的双铰支轴

　　上式右端刚好为轴的自振角频率,这说明轴的临界角速度等于其自振角频率。而轴的临界角速度 ω_c 只与轴的刚度 k、圆盘质量 m 有关,与偏心距无关。

　　由于轴的刚度 $k = mg/y_0$,m 为圆盘质量,g 为重力加速度,y_0 为轴在圆盘处的静挠度,所以

$$\omega_c = \sqrt{\frac{k}{m}} = \sqrt{\frac{g}{y_0}} \qquad (12\text{-}18)$$

　　代入 $g = 9810$ mm/s²,y_0 单位为 mm,可得单圆盘双铰支轴不计轴重时的一阶临界转速 n_{c1} 为

$$n_{c1} = \frac{60}{2\pi}\omega_c = \frac{30}{\pi}\sqrt{\frac{g}{y_0}} \approx 946\sqrt{\frac{1}{y_0}} \ \text{r/min} \qquad (12\text{-}19)$$

　　工作转速低于一阶临界转速的轴称为刚性轴(rigid shaft),超过一阶临界转速称为挠性轴(flexible shaft)。一般情况,刚性轴:工作转速 $n < 0.85n_{c1}$;挠性轴:$1.15n_{c1} < n < 0.85n_{c2}$($n_{c1}$、$n_{c2}$ 分别为轴的一阶、二阶临界转速)。高速轴则应使其工作转速避开相应的高阶临界转速,这样就使轴具有了弯曲振动的稳定性。

12.5　提高轴的强度与刚度的措施

　　轴的结构、表面质量及轴上零件的结构、布置、受力的位置都会影响到轴的承载能力及尺寸大小。

1. 改进轴的结构,减少应力集中

　　轴多数情况因疲劳而破坏,而应力集中对疲劳强度影响很大,因此,应在结构设计时尽量减少应力集中。

　　轴的截面尺寸发生突变处要产生应力集中,所以轴径变化处要平缓过渡,过渡圆角半径

尽量大些,以降低应力集中。当靠轴肩定位的零件的圆角或倒角很小时,轴上可采用内凹圆角(图 12-22(a))或加过渡肩环(图 12-22(b))。

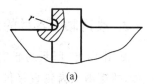
(a)

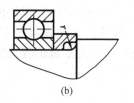
(b)

图 12-22　轴肩过渡结构

轴上过盈配合处有较大的应力集中(图 12-23(a)),为了减小应力集中,可在轮毂上或轴上开卸载槽(图 12-23(b),(c)),或加大配合部分的直径(图 12-23(d))。设计时应合理选择零件与轴的配合,以减少因过盈配合引起的应力集中。

用盘铣刀加工的键槽比用指铣刀加工的键槽应力集中小些。渐开线花键比矩形花键在齿根处的应力集中小。

切制螺纹处的应力集中较大,应尽可能避免在轴上受载较大的轴段切制螺纹。

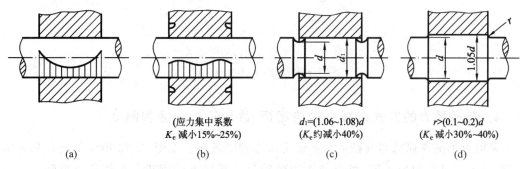

(应力集中系数 K_e 减小15%~25%)　　　$d_1=(1.06~1.08)d$ (K_e约减小40%)　　　$r>(0.1~0.2)d$ (K_e 减小30%~40%)

(a)　　　　　(b)　　　　　(c)　　　　　(d)

图 12-23　轴减少应力集中结构

(a) 过盈配合处的应力集中;(b) 轮毂上开卸载槽;(c) 轴上开卸载槽;(d) 增大配合处直径

2. 合理布置轴上零件以减少轴的载荷

轴上的传动件应尽量靠近轴承,并尽可能不采用悬臂的支承形式,以减小轴所受的弯矩。

扭矩由一个传动件输入,由几个传动件输出时,应将输入件放在中间,以减小轴所受扭矩。如图 12-24 所示,输入扭矩 $T_1=T_2+T_3+T_4$,轴上各传动件若按图 12-24(a)布置,则最大扭矩为 $T_2+T_3+T_4$,而改为图 12-24(b)的布置,则最大扭矩只有 T_3+T_4。

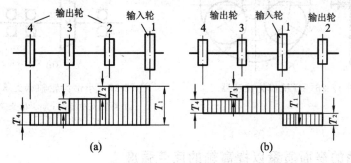

图 12-24　轴上零件的布置

(a) 不合理的布置;(b) 合理的布置

3. 改进轴上零件的结构,减小轴的载荷

如图 12-25 所示为起重卷筒(lifting drum),图 12-25(a)的方案是将大齿轮与卷筒连成一体,扭矩由大齿轮直接传给卷筒,卷筒轴只受弯矩而不受扭矩;而图 12-25(b)的方案是大齿轮与卷筒分开,扭矩由大齿轮传到轴上,再由轴传至卷筒,卷筒轴同时受到弯矩和扭矩的作用。显然方案图 12-25(a)中的轴可达到较高的强度和刚度,而同样载荷下,其轴径较小,轴的重量也将减轻。

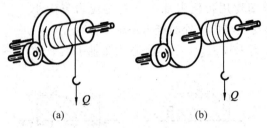

(a)　　　　　　　　(b)

图 12-25　起重卷筒的两种安装方案

（a）合理方案；（b）不合理方案

4. 选择受力的方式以减小轴的载荷,改善轴的强度和刚度

采用力平衡或局部相互抵消的办法可减小轴的载荷。如图 12-26 所示的行星齿轮减速器,由于行星轮均匀布置,可以使太阳轮轴只受转矩不受弯矩。另如若一根轴上有两个斜齿轮,则可以正确设计齿的螺旋方向,使轴向力抵消一部分。

如图 12-27 所示的锥齿轮传动中,小锥齿轮常因结构布置关系设计成悬臂安装(图 12-27(a)),如果改为简支安装(图 12-27(b)),则可提高轴的强度和刚度,并且改善锥齿轮的啮合情况。锥齿轮减速箱结构如图 12-28 所示。

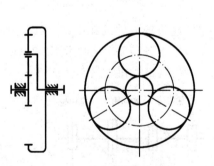

图 12-26　行星齿轮减速器

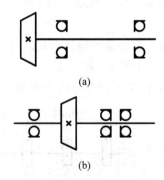

图 12-27　小锥齿轮轴承支承方案简图

（a）悬臂支承方案；（b）简支支承方案

5. 改进轴的表面质量以提高轴的疲劳强度

轴的表面越粗糙,疲劳强度就会越低。因此,应合理减小轴的表面及圆角处的加工粗糙度值,尤其对于对应力集中敏感的高强度材料轴,更应注意。

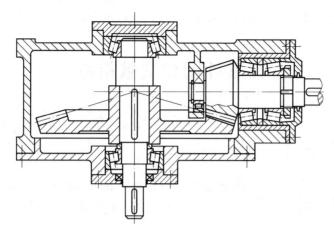

图 12-28　锥齿轮减速箱结构图

如图 12-29 所示为机器人的手腕结构。手腕的驱动电机安装在大臂关节上,经谐波减速器用两级链传动将运动通过小臂关节传递到手腕轴 7 上的链轮 1 和 2。链传动 3 将运动经链轮 1、轴 7 和锥齿轮 6、8 带动轴 9(其上装有法兰盘)作回转运动 θ_1,链传动 4 将运动经链轮 2 直接带动手腕壳体 5 实现上下俯仰摆动 β。当链传动 3 和链轮 1 不动,使链传动 4 和链轮 2 单独转动时,由于轴 7 不动,转动的壳体 5 将迫使锥齿轮 8 作行星运动,即齿轮 8 随壳体公转(上下俯仰 β),同时还绕轴做一附加的自转运动(θ_2,图 12-29 未表示)。若齿轮 6、8 为正交锥齿轮传动,则 $\theta_2 = i\beta$,其中 i 为锥齿轮 6、8 的传动比。因此,当链传动 3、4 同时驱动时,手腕的回转运动为 $\theta = \theta_1 + \theta_2$,链轮 1 的转向与手腕轴 7 的转向相同时用"—",相反用"+"。

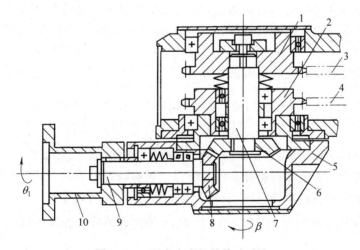

图 12-29　两自由度机械传动手腕

1—自转链轮;2—俯仰链轮;3—自转链传动;4—俯仰链传动;5—壳体;6—主动锥齿轮;
7—手腕俯仰轴;8—从动锥齿轮;9—手腕自转轴;10—手腕输出端

如上所述的机器人手腕结构中的轴,如需要提高其疲劳强度,可以通过改进轴的表面质量,如减小轴的表面及圆角处的粗糙度来提高轴的抗疲劳能力。

表面强化处理可使轴的表层产生预压应力,可提高轴的抗疲劳能力。常用的表面强化处理方法有表面高频淬火、表面渗碳、氰化、氮化、喷丸、碾压等。

拓展性阅读文献指南

有关轴的材料、结构设计和强度刚度校核可以参考成大先主编《机械设计手册(第6版)单行本——轴及其连接》,化学工业出版社,2017。该书中还介绍了软轴的组成、规格和结构设计等。

对于转速较高的轴,有必要精确地计算轴的临界转速,并进行振动稳定性设计。有关精确求解轴的临界转速的内容可以参考张策主编《机械原理与机械设计》第3版,机械工业出版社,2018。

有关常用轴的结构设计和轴系零部件的最新国家标准及各种现行的设计标准可以参考:①于惠力和冯新敏编《轴系零部件设计与实用数据速查》,机械工业出版社,2010;②于惠力编《轴系零部件设计实例精解》,机械工业出版社,2009。后者对轴系零件设计实践中常遇到的各种典型设计计算和结构设计问题进行了详解,列举了较多设计实例。

思 考 题

12-1 轴根据受载情况可分为哪三类?试分析自行车的前轴、中轴、后轴的受载情况,说明它们各属于哪类轴。

12-2 轴上零件的轴向和周向固定方法主要有哪几种?各有什么特点?

12-3 经校核发现轴的强度不符合要求时,在不增大轴径的条件下,可采取哪些措施来提高轴的强度?

12-4 轴的结构设计应注意哪些问题?

12-5 公式 $d \geqslant A\sqrt[3]{\dfrac{P}{n}}$ 有何用处?其中 A 取决于什么?计算出的 d 应作为轴的哪一部分的直径?

12-6 按许用应力验算轴时,危险剖面取在哪些剖面上?为什么?

12-7 轴的结构工艺性是指什么?怎样保证轴有较好的结构工艺性?

12-8 按扭转强度估算轴径时,若轴上有键槽时,应如何处理?

12-9 求当量弯矩 $M_{ca} = \sqrt{M^2 + (\alpha T)^2}$ 时,α 是什么系数?怎样取值?

习 题

12-1 题12-1图所示为某减速器输出轴的结构图,试指出其设计错误,并画出其改正图。

12-2 分析题12-2图所示轴系结构的错误,说明原因,并画出正确结构。

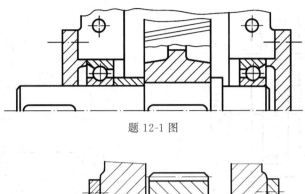

题 12-1 图

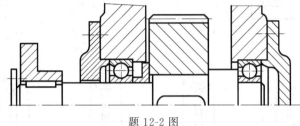

题 12-2 图

12-3　有一台离心式水泵,由电动机带动,传递的功率 $P=3\mathrm{kW}$,轴的转速 $n=960\mathrm{r/min}$,轴的材料为 45 钢,试按强度要求计算轴所需的最小直径。

12-4　校核如题 12-4 图所示铁道车辆轴的安全系数。已知载荷 $F=20000\mathrm{N}$,其作用点至轮中间平面的距离 $l=100\mathrm{mm}$,轴径 $d=80\mathrm{mm}$。轴材料为 45 钢,调质处理。车轮与轴之间采用过盈配合,配合轴颈表面经滚压处理,$\beta_{\mathrm{q}}=2$,试验算安全系数。

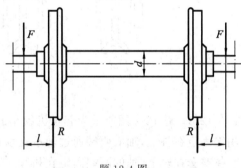

题 12-4 图

12-5　设计某搅拌机用的单级斜齿圆柱齿轮减速器中的低速轴(包括轴承和联轴器)。如题 12-5 图所示,已知:电动机额定功率 $P=4\mathrm{kW}$,转速 $n_1=750\mathrm{r/min}$,低速轴转速 $n_2=130\mathrm{r/min}$,大齿轮节圆直径 $d_2=300\mathrm{mm}$,宽度 $B_2=90\mathrm{mm}$,轮齿螺旋角 $\beta=12°$,法面压力角 $\alpha_\mathrm{n}=20°$。要求:

(1) 完成轴的全部结构设计;

(2) 根据弯扭合成理论验算轴的强度;

(3) 精确校核轴的危险截面是否安全。

12-6　如题 12-6 图所示,计算某减速器输出轴危险截面的直径。已知作用在齿轮上的圆周力 $F_\mathrm{t}=17400\mathrm{N}$,径向力 $F_\mathrm{r}=6140\mathrm{N}$,轴向力 $F_\mathrm{a}=2860\mathrm{N}$,齿轮分度圆直径 $d_2=146\mathrm{mm}$,作用在轴左端带轮上外力 $F=4500\mathrm{N}$(方向未定),跨距 $L=193\mathrm{mm}$,悬臂 $K=206\mathrm{mm}$。

12-7　题 12-7 图所示为起重机动滑轮轴的 4 种结构方案,若外载恒定,4 种方案中轴的直径、材料及热处理方法相同,试分析确定 4 种方案中:(1)轴所受载荷的力学模型、弯矩简图;(2)轴上所受应力及其性质;(3)比较 4 种方案中轴强度的差异。

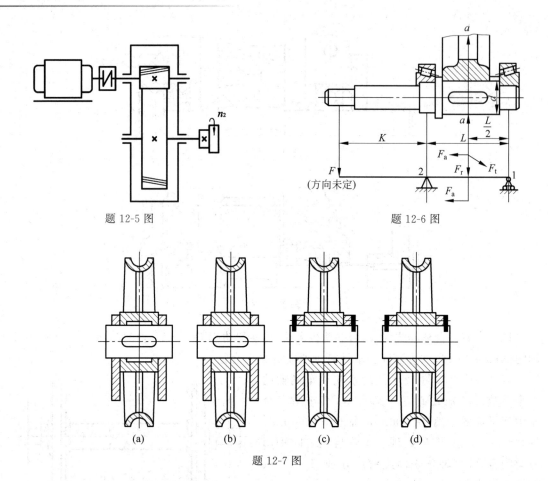

题 12-5 图　　　　　　　　　　　题 12-6 图

题 12-7 图

12-8　题 12-8 图所示为起重机绞车的三种连接方案,其中图(a)为齿轮 1 与卷筒 2 分别用键固定在轴上,轴的两端通过轴承支承在机架上;图(b)为齿轮 1 与卷筒 2 用螺栓连接成一体空套在轴上,轴的两端固定在机架上;图(c)为齿轮 1 与卷筒 2 用螺栓连接成一体,并用键固定在轴上,轴的两端通过轴承支承在机架上。

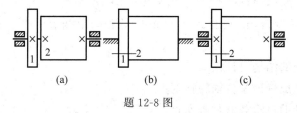

题 12-8 图

12-9　题 12-9 图所示为带式运输机的两种传动方案,若工作情况相同,传递功率一样,且图(a)中 V 带传动比等于图(b)中开式齿轮传动比。试比较:

(1) 图(a)中的减速器,如果改用在图(b)中,减速器的哪根轴要重新校核?为什么?

(2) 两个方案中,电机轴受力是否相同?

12-10　如题 12-10 图所示的减速传动系统,若两种布置方案中传递功率和传动件的参数与尺寸完全相同,则:

(1) 齿轮减速器主动轴所受力的大小和方向是否相同?

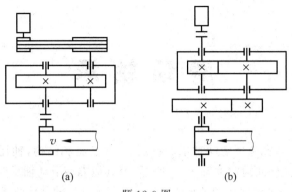

题 12-9 图

（2）按强度计算两轴的直径是否相同？请说明理由。

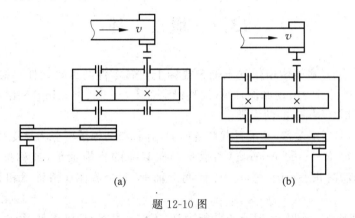

题 12-10 图

12-11 如题 12-11 图所示的带式输送机减速器。已知：主动轴传递的功率 $P = 10\text{kW}$，转速 $n = 200\text{r/min}$，其上安装的斜齿轮齿轮宽 $b = 100\text{mm}$，齿数 $z = 40$，法面模数 $m_n = 5\text{mm}$，螺旋角 $\beta = 9°22'$，轴右端装有联轴器。

（1）初步确定轴径；

（2）进行轴的结构设计，包括拟定轴上零件的布置方案，轴上零件定位方式的确定，轴主要尺寸的确定；

（3）按弯扭合成校核轴的强度。

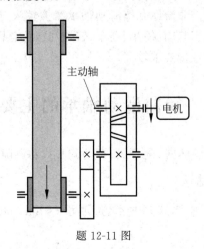

主动轴

电机

题 12-11 图

第13章

滑 动 轴 承

内容提要：本章内容包括滑动轴承的特点、主要类型和结构，轴瓦的材料及选用，润滑方式，非全流体和全流体润滑滑动轴承设计计算及其他类型滑动轴承简介等。

本章重点：非全流体润滑滑动轴承的设计以及流体动压轴承承载能力和参数设计分析。

本章难点：流体动压润滑轴承的承载能力分析。

13.1 概 述

轴承(bearing)是机器中用作支承轴颈或轴上回转零件的重要元件。根据轴承中摩擦性质的不同，轴承可分为滑动摩擦轴承(简称滑动轴承，sliding bearing)和滚动摩擦轴承(简称滚动轴承，rolling bearing)两大类。

滑动轴承的类型很多，按其承受载荷方向的不同，滑动轴承可分为承受径向载荷的径向轴承(或称向心轴承，radial bearing)和承受轴向载荷的止推轴承(或称推力轴承，thrust bearing)。根据润滑状态不同，可分为流体润滑轴承、非全流体润滑轴承和无润滑轴承(不加润滑剂)。

相对于滚动轴承，滑动轴承具有承载能力高、工作平稳可靠、噪声低、径向尺寸小、精度高等优点，如能保证流体摩擦润滑，滑动表面被润滑油分开而不发生直接接触，则可以大大减小摩擦损失和表面磨损，且油膜具有一定的吸振能力。所以滑动轴承虽然没有滚动轴承应用普遍，但在机械工业中仍得到广泛应用。滑动轴承主要应用于以下一些场合：①工作转速特别高或特别低的轴承；②对轴的回转精度要求特别高的轴承；③承受特大载荷的轴承；④冲击和振动载荷较大的轴承；⑤在特殊工作条件下(如在水或腐蚀性介质中)工作的轴承；⑥径向尺寸受限制或按装配要求须做成剖分式的轴承(如曲轴的轴承)等。例如，在机床、汽轮机、轧钢机、大型电机、内燃机、铁路机车及车辆、仪表、天文望远镜等设备中滑动轴承仍有广泛的应用。

滑动轴承也有不足之处。非流体摩擦滑动轴承摩擦较大，磨损较严重。流体摩擦滑动轴承，虽然摩擦磨损较小，但当起动、停车、刹车、转速和载荷急剧变化的条件下，难于实现流体摩擦，且设计、制造和润滑维护要求较高。

13.2 径向滑动轴承的主要类型

常用的径向滑动轴承有整体式、剖分式、自动调心式和调隙式等几类。

1. 整体式径向滑动轴承

图 13-1 是一种常见的整体式径向滑动轴承(solid radial bearing)。它由轴承座

(bearing house)、减摩材料制成的整体轴套(shaft sleeve)等组成。轴承座上面开有安装油杯的螺纹孔,在轴套上开有油孔(oil hole),并在轴套内侧不承载的表面上开设油槽(oil groove)以输送润滑油。整体式轴承的优点是结构简单、成本低廉。它的缺点是轴套磨损后轴承间隙无法调整,且轴颈只能从端部装入。所以,这种轴承多用在低速、轻载或间隙工作的机器上。

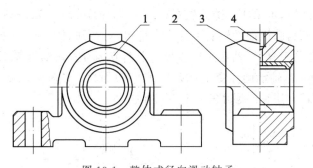

图 13-1　整体式径向滑动轴承

1—轴承座；2—整体轴套；3—油孔；4—螺纹孔

2. 剖分式径向滑动轴承

图 13-2 为剖分式径向滑动轴承(split bearing),它由轴承座、轴承盖(bearing cover)、剖分轴瓦(split bushing)、双头螺柱等组成。轴承盖和轴承座的剖分面常做成阶梯形,以便对中和防止横向错动。剖分式轴瓦由上、下两半组成,通常下轴瓦承载而上轴瓦不承载。为了节省贵金属和减摩的需要,常在轴瓦内表面贴附一层轴承衬(bearing bush)。在轴瓦内壁不承受载荷的表面上开设油槽,润滑油通过油孔与油槽来润滑轴承。剖分面最好与载荷方向保持垂直,多数轴承的剖分面是水平的(图 13-2),也有做成倾斜的。这种轴承装拆方便,且轴瓦磨损后可通过调整剖分面处的垫片厚度来调整轴承间隙。

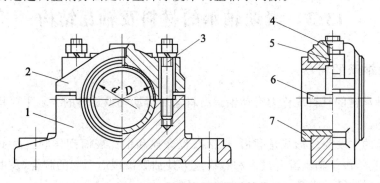

图 13-2　剖分式径向滑动轴承

1—轴承座；2—轴承盖；3—双头螺柱；4—螺纹孔；5—油孔；6—油槽；7—剖分式轴瓦

3. 自动调心式径向滑动轴承

轴承宽度 B 与轴颈 d 之比 B/d 称为宽径比。当轴承宽径比较大时,由于轴的弯曲变形或轴承孔倾斜时,都会造成轴颈与轴瓦两端的局部接触,从而引起剧烈的磨损和发热。因此,对于 $B/d>1.5$ 的轴承,宜采用自动调心式轴承(spherical sliding bearing)(图 13-3)。其特点是:轴瓦外表面做成球面形状,与轴承盖与轴承座的球状内表面相配合。因此,轴瓦可随轴的弯曲或倾斜自动调心,从而保证轴颈与轴瓦的均匀接触。

4. 调隙式径向滑动轴承

为了调整轴承间隙,可采用调隙式轴承(clearance regulating bearing),如图 13-4 所示。这种轴承是在外表面为圆锥面的轴套上开一个缝口,另在圆周上开三个槽,开槽的目的是减小轴套的刚性,使之易于变形,轴瓦两端各装一个调节螺母。松螺母 5,拧紧螺母 3 时,轴瓦 1 由锥形大端移向小端,轴承间隙变小;反之,则间隙加大。该轴承的缺点是轴承内表面受力后会变形。该轴承常用在一般用途的机床主轴上。

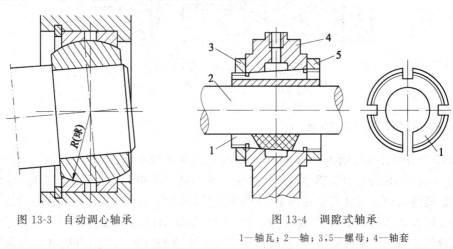

图 13-3　自动调心轴承　　　　图 13-4　调隙式轴承
1—轴瓦;2—轴;3,5—螺母;4—轴套

13.3　滑动轴承的材料及轴瓦结构

1. 滑动轴承的材料

轴瓦和轴承衬的材料统称为滑动轴承材料。对滑动轴承材料的要求主要是由轴承的失效形式决定的。

滑动轴承的主要失效形式是磨损,包括磨粒磨损和轴瓦表面刮伤等。由于强度不足而出现的疲劳损坏,由于轴承温升过高和载荷过大使油膜破裂而引起的胶合,及由于工艺原因而出现的轴承衬脱落等现象也时有发生。

轴承材料选用要考虑避免上述失效和提高轴承的工作性能,主要考虑以下几方面性能要求。

(1) 良好的减摩性、抗胶合性和耐磨性。减摩性是指材料副具有低的摩擦系数;抗胶合性是指材料的耐热性和抗粘附性;耐磨性是指材料抵抗磨损的性能。

(2) 良好的顺应性、嵌入性和磨合性。摩擦顺应性是轴承材料通过弹塑性变形来补偿轴承滑动表面初始配合不良的能力;嵌入性是指轴承材料容纳硬质颗粒嵌入,防止表面刮伤和磨损的能力；磨合性是指材料消除表面初始不平度而使轴瓦表面和轴颈表面尽快相互吻合的性质。

（3）足够的强度和必要的塑性。

（4）良好的耐腐蚀性、热学性能（传热性和热膨胀性）和润滑性能（对润滑油有较强的吸附能力）。

（5）良好的工艺性和经济性等。

目前使用的轴承材料尚不能满足上述全部要求。设计时只能根据轴承的具体工作条件，选择能满足主要要求的材料。

2. 常用的轴承材料

轴承材料分三大类：①金属材料，如轴承合金、青铜、铝基合金和铸铁等；②多孔质金属材料（粉末冶金材料）；③非金属材料，如工程塑料、橡胶、硬木等。现选择主要内容分述如下。

（1）铸铁（cast iron）：分灰铸铁和耐磨铸铁。灰铸铁中的游离石墨能起润滑作用，但性脆，跑合性差。耐磨铸铁中石墨细小而均匀，耐磨性较好。这类材料只适于轻载、低速和不受冲击的场合。

（2）轴承合金（palladium bearing metal alloy）：又称巴氏合金或白合金。它主要由锡（Sn）、铅（Pb）、锑（Sb）、铜（Cu）等组成。它以锡或铅为基体，其内含有锑锡（Sb-Sn）或铜锡（Cu-Sn）的硬晶粒。硬晶粒起耐磨作用，软基体则增加材料的塑性。硬晶粒受重载时可以嵌陷到软基体里，使载荷由更大的面积承担。它的弹性模量和弹性极限都很低，在所有的轴承材料中，轴承合金的嵌入性和顺应性最好，很容易和轴颈磨合，它与轴颈的抗胶合能力也较好。巴氏合金的机械强度较低，通常作为轴承衬材料将它贴附在软钢、铸铁或青铜的轴瓦上使用。锡基合金的热膨胀性能比铅基合金好，所以前者更适合于高速轴承，但价格较贵。

（3）铜合金（copper alloy）：有锡青铜、铝青铜和铅青铜等。青铜具有较高的强度以及较好的减摩性和耐磨性。其中锡青铜的减摩性和耐磨性最好，应用较广，但锡青铜比轴承合金硬度高，磨合性和嵌入性差，适用于重载及中速场合；铅青铜抗胶合能力强，适用于高速、重载轴承；铝青铜的强度及硬度较高，抗胶合能力较差，适用于低速、重载轴承。

（4）铝基合金（aluminium base alloy）：有低锡和高锡两类。铝合金强度高，耐磨性、耐腐蚀性和导热性好。低锡合金多用于高速、中小功率柴油机轴承；高锡合金多用于高速大功率柴油机轴承。铝基合金可以制成单金属零件（如轴套、轴承），也可制成双金属零件，双金属轴瓦以铝基合金为轴承衬，以钢作衬背。

（5）多孔质金属材料（powder metallurgy material or porous metal）：一种粉末冶金材料。它是利用铁或铜和石墨粉末混合，经压型、烧结、整形、浸油而制成的。其特点是组织疏松多孔（其孔隙占总容积的 $15\% \sim 35\%$），孔隙中能吸收大量的润滑油，所以又称其为含油轴承（oil bearing）或自润滑轴承（self-lubricating bearing），具有自润滑的性能。运转时，储存在孔隙中的油由于轴颈转动的抽吸作用和热膨胀作用，自动进入摩擦表面起润滑作用；不工作时，因毛细管作用油被吸回轴承内部。因此，该轴承长期不加油仍能很好地工作。这种材料价廉、易于制造、耐磨性好，但韧性差，适宜于载荷平稳、低速及加油不便的场合。含油轴承已有专门厂家生产，需要时可按设计手册选用。

(6) 非金属材料(non-metalic materials):主要用于特殊场合的轴承,常用的有塑料、橡胶和木材。其中应用最多的是各种塑料。这些材料的特点是摩擦系数小,耐腐蚀,具有自润滑性能,但导热性差,易变形,承载能力较差。

常用的塑料有酚醛树脂、聚酰胺(尼龙)和聚四氟乙烯等。塑料轴承具有自润滑性,可用油或水润滑,可承受冲击载荷,耐磨性与跑合性较好,塑性好,具有包容异物的能力。一般用于温度不高、载荷不大的场合。

橡胶轴承弹性大,能适应轴的少量偏斜,主要用于以水作润滑剂且环境较脏污处,例如水泵、水轮机和其他水下机具用轴承。

常用金属轴承材料的性能与用途见表 13-1。

表 13-1　常用金属轴承材料性能与用途

材料	牌　号	最大许用值			最高工作温度/℃	轴颈硬度/HBS	性能比较[①]					应　用
		$[p]$/MPa	$[v]$/(m/s)	$[pv]$/(MPa·m/s)			抗胶合性	顺应性	嵌入性	耐蚀性	疲劳强度	
锡基轴承合金	ZChSnSb13-6 ZChSnSb8-4	平稳载荷			150	150	1	1	1	5		用于高速、重载下工作的重要轴承,变载荷下易于疲劳,价贵
		25	80	20								
		冲击载荷										
		20	60	15								
铅基轴承合金	ZChPbSb16-16-2	15	12	10	150	150	1	1	3	5		用于中速、中等载荷的轴承,不宜受显著冲击
	ZChPbSb15-5-3	5	8	5								
锡青铜	ZCuSn10P1	15	10	15	280	300~400	3	5	1	1		用于中速、重载及受变载荷的轴承
	ZCuSn5Pb5Zn5	8	3	15								用于中速、中载的轴承
铅青铜	ZCuPb30	25	12	30	280	300	3	4	4	2		用于高速、重载轴承,能承受变载和冲击
铝青铜	ZCuAl10Fe3	15	4	12	280	300	5	5	5	2		最宜用于润滑充分的低速重载轴承
黄铜	ZCuZn16Si4	12	2	10	200	200	5	5	1	1		用于低速、中载轴承
	ZCuZn40Mn2	10	1	10	200	200	5	5	1	1		
铝基轴承合金	AlSn20Cu	28~35	14	—	140	300	4	3	1	2		用于高速、中载的变载荷轴承
三元电镀合金	铝-硅-镉镀层	14~36		—	170	200~300	1	2	2	2		疲劳强度高,嵌入性、顺应性好
灰铸铁	HT150~HT250	1~4	2~0.5	—	—	—	4	5	1	1		宜用于低速、轻载的不重要轴承,价廉
耐磨铸铁	HT300	0.1~0.6	3~0.75	—	—	—	4	5	1	1		

① 性能比较:1~5 由佳至差。

常用非金属和多孔质金属轴承材料性能与用途见表 13-2。

表 13-2 常用非金属和多孔质金属轴承材料性能与用途

轴承材料		最大许用值			最高工作温度 t /℃	特性与用途
		$[p]$/MPa	$[v]$ /(m/s)	$[pv]$/(MPa·m/s)		
非金属材料	酚醛树脂	41	13	0.18	120	抗胶合性好,强度、抗振性也极好,能耐酸碱,导热性差
	尼龙	14	3	0.11(0.05m/s) 0.09(0.5m/s) <0.09(5m/s)	90	摩擦系数低,耐磨性好,无噪声。金属瓦上覆以尼龙薄层,能承受中等载荷
	聚四氟乙烯(PTFE)	3	1.3	0.04(0.05m/s) 0.06(0.5m/s) <0.09(5m/s)	250	摩擦系数很低,自润滑性能好,能耐任何化学药品的侵蚀,承载能力低
	碳-石墨	4	13	0.5(干) 5.25(润滑)	400	有自润滑性及高的导磁性和导电性,耐蚀能力强,常用于水泵和风动设备中的轴套
	橡胶	0.34	5	0.53	65	橡胶能隔振、降低噪声、减小动载、补偿误差。导热性差,温度高易老化
多孔质金属材料	铁基	$\dfrac{69^{①}}{21}$	4	1.8	80	具有成本低、含油量多、耐磨性好、强度高等特点,适用于低速机械
	铜基	$\dfrac{55}{14}$	7.6	1.6	80	孔隙度大的多用于高速轻载轴承,孔隙度小的多用于摆动或往复运动的轴承

① 分子为静载,分母为动载。

3. 轴瓦结构

1) 轴瓦的形式与结构

常用的轴瓦有整体式和剖分式两种结构。为了改善轴瓦表面的摩擦性质,常在其内表面上浇注一层或两层减摩材料,通常称为轴承衬,所以轴瓦又有双金属轴瓦和三金属轴瓦。轴承衬的厚度应随轴承直径的增大而增大,一般为十分之几毫米至 6mm。

整体式轴瓦按材料及制法不同,分为整体轴套(图 13-5)和单层、双层或多层材料的卷制轴套(图 13-6)。非金属整体式轴瓦既可以是整体非金属轴套,也可以是在钢套上镶衬非金属材料。

剖分式轴瓦有厚壁轴瓦和薄壁轴瓦之分。厚壁轴瓦用铸造方式制造(图 13-7),内表面可附有轴承衬,为使轴承合金与轴瓦贴附得好,常在轴瓦内表面上制出各种形式的榫头、凹沟和螺纹。

薄壁轴瓦(图 13-8)由于能用双金属板连续轧制等新工艺进行生产,质量稳定、成本低,但轴瓦刚性小,轴瓦受力后的形状完全取决于轴承座的形状,因此,轴瓦与轴承座均需精密加工。薄壁轴瓦在汽车发动机、柴油机上应用广泛。

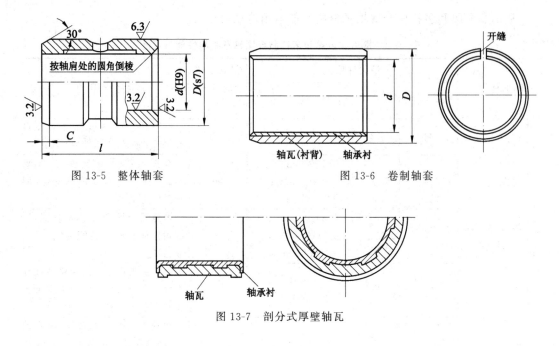

图 13-5 整体轴套

图 13-6 卷制轴套

图 13-7 剖分式厚壁轴瓦

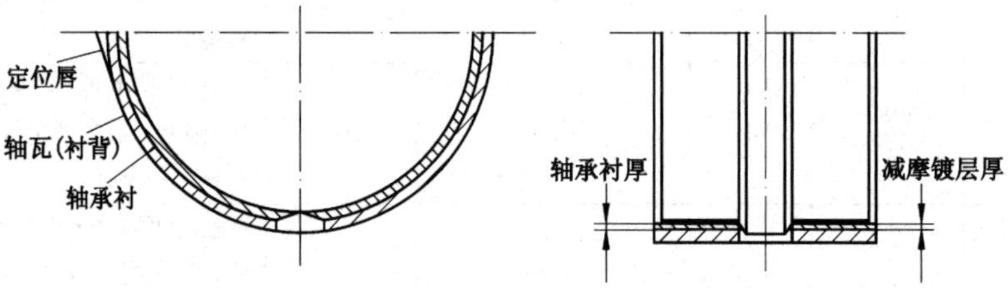

图 13-8 剖分式薄壁轴瓦

薄轴瓦的衬厚度 s 很薄时($s<0.5\mathrm{mm}$),可不做沟槽。实践证明,衬层厚度越薄($s<0.36\mathrm{mm}$),轴承合金的疲劳强度越高,因此,受变载时轴承衬应尽可能做薄一些。

2）油孔、油槽和油室

油孔用来供应润滑油,而油槽则用来输送和分布润滑油。油槽分轴向油槽与周向油槽,图 13-9 所示为几种常见的油槽。

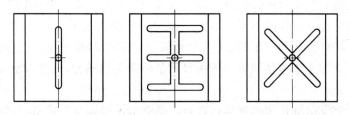

图 13-9 油槽(非承载区轴瓦)

油槽的形状和位置影响轴承中的油膜压力分布情况。润滑油应该自油膜压力最小的地方输入轴承。油槽不能开在油膜承载区内,否则会降低油膜的承载能力(图 13-10)。轴向油槽应稍短于轴承宽度,以免油从油槽端部大量流失。对于水平安装的轴承开设周向油槽时,最好开半周,油槽不要延伸到承载区;如果必须开设全周油槽时,应靠近轴承端部处开设。对垂直安装的轴承,全周油槽必须靠上端部开设。

开设油室,可以使润滑油沿轴向均匀分布,同时起到储油、稳定供油和改善轴承散热条件的作用。油室可以开在轴瓦整个非承载区,当载荷变化或轴颈经常正反转时,也可在轴瓦两侧开设油室(图 13-11)。

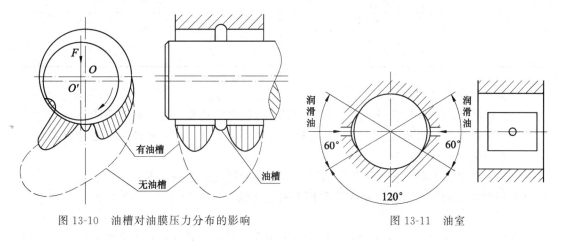

图 13-10　油槽对油膜压力分布的影响　　　　　　图 13-11　油室

13.4　滑动轴承的润滑

1. 润滑剂的选择

滑动轴承常用的润滑剂是润滑油和润滑脂,此外,还有使用固体(如石墨和二硫化钼)或气体作润滑剂的。选择润滑剂,应考虑工作载荷(包括有无振动和冲击)、相对滑动速度、工作温度和特殊工作环境等为依据。

1) 润滑油

对于流体动力润滑轴承,黏度是选择润滑油最重要的参考指标。选择轴承用润滑油黏度时,应考虑如下基本原则:

(1) 在压力大、温度高或冲击、变载等工作条件下,应选用黏度较大的润滑油。

(2) 滑动速度高时,容易形成油膜,为了减小摩擦功耗,应采用黏度较低的润滑油。

(3) 加工粗糙或未经跑合的表面,应选用黏度较高的润滑油。

流体动力润滑时,润滑油的选择可参考表 3-2。

对于非全流体动力润滑的轴承,选择润滑油最重要的指标是油性,由于目前没有衡量油性的指标,一般可根据表 13-3 选择润滑油。

2) 润滑脂

润滑脂属于半固体润滑剂,它的稠度大,不易流失,承载能力也较大。但润滑脂物理化学性质没有润滑油稳定,摩擦功耗大,且流动性差,无冷却效果。常在难以经常供油、低速重载且温度变化不大的情况下使用。

表 13-3　非全流体润滑润滑油的选择(工作温度<60℃)

平均压强 p /MPa	轴颈圆周速度 /(m/s)	润滑油黏度等级	平均压强 p /MPa	轴颈圆周速度 /(m/s)	润滑油黏度等级
<3	<0.1	68、100、150	3~7.5	<0.1	150
	0.1~0.3	68、100		0.1~0.3	100、150
	0.3~2.5	46、68		0.3~0.6	100
	2.5~5	32、46		0.6~1.2	68、100
	5~9	15、22、32		1.2~2	68、100
	>9	7、10、15			

选择润滑脂的一般原则为:

(1) 轻载、高速时应当选择锥入度大的润滑脂,反之应选锥入度小的润滑脂。

(2) 所用润滑脂的滴点应比轴承的工作温度高 20~30℃,在温度较高时应选用滴点较高的钠基或复合钙基润滑脂。

(3) 在有水淋或潮湿的环境下应选择防水性强的钙基或铝基润滑脂。

常用润滑脂的选择可参考第 3 章附相关阅读文献。

3) 固体润滑剂

当轴承在高温、真空或在低速、重载等情况下工作,不宜使用润滑油时可采用固体润滑剂,它可以在摩擦表面形成固体膜以减轻摩擦阻力。例如,大型可展开无线定向机构和铰链处的润滑以及航天器传动机构用的固体润滑等。常用的固体润滑剂有石墨、聚四氟乙烯、二硫化钼、二硫化钨等。

固体润滑剂可以调配到油或脂中使用,也可涂敷、烧结或黏结在摩擦表面上形成抗磨损薄膜,还可将其渗入轴瓦材料中或成型镶嵌在轴承中使用。

2. 润滑方法

为使滑动轴承获得良好的润滑效果,除正确选择润滑剂外,选择适当的润滑方法和装置也很重要。

1) 油润滑

常用的供油方法分间歇供油和连续供油两类。间歇供油用于小型、低速或间歇运动的机器部件,一般人工用油壶或油枪定期向轴承油孔或注油杯内注油,图 13-12(a)为压注式油杯,图 13-12(b)为旋套式油杯。重要的轴承应采用连续供油的方法,常用的连续供油方法有以下几种。

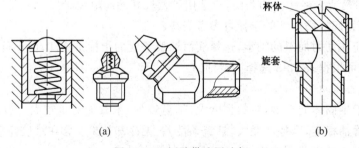

(a)　(b)

图 13-12　间歇供油用油杯

(a) 压注式油杯;(b) 旋套式油杯

（1）滴油润滑。图 13-13（a）为针阀式油杯。不供油时，手柄放倒，针阀在弹簧作用下降落堵住底部油孔。供油时，手柄直立，针阀随之提起，端部油孔敞开，润滑油流进轴承，通过调节螺母可调节针阀上下位置，从而控制油孔开口大小来调节油量。针阀式注油杯也可用来间歇供油。

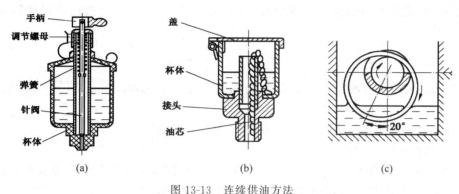

图 13-13 连续供油方法

（a）针阀式注油油杯；（b）绳芯润滑；（c）油环润滑

（2）绳芯润滑。绳芯润滑（图 13-13（b））是利用绳芯的毛细吸管作用吸取润滑油滴到轴颈上，该方法不易调节油量。

（3）油环润滑。在轴颈上套一个油环（图 13-13（c）），油环下端浸到油池里。当轴颈旋转时，靠摩擦力带动油环旋转，并随之将润滑油带到轴颈上。油环润滑适用的转速范围为 50～2000r/min，速度过高环上的油会被甩掉，过低溅油量不足。

（4）浸油润滑。将轴颈直接浸在油池中，不需另用润滑装置。

（5）飞溅润滑。利用下端浸在油池中的转动件（例如齿轮）将润滑油溅成油沫以润滑轴承。

（6）压力循环润滑。用油泵进行压力供油可以提供充足的油量来润滑和冷却轴承，适合于重载、高速或交变载荷作用下的轴承。

2）脂润滑

润滑脂只能间歇供应。旋盖式油杯（图 13-14）是应用最广的脂润滑装置。杯中装满润滑脂后，旋动上盖即可将润滑脂挤入轴承中。也常见用黄油枪向轴承补充润滑脂。

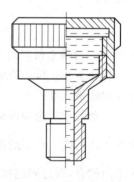

图 13-14 旋盖式油杯

13.5 非全流体润滑滑动轴承的计算

流体润滑是滑动轴承最理想的一种润滑状态。但是大多数轴承只能在混合摩擦润滑状态（即边界润滑和流体润滑同时存在的状态）下运转。这类轴承可靠的工作条件是维持边界油膜不受破坏，以减少发热与磨损，并以此为计算准则，根据边界膜的机械强度和破裂温度来决定轴承的工作能力。但影响边界膜的因素很复杂，所以目前仍采用简化的条件性计算。

1. 径向滑动轴承

非全流体润滑轴承的条件性计算有如下三个准则。

1）限制轴承的平均比压 p

限制平均比压的目的是避免在载荷作用下出现润滑油被完全挤出而导致轴承过度磨损：

$$p = \frac{F}{dB} \leqslant [p] \quad \text{MPa} \tag{13-1}$$

式中，F 为轴承的径向载荷，N；d 和 B 为轴颈直径和有效宽度，mm；$[p]$ 为许用比压，MPa，其值见表 13-1 和表 13-2。

对于低速轴或间歇回转轴的轴承，只需进行比压验算即可。

2）限制轴承的 pv 值

pv 值反映单位面积上的摩擦功耗与发热。pv 值越高，轴承温升越高，越容易引起边界膜的破裂。所以，限制 pv 值就是控制轴承温升。其计算式为

$$pv = \frac{F}{dB} \times \frac{\pi dn}{60 \times 1000} \approx \frac{Fn}{19100B} \leqslant [pv] \quad \text{MPa·m/s} \tag{13-2}$$

式中，n 为轴颈转速，r/min；v 为轴颈圆周线速度，m/s；$[pv]$ 为轴承材料的 pv 许用值，其值见表 13-1 和表 13-2。

3）限制滑动速度 v

当平均比压 p 较小时，即使 p 和 pv 都在许可范围内，也可能由于滑动速度过高而加速轴瓦磨损，因而要求

$$v = \frac{\pi dn}{60 \times 1000} \leqslant [v] \quad \text{m/s} \tag{13-3}$$

式中，$[v]$ 为轴承材料的许用 v 值，见表 13-1 和表 13-2。

验算 p、pv 和 v 的结果如有不满足者，则适当改用较好的轴瓦或轴承衬材料，或加大轴直径和轴承宽度。

滑动轴承所选用的材料及尺寸经验算合格后，应选择合适的配合，以获得适当的间隙，保证旋转精度。常用的配合有 $\frac{H9}{d9}$ 或 $\frac{H8}{f7}$、$\frac{H7}{f6}$，旋转精度要求高的轴承，应选择较高的精度和较紧的配合，反之则选择较低的精度和较松的配合。

2. 推力滑动轴承

推力滑动轴承由轴承座和止推轴颈组成。常见的推力轴承止推面形状如图 13-15 所示。实心端面推力轴颈由于跑合时中心与边缘的磨损不均匀，越靠近边缘部分磨损越快，以致中心部分比压极高。空心轴颈和环状轴颈可以克服这一缺点。载荷很大时可以采用多环轴颈，它能承受双向轴向载荷。

非全流体润滑的推力轴承，应验算比压 p 和 pv 值。

1）限制轴承平均比压 p

$$p = \frac{F_a}{z \frac{\pi}{4}(d^2 - d_0^2)\xi} \leqslant [p] \quad \text{MPa} \tag{13-4}$$

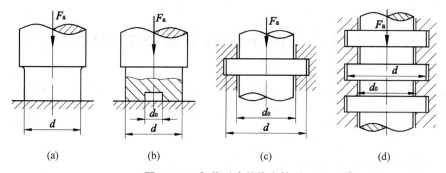

图 13-15　各种型式的推力轴颈

（a）实心端面轴颈；（b）空心端面轴颈；（c）环状轴颈；（d）多环轴颈

式中，F_a 为轴向载荷，N；d_0、d 分别为止推面的内、外直径，mm；z 为轴环数；ξ 为考虑油槽使支承面积减小的系数，通常取 $\xi=0.85\sim0.95$；$[p]$ 为许用比压，MPa。

2）限制轴承的 pv_m 值

$$pv_m = \frac{F_a}{z\frac{\pi}{4}(d^2-d_0^2)\zeta} \times \frac{\pi d_m n}{60 \times 1000} \leqslant [pv] \quad \text{MPa} \cdot \text{m/s} \tag{13-5}$$

式中，n 为轴颈转速，r/min；$d_m=\dfrac{d+d_0}{2}$ 为止推环平均直径，mm；v_m 为止推环平均直径处的圆周速度，m/s；$[pv]$ 为 p、v_m 的许用值。

许用的 $[p]$ 和 $[pv]$ 值见表 13-1 和表 13-2。由于计算的是平均直径处的圆周速度，并考虑多环轴承受力不均匀，$[p]$ 和 $[pv]$ 值应降低 50%。

需要指出的是流体动力润滑的滑动轴承，在起动和停车过程中往往处于混合润滑状态，因此，在设计流体动力润滑轴承时，常用以上条件性计算作为初步计算。

例 13-1　某非流体润滑径向滑动轴承，承受径向载荷为 5.0kN，轴的转速为 1000r/min，工作温度最高为 130℃，轴颈允许的最小直径为 50mm。试设计此轴承。

解：（1）初取轴承内径 $d=50$mm。

（2）设轴承的宽径比 $B/d=1$，则轴承的宽度 $B=50$mm。

（3）计算轴承工作时的平均压强 p、速度 v 和 pv 值。

$$p = \frac{F}{Bd} = \frac{5000}{50 \times 50} = 2(\text{MPa})$$

$$v = \frac{\pi dn}{60 \times 1000} = \frac{\pi \times 50 \times 1000}{60 \times 1000} = 2.62(\text{m/s})$$

$$pv = 2 \times 2.62 = 5.24(\text{MPa} \cdot \text{m/s})$$

（4）选择轴瓦材料

查表 13-1，根据计算的工作参数选择轴瓦材料为锡青铜，牌号为 ZCuSn5Pb5Zn5，其相应的最大许用值 $[p]=8$MPa，$[v]=3$m/s，$[pv]=15$MPa·m/s，满足要求。

13.6   流体动力润滑径向滑动轴承的设计计算

流体动力润滑的承载机理和基本条件已在第3章中作过简要说明,本节将讨论流体动力润滑理论的基本方程——雷诺方程及其在流体动力润滑径向滑动轴承设计计算中的应用。

1. 流体动力润滑基本方程

流体动力润滑的基本方程是研究流体动力润滑的基础。它是从黏性流体动力学的基本方程出发,作了一些假设条件而简化后得出的。这些假设条件是:①忽略压力对润滑油黏度的影响;②流体为牛顿流体;③流体不可压缩,并作层流运动;④流体膜中压力沿膜厚方向是不变的;⑤忽略惯性力与重力的影响等。

如图13-16所示,两刚体表面被润滑油隔开,移动件以速度 v 沿 x 方向滑动,另一刚体静止不动,再假定流体在两平板间沿 z 轴方向无流动(即假定平板沿 z 方向尺寸为无穷大)。从油层中取出长、宽、高分别为 $\mathrm{d}x$、$\mathrm{d}y$ 和 $\mathrm{d}z$ 的单元体进行力平衡分析。

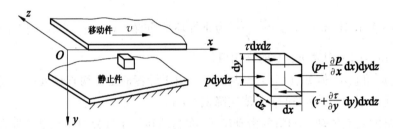

图 13-16   流体动力分析示意图

单元体沿 x 方向受 4 个力,两侧面的压力为 p 和 $\left(p+\dfrac{\partial p}{\partial x}\mathrm{d}x\right)$;上、下两面的剪切应力分别为 τ 及 $\left(\tau+\dfrac{\partial \tau}{\partial y}\mathrm{d}y\right)$。根据 x 方向的力平衡条件,得

$$p\,\mathrm{d}y\,\mathrm{d}z + \tau\,\mathrm{d}x\,\mathrm{d}z - \left(p+\frac{\partial p}{\partial x}\mathrm{d}x\right)\mathrm{d}y\,\mathrm{d}z - \left(\tau+\frac{\partial \tau}{\partial y}\mathrm{d}y\right)\mathrm{d}x\,\mathrm{d}z = 0$$

整理后得

$$\frac{\partial p}{\partial x} = -\frac{\partial \tau}{\partial y} \tag{13-6}$$

根据牛顿流体黏性定律,将式(3-5)两边求导后代入上式得

$$\frac{\partial p}{\partial x} = \eta \frac{\partial^2 u}{\partial y^2} \tag{13-7}$$

积分上式得

$$u = \frac{1}{2\eta}\frac{\partial p}{\partial x}y^2 + c_1 y + c_2 \tag{13-8}$$

由图13-16可知,当 $y=0$ 时,$u=v$(油层随移动件移动);$y=h$(h 为所取单元体处油膜

厚度)时,$u=0$(油层随静止件不动)。利用这两个边界条件即可求出两积分常数 c_1 和 c_2。

$$c_1 = -\frac{h}{2\eta} \times \frac{\partial p}{\partial x}h - \frac{v}{h}, \quad c_2 = v$$

代入式(13-8)得

$$u = \frac{v(h-y)}{h} - \frac{y(h-y)}{2\eta}\frac{\partial p}{\partial x} \tag{13-9}$$

由上式可见,u 由两部分组成,式中前一项表示速度呈线性分布(图 13-17(a)中虚线所示),这是直接由剪切流引起的;后一项表示速度呈抛物线分布(图 13-17(a)中实线所示),这是由油压沿 x 方向的变化所产生的压力流引起的。

不考虑侧漏,则润滑油沿 x 方向通过任一截面单位宽度的流量为

$$q_x = \int_0^h u\,\mathrm{d}y = \int_0^h \left[\frac{v(h-y)}{h} - \frac{y(h-y)}{2\eta} \cdot \frac{\partial p}{\partial x}\right]\mathrm{d}y = \frac{v}{2}h - \frac{1}{12\eta}\frac{\partial p}{\partial x}h^3 \tag{a}$$

如图 13-17(a)所示,设在 $p=p_{\max}$ 处的油膜厚度为 h_0 $\left(\text{即}\frac{\partial p}{\partial x}=0 \text{ 时},h=h_0\right)$,在该截面处的流量为

$$q_x = \frac{v}{2}h_0 \tag{b}$$

由于连续流动时流量不变,故式(a)等于式(b)。由此得

$$\frac{\partial p}{\partial x} = 6\eta v \frac{h-h_0}{h^3} \tag{13-10}$$

上式为一维雷诺流体动力润滑方程式(one-dimensional Reynolds equation of hydrodynamic lubrication)。经整理,并对 x 取偏导数可得

$$\frac{\partial}{\partial x}\left(\frac{h^3}{\eta} \times \frac{\partial p}{\partial x}\right) = 6v\frac{\partial h}{\partial x} \tag{13-11}$$

若再考虑润滑油沿 z 方向的流动,则

$$\frac{\partial}{\partial x}\left(\frac{h^3}{\eta}\frac{\partial p}{\partial x}\right) + \frac{\partial}{\partial z}\left(\frac{h^3}{\eta}\frac{\partial p}{\partial z}\right) = 6v\frac{\partial h}{\partial x} \tag{13-12}$$

上式为二维雷诺流体动力润滑方程式,是计算流体动力润滑轴承的基本公式。

2. 油楔承载机理

由式(13-10)可以看出,油压的变化与润滑油的黏度、表面滑动速度和油膜厚度的变化有关,利用该式可求出油膜中各点的压力 p。全部油膜压力之和即为油膜承载能力。

由图 13-17(a)可以看出,在油膜厚度 h_0 的左边 $h>h_0$,根据式(13-10)可知$\frac{\partial p}{\partial x}>0$,即油压随 x 的增大而增大;在 h_0 截面的右边 $h<h_0$,根据式(13-10)可知$\frac{\partial p}{\partial x}<0$,即油压随 x 的增加而减小。这说明,油膜必须呈收敛油楔,才能使油楔内各处的油压都大于入口和出口处的压力,产生正压力以支承外载。若两滑动表面平行(图 13-17(b)),则任何截面的油膜厚度 $h=h_0$,亦即$\frac{\partial p}{\partial x}=0$。这表示平行油膜各处油压总是与入口和出口处的压力相等,因此不能产生高于外面压力的油压支承外载。若两表面呈扩散楔形,即移动件带着润滑油从小口

走向大口,则油膜压力必将低于出口和入口处的压力,不仅不能产生油压支承外载,而且会使两表面相吸。

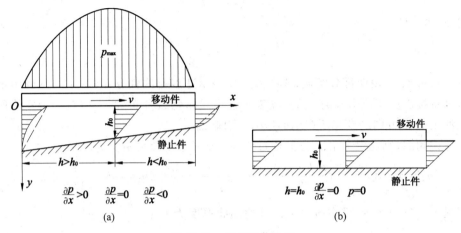

$$\frac{\partial p}{\partial x} > 0 \quad \frac{\partial p}{\partial x} = 0 \quad \frac{\partial p}{\partial x} < 0$$

(a)

$$h = h_0 \quad \frac{\partial p}{\partial x} = 0 \quad p = 0$$

(b)

图 13-17　油楔承载机理

由上述分析可知,形成流体动力润滑(即形成动压油膜)的必要条件是:

(1) 相对运动的两表面间必须形成收敛的楔形间隙。

(2) 被油膜分开的两表面必须有一定的相对滑动速度,其运动方向必须使润滑油从大口流进,从小口流出。

(3) 润滑油必须有一定的黏度,供油要充分。

两表面相对滑动速度越大,润滑油的黏度越大,油膜的承载能力越高。

3. 流体动力润滑状态的建立过程

径向滑动轴承形成流体动力润滑的工作过程可分为轴的起动、不稳定运转和稳定运转三个阶段。

当轴颈静止($n = 0$)时处于最稳定状态,轴颈与轴承孔在最下方位置接触(图 13-18(a))。

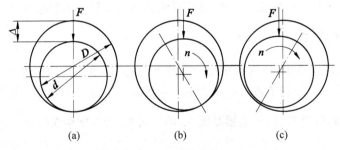

图 13-18　建立流体动力润滑的过程

(a) $n = 0$;(b) 起动;(c) 稳定运转

(1) 当轴颈开始以箭头方向转动时($n > 0$),由于速度很低,轴颈与孔壁金属直接接触,在较大摩擦力作用下,轴颈沿孔内壁向右上方爬升(图 13-18(b))。

(2) 不稳定运转阶段:随着转速逐渐增高,带入油楔腔内的油量也逐渐增多,形成压力油膜,把轴颈浮起推回左下方(由图 13-18(b)→图 13-18(c))。

（3）稳定运转阶段：当转速稳定以后，达到油压与外载 F 平衡时，轴颈部稳定在某一位置上运转（图 13-18（c））。

轴颈转速越高，轴颈中心稳定位置越靠近轴孔中心。但当两心重合时，油楔消失，失去承载能力，由于实际上不可能出现 $n=\infty$，因此两心永远不会重合。

4. 径向滑动轴承的几何关系和承载能力

1）几何关系

如图 13-19 所示为轴承工作时轴颈的位置。轴颈与轴承连心线 OO_1 与径向载荷 F 作用线的夹角即为连心线从起始位置（F 与 OO_1 重合）沿轴颈回转方向转过的偏位角，记为 φ_a。设轴颈和轴承孔直径分别为 d 和 D，则轴承的直径间隙为

$$\Delta = D - d \qquad (13\text{-}13)$$

轴承的半径间隙为轴孔半径 R 与轴颈半径 r 之差：

$$\delta = R - r = \frac{\Delta}{2} = \frac{D-d}{2} \qquad (13\text{-}14)$$

直径间隙与轴颈直径之比称为相对间隙，记为 ψ，有

$$\psi = \frac{\Delta}{d} = \frac{\delta}{r} \qquad (13\text{-}15)$$

轴颈中心 O 与轴承中心 O_1 在稳定运转时的距离称为偏心距 e，即 $e = OO_1$。偏心距与半径间隙的比值，称为偏心率 χ：

$$\chi = \frac{e}{\delta} \qquad (13\text{-}16)$$

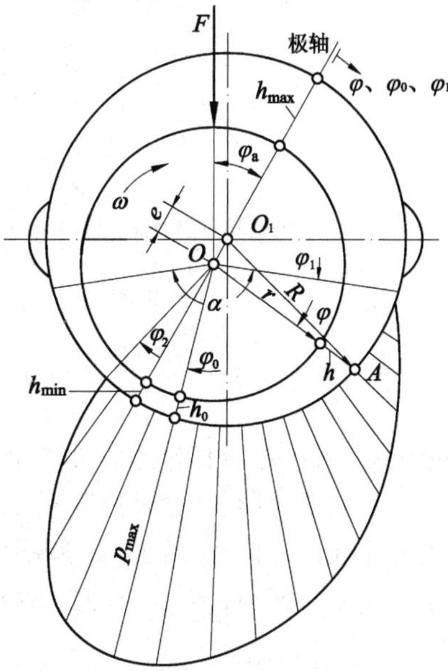

图 13-19　径向滑动轴承参数和油膜压力分布

图 13-19 中，h 为任意截面处的油膜厚度；h_0 为最大油膜压力 $p_{\max}$ 处的油膜厚度。取轴颈中心 O 为极点，连心线 OO_1 为极轴，则 φ_1、φ_2 分别为压力油膜起始点和终止点相对于极轴的起始角和终止角，其大小与轴承的包角 α 有关；极角 φ_0 和 φ 处所对应油膜厚度为 h_0 和 h。

在 $\triangle AOO_1$ 中，根据余弦定律可得

$$R^2 = e^2 + (r+h)^2 - 2e(r+h)\cos\varphi$$
$$= [(r+h) - e\cos\varphi]^2 + e^2\sin^2\varphi$$

上式中，略去高阶微量 $e^2\sin^2\varphi$ 后，再引入半径间隙 $\delta = R - r$ 的关系，并两端开方得

$$\delta + r = h + r - e\cos\varphi$$

整理得任意位置时油膜厚度为

$$h = \delta + e\cos\varphi = \delta(1 + \chi\cos\varphi)$$
$$= r\psi(1 + \chi\cos\varphi) \qquad (13\text{-}17)$$

压力最大处油膜厚度为

$$h_0 = \delta(1 + \chi\cos\varphi_0) = r\psi(1 + \chi\cos\varphi_0) \tag{13-18}$$

当 $\varphi = \pi$ 时，最小油膜厚度 $h_{\min}$ 为

$$h_{\min} = \delta(1 - \chi) = r\psi(1 - \chi) = \delta - e \tag{13-19}$$

2) 油膜的承载能力计算

根据式(13-10)(一维雷诺流体动力润滑方程)，将 $\mathrm{d}x = r\,\mathrm{d}\varphi$，$v = \omega r$ 及 h 和 h_0 的表达式代入即得到极坐标形式的雷诺方程为

$$\frac{\mathrm{d}p}{\mathrm{d}\varphi} = \frac{6\eta\omega}{\psi^2}\frac{\chi(\cos\varphi - \cos\varphi_0)}{(1 + \chi\cos\varphi)^3} \tag{13-20}$$

将上式从压力区起始角 φ_1 至任意角 φ 进行积分，得任意极角 φ 处的压力，即

$$p_\varphi = \frac{6\eta\omega}{\psi^2}\int_{\varphi_1}^{\varphi} \frac{\chi(\cos\varphi - \cos\varphi_0)}{(1 + \chi\cos\varphi)^3}\mathrm{d}\varphi \tag{13-21}$$

而压力 p_φ 在外载荷方向上的分量为

$$p_{\varphi y} = p_\varphi\cos[\pi - (\varphi - \varphi_a)] = -p_\varphi\cos(\varphi + \varphi_a) \tag{13-22}$$

把上式在 $\varphi_1 \sim \varphi_2$ 的区间内积分，即可得轴承单位宽度上的油膜承载力，即

$$p_y = \int_{\varphi_1}^{\varphi_2} p_{\varphi y}r\,\mathrm{d}\varphi = -\int_{\varphi_1}^{\varphi_2} p_\varphi\cos(\varphi + \varphi_a)\mathrm{d}\varphi$$

$$= \frac{6\eta\omega r}{\psi^2}\int_{\varphi_1}^{\varphi_2}\left[\int_{\varphi_1}^{\varphi} \frac{\chi(\cos\varphi - \cos\varphi_0)}{(1 + \chi\cos\varphi)^3}\mathrm{d}\varphi\right][-\cos(\varphi + \varphi_a)]\mathrm{d}\varphi \tag{13-23}$$

理论上只需将 p_y 乘以轴承宽度 B 即可得油膜的承载能力。但实际轴承为有限宽，必须考虑润滑油端泄的影响，这时油压沿轴承宽度呈抛物线分布，且轴承宽度中间剖面上的油膜压力也要比理论值低，如图 13-20 所示。为此引入一个修正系数 A 考虑端泄的影响。A 与相对偏心距 χ 和宽径比 B/d 有关。这样，在 φ 角和距轴承中线为 z 处的油膜压力为

$$p_{yz} = p_y A\left[1 - \left(\frac{2z}{B}\right)^2\right] \tag{13-24}$$

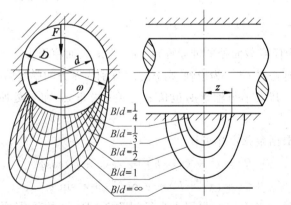

图 13-20 不同宽径比时油膜压力分布

因此，对有限宽轴承，油膜与外载平衡的承载能力为

$$F = \int_{-B/2}^{B/2} p_{yz}\,\mathrm{d}z$$

$$= \frac{6\eta\omega r}{\psi^2} \int_{-B/2}^{B/2} \int_{\varphi_1}^{\varphi_2} \int_{\varphi_1}^{\varphi} \left[\frac{\chi(\cos\varphi - \cos\varphi_0)}{(1+\chi\cos\varphi)^3} \right] \times \left[-\cos(\varphi + \varphi_a)\,\mathrm{d}\varphi \right] A \left[1 - \left(\frac{2z}{B}\right)^2 \right] \mathrm{d}z$$

$$(13\text{-}25)$$

令

$$C_F = 3 \int_{-B/2}^{B/2} \int_{\varphi_1}^{\varphi_2} \int_{\varphi_1}^{\varphi} \left[\frac{\chi(\cos\varphi - \cos\varphi_0)}{B(1+\chi\cos\varphi)^3}\,\mathrm{d}\varphi \right] \left[-\cos(\varphi_a + \varphi)\,\mathrm{d}\varphi \right] A \left[1 - \left(\frac{2z}{B}\right)^2 \right] \mathrm{d}z$$

$$(13\text{-}26)$$

则

$$F = \frac{\eta\omega dB}{\psi^2} C_F \tag{13-27}$$

或

$$C_F = \frac{F\psi^2}{\eta\omega dB} = \frac{F\psi^2}{2\eta v B} \tag{13-28}$$

式中，C_F 为承载量系数(bearing capacity factor)，它是反映轴承承载能力的量纲为 1 的系数；η 为润滑油在平均工作温度下的动力黏度，Pa·s；B 为轴承宽度，mm；F 为外载荷，N；v 为轴颈圆周速度，m/s。

由式(13-26)可知，C_F 是轴颈在轴承中位置的函数，在给定边界条件的情况下，C_F 值取决于轴承的包角 α (即入油口与出油口所包轴颈的夹角)、偏心率 χ 和宽径比 B/d。当包角 α 一定时，$C_F \propto (\chi \cdot B/d)$，即其他条件不变时，最小油膜厚度 $h_{\min}$ 越薄(即 χ 越大)，宽径比 B/d 越大，C_F 值越大，轴承的承载能力 F 也越大。C_F 的积分很困难，一般采用数值积分的方法进行计算。对于轴承在非承载区内进行无压力供油，且流体动压力是在轴颈与轴瓦的 $180°$的弧内产生时，不同的 χ 和 B/d 所对应的承载量系数 C_F 值见表 13-4。

表 13-4　有限宽轴承的承载量系数 C_F

B/d	χ													
	0.3	0.4	0.5	0.6	0.65	0.7	0.75	0.80	0.85	0.90	0.925	0.95	0.975	0.99
	承载量系数 C_F													
0.3	0.0522	0.0826	0.128	0.203	0.259	0.347	0.475	0.699	1.122	2.074	3.352	5.73	15.15	50.52
0.4	0.0893	0.141	0.216	0.339	0.431	0.573	0.776	1.079	1.775	3.195	5.055	8.393	21.00	65.26
0.5	0.133	0.209	0.317	0.493	0.622	0.819	1.098	1.572	2.428	4.261	6.615	10.706	25.62	75.86
0.6	0.182	0.283	0.427	0.655	0.819	1.070	1.418	2.001	3.036	5.214	7.956	12.64	29.17	83.21
0.7	0.234	0.361	0.538	0.816	1.014	1.312	1.720	2.399	3.580	6.029	9.072	14.14	31.88	88.90
0.8	0.287	0.439	0.647	0.972	1.199	1.538	1.965	2.754	4.053	6.721	9.992	15.37	33.99	92.89
0.9	0.339	0.515	0.754	1.118	1.371	1.745	2.248	3.067	4.459	7.294	10.753	16.37	35.66	96.35
1.0	0.391	0.589	0.853	1.253	1.528	1.929	2.469	3.372	4.808	7.772	11.38	17.18	37.00	98.95
1.1	0.440	0.658	0.947	1.377	1.669	2.097	2.664	3.580	5.106	8.186	11.91	17.86	38.12	101.15
1.2	0.487	0.723	1.033	1.489	1.796	2.247	2.838	3.787	5.364	8.533	12.35	18.43	39.04	102.90
1.3	0.529	0.784	1.111	1.590	1.912	2.379	2.990	3.968	5.586	8.831	12.73	18.91	39.81	104.42
1.5	0.610	0.891	1.248	1.763	2.099	2.600	3.242	4.266	5.947	9.304	13.34	19.68	41.07	106.84
2.0	0.763	1.091	1.483	2.070	2.446	2.981	3.671	4.778	6.545	10.091	14.34	20.97	43.11	110.79

流体动力润滑轴承的工作状况是一种稳定状态,随着外载 F 的变化,最小油膜厚度 h_{min} 会随之变化从而使油膜压力发生变化,并最终与外载荷达到新的平衡。

3)最小油膜厚度 h_{min}(保证流体动力润滑的必要条件)

由式(13-19)和表 13-4 可知,在其他条件不变的情况下,h_{min} 越小则偏心率 χ 越大,轴承的承载能力就越大。但最小油膜厚度(minimum film thickness)是不能无限缩小的,因为它要受油膜不被破坏条件的限制。轴承在稳定运转情况下工作时,油膜不被破坏的条件是最小油膜厚度不能小于轴颈和轴承孔表面微观不平度之和,即

$$h_{min} \geqslant S(R_{z1} + R_{z2}) \tag{13-29}$$

式中,R_{z1}、R_{z2} 分别为轴颈表面和轴承孔表面轮廓最大高度;S 为考虑几何形状误差和零件变形及安装误差等因素而取的安全系数,通常取 $S \geqslant 2$。

R_{z1} 和 R_{z2} 应根据加工方法参考有关手册确定。一般常取 $R_{z1} \leqslant 2.5\mu m$、$R_{z2} \leqslant 5.0\mu m$。轴颈经磨削可达到 $R_{z1} = 3.2 \sim 0.4\mu m$,抛光 $R_{z1} = 0.8 \sim 0.05\mu m$;轴承工作表面经拉削或铰削可达到 $R_{z2} = 10 \sim 1.6\mu m$,刮孔 $R_{z2} = 10 \sim 3.2\mu m$,精镗 $R_{z2} = 6.3 \sim 0.8\mu m$。

流体动力润滑的三个必要条件加上式(13-29)就构成了形成流体动力润滑的充分必要条件。

5. 轴承的热平衡计算

1)轴承中的摩擦与功耗

流体摩擦条件下工作的滑动轴承,摩擦力(即黏滞阻力)与摩擦系数完全取决于流体的黏性摩擦性质,根据牛顿黏性定律式(3-5)和式(13-15)得油层中摩擦力为

$$F_f = S\eta \frac{du}{dy} = \pi dB\eta \frac{v}{\delta} = \pi dB\eta \frac{\omega r}{\psi r} = \pi dB\eta \frac{\omega}{\psi} \tag{13-30}$$

式中,S 为与轴颈接触的油层表面面积,$S = \pi dB$。则摩擦系数为

$$f = \frac{F_f}{F} = \frac{\pi dB\eta\omega}{pdB\psi} = \frac{\pi}{\psi} \frac{\eta\omega}{p} = \frac{\pi^2}{30\psi} \frac{\eta n}{p} \tag{13-31}$$

由上式可见,摩擦系数 f 是 $\eta n/p$ 的函数,令 $\eta n/p = \lambda$,λ 称为轴承的特性系数,图 3-2 即为 f 与 λ 的关系曲线。

在轴承的实际工作中,摩擦力和摩擦系数要稍大一些,因为受载时油的运动速度梯度要比偏心距等于零的不受载时的速度梯度大得多。这是因为在承载区,间隙减小,该区内形成的油压迫使油沿圆周方向从承载区流出,从而使沿油层厚度的速度分布变化。因此在摩擦系数公式中再引入一项来考虑这一影响,即

$$f = \frac{\pi}{\psi} \frac{\eta\omega}{p} + 0.55\psi\xi \tag{13-32}$$

式中,ξ 为随轴承宽径比 B/d 而变化的系数,$B/d < 1$ 时,$\xi = \left(\frac{d}{B}\right)^{1.5}$,$B/d \geqslant 1$ 时,$\xi = 1$;ω 为轴颈角速度,rad/s;p 为轴承平均比压,Pa;η 为润滑油的动力黏度,Pa·s;ψ 为相对间隙。

摩擦引起的功率消耗将转化为轴承单位时间内的发热量 H 为

$$H = fFv \quad W \tag{13-33}$$

2）轴承的耗油量

采用压力供油时，进入轴承的润滑油总流量 Q 为

$$Q = Q_1 + Q_2 + Q_3 \approx Q_1 \tag{13-34}$$

式中，Q_1 为承载区端泄流量；Q_2 为非承载区端泄流量；Q_3 为轴瓦供油槽两端流出的附加流量。

由于 Q_2 和 Q_3 相对于 Q_1 值来讲很小，可忽略不计。承载区端泄流量与供油压力、油槽油孔的位置和尺寸以及轴承包角等因素有关，其数学计算较为复杂。实际使用时，可根据耗油量系数 $\dfrac{Q}{\psi v B d}$ 与偏心率 χ 和宽径比 B/d 的关系曲线（图 13-21）查取，然后近似确定耗油量。

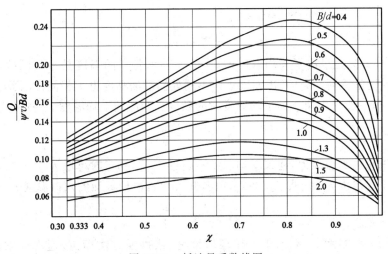

图 13-21　耗油量系数线图

耗油量系数 $\dfrac{Q}{\psi v B d}$ 是一个量纲为 1 的数。系数中各参数的单位是：耗油量 Q，$\mathrm{m^3/s}$；轴颈直径与宽度 d、B，m；轴颈圆周速度 v，$\mathrm{m/s}$。

3）轴承的温升

轴承工作时，摩擦功耗将转化为热量，使润滑油温度升高，从而使润滑油黏度下降，间隙改变，轴承的承载能力下降，温升过高，还会造成金属软化，甚至发生抱轴事故。因此要进行热平衡计算，控制轴承的温升。

轴承在运转过程中达到热平衡的条件是：单位时间内轴承摩擦产生的热量 H 等于同一时间内端泄润滑油所带走的热量 H_1 和轴承散发的热量 H_2 之和，即

$$H = H_1 + H_2 \tag{13-35}$$

其中，单位时间内摩擦产生的热量由式（13-33）确定。由端泄润滑油带走的热量 H_1 为

$$H_1 = Q \rho c \Delta t \quad \mathrm{W} \tag{13-36}$$

式中，Q 为端泄总流量，由耗油量系数求出，$\mathrm{m^3/s}$；ρ 为润滑油的密度，对矿物油为 $850\sim900\mathrm{kg/m^3}$；$c$ 为润滑油的比热容，对矿物油为 $1680\sim2100\mathrm{J/(kg \cdot \text{℃})}$；$\Delta t$ 为润滑油温升，是油的出口温度 t_2 与入口温度 t_1 之差值，即

$$\Delta t = t_2 - t_1 \quad \text{℃} \tag{13-37}$$

通过热传导,由轴颈和轴承壳体把热量向四周大气散发。这部分热量与散热面积、空气流动速度等有关,难以精确计算。通常用近似方法计算单位时间内轴承散发的热量 H_2 为

$$H_2 = \alpha_s \pi d B \Delta t \quad \text{W} \tag{13-38}$$

式中,α_s 为轴承表面传热系数(surface heat transfer coefficient),其值依轴承结构和散热条件而定。对于轻型结构传热困难的轴承,$\alpha_s = 50 \text{W}/(\text{m}^2 \cdot \text{℃})$;对中型结构或一般通风条件,取 $\alpha_s = 80 \text{W}/(\text{m}^2 \cdot \text{℃})$;对重型结构加强冷却的轴承,$\alpha_s = 140 \text{W}/(\text{m}^2 \cdot \text{℃})$。

热平衡时,由 $H = H_1 + H_2$ 得

$$fFv = Q\rho c \Delta t + \alpha_s \pi d B \Delta t$$

将 $F = pdB$ 代入上式,即可得到达到热平衡时润滑油温升

$$\Delta t = t_2 - t_1 = \frac{\left(\dfrac{f}{\psi}\right)p}{c\rho\left(\dfrac{Q}{\psi v B d}\right) + \dfrac{\pi\alpha_s}{\psi v}} \quad \text{℃} \tag{13-39}$$

由式(13-39)只是求出了平均温度差,实际上轴承各点的温度是不相同的,从入口(t_1)到出口(t_2)温度是逐渐升高的,因而轴承中不同处润滑油黏度也不相同。因此,在计算轴承的承载能力时,一般采用润滑油平均温度时的黏度。润滑油平均温度 t_m 按下式计算:

$$t_m = t_1 + \frac{\Delta t}{2} \tag{13-40}$$

为保持轴承的承载能力,建议平均温度不超过 75℃,初定时可取为 50~75℃。设计时,通常先给定平均温度 t_m,按式(13-39)求出温升 Δt 后,再校核油的入口温度 t_1,即

$$t_1 = t_m - \frac{\Delta t}{2} \tag{13-41}$$

润滑油的入口温度 t_1 常大于工作环境温度,依供油方法而定,通常要求算得的 $t_1 =$ 35~45℃。而为使油的黏度不致降低过多,以保证油膜有较高的承载能力,要求润滑油出口温度 $t_2 \leqslant 80℃$(一般油)或 100℃(重油)。

若 t_1 超过上述推荐值较多时,则表示轴承的热平衡易于建立,轴承的承载能力尚未充分发挥。此时应降低给定的平均温度 t_m,并允许加大轴瓦和轴颈的表面粗糙度,再行计算。

若 t_1 小于推荐值,则因受冷却条件的限制,轴承不易达到热平衡状态,此时应适当加大间隙,并适当降低轴颈和轴瓦表面的粗糙度,重新计算。

若算得的 t_2 大于推荐值时,也需重新计算,以保证轴承不过热失效。重新计算时,通常是按需要,适当改变轴承的相对间隙 ψ 和油的黏度 η 两参数,直至 t_1、t_2 符合要求为止。

6. 轴承参数选择

1) 宽径比 B/d

宽径比小,轴承的轴向尺寸小,有利于增大轴承比压,提高运转平稳性,增大端泄流量,减少摩擦功耗和降低温升,减轻轴颈端部与轴承的边缘接触;但宽径比小,轴承的承载能力也相应降低,如图 13-20 所示。常用的宽径比范围为 $B/d = 0.5 \sim 1.5$。

高速重载轴承温升高,B/d 应取小值;低速重载轴承为提高轴承支承刚性,B/d 宜取大值;高速轻载轴承,如对轴承刚度要求不高,B/d 可取小值。

一般常用机器的 B/d 值为:汽轮机、鼓风机 $B/d = 0.3 \sim 0.8$;电动机、发电机、离心

泵、齿轮箱 $B/d=0.6\sim1.2$；机床、拖拉机 $B/d=0.8\sim1.5$；轧钢机 $B/d=0.6\sim0.9$。

2）相对间隙 ψ

一般 ψ 值大，则润滑油流量大，温升小，但承载能力和运转精度低。但 ψ 值过大，易产生紊流，功耗增大。ψ 值小，易于形成流体润滑，承载能力和运转精度提高，但油流量过小，温升大，且加工变难。

一般情况下，ψ 值主要根据载荷和速度选取。速度越高，载荷越小，加工精度越差，选 ψ 值应越大；反之，ψ 应取较小值。另外，轴颈直径大，宽径比小，自位性能好时，ψ 应取小值。ψ 值可根据轴颈的圆周速度 v 参照下列经验公式估算：

$$\psi=(0.6\sim1.0)\times10^{-3}\sqrt[4]{v} \tag{13-42}$$

式中，v 为轴颈圆周速度，m/s。

一般机器中常用的 ψ 值为：汽轮机、电动机、齿轮箱 $\psi=0.001\sim0.002$；轧钢机、铁路车辆 $\psi=0.0002\sim0.0015$；机床、内燃机 $\psi=0.0002\sim0.00125$；鼓风机、离心泵 $\psi=0.001\sim0.003$。

3）润滑油黏度

润滑油黏度是流体动压润滑轴承的一个重要参数，轴承的承载能力与黏度成正比，但是轴承的摩擦功耗及温升也与黏度成正比，温度升高，润滑油的黏度将下降。因此，润滑油的黏度选择并非越高越好。设计时，可先假定轴承平均温度 t_m（50~75℃），初选黏度，进行初步设计计算，再通过热平衡计算验算轴承入口处油温 t_1 是否在合理区间（35~40℃），如不满足需要重新选择黏度再计算。

对于一般轴承，也可按轴颈转速 n（r/min）先初估油的动力黏度 η：

$$\eta=\frac{1}{10^{7/6}}\left(\frac{n}{60}\right)^{-1/3}\quad\text{Pa}\cdot\text{s} \tag{13-43}$$

将其转化为相应的运动黏度 ν，再参照表 3-2 选择润滑油的黏度等级。

例 13-2　设计发电机流体动力润滑单油楔径向滑动轴承。已知轴上工作载荷 $F=40000\text{N}$，轴颈直径 $d=120\text{mm}$，转速 $n=1500\text{r/min}$，采用剖分式轴瓦，轴承冷却通风条件一般，工作情况稳定。

解：1）选择轴瓦材料

（1）选择轴承宽径比，计算轴承宽度 B

根据发电机轴承常用宽径比范围，取宽径比 $B/d=1$，则轴承宽度为

$$B=(B/d)\times d=1\times0.12=0.12(\text{m})$$

（2）计算轴承平均比压 p

$$p=\frac{F}{Bd}=\frac{40000}{120\times120}=2.78(\text{MPa})$$

（3）计算轴颈圆周速度 v

$$v=\frac{\pi dn}{60\times1000}=\frac{\pi\times120\times1500}{60\times1000}=9.42(\text{m/s})$$

（4）求 pv 值

$$pv=278\times9.42=26.2(\text{MPa}\cdot\text{m/s})$$

（5）选择轴瓦材料

查表 13-1,在保证 $p \leqslant [p]$、$v \leqslant [v]$、$pv \leqslant [pv]$ 的条件下,选定轴瓦材料为 ZCuPb30,且查得 $[p] = 25\text{MPa}$,$[v] = 12\text{m/s}$,$[pv] = 30\text{MPa} \cdot \text{m/s}$。

2）计算油膜厚度

（1）选择润滑油

由表 3-2 选用黏度等级为 46 的机械油,设平均油温 $t_m = 50℃$,由图 3-9 查得,运动黏度 $\nu = 30\text{cSt}$。

（2）求动力黏度 η

取润滑油的密度 $\rho = 900\text{kg/m}^3$,由式(3-6)得

$$\eta = \rho\nu = 900 \times 30 \times 10^{-6} = 0.027(\text{Pa} \cdot \text{s})$$

（3）确定相对间隙 ψ

由式(13-42)得

$$\psi = (0.6 \sim 1.0) \times 10^{-3} \sqrt[4]{v} = (0.6 \sim 1.0) \times 10^{-3} \sqrt[4]{9.42} = 0.0011 \sim 0.0018$$

取相对间隙 $\psi = 0.0015$。

（4）计算直径间隙 Δ

由式(13-15)得

$$\Delta = \psi d = 0.0015 \times 120 = 0.18(\text{mm})$$

（5）计算承载量系数 C_F

由式(13-28)得

$$C_F = \frac{F\psi^2}{2\eta vB} = \frac{40000 \times 0.0015^2}{2 \times 0.027 \times 9.42 \times 0.12} = 1.47$$

（6）确定轴承偏心率 χ

根据 C_F 和 B/d 查表 13-4 得 $\chi = 0.63$(经插值计算)。

（7）求最小油膜厚度 h_{min}

由式(13-19)得

$$h_{min} = r\psi(1-\chi) = \frac{120}{2} \times 0.0015 \times (1 - 0.63) = 0.0333\text{mm} = 33.3(\mu\text{m})$$

（8）计算临界油膜厚度 $S(R_{z1} + R_{z2})$

取轴颈加工方法为淬硬后精磨,则 $R_{z1} \leqslant 3.2\mu\text{m}$;

取轴瓦加工方法为精镗与刮削,则 $R_{z2} \leqslant 6.3\mu\text{m}$。

取安全系数 $S = 2$,则临界油膜厚度为

$$[h] = S(R_{z1} + R_{z2}) = 2 \times (3.2 + 6.3) = 19(\mu\text{m}) < h_{min} = 33.3\mu\text{m}$$

所以,满足工作可靠性要求。

3）热平衡计算

（1）计算轴承与轴颈的摩擦系数

因为宽径比 $B/d = 1$,所以取系数 $\xi = 1$,由式(13-32)得

$$f = \frac{f}{\psi} \cdot \frac{\eta\omega}{p} + 0.55\psi\xi = \frac{\pi \times 0.027 \times (2\pi \times 1500/60)}{0.0015 \times 2.78 \times 10^6} + 0.55 \times 0.0015 \times 1 = 0.00402$$

（2）查耗油量系数

由宽径比 $B/d=1$ 及偏心率 $\chi=0.63$ 查图 13-21，得耗油量系数 $Q/\psi vBd=0.14$。

（3）计算润滑油温升

按润滑油密度 $\rho=900\text{kg/m}^3$；比热容 $c=1900\text{J/(kg}\cdot\text{℃)}$；表面传热系数 $\alpha_s=80\text{W/}$ $(\text{m}^2\cdot\text{℃})$。由式（13-39）得

$$\Delta t=\frac{\left(\dfrac{f}{\psi}\right)p}{c\rho\left(\dfrac{Q}{\psi vBd}\right)+\dfrac{\pi\alpha_s}{\psi v}}=\frac{\left(\dfrac{0.004}{0.0015}\right)\times 2.78\times 10^6}{1900\times 900\times 0.14+\dfrac{\pi\times 80}{0.0015\times 9.42}}=28.82(\text{℃})$$

（4）计算润滑油入口和出口温度 t_1、t_2

入口：　　$t_1=t_m-\dfrac{\Delta t}{2}=50-\dfrac{28.82}{2}=35.59(\text{℃})$

出口：　　$t_2=t_1+\Delta t=35.59+28.8=64.39(\text{℃})$

因为一般取 $t_1=35\sim 45\text{℃}$，而要求 $t_2\leqslant 80\text{℃}$，所以上述入口和出口温度均符合要求，所选择轴承参数均符合要求。如入口和出口温度过低或过高，则应改变相对间隙 ψ 或重选润滑油再行计算，直至满足为止。

4）选择轴承配合

（1）选择配合

根据直径间隙 $\Delta=0.18\text{mm}$，选用配合 $\dfrac{\text{F7}}{\text{c6}}$，则轴承孔尺寸公差为 $\phi 120^{+0.071}_{+0.036}$，轴颈尺寸公差为 $\phi 120^{-0.120}_{-0.142}$。

（2）确定最大、最小间隙 $\Delta_{\max}$、$\Delta_{\min}$

$$\Delta_{\max}=0.071-(-0.142)=0.213(\text{mm})$$
$$\Delta_{\min}=0.036-(-0.120)=0.156(\text{mm})$$

因为 $\Delta=0.18\text{mm}$ 在 $\Delta_{\min}$ 和 $\Delta_{\max}$ 之间，故所选配合适用。

5）校核轴承的承载能力、最小油膜厚度及润滑油温升

分别按 $\Delta_{\max}$ 和 $\Delta_{\min}$ 两种极限情况进行核算，如果在允许值范围内，则绘制轴承工作图，否则需要重新选择参数，再作设计及校核计算。设计计算步骤同上。

13.7　其他型式滑动轴承简介

1. 多油楔滑动轴承

上述流体动力润滑径向滑动轴承只能形成一个油楔来产生流体动压油膜，故称为单油楔轴承（single-wedge bearing）。这类轴承的轴颈如受到一个外部微小的干扰而偏离平衡位置，有可能不能自动回到其原来的平衡位置，轴颈作有规则的或无规则的运动，即产生失稳现象。载荷越轻、转速越高，轴承越容易失稳。为了提高轴承工作的稳定性和旋转精度，常把轴承做成多油楔形状，轴承的承载力等于各油楔承载力矢量和。

多油楔轴承（multi-wedge bearing）的结构型式较多，按瓦面能否自动调节分固定瓦和

可倾瓦,按油楔的数目又可分为双油楔和多油楔等多种。

　　图 13-22 所示为常见的几种固定瓦多油楔轴承。它们在工作时能形成两个或三个动压油膜,分别称为双油楔和多油楔轴承。和单油楔轴承相比,多油楔轴承的稳定性好,旋转精度高,但承载能力较低,功耗较大。在多油楔轴承中,三油楔轴承的稳定性好于双油楔,但承载能力低于双油楔,而椭圆轴承(ellipse bearing)的稳定性又好于错位轴承(alternate bearing)。图 13-22 中,图(a)和图(c)能用于双向回转,而图(b)和图(d)只能用于单向回转。

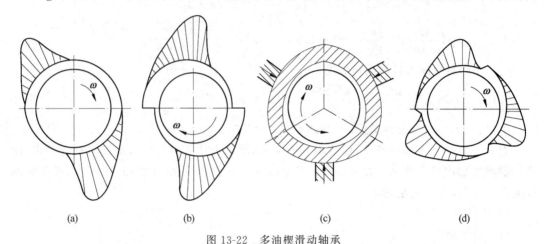

(a)　　　　　(b)　　　　　(c)　　　　　(d)

图 13-22　多油楔滑动轴承
(a)椭圆轴承;(b)错位轴承;(c)三油楔轴承(双向);(d)三油楔轴承(单向)

　　图 13-23 为可倾瓦多油楔径向滑动轴承,轴瓦由三块或三块以上(通常为奇数)扇形块组成,扇形块以其背面的球窝支承在调整螺钉尾端的球面上。球窝的中心不在扇形块中部,而是沿圆周偏向轴颈旋转方向的一边。由于扇形块支承在球面上,所以它的倾斜度可以随轴颈位置的不同而自动地调整,以适应不同的载荷、转速以及轴的弹性变形和偏斜,并保持轴颈与轴瓦间的适当间隙,建立流体摩擦。

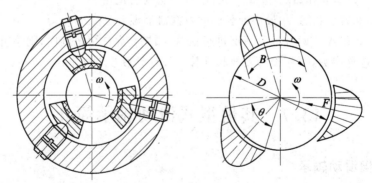

图 13-23　可倾瓦多油楔径向轴承

　　可倾瓦多油楔轴承比固定瓦多油楔轴承的稳定性更好,但承载能力更低,特别适用于高速轻载的条件下工作。

2. 流体静压轴承

流体静压轴承(hydrostatic bearing)是用油泵把高压油送到轴承间隙里,强制形成油膜,靠流体的静压平衡外载荷。图 13-24 为静压径向轴承的示意图。高压油经节流器进入油腔,节流器是用来保持油膜稳定性的。当轴承载荷为零时,轴颈与轴孔同心,各油腔的油压彼此相等,即 $p_1 = p_2 = p_3 = p_4$。当轴受外载荷 F 时,轴颈偏移,各油腔附近的间隙不同,受力大的油膜减薄,流量减小,因此经过这部分的流量也减小,节流器前后压差减小,但是油泵的压力 p_0 保持不变,所以下油腔中的压力 p_3 将加大。同理,上油腔中压力 p_1 下降。轴承依靠压力差 $(p_3 - p_1)$ 平衡外载荷 F。

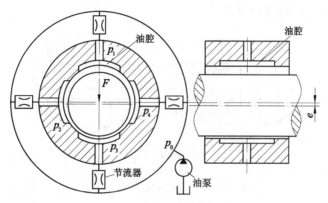

图 13-24 流体静压径向轴承示意图

流体静压轴承的主要特点是:①轴颈和轴承相对转动时处于完全流体摩擦,摩擦系数很小,一般 $f = 0.0001 \sim 0.0004$,起动力矩小,效率高;②由于工作时轴颈与轴承不直接接触(包括起动、停车等),轴承不会磨损,能长期保持精度,故使用寿命长;③油膜不受速度的限制,因此能在极低或极高的转速下正常工作;④对轴承材料要求较低,同时对间隙和表面粗糙度要求也不像动压轴承哪样严;⑤油膜刚度大,具有良好的吸振性,运转平稳,精度高。其缺点是必须有一套复杂的供油装置,且维护和管理要求较高。

3. 气体润滑轴承

气体润滑轴承(gas bearing)是用气体作润滑剂的滑动轴承,以空气最为常用。当轴颈转速 $n > 100000 \mathrm{r/min}$ 时,用流体润滑剂的轴承即使在流体润滑状态下工作,摩擦损失也还是很大的,从而大大降低轴承的效率,引起轴承的过热。如改用气体作润滑剂,就可以大大降低摩擦损失。空气的黏度约为油的四五千分之一,所以气体轴承可以在高转速下工作。气体轴承的转速可达每分钟几十万甚至百万转。气体轴承的摩擦阻力很小,因而功耗甚微,更重要的是,空气黏度受温度变化的影响很小,所以能在很大的温度范围内使用。气体轴承的缺点是承载能力较低。这种轴承适合于高速轻载场合,它广泛用于精密测量仪、超精密机床主轴与导轨、超高速离心机、陀螺仪表、核反应堆内的支承等。

一般所说的气体轴承也有气体动压轴承和气体静压轴承两大类,其工作原理和流体润滑轴承基本相同。

4. 磁悬浮轴承

磁力轴承是利用磁场力使轴悬浮,故又称磁悬浮轴承(magnetic suspension bearing)。它无需任何润滑剂,可在真空中工作。因此,可达到极高的速度,目前已有转速高达 38.4 万 r/s,圆周速度为 2 倍声速的应用实例。

磁悬浮轴承的类型很多,其中应用最广泛的就是主动磁轴承。如图 13-25 所示即为一个转子通过磁悬浮轴承支承的工作原理图。传感器检测出转子偏离参考点的位移,作为控制器的微处理器将检测的位移变换成控制信号,然后功率放大器将这一控制信号转换成控制电流,控制电流在执行磁铁中产生磁力从而使转子维持其悬浮位置不变。悬浮系统的刚度、阻尼以及稳定性由控制规律决定。

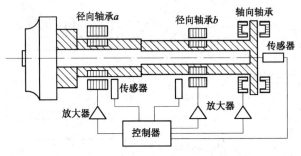

图 13-25　主动磁轴承工作原理图

磁悬浮轴承具有许多传统轴承不具备的优点:①可以达到极高的转速。磁悬浮轴承所达到的转速比滚动轴承高 5 倍,比流体动压轴承高 2.5 倍;②摩擦功耗小。实验表明,在 10000r/min 的条件下,其摩擦功耗是流体动压轴承的 10%~20%;③没有磨损和接触疲劳所带来的寿命问题。其工作寿命和可靠性远高于传统轴承;④无需润滑。不存在润滑剂带来的污染问题,在真空、辐射和禁止润滑剂场合应用有较大优势;⑤适应极端高低温环境;⑥可控性好。其静、动态特性是在线可控的。

磁悬浮轴承主要应用于超高速离心机、真空泵、精密陀螺仪及加速度计、超高速列车、空间飞行器姿态飞轮、超高速精密机床等场合。有关磁力轴承知识的详细介绍请参阅相关文献。

拓展性阅读文献指南

滑动轴承的摩擦状态有无润滑摩擦状态、非全流体混合摩擦状态和流体摩擦状态,其设计计算方法也各不相同。要全面了解各种滑动轴承的设计计算可参阅:①闻邦椿编《机械设计手册——轴承》分册,机械工业出版社,2015,手册详细介绍了各类滑动轴承材料、结构和参数设计等;②成大先主编《机械设计手册(第 6 版)单行本——轴承》,化学工业出版社,2017。

有关流体动、静压轴承设计的相关内容可参阅:①钟琪,张冠坤编著《液体静压动静压轴承设计使用手册》,电子工业出版社,2007;②池长青著《气体动静压轴承的动力学与热力学》,北京航空航天大学出版社,2008。

要了解磁悬浮轴承的设计和研究发展状况可参阅：①胡业发等著《磁力轴承的基础理论与应用》,机械工业出版社,2006;②施威策尔等著,徐旸、张凯、赵雷译《磁悬浮轴承——理论、设计及旋转机械应用》,机械工业出版社,2012。

思 考 题

13-1　相对于滚动轴承滑动轴承有什么特点？适用于什么场合？

13-2　向心滑动轴承结构有哪几种型式？各有何特点？

13-3　对滑动轴承轴瓦的材料有哪些要求？轴瓦上油孔和油槽开设要注意什么？

13-4　滑动轴承的润滑方式有哪些？选择润滑剂的依据是什么？

13-5　非全流体润滑滑动轴承验算 p、v、pv 三项指标的物理本质是什么？为什么流体动力润滑滑动轴承设计时首先也要验算此三项指标？

13-6　试以雷诺方程来分析流体动力润滑的几个基本条件。

13-7　试述滑动轴承流体动油膜形成过程。

13-8　单油楔径向滑动轴承主要几何参数有哪些？对轴承的性能各有何影响？

13-9　下列图示三种情况,哪个可以形成流体动压润滑？

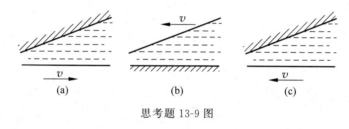

(a)　　　　　　　(b)　　　　　　　(c)

思考题 13-9 图

习 题

13-1　某不安全流体润滑径向滑动轴承,已知：轴径直径 $d = 200\text{mm}$,轴承宽度 $B = 200\text{mm}$,轴颈转速 $n = 300\text{r/min}$,轴瓦材料为 ZCuSn10P1,试问它可以承受的最大径向载荷是多少？

13-2　某非全流体摩擦径向滑动轴承,已知径向载荷 $F = 50000\ \text{N}$,轴颈转速 $n = 500\text{r/min}$,载荷平稳。试确定轴承材料、轴承尺寸 d、B 及选择润滑油和润滑方法(轴颈直径 $d \geqslant 80\text{mm}$),并画出轴瓦结构图。

13-3　一船舶螺旋桨驱动轴颈 $d = 260\text{mm}$,受轴向推力 $F_a = 1.2 \times 10^5 \text{N}$,若采用推力轴承支承,推力环的外径 $D = 380\text{mm}$,轴承材料许用压强 $[p] = 0.5\text{MPa}$。试问需要几个推力环？

13-4　设计一发电机转子的流体动压径向滑动轴承。已知轴承上的径向载荷 $F =$

30000N,轴颈直径 $d=100\text{mm}$,转速 $n=1500\text{r/min}$,载荷基本平稳,采用剖分式轴瓦,轴承包角 $\alpha=180°$。

13-5　已知等流体动压径向滑动轴承,所受的载荷 $F_r=3500\text{N}$,轴颈转速 $n=3600\text{r/min}$,轴颈直径 $d=150\text{mm}$,期望轴承运转时的偏心率 $\chi=0.5\sim0.6$。试确定轴承的宽度 B,相对间隙 ψ,并验算轴承的最小油膜厚度 $h_{\min}$ 和温升 Δt。

13-6　一内径尺寸为75mm,宽径比为1的径向滑动轴承,工作转速为1500r/min,相对间隙 $\psi=0.001$,采用L-AN22全损耗系统用油,工作的有效温度为75℃,油膜的最小厚度为0.025mm。试求工作时该轴承的径向载荷。

第 14 章

滚 动 轴 承

内容提要：本章主要介绍滚动轴承的结构、类型、尺寸、精度等级、选择原则等基本知识和标准滚动轴承代号的表示方法；通过分析滚动轴承的失效形式,给出了轴承寿命、静强度和极限转速的计算方法；本章最后介绍了滚动轴承的组合结构设计,内容涉及滚动轴承配合、定位、预紧、支承方式和润滑、密封等内容。

本章重点：常用滚动轴承类型、特点和代号表示方法,滚动轴承的寿命计算,滚动轴承组合结构设计的原则等。

本章难点：向心角接触轴承的实际轴向力计算,合理的轴系组合结构设计。

14.1 概 述

滚动轴承(rolling bearings)是机器中广泛应用的主要支承元件。它依靠主要构件间的滚动接触来进行工作,以滚动摩擦代替滑动轴承中的滑动摩擦,因而具有摩擦阻力小、发热量少、效率高、起动灵敏、维护方便等特点,并且已在国际范围内标准化,由专门的轴承工厂成批生产,品种和尺寸系列齐全,选用与更换均十分方便。

1. 滚动轴承的构造

典型的滚动轴承构造如图 14-1 所示,它由内圈(inner ring)1、外圈(outer ring)2、滚动体(roller)3 和保持架(separator retainer)4 组成。内圈、外圈分别与轴颈及轴承座孔装配在

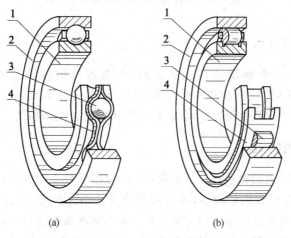

(a)   (b)

图 14-1 滚动轴承的构造

(a) 深沟球轴承；(b) 圆柱滚子轴承

一起。通常是内圈随轴回转,外圈不动;但也有外圈回转、内圈不动或内、外圈分别按不同转速回转的情况。滚动体是实现滚动摩擦的主要零件,当内、外圈相对转动时,滚动体在内外圈的滚道间滚动。内、外圈的滚道多为凹槽形,凹槽起导轨作用,限制滚动体的轴向移动,同时也能降低滚动体与套圈间的接触应力。常用的滚动体形状有:①球形(ball roller);②圆柱形(cylindrical roller);③长圆柱形(long cylindrical roller);④螺旋滚子(screw roller);⑤圆锥滚子(tapered roller);⑥鼓形滚子(spherical roller);⑦滚针(needle roller)等(图14-2)。保持架能使滚动体均匀分布以避免滚动体接触,如没有保持架,相邻滚动体直接接触,其相对摩擦速度是表面速度的2倍,发热和磨损均很大(图14-3)。

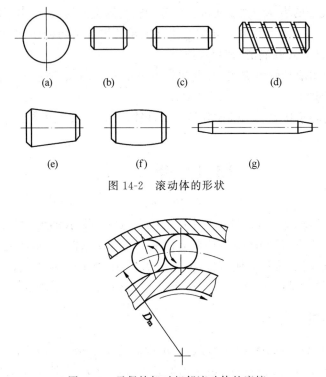

图 14-2　滚动体的形状

图 14-3　无保持架时相邻滚动体的摩擦

2. 滚动轴承的材料

滚动轴承的内、外圈和滚动体用强度高、耐磨性好的含铬高碳钢制造,如 GCr15、GCr15SiMn 等(G 表示专用滚动轴承钢),热处理后硬度一般不低于 $60\sim65$HRC,工作表面再经磨削抛光,保持架用低碳钢冲压而成,但也有用铜合金或塑料的。

3. 滚动轴承的特点

与滑动轴承比较,滚动轴承具有下列优点:①摩擦系数小,起动力矩小,效率高(与混合润滑滑动轴承比较);②径向游隙小,还可用预紧方法消除游隙,因此运转精度高;③轴向尺寸(宽度)较小,可使机器的轴向尺寸紧凑;④某些滚动轴承能同时承受径向与轴向载荷,因此可使机器结构简化、紧凑;⑤润滑简单,耗油量少,便于密封,易于维护;⑥为标准件,互换性好,易于选用与更换,且成本较低。

　　滚动轴承的缺点是:①承受冲击载荷能力差;②高速时振动与噪声较大;③高速重载时寿命较低;④径向尺寸比滑动轴承大。

　　滚动轴承广泛应用于中速、中载和一般工作条件下运转的机械设备中。在特殊工作条件下如高速、重载、精密、高温、低温、微型和特大型尺寸等场合,也可采用滚动轴承,但需在结构、材料、加工工艺、热处理等方面,采取一些特殊的技术措施。

14.2　滚动轴承的类型与选择

1. 滚动轴承的主要类型与特点

　　滚动轴承中套圈与滚动体接触处的法线和垂直于轴承轴心线的平面的夹角 α 称为接触角(contact angle)。滚动轴承按所能承受载荷方向和接触角的不同可分为三类。主要承受径向载荷,接触角 $\alpha=0°$ 的轴承叫向心轴承(radial bearing)(图 14-4(a)),如深沟球轴承(deep-groove ball bearing)和圆柱滚子轴承(cylindrical roller bearing),其中有几种轴承还可承受不大的轴向载荷,如深沟球轴承。只能承受轴向载荷,$\alpha=90°$ 的轴承叫做推力轴承(thrust bearing)(图 14-4(d)),如推力球轴承。能同时承受径向和轴向载荷,接触角 $0°<\alpha<90°$ 的轴承称向心推力轴承,其中,主要承受径向载荷,$0°<\alpha<45°$ 的轴承称向心角接触轴承(radial angular-contact bearing),如角接触球轴承(图 14-4(b));主要承受轴向载荷,$45°<\alpha<90°$ 的轴承叫推力角接触轴承(thrust angular-contact bearing),如推力调心滚子轴承(图 14-4(c))。

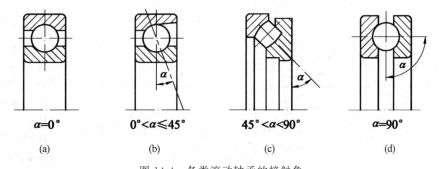

图 14-4　各类滚动轴承的接触角

(a) 深沟球轴承;(b) 角接触球轴承;(c) 推力调心滚子轴承;(d) 推力球轴承

　　滚动轴承的类型很多,按照《滚动轴承代号方法》(GB/T 272—2017),滚动轴承分为 13 种基本类型。常用标准滚动轴承的类型与特性见表 14-1。除了常用标准滚动轴承外,在机械中还广泛使用一些在特定机械装置中使用的专用轴承,如机床丝杠用推力角接触轴承(GB/T 24604—2009)、汽车变速箱用滚针轴承(GB/T 25763—2010)、铁路机车轴承(GB/T 25771—2010)、风力发电机组主轴轴承(GB/T 29718—2013)、轧钢机用四列圆柱滚子轴承(JB/T 5389.1—2016)、工业机器人用薄壁柔性轴承(GB/T 34884—2017)、转盘轴承(JB/T 10471—2017)等。

表 14-1　常用滚动轴承的类型、性能和特点(摘自 GB/T 272—2017 和 JB/T 10471—2017)

类型代号	轴承名称	结构简图及承载方向	结构代号	基本额定动载荷比	极限转速比	轴向承载能力	性能和特点
0	双列角接触球轴承(double-row angular contact bearings)		00000	1.6～2.1	中	一般	能同时受径向和双向轴向载荷。相当于成对安装、背对背的角接触球轴承(接触角30°)
1	调心球轴承(double-row self-align ball bearings)		10000	0.6～0.9	中	少量	因为外圈滚道表面是以轴承中点为中心的球面,故能自动调心,允许内圈(轴)对外圈(外壳)轴线偏斜量≤2°～3°。一般不宜承受纯轴向载荷
2	调心滚子轴承(double-row self-align roller bearings)		20000	1.8～4	低	少量	性能、特点与调心球轴承相同,但具有较大的径向承载能力,允许内圈对外圈轴线偏斜量≤1.5°～2.5°
2	推力调心滚子轴承(self-align thrust bearings)		29000	1.6～2.5	低	很大	用于承受以轴向载荷为主的轴向、径向联合载荷,但径向载荷不超过轴向载荷的55%。为保持正常工作,需施加一定轴向预载荷。允许轴圈对座圈轴线偏斜量≤1.5°～2.5°
3	圆锥滚子轴承(tapered roller bearings)		30000 $\alpha = 10°～18°$	1.5～2.5	中	较大	可以同时承受径向载荷及轴向载荷(30000 型以径向载荷为主,30000B 型以轴向载荷为主)。外圈可分离,安装时可调整轴承的游隙。一般成对使用
3			30000B $\alpha = 27°～30°$	1.1～2.1	中	很大	

续表

类型代号	轴承名称	结构简图及承载方向	结构代号	基本额定动载荷比	极限转速比	轴向承载能力	性能和特点
4	双列深沟球轴承 (double-row deep groove bearings)		40000	1.6～2.3	中	少量	能同时承受径向和轴向载荷。径向刚度和轴向刚度均大于深沟球轴承
5	单向推力球轴承 (single direction thrust ball bearings)		51000	1	低	只能承受单向的轴向载荷	为了防止钢球与滚道之间的滑动,工作时必须加有一定的轴向载荷。高速时离心力大,钢球与保持架磨损,发热严重,寿命降低,故极限转速很低。轴线必须与轴承座底面垂直,载荷必须与轴线重合,以保证钢球载荷的均匀分配
	双向推力球轴承 (double direction thrust ball bearings)		52000	1	低	能承受双向的轴向载荷	
6	深沟球轴承 (deep groove bearings)		60000	1	高	少量	主要承受径向载荷,也可同时承受小的轴向载荷。当量摩擦系数最小。在高转速时,可用来承受纯轴向载荷。工作中允许内、外圈轴线偏斜量≤$8'$～$16'$,大量生产,价格最低
7	角接触球轴承 (angular contact ball bearings)		70000C ($\alpha=15°$)	1.0～1.4	高	一般	可以同时承受径向载荷及轴向载荷,也可以单独承受轴向载荷。能在较高转速下正常工作。由于一个轴承只能承受单向的轴向力,因此一般成对使用。承受轴向载荷的能力由接触角α决定。接触角大的,承受轴向载荷的能力也高
			70000AC ($\alpha=25°$)	1.0～1.3		较大	
			70000B ($\alpha=40°$)	1.0～1.2		更大	

类型代号	轴承名称	结构简图及承载方向	结构代号	基本额定动载荷比	极限转速比	轴向承载能力	性能和特点
8	推力圆柱滚子轴承 (thrust-roller bearings)		80000	1.7～1.9	低	大	能承受较大单向轴向载荷,轴向刚度大。极限转速低,不允许轴与外圈轴线有倾斜
N	圆柱滚子轴承 (roller bearings)		N0000	1.5～3	高	无	外圈(或内圈)可以分离,故不能承受轴向载荷,滚子由内圈(或外圈)的挡边轴向定位,工作时允许内、外圈有少量的轴向错动。有较大的径向承载能力,但内外圈轴线的允许偏斜量很小($2'$～$4'$)。这一类轴承还可以不带外圈或内圈
			NU0000				
NA	滚针轴承(needle bearings)		NA0000	—	低	无	在同样内径条件下,与其他类型轴承相比,其外径最小,内圈或外圈可以分离,工作时允许内、外圈有少量的轴向错动。有较大的径向承载能力。一般不带保持架。摩擦系数大

续表

类型代号	轴承名称	结构简图及承载方向	结构代号	基本额定动载荷比	极限转速比	轴向承载能力	性能和特点
QJ (01)	四点接触球轴承（four-point contact ball bearings）		QJF0000	1	中	较大	每个滚动体与内、外圈四点接触，能同时承受径向载荷和双向轴向载荷，并能承受倾覆力矩。可以替代单个支点上对称安装的一对角接触轴承。也常用作转盘轴承使用，这时轴承内圈或外圈可以带齿。结构紧凑
XR (11)	交叉滚子轴承（cross roller bearings）		外圈分离型 XRB0000	3～4	中	大	滚子呈 90°交叉排列，轴承内圈或外圈是两分割的结构，轴承的间隙可调，可以承受较大的径向载荷、双向轴向载荷和倾覆力矩，轴承刚性比较好，旋转精度高。常用作工业机器人的关节轴承和大型回转支承的转盘轴承，内圈和外圈可以带齿。结构紧凑
			内圈分离型 XRE0000				
			内、外圈一体型 XRU0000				
			其他 XRBC、XRBH、XRA 等				
NKX	滚针和推力球组合轴承（needle roller thrust ball bearings）		NKX000	—	低	一般	具有推力球轴承和滚针轴承的联合特性，可以承受较大的径向载荷和轴向载荷，结构紧凑

注：① 滚动轴承的类型名称、代号按 GB/T 272—2017 和 JB/T 10471—2017　滚动轴承　转盘轴承。

② 在写基本代号时，尺寸系列代号中括号内数字可省略。

③ 基本额定动负荷比、极限转速比都是指同一尺寸系列轴承与深沟球轴承之比（平均值）。极限转速比（脂润滑，0 级公差等级）比值＞90% 为高，60%～90% 为中，＜60% 为低。

④ 括号中的类型代号为根据 JB/T 10471—2017 转盘轴承的类型代号。

2. 滚动轴承的代号

滚动轴承的类型和尺寸规格繁多,为便于生产、设计和选用,国家标准规定了用代号(code number)表示轴承的类型、尺寸、结构特点及公差等级等。

国家标准 GB/T 272—2017 规定滚动轴承代号由基本代号、前置代号和后置代号组成,分别用字母和数字等表示。常用滚动轴承代号的构成见表 14-2。对于特殊类型滚动轴承代号的组成及意义参见相关轴承的标准。

表 14-2　滚动轴承代号的构成

前置代号	基本代号				后置代号							
	五	四	三	二	一							
轴承分部件代号	类型代号	尺寸系列代号		内径代号	内部结构代号	密封与防尘结构代号	保持架及其材料代号	特殊轴承材料代号	公差等级代号	游隙代号	多轴承配置代号	其他代号
		宽度系列代号	直径系列代号									

注:基本代号下面的一至五表示代号自右向左的位置序数。

1) 基本代号

滚动轴承的基本代号(basic code)用来表明轴承的内径、尺寸系列和类型,一般最多为 5 位。

(1) 轴承的类型

轴承的类型代号用基本代号右起第 5 位数字或字母表示(如尺寸系列代号有省略则为第 4 位),其表示方法见表 14-1。

(2) 尺寸系列

轴承的尺寸系列(dimension series)表示在结构相同、内径相同的情况下具有不同的外径和宽度。其代号由基本代号右起第三、四两位数字表示,第四位表示宽度系列(width series),第三位表示直径系列(diameter series)。滚动轴承的具体尺寸系列代号见表 14-3。相同内径,不同直径系列轴承的尺寸对比如图 14-5 所示。某些宽度系列(主要为 0 系列和正常系列)代号可省略,详见表 14-1。

表 14-3　滚动轴承尺寸系列表示法

直径系列代号	向心轴承 宽度系列代号								推力轴承 高度系列代号			
	特窄 8	窄 0	正常 1	宽 2	特宽 3	特宽 4	特宽 5	特宽 6	特低 7	低 9	正常 1	正常 2
超特轻 7	—	—	17	—	37	—	—	—	—	—	—	—
超轻 8	—	08	18	28	38	48	58	68	—	—	—	—
超轻 9	—	09	19	29	39	49	59	69	—	—	—	—
特轻 0	—	00	10	20	30	40	50	60	70	90	10	—
特轻 1	—	01	11	21	31	41	51	61	71	91	11	—
轻 2	82	02	12	22	32	42	52	62	72	92	12	22
中 3	83	03	13	23	33	—	—	63	73	93	13	23
重 4	—	04	—	24	—	—	—	—	74	94	14	24

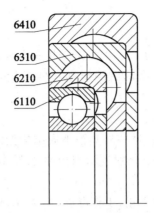

图 14-5　不同直径系列轴承尺寸对比

（3）轴承的内径

用基本代号右起第一、二位数字表示。①当轴承内径分别为 10mm、12mm、15mm 和 17mm 时，内径代号分别为 00、01、02 和 03；②当内径 $d=20\sim480$mm 且为 5 的倍数时，内径代号为内径除于 5 的商；③当内径 $d<10$mm 或 $d>500$mm 及 $d=22,28,32$mm 时，则直接用内径尺寸毫米数表示轴承内径，并且与尺寸系列间用"/"分开。

2）前置代号

前置代号表示轴承的分部件，用字母来表示。常见的一些代号及含义如下：

L 代表可分离轴承的可分离内圈或外圈，如 LN207；K 代表轴承的滚动体和保持架组件，如 K81107；R 代表不带可分离内圈或外圈的轴承，如 RNU207；WS、GS 分别为推力圆柱滚子轴承的轴圈和座圈，如 WS81107、GS81107。

3）后置代号

轴承的后置代号用字母和数字表示轴承的结构、公差、游隙及材料的特殊要求等。后置代号共有 8 组（见表 14-2），下面介绍几组常用的代号。

（1）内部结构代号

表示同一类型轴承的不同内部结构，用字母紧跟基本代号表示。如：C、AC、B 分别代表接触角 $\alpha=15°$、$25°$ 和 $40°$；E 代表增大承载能力进行结构改进的加强型等。代号示例如：7210B、7210AC、NU207E。

（2）密封、防尘与外部形状变化代号

常用代号与含义如下：

RS、RZ、Z、FS 分别表示轴承一面有骨架式橡胶密封圈（接触式 RS、非接触式为 RZ）、有防尘盖、毡圈密封。代号示例如：6210-RS。如两面有密封圈、防尘盖等则应在相应字母代号前加数字"2"，如 6210-2RS。

R、N、NR 分别表示轴承外圈有止动挡边、止动槽、止动槽并带止动环。代号示例如：6210N。

（3）轴承的公差等级

轴承的公差等级由高到低分为 2、4、5、6（6x）和 0 级共 5 个级别，分别用代号/P2、/P4、/P5、/P6（/P6x）和/P0 表示。公差等级中，6x 级仅适用于圆锥滚子轴承；0 级为普通级，可以省略不写。

（4）轴承的径向游隙

轴承的径向游隙由小至大分为 1、2、0、3、4、5 共 6 个组别。其中，0 组游隙是常用的游隙组别，在轴承代号中不标出，其余的游隙组别在轴承代号中分别用/C1、/C2、/C3、/C4、/C5 表示。

（5）保持架代号

表示保持架在标准规定的结构材料外其他不同结构型式与材料。如 A、B 分别表示外圈引导和内圈引导；J、Q、M、TN 则分别表示钢板冲压、青铜实体、黄铜实体和工程塑料保持架。

其他在配置、振动、噪声、摩擦力矩、工作温度、润滑等方面的特殊要求的代号方法可查阅标准 GB/T 272—2017 或厂家的产品说明。

例 14-1 试说明轴承代号 6308、33315E、7211C/P5、618/2.5 的含义。

解：6308 表示内径为 40mm，中系列深沟球轴承，正常宽度系列、正常结构，0 级公差，0 组游隙。

33315E 表示内径为 75mm，中系列加强型圆锥滚子轴承，特宽系列，0 级公差，0 组游隙。

7211C/P5 表示内径为 55mm，轻系列角接触球轴承，正常宽度，接触角 $\alpha = 15°$，5 级公差，0 组游隙。

618/2.5 表示内径 2.5mm，超轻系列微型深沟球轴承，正常宽度、正常结构，0 级公差，0 组游隙。

3. 滚动轴承类型的选择

滚动轴承类型选择是否适当，直接影响到轴承寿命乃至机器的工作性能。选择时应根据轴承的工作载荷（大小、方向和性质）、转速高低、支承刚性以及安装精度等方面的要求，结合各类轴承的特性和应用经验进行综合分析，确定合适的轴承。选择轴承时以下原则可供参考。

（1）转速较高、载荷较小、要求旋转精度较高时宜选用球轴承；转速较低、载荷较大或有冲击载荷时则选用滚子轴承，但应注意滚子轴承对角偏斜较敏感。

（2）主要承受径向载荷时可选用向心轴承。主要承受轴向载荷，转速又不高时，可选用推力轴承。当同时承受径向和轴向载荷时，一般选用角接触球轴承和圆锥滚子轴承。当径向载荷较大、轴向载荷较小时，可选用深沟球轴承；当轴向载荷较大、径向载荷较小时，可采用推力角接触球轴承或选用推力球轴承与深沟球轴承的组合结构，分别承担轴向和径向载荷。

（3）轴承的工作转速一般应低于其极限转速。深沟球轴承、角接触球轴承、短圆柱滚子轴承极限转速较高，适用于较高转速的场合；推力轴承极限转速较低，只适用于较低速的场合。当受纯轴向载荷且转速很高时则宁愿用深沟球轴承或角接触球轴承而不用推力轴承；内径相同的轴承，外径越小，极限转速越高，所以高速时宜采用超轻、特轻和轻系列的轴承，重及特重系列轴承，只用于低速重载荷的场合。

（4）圆柱滚子和滚针轴承对轴承内外圈的偏斜最为敏感，因此对轴的刚度和轴承座孔的支承刚度和加工精度要求较高。当两轴承座孔加工不对中或由于加工、安装误差和轴挠曲变形等原因使轴承内外圈倾斜角较大时,宜采用调心球轴承或调心滚子轴承,如图 14-6 所示。

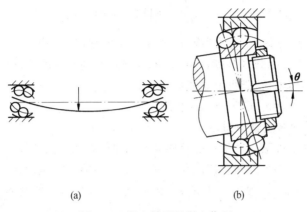

(a)　　　　　　　　　　　(b)

图 14-6　调心轴承的调心作用

（5）为便于安装拆卸和调整间隙常选用内、外圈可分离的轴承(如圆柱滚子轴承、圆锥滚子轴承)、具有内锥孔的轴承或带紧定套的轴承等。

（6）角接触球轴承和圆锥滚子轴承一般应成对使用,对称安装,以使轴承能够承受双向轴向载荷。

（7）轴承的公差等级和游隙的选择应考虑工作性能和经济性的要求。当旋转精度要求较高时,宜选用较高的公差等级和较小的游隙;当要求转速较高时宜选用较高的公差等级和适当加大轴承游隙。但轴承的公差等级越高,轴承价格越贵,一般滚子轴承比球轴承价格高,而深沟球轴承价格最低。因此,在满足工作要求的前提下,宜优先考虑选用普通公差等级的深沟球轴承。

（8）对于一些特定机械设备上使用的专用轴承应参照相关专用轴承的标准选用。

14.3　滚动轴承的受力分析、失效形式及计算准则

1. 滚动轴承的载荷分布

1）滚动轴承受轴向载荷

向心轴承、向心推力轴承或推力轴承,在中心轴向力的作用下,如不考虑轴承制造安装误差的影响,可以认为载荷由各滚动体平均分担。

2）向心轴承承受径向载荷

以深沟球轴承为例,设滚动体数为 Z,径向载荷 R 通过轴颈传给内圈,位于上半圈的滚动体不受力,而由下半圈的滚动体将此载荷传到外圈。如设内、外圈的几何形状不变,则由于滚动体与内、外圈接触的局部接触变形,内圈将下沉 δ,亦即在载荷 R 作用线上的接触变形量为 δ,而下半圈其他滚动体接触处的变形量则根据变形协调条件从中间往两边逐渐减小,如图 14-7 所示。根据变形与力的关系可知,接触载荷也是从中间往两边逐渐减小。根

据受力平衡条件,位于 R 作用线下方接触处的最大接触载荷为

$$
\left.
\begin{aligned}
Q_{\max} &\approx \frac{5}{Z}R \quad (深沟球轴承) \\
Q_{\max} &\approx \frac{4.6}{Z}R \quad (圆柱滚子轴承)
\end{aligned}
\right\} \tag{14-1}
$$

滚动体从开始受力到终止受力所经过的区域叫承载区。实际上由于轴承内部存在游隙,故由径向载荷产生的承载区范围将小于 $180°$,也即不是下半圈滚动体全部受载,这时如果同时作用一定的轴向轴荷,则可使承载区扩大。

3) 角接触轴承同时承受径向和轴向载荷

(1) 角接触轴承的派生轴向力 S

当角接触轴承或圆锥滚子轴承承受径向载荷 R 时,如图 14-8 所示,由于滚动体与滚道接触点的法线与轴承中心平面间有接触角 α,所以下半圈第 i 个滚动体的法向反力 $\boldsymbol{Q}_i$ 将产生径向分力 $\boldsymbol{R}_i$(方向不同)和轴向分力 $\boldsymbol{S}_i$(方向相同)。承载区内各滚动体的径向分力矢量之和必与径向载荷 R 平衡(即 $\sum \boldsymbol{R}_i = R$),而各滚动体所受的轴向分力之和即为轴承所受的派生轴向力(derived or additional axial force)S。如按一半滚动体受力进行分析,可得派生轴向力 S 为

$$
S \approx 1.25 R \tan\alpha \tag{14-2}
$$

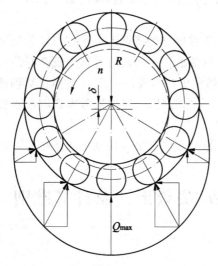

图 14-7　向心轴承的径向载荷分布

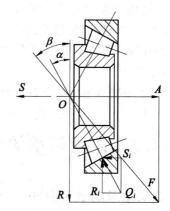

图 14-8　角接触轴承的受力分析

角接触轴承的派生轴向力的方向是由轴承外圈的宽边指向窄边,通过内圈作用于轴上,使内、外圈有分离的趋势。由于角接触轴承受径向载荷后会产生派生轴向力,故应成对使用,对称安装。

(2) 轴向载荷对载荷分布的影响

如图 14-8 所示,角接触轴承受径向载荷 R 时,在各滚动体上产生的各轴向分力 S_i 之和即派生轴向力 S,它迫使轴颈(连同轴承内圈和滚动体)向左移动,并最后与轴向力 A 平衡。

① 当只有最下面一个滚动体受载时

$$S = R\tan\alpha \quad 或 \quad \tan\alpha = \frac{S}{R} = \frac{A}{R}$$

而外载 R 和 A 的合成载荷 F 与轴承径向平面间的夹角,即载荷角(load angle)β 为

$$\tan\beta = \frac{A}{R}$$

所以

$$\tan\alpha = \tan\beta \qquad (14\text{-}3)$$

即载荷角 β 与接触角 α 是相等的。

② 当受载的滚动体增多时,虽然在同样的径向载荷 R 的作用下,但派生轴向力 S 将增大。因为这时作用于滚动体的法向反力 Q_i 的方向各不相同,它们的径向分力 R_i 向量之和虽与 R 平衡,但其代数和必大于 R,而派生轴向力 S 是由各个 Q_i 分别派生的轴向力 S_i 合成的,其值应为 S_i 的代数和。所以,在同样的径向载荷 R 作用下由多个滚动体接触分别派生的轴向力的合力 S,将大于只有一个滚动体受载时派生的轴向力。

设 n 为受载滚动体数,则

$$S = \sum_{i=1}^{n} S_i = \sum_{i=1}^{n} Q_i \tan\alpha > \tan\alpha \sum_{i=1}^{n} Q_i = R\tan\alpha \qquad (14\text{-}4)$$

所以

$$\tan\alpha < \frac{S}{R} = \frac{A}{R} = \tan\beta \qquad (14\text{-}5)$$

上式即为要使多个滚动件受载须满足的条件,即需要增加轴向载荷 A(径向载荷 R 一定时)。

上述分析说明:

① 角接触球轴承及圆锥滚子轴承必须在径向载荷 R 和轴向载荷 A 的联合作用下工作,或者应成对使用、对称安装。为了使更多的滚动体同时受载,应使 A 比 $R\tan\alpha$ 大一些。

② 在径向载荷 R 不变的条件下,当轴向力 A 由最小值($A = R\tan\alpha$,这时为一个滚动体受载)逐步增大(即 β 角增大),则轴承内接触的滚动体数目逐渐增多。根据研究,当 $\tan\beta \approx 1.25\tan\alpha$ 时才会达到位于下半圈的全部滚动体受载(图 14-9(b));当 $\tan\beta \approx 1.7\tan\alpha$ 时,开始使全部滚动体受载(图 14-9(c))。

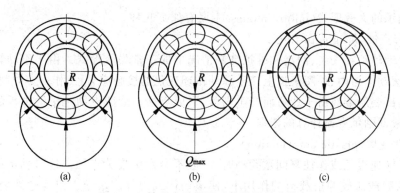

图 14-9　轴承中受载滚动体数目的变化

(a) 承载区为半圈以下;(b) 承载区为半圈;(c) 承载区为整圈

对于实际工作的角接触球轴承或圆锥滚子轴承,为了保证它可靠地工作,应使它至少达到下半圈滚动体受载。因此,在安装这类轴承时,不能有较大的轴向窜动量。

2. 轴承工作时轴承元件上载荷与应力的变化

由滚动轴承的载荷分布可知(图14-7),由于滚动体所处位置不同,因而受载不同。当滚动体进入承载区后,所受的载荷逐渐由零增加到 Q_{max},然后再逐渐减小到零。因此,就滚动体上的某一点来说,它受的载荷与应力是周期性地不稳定脉动变化的(图14-10(a))。

滚动轴承工作时,可以是外圈固定,内圈转动;也可以是内圈固定,外圈转动。对于转动的套圈上各点的受载情况,类似于滚动体的受载情况。它的任一点在开始进入承载区后,当该点与某一滚动体接触时,载荷由零变到某一 Q_i,继而变到零。当该点下次与另一滚动体接触时,载荷由零变到另一 Q_i 值,故同一点的载荷和应力也是周期性地不稳定脉动变化的(图14-10(a))。

对于固定的套圈,处于承载区内的各接触点,根据其所处位置,承受不同的载荷。处于 R 作用线上的点将受到最大的接触载荷。对于某一个具体点,每当一个滚动体滚过时,便承受一次载荷,其大小是不变的,即其受的载荷和应力的变化是稳定的脉动循环(图14-10(b))。

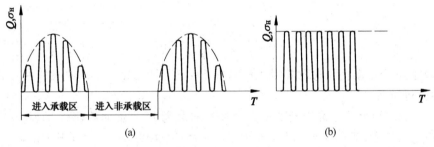

图14-10　轴承各元件上的载荷与应力变化

(a) 滚动体和活动套圈滚道上的点;(b) 固定套圈滚道上的点

3. 滚动轴承的失效形式和计算准则

滚动轴承的失效形式(failure modes)主要有如下几种。

1) 疲劳点蚀(fatigue pitting)

这是滚动轴承在安装、润滑和维护良好情况下的正常失效形式。由于滚动轴承在载荷下工作时,滚动体与内、外圈滚道上产生脉动循环变化的接触应力,工作一定时间后,滚动体或滚道的局部表层金属由于疲劳而产生剥落,形成点蚀。疲劳点蚀是滚动轴承的主要失效形式,也是滚动轴承寿命计算的依据。

2) 塑性变形(plastic deformation)

当轴承转速很低或作往复间歇摆动时,一般不会发生疲劳点蚀。这时轴承的失效形式为在较大的静载荷或冲击载荷的作用下,使滚动体或内外圈滚道上出现塑性变形,形成凹坑。这时,轴承的摩擦力矩、振动、噪声都将增加,运转精度降低。

3）磨损（wear）

在润滑不良和密封不严的情况下，在多尘条件下工作的轴承内将侵入外界的尘土、杂质引起滚动体与滚道表面之间的磨粒磨损。如润滑不良，滚动轴承内有滚动的摩擦表面，还会产生粘着磨损。转速越高，磨损越严重。磨损后，轴承游隙加大，运动精度降低，振动和噪声增加。

滚动轴承的设计计算准则（design criteria）：决定轴承尺寸时，应根据工作条件针对轴承的主要失效形式进行必要的计算。一般工作条件下的轴承，点蚀为主要失效形式，应进行疲劳寿命计算并作静强度校核；对于摆动或转速较低的轴承，只需作静强度计算；高速轴承由于发热而造成的粘着磨损、烧伤是突出矛盾，除进行寿命计算外，还要校验极限转速。

除了进行必要的计算，为避免失效，应特别注意滚动轴承组合设计的合理结构、润滑和密封。

14.4　滚动轴承的动载荷和寿命计算

1. 基本额定寿命和基本额定动载荷

1）基本额定寿命 L_{10}

单个滚动轴承中任一元件出现疲劳点蚀前运转的总转数或在一定转速下的工作小时数称为轴承寿命（life of bearing）。

同样一批轴承，由于材料、加工精度、热处理与装配质量不可能完全相同，所以，即使在相同工作条件下运转，各个轴承的实际寿命大不相同，最高和最低可能相差几十倍。因此，人们很难预测单个轴承的具体寿命，但可以用数理统计的方法，分析和计算在一定可靠度下轴承的寿命。

基本额定寿命（basic rated life）是指一组相同的轴承在相同的条件下工作时，其中 90% 的轴承在产生疲劳点蚀前所能运转的总转数（以 10^6 为单位）或一定转速下的工作时数。显然，以基本额定寿命为依据选出的轴承，其失效概率（probability of failure）为 10%，故轴承的基本额定寿命以 L_{10} 表示。

2）基本额定动载荷 C

标准中规定，轴承的基本额定寿命恰好为 10^6 r 时，轴承所能承受的载荷为基本额定动载荷（basic dynamic load rating）C。也就是说，在基本额定动载荷作用下，轴承可以工作 10^6 r 而不发生点蚀失效的可靠度（reliability）为 90%。基本额定动载荷，对向心轴承指的是纯径向载荷；对推力轴承指的是纯轴向载荷；对于角接触球轴承或圆锥滚子轴承指的是引起轴承套圈间产生相对径向位移时的载荷径向分量。不同类型和尺寸轴承的基本额定动载荷 C 可查阅相关设计手册或企业产品说明书。

2. 滚动轴承的当量动载荷 P

滚动轴承的基本额定动载荷 C 是在一定的受载条件下确定的，其载荷条件为：向心轴承承受纯径向载荷 R，推力轴承承受纯轴向载荷 A。如果作用于轴承上的实际载荷（径向载

荷 R 与轴向载荷 A 联合作用)与确定 C 值的受载条件不同时,则必须将实际载荷转换成作用效果相当并与确定基本额定动载荷的载荷条件相一致的假想载荷,称该假想载荷为当量动载荷(equivalent dynamic load),用字母 P 表示。在当量动载荷作用下,轴承寿命与实际联合载荷下的轴承寿命相同。

对于只能承受径向载荷 R 的轴承(如 N、NA 类轴承)

$$P = R \tag{14-6}$$

对于只能承受轴向载荷 A 的轴承(如推力球轴承和推力滚子轴承)

$$P = A \tag{14-7}$$

对于同时承受径向载荷 R 和轴向载荷 A 的轴承,当量动载荷 P 的一般计算式为

$$P = XR + YA \tag{14-8}$$

式中,X、Y 分别为径向、轴向载荷系数,其值见表 14-4。

表 14-4　径向载荷系数 X 和轴向载荷系数 Y

轴承型式		$iA/C_0^{①}$	e	单列轴承				双列轴承或成对安装单列轴承(在同一支点上)			
				$A/R \leqslant e$		$A/R > e$		$A/R \leqslant e$		$A/R > e$	
				X	Y	X	Y	X	Y	X	Y
深沟球轴承		0.014	0.19				2.30				2.30
		0.028	0.22				1.99				1.99
		0.056	0.26				1.71				1.71
		0.084	0.28				1.55				1.55
		0.11	0.30	1	0	0.56	1.45	1	0	0.56	1.45
		0.17	0.34				1.31				1.31
		0.28	0.38				1.15				1.15
		0.42	0.42				1.04				1.04
		0.56	0.44				1.00				1.00
调心球轴承		—	$1.5\tan\alpha^{②}$	1	0	0.40	$0.40\cot\alpha^{②}$	1	$0.42\tan\alpha^{②}$	0.65	$0.65\tan\alpha^{②}$
调心滚子轴承		—	$1.5\tan\alpha^{②}$	1	0	0.40	$0.40\cot\alpha^{②}$	1	$0.45\tan\alpha^{②}$	0.67	$0.67\tan\alpha^{②}$
角接触球轴承	$\alpha=15°$	0.015	0.38				1.47		1.65		2.39
		0.029	0.40				1.14		1.57		2.28
		0.058	0.43				1.30		1.46		2.11
		0.087	0.46				1.23		1.38		2.00
		0.12	0.47	1	0	0.44	1.19	1	1.34	0.72	1.93
		0.17	0.50				1.12		1.26		1.82
		0.29	0.55				1.02		1.14		1.66
		0.44	0.55				1.00		1.12		1.63
		0.58	0.56				1.00		1.12		1.63
	$\alpha=25°$	—	0.68	1	0	0.41	0.87	1	0.92	0.67	1.41
圆锥滚子轴承		—	$1.5\tan\alpha^{②}$	1	0	0.4	$0.4\cot\alpha^{②}$	1	$0.45\tan\alpha^{②}$	0.67	$0.67\tan\alpha^{②}$

① 式中 i 为滚动体列数,C_0 为基本额定静载荷;

② 具体数值按不同型号的轴承查有关设计手册。

上述当量动载荷计算式,只是求出了理论值。实际上,考虑到机械在工作中有冲击、振动等影响,使轴承寿命降低,因此引入了一个载荷系数(load factor)f_p,其值见表 14-5。所以,实际计算时,轴承的当量动载荷计算式为

$$P = f_p R \tag{14-6a}$$

$$P = f_p A \tag{14-7a}$$

$$P = f_p (XR + YA) \tag{14-8a}$$

表 14-5　载荷系数 f_p

载荷性质	f_p	举　例
无冲击或轻微冲击	$1.0 \sim 1.2$	电机、汽轮机、通风机、水泵等
中等冲击或中等惯性力	$1.2 \sim 1.8$	车辆、动力机械、起重机、造纸机、冶金机械、选矿机、卷扬机、机床等
强大冲击	$1.8 \sim 3.0$	破碎机、轧钢机、钻探机、振动筛等

3. 滚动轴承的寿命计算公式

滚动轴承的寿命随着载荷的增大而降低,寿命与载荷的关系曲线如图 14-11 所示。其曲线方程为

$$P^\varepsilon L_{10} = 常数$$

式中,L_{10} 为基本额定寿命,10^6 转;P 为当量动载荷,N;ε 为寿命指数(life index),球轴承 $\varepsilon = 3$;滚子轴承 $\varepsilon = \dfrac{10}{3}$。

根据基本额定动载荷的定义,$L_{10} = 1(10^6 \text{r})$ 时,轴承所能承受的载荷为基本额定动载荷 C,则

$$P^\varepsilon L_{10} = C^\varepsilon \times 1$$

故得

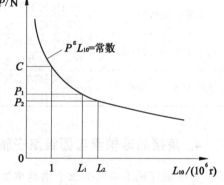

图 14-11　轴承的载荷—寿命曲线

$$L_{10} = \left(\frac{C}{P}\right)^\varepsilon \quad (10^6 \text{r}) \tag{14-9}$$

实际计算时,用小时数表示轴承寿命比较方便。设轴承转速为 $n(\text{r/min})$,则以小时计的轴承寿命计算公式为

$$L_h = \frac{10^6}{60n} \left(\frac{C}{P}\right)^\varepsilon \quad \text{h} \tag{14-10}$$

当轴承工作温度超过 120℃时,因金属组织、硬度和润滑条件等的变化,轴承的基本额定动载荷 C 有所下降,故引进温度系数(temperature coefficient)f_t 对 C 值进行修正,f_t 可查表 14-6。因此,轴承寿命计算的基本公式变为

$$L_{10} = \left(\frac{f_t C}{P}\right)^\varepsilon \quad (10^6 \text{r}) \tag{14-9a}$$

$$L_h = \frac{10^6}{60n} \left(\frac{f_t C}{P}\right)^\varepsilon \quad \text{h} \tag{14-10a}$$

表14-6 温度系数 f_t

轴承工作温度/℃	≤120	125	150	175	200	225	250	300	350
温度系数 f_t	1.00	0.95	0.90	0.85	0.80	0.75	0.70	0.6	0.5

如果当量动载荷 P 和转速 n 为已知,预期计算寿命 L'_h 也已取定,则轴承应具有的基本额定动载荷 C 可由式(14-10a)得到

$$C = \frac{P}{f_t} \sqrt[\varepsilon]{\frac{60nL'_h}{10^6}} \quad N \tag{14-11}$$

根据式(14-11)所得的 C 值,可从轴承手册中或产品样品中选择轴承。

机械设备的使用过程中都要进行维修,有小修、中修和大修,在机械设计中常以设备的中修或大修年限为轴承的设计寿命。表14-7为轴承预期寿命的荐用值,可作为设计时参考。

表14-7 轴承预期寿命的荐用值

机 器 种 类		预期寿命/h
不经常使用的仪器设备		500
航空发动机		500~2000
间断使用的机器	中断使用不致引起严重后果的手动机械、农业机械等	4000~8000
	中断使用会引起严重后果,如升降机、输送机、吊车等	8000~12000
每天工作8h的机器	利用率不高的齿轮传动、电动机等	12000~20000
	利用率较高的通风设备、机床等	20000~30000
连续工作24h的机器	一般可靠的空气压缩机、电动机、水泵等	50000~60000
	高可靠性的电站设备、给排水装置等	>100000

4. 角接触球轴承与圆锥滚子轴承的轴向载荷 A 的计算

角接触球轴承和圆锥滚子轴承承受径向载荷时,要产生派生轴向力,各种角接触轴承派生轴向力可按表14-8计算。为了保证这类轴承正常工作,通常是成对使用、对称安装。如图14-12所示为两种不同的安装方式。

表14-8 角接触轴承的派生轴向力 S(约半数滚动体接触)

轴承类型	角接触球轴承			圆锥滚子轴承
	70000C($\alpha=15°$)	70000AC($\alpha=25°$)	70000B($\alpha=40°$)	
S	eR	$0.68R$	$1.14R$	$R/(2Y)$

根据力的平衡条件,很容易由轴上的径向力 F_r 计算出两个轴承上的径向载荷 R_1、R_2。由径向载荷 R_1、R_2 派生的轴向力 S_1 和 S_2 可参照表14-8中的公式计算。确定轴承上的实际轴向载荷要同时考虑由径向力引起的附加轴向力和作用于轴上的其他工作轴向力 F_a,根据具体情况由轴上力的平衡关系进行计算。

由图14-12,分两种情况分析轴承1、2所受的轴向力。

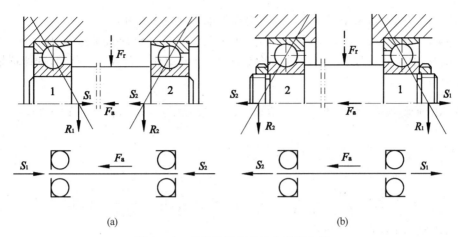

图 14-12　角接触轴承的轴向载荷分析

(a) 正装(面对面)；(b) 反装(背靠背)

1) 当 $F_a + S_2 > S_1$ 时

轴有向左移动的趋势,使轴承 1 被"压紧",轴承 2 被"放松",被"压紧"的轴承 1 将对轴产生一个阻止其左移的平衡力 S_1',使之满足轴上轴向力的平衡,即

$$S_1 + S_1' = F_a + S_2$$

所以,轴承 1 所受的实际轴向力为

$$A_1 = S_1 + S_1' = F_a + S_2 \tag{14-12a}$$

而被"放松"的轴承 2 只受其本身的派生轴向力,即

$$A_2 = S_2 \tag{14-12b}$$

2) 当 $F_a + S_2 < S_1$ 时

同理,轴有向右移动的趋势,轴承 2 被"压紧",轴承 1 被"放松",被"压紧"的轴承 2 将对轴产生一个阻止其右移的平衡力 S_2',使之满足轴上轴向力的平衡,即

$$F_a + S_2 + S_2' = S_1 \rightarrow S_2 + S_2' = S_1 - F_a$$

所以,轴承 2 所受的实际轴向力为

$$A_2 = S_2 + S_2' = S_1 - F_a \tag{14-13a}$$

同理,被"放松"的轴承 1 只受其本身派生的轴向力,即

$$A_1 = S_1 \tag{14-13b}$$

最终轴上实际所受的轴向力——轴承 1、2 的实际轴向载荷 A_1、A_2 和轴上的其他工作轴向力 F_a 将保持平衡。

综上分析,计算角接触轴承轴向力的方法可归纳如下:

(1) 分析轴上派生轴向力和外加轴向载荷,判定被"压紧"和被"放松"的轴承;

(2) "压紧"端轴承的轴向力等于除本身的派生轴向力外轴上其他所有轴向力的代数和;

(3) "放松"端轴承的轴向力等于其本身的派生轴向力。

轴承反力在轴心线上的作用点称为载荷作用中心,轴承接触角 α 越大,轴承载荷作用中心距轴承宽度中点越远,如图 14-12(a)、(b)两种安装方式,将使轴的实际支承跨距产生变化,正装使实际支承跨距减小,反装使实际支承跨距增大。当被支承的传动零件处于两轴承之间时,采用正装的支承结构,将使传动零件的支承刚度提高；而传动零件处于轴的外伸端时(如锥齿轮),则轴承采用反装的形式对提高支承刚度较为有利。

例 14-2 在图 14-12(a)中,若两轴承均为 30207,所受径向载荷分别为 $R_1 = 4000\text{N}$, $R_2 = 4250\text{N}$,轴向外载荷 $F_a = 360\text{N}$,方向如图中所示,动载荷系数 $f_p = 1.0$,试计算轴承的当量动载荷。

解:由轴承性能表可查得 30207 轴承:$C = 54200\text{N}$,$e = 0.37$;由表 14-4 知,$\dfrac{A}{R} \leqslant e$ 时, $X = 1, Y = 0$;$\dfrac{A}{R} > e$ 时,$X = 0.4, Y = 1.6$。

(1) 求派生轴向力
$$S_1 = \frac{R_1}{2Y} = \frac{4000}{2 \times 1.6} = 1250(\text{N}), \quad S_2 = \frac{R_2}{2Y} = \frac{4250}{2 \times 1.6} = 1328(\text{N})$$

(2) 求轴承上实际轴向载荷
由于
$$S_2 + F_a = 1328 + 360 = 1688(\text{N}) > S_1 = 1250(\text{N})$$
所以
$$A_1 = S_2 + F_a = 1688(\text{N}), \quad A_2 = S_2 = 1328(\text{N})$$

(3) 计算轴承的当量动载荷 P
因为
$$\frac{A_1}{R_1} = \frac{1688}{4000} = 0.422 > e = 0.37, \quad \frac{A_2}{R_2} = \frac{1328}{4250} = 0.31 < e = 0.37$$
所以
$$P_1 = f_p(X_1 R_1 + Y_1 A_1) = 0.4 \times 4000 + 1.6 \times 1688 = 4301(\text{N})$$
$$P_2 = f_p(X_2 R_2 + Y_2 A_2) = 1 \times 4250 + 0 \times 1328 = 4250(\text{N})$$

5. 不稳定载荷和转速下的轴承寿命计算

载荷与转速有变化的滚动轴承,应根据疲劳损伤累积假说求出平均当量转速 n_m 和平均当量动载荷 P_m 来进行寿命计算。

若轴承的当量动载荷依次为 P_1、P_2、$\cdots$、P_k,相应的转速为 n_1、n_2、$\cdots$、n_k,每种工况下运转时间占总运转时间的百分比分别为 a_1、a_2、$\cdots$、a_k,则可推导出滚动轴承的平均当量转速 n_m 和平均当量动载荷 P_m 为

$$n_m = n_1 a_1 + n_2 a_2 + \cdots + n_k a_k \tag{14-14}$$

$$P_m = \sqrt[\varepsilon]{\frac{n_1 a_1 P_1^\varepsilon + n_2 a_2 P_2^\varepsilon + \cdots + n_k a_k P_k^\varepsilon}{n_m}} \tag{14-15}$$

将式(14-14)、式(14-15)代入式(14-10a)得寿命计算公式为

$$L_h = \frac{10^6}{60 n_m}\left(\frac{f_t C}{P_m}\right)^\varepsilon = \frac{16670(f_t C)^\varepsilon}{n_1 a_1 P_1^\varepsilon + n_2 a_2 P_2^\varepsilon + \cdots + n_k a_k P_k^\varepsilon} \tag{14-16}$$

6. 不同可靠度时滚动轴承的寿命

按式(14-10a)算出的轴承寿命,其工作可靠度为 90%。在实际使用中,由于使用轴承的各类机械的要求不同,对轴承可靠度的要求也就不一样。为了把可靠度为 90% 的 C 值用于其他不同可靠度要求的轴承的寿命计算,引入寿命修正系数 a_1,于是修正额定寿命为
$$L_n = a_1 L_{10} \tag{14-17}$$
式中,L_{10} 为轴承的基本额定寿命,按式(14-10a)计算,可靠度为 90%;a_1 为可靠度不为

90％时额定寿命修正系数,其值见表 14-9。

表 14-9　不同可靠度时额定寿命修正系数 a_1

可靠度/％	90	95	96	97	98	99
L_n	L_{10}	L_5	L_4	L_3	L_2	L_1
a_1	1	0.62	0.53	0.44	0.33	0.21

将式(14-17)代入式(14-10a),得

$$L_n = \frac{10^6 a_1}{60n}\left(\frac{f_t C}{P}\right)^\varepsilon \quad \text{h} \tag{14-18}$$

当给定可靠度以及该可靠度下的轴承寿命 L_n(h)时,选择轴承时所需轴承的基本额定动载荷 C 的计算公式为

$$C = \frac{P}{f_t}\left(\frac{60 L_n n}{10^6 a_1}\right)^{1/\varepsilon} \tag{14-19}$$

14.5　滚动轴承的静载荷与极限转速

1. 滚动轴承的静载荷

如前所述,当轴承转速很低或作间隙摆动时,其主要失效形式是塑性变形,这时应按静载荷能力确定轴承尺寸。为此,必须对每个型号的轴承规定一个不能超过的外载荷界限,这个外载荷界限取决于正常运转时轴承允许的塑性变形量。

GB/T 4662—2012 规定,使受载最大的滚动体与滚道接触中心处引起的接触应力达到一定值(调心球轴承:4600MPa;其他球轴承:4200MPa;滚子轴承:4000MPa)时的载荷,作为静强度界限,称为基本额定静载荷(basic rating static load),用 C_0(C_{0r} 或 C_{0a})表示。不同类型和尺寸的轴承的基本额定静载荷值可查阅轴承样本和设计手册。

按静载荷能力选择轴承的条件式为

$$C_0 \geqslant S_0 P_0 \tag{14-20}$$

式中,S_0 为轴承的静强度安全系数(safety factor for static strength),见表 14-10;P_0 为轴承的当量静载荷(equivalent static load)。

表 14-10　静强度安全系数 S_0

旋转条件	载荷条件	S_0	使用条件	S_0
连续旋转轴承	普通载荷	1~2	高精度旋转场合	1.5~2.5
	冲击载荷	2~3	振动冲击场合	1.2~2.5
不常旋转及作摆动运动的轴承	普通载荷	0.5	普通旋转精度场合	1.0~1.2
	冲击及不均匀载荷	1~1.5	允许有变形量	0.3~1.0

当量静载荷是一个假想的载荷,在当量静载荷作用下轴承的塑性变形量与实际载荷作用下轴承的塑性变形量相同。当量静载荷与实际载荷的关系为

$$P_0 = X_0 R + Y_0 A \tag{14-21}$$

式中,R、A 分别为轴承的实际径向和轴向载荷;X_0、Y_0 分别为静径向和轴向载荷系数,其值可查相关轴承手册。

如果按式(14-21)的计算结果 $P_0 < R$,则取

$$P_0 = R \tag{14-21a}$$

2. 滚动轴承的极限转速

滚动轴承转速过高时会使摩擦面间产生高温,影响润滑剂的性能,使油膜破坏,从而导致滚动体回火或元件胶合失效。所以对高速轴承的选用,除了按额定动、静载荷计算外,还要验算它的极限转速(limiting rotational speed)。

滚动轴承的极限转速 $n_{\lim}$ 是指轴承在一定工作条件下,达到所能承受最高热平衡温度时的转速值。其值可以从轴承手册中查到。轴承的工作转速应低于其极限转速。轴承手册中给出的各种轴承在油润滑和脂润滑时的极限转速仅适用于 0 级公差、润滑冷却正常、轴承载荷 $P \leqslant 0.1C$、向心轴承只受径向载荷、推力轴承只受轴向载荷的轴承。

当轴承的当量动载荷 $P > 0.1C$ 时,接触应力将增大;轴承受联合载荷时,受载滚动体将增加,这都会增大轴承接触表面间的摩擦,使轴承温升增加,润滑情况变坏。此时,应对极限转速进行修正,修正后轴承实际许用转速 $n_{\max}$ 为

$$n_{\max} = f_1 f_2 n_{\lim} \tag{14-22}$$

式中,$n_{\max}$ 为实际许用转速,r/min;$n_{\lim}$ 为轴承的极限转速,r/min;f_1 为载荷系数,见图 14-13;f_2 为载荷分布系数,见图 14-14。

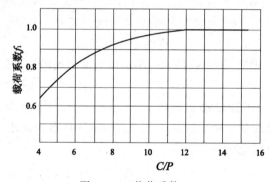

图 14-13　载荷系数 f_1

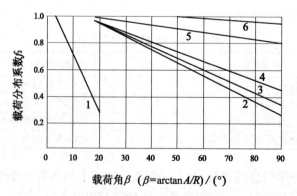

图 14-14　载荷分布系数 f_2

1—圆柱滚子轴承;2—调心滚子轴承;3—调心球轴承;4—圆锥滚子轴承;5—深沟球轴承;6—角接触球轴承

如果轴承的极限转速得不到满足,可采取适当的改进措施,如改变润滑方式,改善冷却条件,提高轴承精度,适当增大游隙,改用特殊轴承材料和特殊结构的保持架等,都能有效地提高轴承的极限转速。

例 14-3 某小圆锥齿轮轴采用一对 30205 圆锥滚子轴承支承,如图 14-15(a)所示。已知齿轮平均分度圆直径 $d_m=80\text{mm}$,所受圆周力 $F_t=1270\text{N}$,径向力 $F_r=400\text{N}$,轴向力 $F_a=230\text{N}$,轴的转速 $n=960\text{r/min}$,在常温下工作,工作中有中等冲击,试求轴承的寿命。

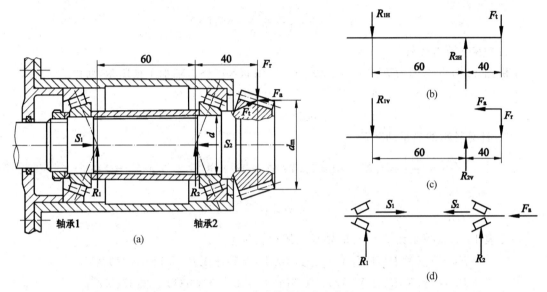

图 14-15 支承结构及受力分析

解:1) 求轴承支反力

(1) 水平支反力

水平面内轴受力如图 14-15(b)所示,由力的平衡条件得

$$R_{1H}=\frac{F_t\times40}{60}=\frac{1270\times40}{60}=847(\text{N})$$

$$R_{2H}=\frac{F_t\times100}{60}=\frac{1270\times100}{60}=2117(\text{N})$$

(2) 垂直支反力

垂直平面内轴受力如图 14-15(c)所示,由力的平衡条件得

$$R_{1V}=\frac{F_r\times40-F_a\times\dfrac{d_m}{2}}{60}=\frac{400\times40-230\times40}{60}=113(\text{N})$$

$$R_{2V}=\frac{F_r\times100-F_a\times\dfrac{d_m}{2}}{60}=\frac{400\times100-230\times40}{60}=513(\text{N})$$

(3) 求合成支反力

如图 14-15(d)所示,有

$$R_1=\sqrt{R_{1H}^2+R_{1V}^2}=\sqrt{847^2+113^2}=855(\text{N})$$

$$R_2 = \sqrt{R_{2H}^2 + R_{2V}^2} = \sqrt{2117^2 + 513^2} = 2178(\text{N})$$

2) 计算轴承的轴向载荷

由轴承样本或设计手册查得 30205 轴承额定动载荷 $C = 33200\text{N}$,$e = 0.37$,$Y = 1.6$。

(1) 轴承的派生轴向力

$$S_1 = \frac{R_1}{2Y} = \frac{855}{2 \times 1.6} = 267(\text{N})$$

$$S_2 = \frac{R_2}{2Y} = \frac{2178}{2 \times 1.6} = 681(\text{N})$$

(2) 实际轴向载荷

由图 14-15(d),因为 $F_a + S_2 = 230 + 681 = 911(\text{N}) > S_1$,轴承 1 被压紧,所以

$$A_1 = F_a + S_2 = 230 + 681 = 911(\text{N})$$

$$A_2 = S_2 = 681(\text{N})$$

3) 计算轴承的当量动载荷

$$\frac{A_1}{R_1} = \frac{911}{855} = 1.07 > e = 0.37;\text{查表 14-4 得 } X_1 = 0.4, Y_1 = 1.6$$

$$\frac{A_2}{R_2} = \frac{681}{2178} = 0.31 < e = 0.37;\text{查表 14-4 得 } X_2 = 1, Y_2 = 0$$

由表 14-5,载荷系数 $f_p = 1.5$,轴承当量动载荷为

$$P_1 = f_p(X_1 R_1 + Y_1 A_1) = 1.5(0.4 \times 855 + 1.6 \times 911) = 2700(\text{N})$$

$$P_2 = f_p(X_2 R_2 + Y_2 A_2) = 1.5(1 \times 2178 + 0 \times 681) = 3267(\text{N})$$

因 $P_2 > P_1$,故应按 P_2 计算轴承寿命。

4) 轴承额定寿命计算

常温下工作,温度系数 $f_t = 1$,$\varepsilon = 10/3$(滚子轴承),由式(14-10a)得

$$L_h = \frac{10^6}{60n}\left(\frac{f_t C}{P_2}\right)^\varepsilon = \frac{10^6}{60 \times 960}\left(\frac{1 \times 33200}{3267}\right)^{10/3} = 39462(\text{h})$$

该轴承寿命为 39462h。

例 14-4　一转轴用两个深沟球轴承支承。已知轴承 1 所受的径向载荷 $R_1 = 2000\text{N}$,轴向载荷 $A_1 = 500\text{N}$,轴承 2 仅受径向载荷 $R_2 = 1500\text{N}$,轴颈直径 $d = 40\text{mm}$,轴与电机直接连接,转速 $n = 960\text{r/min}$,载荷平稳,常温下工作,要求轴承寿命不低于 9000h。试选择轴承型号。

解：1) 初选轴承型号

由题意试选 6008 轴承。查手册得 6008 轴承的性能参数为：$C = 17000\text{N}$,$C_0 = 11700\text{N}$,$n_{lim} = 8500\text{r/min}$(脂润滑)。

2) 轴承寿命计算

(1) 求轴承当量动载荷

轴承 1：$\dfrac{iA_1}{C_0} = \dfrac{1 \times 500}{11700} = 0.043$,由表 14-4,得 $e = 0.24$(插值法求得)。

由 $\dfrac{A_1}{R_1} = \dfrac{500}{2000} = 0.25 > e$,查表 14-4,得 $X_1 = 0.56$,$Y_1 = 1.85$(插值法求得)。又由表 14-5 得

载荷系数 $f_p=1.0$,所以当量动载荷为

$$P_1=f_p(X_1R_1+Y_1A_1)=1.0\times(0.56\times2000+1.85\times500)=2045(\text{N})$$

轴承 2:因 $A_2=0$,所以

$$P_2=R_2=1500\text{N}$$

因为 $P_1>P_2$,故对轴承 1 进行寿命计算。

(2) 计算轴承额定寿命

因轴承在常温下工作,故温度系数 $f_t=1$。由式(14-10a)得

$$L_h=\frac{10^6}{60n}\left(\frac{f_tC}{P_1}\right)^\varepsilon=\frac{10^6}{60\times960}\left(\frac{1\times17000}{2045}\right)^3=9973(\text{h})>9000\text{h}$$

3) 允许极限转速计算

(1) 载荷系数 f_1、载荷分布系数 f_2

轴承 1:$\dfrac{C}{P_1}=\dfrac{17000}{2045}=8.3$,载荷角 $\beta=\arctan\dfrac{A_1}{R_1}=\arctan\dfrac{500}{2000}=14°$,由图 14-13 得 $f_1=0.93$,由图 14-14 得 $f_2=1$。

轴承 2:$\dfrac{C}{P_2}=\dfrac{17000}{1500}=11.3$,载荷角 $\beta=\arctan\dfrac{A_2}{R_2}=\arctan\dfrac{0}{1500}=0°$,由图 14-13 得 $f_1=0.99$,由图 14-14 得 $f_2=1$。

(2) 允许的极限转速 $n_{\max}$

轴承 1:$n_{\max}=f_1f_2n_{\lim}=0.93\times1\times8500=7905(\text{r/min})>n$

轴承 2:$n_{\max}=f_1f_2n_{\lim}=0.99\times1\times8500=8415(\text{r/min})>n$

计算结果表明,所选 6008 轴承合适。

14.6　滚动轴承的组合结构设计

为了保证轴承的正常工作,除了正确选择轴承的类型和尺寸外,还要合理地设计轴承的组合结构,即要解决轴承的固定、调整、预紧、配合、装拆、润滑和密封等问题。

1. 滚动支承的结构型式

为保证滚动轴承支承的轴系能正常传递载荷而不发生轴向窜动及轴受热膨胀将轴承卡死等情况,须合理地设计轴系支点滚动轴承的轴向固定结构型式。典型的滚动支承结构型式(supporting structures of rolling bearing)有以下三种。

1) 两端固定支承(both two ends are fixed)

如图 14-16 所示,每个支承轴承的内、外圈轴向均单方向固定,两端各限制一个方向的轴向移动,两个支承合在一起限制轴向两个方向移动。为了补偿轴的受热伸长,深沟球轴承外圈端面与轴承盖之间留有 $\Delta=0.2\sim0.4\text{mm}$ 的间隙(图 14-16(a)),温差大时取大值;对于角接触轴承,则应在安装时,在轴承内留有轴向游隙,但不宜过大,否则会影响轴承的正常工作(图 14-16(b))。这种支承结构型式结构简单,安装调整方便,适于普通工作温度下较短轴(跨距 $L\leqslant400\text{mm}$)的支承。

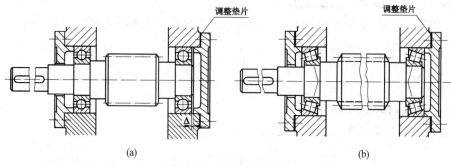

图 14-16   两端固定支承

当采用角接触轴承支承时,滚动轴承有"正装"和"反装"两种配置型式。图 14-17 所示为悬臂支承的小圆锥齿轮轴的两种支承结构,在支承距离 b 相同的条件下,轴承载荷作用中心间的距离,图(a)的正装结构为 L_1,图(b)的反装结构为 L_2,显然 $L_1 < L_2$。对锥齿轮而言,图(a)悬臂较长,支承刚性较差。另外,正装的结构,当轴受热伸长时,将减小轴承预调的轴向游隙,可能导致轴承卡死,而反装的结构(图 14-17(b))则可避免这种情况发生。但正装的结构型式装配比较方便,且当传动零件位于两支承中间时,由于实际支承跨距缩小,则轴系刚性增加。

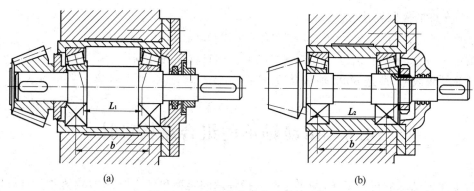

图 14-17   小圆锥齿轮支承结构方案
(a) 轴承正装结构;(b) 轴承反装结构

2) 一端双向固定,一端游动(one end is fixed,another end is free)

当轴的转速较高,温差较大和跨距较大(跨距 $L > 350$mm)时,由于热膨胀,轴的伸缩量较大,宜采用一支点轴承内外圈均双向固定,另一支点游动的结构,如图 14-18、图 14-19 和图 14-20 所示。固定端轴承内、外圈两侧均固定,从而限制轴的双向移动。而游动端如为深沟球轴承(图 14-20 和图 14-18、图 14-19 上半部分),则应在轴承外圈与端盖之间留有适当的间隙;游动端如选用圆柱滚子轴承(图 14-18、图 14-19 的下半部分),则轴承内、外圈均应作双向固定,以免外圈同时移动,轴受热膨胀引起的伸缩,靠滚子与外圈间的游动来补偿。

轴向载荷较大时,固定端支承可采用多个轴承的组合结构。图 14-19 所示固定端采用一对正装的角接触轴承,便于轴承的预紧和游隙的调整。图 14-20 所示固定端用深沟球轴承承受径向载荷,用一双向推力球轴承承受双向轴向载荷,且承受轴向载荷的能力很大。

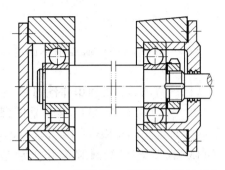
图 14-18　一端固定、一端游动支承示例 1

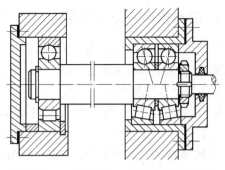
图 14-19　一端固定、一端游动支承示例 2

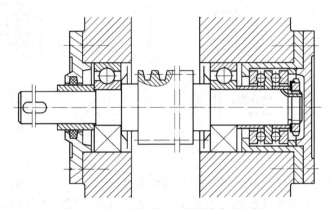
图 14-20　一端固定、一端游动支承示例 3

3）两端游动（both ends are free）

要求能左右双向游动的轴，可采用两端游动的支承结构。图 14-21 所示人字齿轮传动的高速主动轴，为了自动补偿轮齿左右两侧螺旋角的制造误差，使轮齿受力均匀，轴的两端都选用圆柱滚子轴承，允许轴左右两个方向均可以有少量游动。但与其啮合的低速齿轮轴则必须两端固定，以保证两轴均能轴向定位。

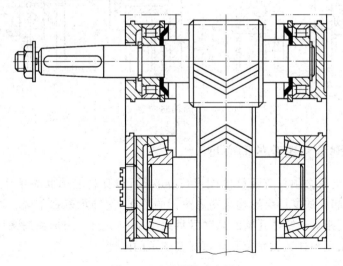
图 14-21　两端游动支承

2. 滚动轴承的轴向固定

无论采用何种支承结构型式,轴承的轴向固定(axial fixation)都是通过轴承内圈与轴间的紧固、外圈与机座孔间的固定来实现的。

滚动轴承内圈轴向固定一般一端为轴肩,另一端常用的方法有:①轴用弹性挡圈,主要用于深沟球轴承,当轴向力不大及转速不高时(图 14-22(a));②轴端挡圈配紧固螺钉(图 14-22(b)),适用于轴向力中等及转速较高时;③圆螺母配止动垫圈(图 14-22(c)),适用于轴承转速较高、承受较大轴向力的情况;④开口圆锥紧定套配圆螺母和止动垫圈(图 14-22(d)),用于光轴上轴向力不大的球面轴承。

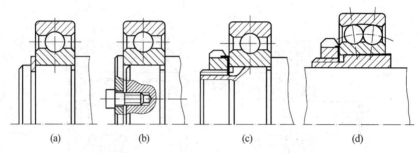

(a)　　　(b)　　　(c)　　　(d)

图 14-22　内圈轴向固定的常用方法

轴承外圈轴向紧固的常用方法有:①孔用弹性挡圈(图 14-23(a)),适合于轴向力不大且需支承结构紧凑时;②止动环嵌入轴承外圈止动槽内固定(图 14-23(b)),当轴承座不便做凸肩且轴承座为剖分式结构时适用;③轴承盖紧固(图 14-23(c)),适合高速及轴向力较大的各类轴承;④轴承座孔凸肩(图 14-23(a)、(c)),适用于轴承外圈需双向固定时;⑤螺纹环固定(图 14-23(d)),适合于转速高、载荷大而不能用轴承盖紧固时;⑥轴承套杯(图 14-19、图 14-20),适用于同一根轴上两端轴承的外径不一致的情况。

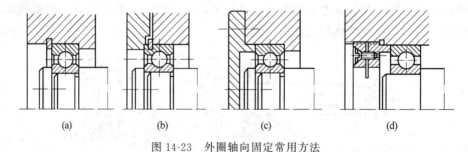

(a)　　　(b)　　　(c)　　　(d)

图 14-23　外圈轴向固定常用方法

3. 支承的刚度和座孔的同心度

滚动轴承的支承必须具有足够的刚度(rigidity),以保持受力状态下座孔的正确形状,否则刚度不够引起孔的变形会影响滚动体载荷的分布,使轴承寿命下降。增加轴承座孔的壁厚、使轴承支点相对于箱体孔壁的悬臂尽量减小(图 14-24)、用加强筋来增强支承部位刚性(图 14-24)或采用整体式轴承座孔均可提高支承的刚度。

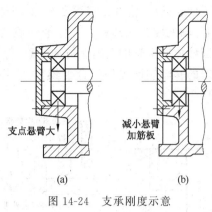

支点悬臂大　　　　　减小悬臂
　　　　　　　　　　加筋板

（a）　　　　　　　　（b）

图 14-24　支承刚度示意

（a）不合理；（b）合理

对于同一根轴上两个支承的座孔，必须尽可能地保持同心（concentricity），以避免轴承内外圈间产生过大的偏斜。最好的办法是采用整体结构的机座，并把两轴承座孔一次镗出。如果轴两端用不同尺寸的轴承，其座孔也可一次镗出，采用套杯结构安装轴承（图 14-19）。当一端支承两尺寸不同的轴承时，也可一次镗孔并加套杯解决（图 14-20）。

4. 滚动轴承游隙和轴系轴向位置的调整

轴承的调整包括轴承游隙调整（clearane adjustment）和轴系轴向位置的调整（axial position adjustment for shaft system）。通常采用带螺纹的零件和通过选择垫片组的厚薄来调整。

如图 14-16、图 14-17、图 14-18 等轴承的游隙调整和预紧都是靠调节端盖下垫片的厚度来实现的，这种结构比较方便、简单。如图 14-17 右支点、图 14-19 右支点的角接触轴承则是用圆螺母来调整游隙的，调整不甚方便。

圆锥齿轮和蜗杆在装配时，通常需要调整轴系的轴向位置，以保证锥齿轮副和蜗杆蜗轮副的正确啮合。为方便调整，可将确定轴系轴向位置的轴承装在一个套杯中（图 14-17、图 14-19、图 14-20），套杯装在轴承座孔中，通过调整套杯端面与轴承座端面间垫片厚度，即可调整锥齿轮或蜗杆的轴向位置。

5. 滚动轴承的配合

滚动轴承的周向固定和径向游隙的大小是通过轴承与轴及轴承座的配合（fit）实现的。径向游隙不仅关系到轴承的运转精度，同时影响它的寿命。如配合过紧，装配时内圈弹性膨胀，或外圈收缩，特别是热变形的影响，会使轴承内部游隙减小甚至消失，从而妨害轴承正常运转。如配合过松，轴承游隙增大，不仅影响旋转精度，而且受载滚动体数量减少（极限情况只有一个滚动体受力），轴承的承载能力大大降低，并且轴承内、外圈与配合轴颈或座孔间将产生相对滑动而擦伤配合面。

滚动轴承是标准件，为使轴承便于互换和大量生产，轴承内孔与轴的配合采用基孔制（basic-hole system），轴承外径与轴承座孔的配合采用基轴制（basic-shaft system）。滚动轴承内孔与外径都具有公差带较小的负偏差，与圆柱体基准孔及基准轴偏差方向、大小都不尽相同,如图14-25所示。由于轴承内径公差带在零线之下,而圆柱公差标准中基准孔的公差带在零线之上,所以轴承内圈与轴的配合比圆柱公差标准中规定的基孔制同类配合要紧得多。而轴承外圈的公差带与圆柱体基准轴的公差带方向一致,但轴承外圈公差较小,故外圈与座孔的配合与圆柱公差规定的基轴制同类型配合也较紧。不同公差等级轴承内、外圈公差值大小可查阅有关轴承手册。

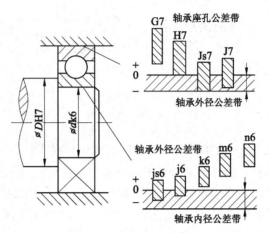

图 14-25　滚动轴承的配合

　　轴承配合的选择应考虑到载荷的大小、方向和性质,工作温度,旋转精度,内、外圈配合面是否要求游动以及装拆方便等因素。一般原则如下:①载荷方向变动时,不动套圈配合应比转动套圈松一些;②高速、重载或有冲击和振动时,配合应紧一些;而载荷平稳时,配合应当偏松些;③旋转精度要求较高时,应取较紧的配合,以减小游隙;④常拆卸的轴承或游动套圈应取较松的配合;⑤与空心轴配合的轴承应取较紧的配合。

　　各种机器所适用的滚动轴承的配合可查阅滚动轴承手册或机械设计手册。

6. 滚动轴承的预紧

　　滚动轴承预紧(preloading of bearing)的目的是提高运转精度,增加轴承组合结构的刚性,减小振动和噪声,延长轴承寿命。

　　预紧就是在安装时用某种方法在轴承中产生并保持一轴向力,以消除轴承中的轴向游隙,并使滚动体和内、外圈接触处产生初始变形。预紧后的轴承受到工作载荷时,其内、外圈的径向及轴向相对位移量要比未预紧的轴承大大减少。

　　常用的预紧方法主要有以下几种:

　　(1) 一对轴承中间用垫片或长短隔套预紧轴承(图14-26、图14-27)。图14-26为用垫片加预紧力实现预紧。图14-27为利用内、外隔套的长度差来控制实现预紧,这种结构有较大的刚性。

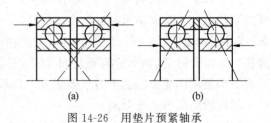

图 14-26　用垫片预紧轴承

　　(2) 夹紧一对磨窄了外圈(图14-28)正装结构角接触球轴承来实现预紧,反装时可磨窄内圈并夹紧。这种轴承可由工厂选配成对提供。

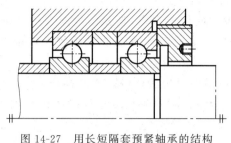

图 14-27　用长短隔套预紧轴承的结构

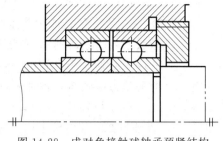

图 14-28　成对角接触球轴承预紧结构

（3）夹紧一对正装的圆锥滚子轴承外圈预紧,如图 14-29 所示,反装时可夹紧轴承的内圈,即可达到预紧的目的。

（4）用弹簧预紧轴承。如图 14-30 所示,利用压缩弹簧的弹性变形始终顶住轴承外圈而预紧轴承,预紧力比较稳定,适合于高速运转的轴承。

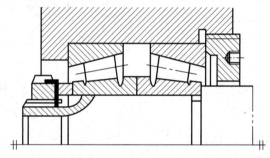

图 14-29　圆锥滚子轴承预紧结构

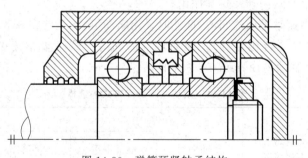

图 14-30　弹簧预紧轴承结构

预紧力的大小须适中,过小起不到提高轴承刚性的目的,而过大又将使轴承中的摩擦增加,温度升高,降低轴承的寿命。实际使用中是根据经验或通过试验来确定和调整轴承预紧力的大小的。

7. 滚动轴承的装拆

滚动轴承的组合结构设计应考虑轴承的安装与拆卸（assembly and disassembly of bearings）。装拆时压力应直接加于配合较紧的套圈端面上,为避免损坏轴承不允许通过滚动体来传递装拆压力。

　　对内、外圈不可分离的轴承,装配时先安装配合较紧的套圈。小轴承可用软锤均匀敲击套圈装入(图 14-31),尺寸大的轴承或批量大的轴承应用压力机,禁止用重锤直接打击轴承。对于尺寸较大配合较紧的轴承,安装阻力较大,为便于装配,可先将轴承放入矿物油中加热(不超过 100℃)或将轴颈部分用干冰冷却。

　　拆卸轴承时的施力原则与安装时相同。可用压力机压出轴颈(图 14-32(a)),也可用轴承拆卸器(图 14-32(b))拉轴承的内圈而将其拆下,但设计轴肩时其高度不应大于轴承内圈高度的 3/4,以保证拆卸时能对轴承内圈施力。

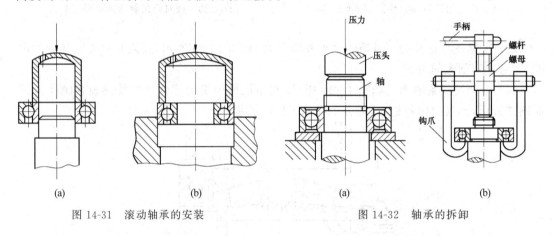

图 14-31　滚动轴承的安装　　　　　　　　图 14-32　轴承的拆卸

8. 滚动轴承的润滑

　　滚动轴承的润滑(lubrication)主要是为了降低摩擦阻力和减轻磨损,同时也有散热、缓冲、吸振、减少噪声以及防锈和密封等作用。

　　滚动轴承一般高速时采用油润滑,低速时采用脂润滑,在某些特殊环境如高温和真空条件下采用固体润滑(如二硫化钼等)。滚动轴承的润滑方式可根据速度因数 dn 值,参考表 14-11 选择。d 为轴承内径,mm;n 为工作转速,r/min。

表 14-11　滚动轴承润滑方式的选择

轴承类型	$dn(\times10^4)/(\mathrm{mm \cdot r/min})$				
	油浴润滑 飞溅润滑	滴油润滑	喷油润滑	油雾润滑	脂润滑
深沟球轴承 调心球轴承 角接触球轴承 圆柱滚子轴承	≤25	≤40	≤60	＞60	≤16
圆锥滚子轴承	≤16	≤23	≤30	—	≤10
调心滚子轴承	≤12	—	≤25		≤8
推力球轴承	≤16	≤12	≤15	—	≤4

　　1）脂润滑

　　脂润滑（grease lubrication）能承受较大的载荷，不易流失，且结构简单，密封和维护方便。润滑脂的装填量一般不超过轴承空间的 1/3～1/2，装填过多，易于引起摩擦发热，影响轴承的正常工作。适合于不便经常添加润滑剂且转速不太高的场合。

　　脂润滑轴承在低速、工作温度低于 65℃ 时可选钙基脂，较高温度时选钠基脂或钙钠基脂；转速较高或载荷工况复杂时可选锂基脂；潮湿环境下采用铝基脂或钡基脂。润滑脂中如加入 3%～5% 的二硫化钼润滑效果将更好。

　　2）油润滑

　　速度较高的轴承都用油润滑（oil lubrication），润滑和冷却效果均较好，采用各种不同的润滑方法可满足各种工况的要求（表 14-11），但其供油系统和密封装置均较复杂。减速器轴承常用浸油或飞溅润滑。浸油润滑时油面不应高于最下方滚动体的中心，否则搅油损失较大易使轴承过热。喷油或油雾润滑兼有冷却作用，常用于高速情况。

　　润滑油的选择主要取决于速度、载荷和温度等工作条件，主要参考指标是油的黏度。一般情况下，所采用的润滑油黏度应不低于 12～20cSt（球轴承略低而滚子轴承略高）。载荷大、工作温度高时应选用黏度高的润滑油，容易形成油膜；而 dn 值大或喷雾润滑时选用低黏度油，搅油损失小，冷却效果好。

9. 滚动轴承的密封

　　滚动轴承密封（seal）的作用主要是防止内部润滑剂流失，以及防止外部灰尘、水分及其他杂质侵入轴承。一般密封的形式分为接触式和非接触式两大类，非接触式密封不受速度的限制，接触式密封只能用在线速度较低的场合。

　　1）接触式密封

　　通过在轴承端盖内放置软材料（毛毡、橡胶圈或皮碗等）与转动轴直接接触而起密封作用。其特点是接触处摩擦大、易磨损、寿命短。常用于转速不高的情况。为减少磨损，要求与密封件接触的轴表面硬度大于 40HRC，表面粗糙度 Ra 宜小于 1.6～0.8μm。

　　（1）毡圈密封（felt seal）：如图 14-33 所示，在轴承盖上开出梯形槽，将矩形剖面的细毛毡放置在槽内，靠槽侧面的挤压使毡圈与轴接触。这种密封结构简单，但摩擦较大，主要用于轴的圆周线速度 $v<4$～5m/s 的脂润滑轴承的密封。

　　（2）橡胶油封（rubber oil seal or cup seal）：在轴承盖内放置一个用耐油橡胶制成的唇形密封圈，密封圈的唇部靠环形螺旋弹簧压紧在轴上，从而起密封作用。密封圈的密封唇的方向要朝向密封部位，唇朝里主要是为了防漏油；唇朝外主要是了为防灰尘（图 14-34(a)）；如采用两个油封相背放置时，则两个目的均可达到（图 14-34(b)）。橡胶油封有 J 形、U 形和 O 形（用于静密封）等几种型式。这种密封安装方便，使用可靠，一般适用于 $v<12$m/s 的场合。

　　2）非接触式密封

　　这类密封没有与轴直接接触摩擦，适用于轴圆周速度较高的场合。常用的非接触式密封有以下几种。

图 14-33　毡圈密封

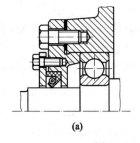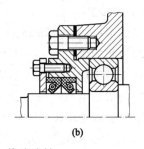

图 14-34　橡胶油封

（1）油沟密封(间隙密封)(clearance seal)：如图 14-35 所示,在轴与轴承盖的通孔壁间留 0.1～0.3mm 的隙缝,并在轴承盖上车出沟槽,在槽内充满润滑脂。这种密封结构简单,适用于 $v<5～6m/s$ 的情况。

（2）甩油和挡油密封(oil slinger seal)：如图 14-36(a)所示,在轴上开出沟槽,把欲向外流失的油沿径向甩开,再经过轴承盖的集油腔及与集油腔相通的油孔流回轴承(适于轴承油润滑),或如图 14-36(b)所示挡油环式甩油盘,挡油环与轴承孔壁间有小的径向间隙,且挡油环突出轴承座孔端面 $\Delta=1～2mm$。工作时挡油环随轴一起转动,利用离心力甩去落在挡油环上的油,使油流回箱体内,以防油冲入轴承内,适用于轴承脂润滑。

图 14-35　油沟式密封

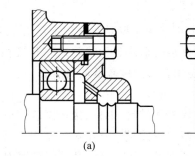

图 14-36　甩油和挡油密封

（3）曲路密封(迷宫密封)(labyrinth seal)：如图 14-37 所示,将旋转和固定的密封零件间的间隙制成曲路形式,缝隙间填入润滑脂可以加强密封效果。这种方式对脂润滑和油润滑都很有效。当环境比较脏时,采用这种密封效果相当可靠,适用于 $v<30m/s$ 的场合。

3）组合式密封(combined seal)

为防止漏油,提高密封效果,有时采用两种以上密封形式组合在一起的密封方式。如图 14-38 所示为油沟密封加曲路密封,在高速时密封效果较好。除此以外,还有油沟加甩油环组合式和毡圈加曲路组合式等。

对于某些标准的密封轴承(如 60000-RZ 型、60000-2RS 型),单面或双面带防尘盖或密封盖,装配时已填入了润滑脂,无需维护或再加密封装置,结构简单,使用方便,应用日趋广泛。

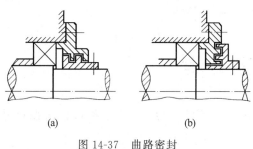

图 14-37　曲路密封

(a) 径向曲路；(b) 轴向曲路

图 14-38　组合式密封

拓展性阅读文献指南

要全面深入了解滚动轴承设计与分析中的技术问题,可以参阅:①[美]哈里斯等著,罗继伟等译《滚动轴承分析》第一卷和第二卷,机械工业出版社,2010。内容包括滚动轴承载荷与速度、应力与变形、摩擦与承载、疲劳寿命、发热分析、表面润滑、动力载荷、失效模式和疲劳寿命等问题的分析和试验方法等。②夏新涛,刘红彬著《滚动轴承的振动和噪声研究》,国防工业出版社,2015。

要了解滚动轴承当量动载荷和当量静载荷计算公式及系数的来源可参阅余俊等编著《滚动轴承计算》,高等教育出版社,1993。

要深入了解不同工作条件下滚动轴承的选用与组合结构设计可以参考:①刘泽久主编《滚动轴承应用手册》,机械工业出版社,2014。②秦大同等主编《现代机械设计手册》(第 2卷),化学工业出版社,2011。

思 考 题

14-1　滚动轴承与滑动轴承相比最主要的特点是什么?

14-2　什么是滚动轴承的接触角和载荷角?两者有何区别?

14-3　滚动轴承类型的选择应考虑哪些因素?

14-4　为什么角接触轴承需要成对使用、对称安装?

14-5　滚动轴承工作时,内、外圈滚道和滚动体上各点的应力是怎么变化的?

14-6　什么是滚动轴承的基本额定寿命、基本额定动载荷和当量动载荷?

14-7　常见的双支点轴上滚动轴承的支承结构有哪几种基本形式?各适合于什么工作条件?

14-8　滚动轴承游隙调整的方式有哪些?什么情况下要对轴系轴向位置进行调整?

14-9　滚动轴承预紧的目的是什么?常见预紧的方法有哪些?

14-10　滚动轴承内、外圈的配合有什么特点?选择滚动轴承配合类型的原则是什么?

14-11　滚动轴承润滑与密封的方式有哪些?各适用于什么场合?

14-12   滚动轴承安装与拆卸时应注意什么问题?

习   题

14-1   试说明下列滚动轴承的类型、公差等级、游隙、尺寸系列和内径尺寸：6201、N208、7207C/P4、230/500、51416。

14-2   试说明下列各轴承的内径有多大？哪个轴承的公差等级最高？哪个允许的极限转速最高？哪个承受径向载荷能力最大？哪个不能承受径向载荷？

6208/P2、30208、5308/P6、N2208

14-3   一对 6313 深沟球轴承支承的轴系，已知 6313 轴承额定动载荷 $C=93.8$kN，轴承的额定静载荷 $C_0=60.5$kN，轴承上所受的径向载荷 $R_1=5500$N，$R_2=6400$N，轴向载荷分别为 $A_1=2700$N、$A_2=0$，转速 $n=1430$r/min，运转时有轻微冲击，常温下工作，要求轴承寿命不低于 5000h。试校核该对轴承是否适用。

14-4   一农用水泵，决定选用角接触球轴承，轴颈直径 $d=35$mm，转速 $n=2900$r/min，已知径向载荷 $R=1810$N，轴向载荷 $A=740$N，预期计算寿命 $L'_h=6000$h，试选择轴承型号。(已知：7207C 轴承额定动载荷 $C=30.5$kN；7207B 轴承 $C=29.0$kN；7207AC 轴承 $C=27.0$kN。)

14-5   一对 7210C 角接触球轴承分别承受径向载荷 $R_1=8000$N，$R_2=5000$N，轴向外载荷 F_a 方向如题 14-5 图所示。试求下列两种情况下各轴承的当量动载荷：(1)$F_a=2200$N；(2)$F_a=900$N。

14-6   设某斜齿轮轴根据工作条件在轴的两端反装两个圆锥滚子轴承，如题 14-6 图所示。已知轴上齿轮受切向力 $F_t=2200$N，径向力 $F_r=900$N，轴向力 $F_a=400$N，齿轮分度圆直径 $d=314$mm，轴转速 $n=520$r/min，运转中有中等冲击载荷，轴承预期计算寿命 $L'_h=15000$h。设初选两个轴承型号均为 30205，其基本额定动载荷和静载荷分别为 $C=33200$N、$C_0=37000$N，计算系数 $e=0.37$，$Y=1.6$，$Y_0=0.9$。试验算该对轴承能否达到预期寿命要求。

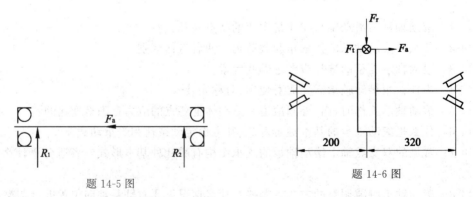

题 14-5 图   题 14-6 图

14-7   某支承轴用滚动轴承型号为 30207，其工作可靠度为 90%，现需要在同样工作条件、寿命不降低的情况下将轴承工作可靠度提高至 98%，试确定可以用来替换的轴承型号。

14-8   指出题 14-8 图中齿轮轴系上标号处的错误结构并改正之。滚动轴承采用脂润滑。

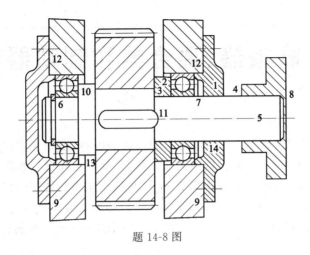

题 14-8 图

14-9　题 14-9 图所示为锥齿轮系组合结构,试指出其中的错误,说明错误的原因,并画出正确的结构。(齿轮用油润滑,轴承用脂润滑)

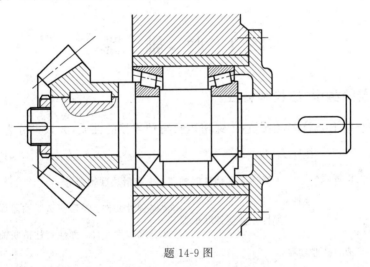

题 14-9 图

14-10　题 14-10 图所示为二级斜齿圆柱齿轮减速器,已知高速轴Ⅰ采用一对角接触球轴承正装支承。要求:

(1) 确定中间轴Ⅱ的支承应采用哪一类轴承?

(2) 画出中间轴Ⅱ的轴系组合结构图。(齿轮油润滑,轴承脂润滑)

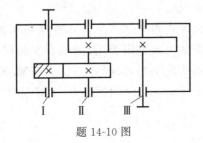

题 14-10 图

第 15 章

联轴器、离合器和制动器

　　内容提要：本章包括联轴器(coupling)、离合器(clutch)和制动器(brake)三节内容，重点介绍常用联轴器的类型、结构、特性和选用方法，简要介绍离合器和制动器的常用类型和结构特点。联轴器和离合器主要是用作连接两轴、传递运动和转矩的部件。用联轴器连接的两根轴，只有在机器停车后，经过拆卸才能把它们分离。用离合器连接的两根轴，在机器工作中就能方便地使它们分离或接合。制动器是用来降低机械的运转速度或迫使机械停止运转的部件。

　　本章重点：联轴器与离合器的相同点与不同点，联轴器的类型。
　　本章难点：特殊功用离合器的结构与作用。

15.1　联　轴　器

1. 联轴器的类型、结构和特性

　　联轴器的类型十分繁多，根据它传递扭矩及与轴连接的性质，大致可分为以下几类：

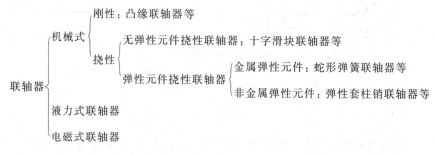

　　机械式联轴器是应用最广的联轴器。它借助于机械构件相互间的机械作用力来传递扭矩。液力式和电磁式是借助于液压力和电磁力来传递扭矩的。

　　联轴器的结构型式很多，其中某些常用的已标准化，本节只介绍一些常用类型。

　　1）刚性联轴器(rigid coupling)

　　刚性联轴器有套筒式、凸缘式和夹壳式等。其特点是结构简单，成本低，对两轴的相对位移偏差没有补偿能力，安装时调整困难，若两轴有安装误差或由于零件受载变形、热变形等原因，使连接的两轴轴线发生相对偏移时，就会在轴、联轴器和轴承上引起附加载荷。因而此类联轴器常用于无冲击、两轴的对中性好且在工作时不发生相对位移的场合。

（1）凸缘联轴器（flange-face coupling）

凸缘联轴器由两个带凸缘的半联轴器（图 15-1）分别与两轴联在一起，再用螺栓把两半联轴器联成一体而成，结构较简单，能传递较大的扭矩，是固定式联轴器中应用较多的一种。

凸缘联轴器的两半联轴器的连接方式有两种：一是采用普通螺栓，利用两半联轴器的凸肩和凹槽的配合来对中（图 15-1(a)），对中精度高，靠预紧普通螺栓在凸缘接合面产生的摩擦传递扭矩；另一种是采用铰制孔螺栓并靠其对中（图 15-1(b) 和图 15-1(c)），装拆比前一种方便。这两种相比较，前一种制造简单，但装拆不方便，需作轴向移动，另外传递扭矩较小；后一种能传递较大扭矩，但需铰孔精配螺栓，加工较麻烦。

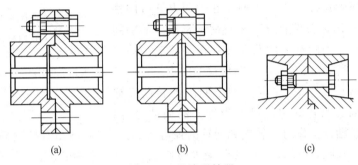

(a)　　　　　(b)　　　　　(c)

图 15-1　凸缘联轴器

联轴器材料可用铸铁或铸钢。凸缘联轴器的结构尺寸可按国家标准 GB/T 5843—2003 凸缘联轴器选定，必要时应验算螺栓连接强度。

（2）夹壳联轴器（clamping coupling）

夹壳联轴器（图 15-2）由纵向剖分的两半圆筒状夹壳与连接这两半夹壳的螺栓所组成。联轴器装配和拆卸时，轴不需移动，装拆方便，但联轴器平衡困难，需加防护罩，适用于低速、平稳载荷时的连接。通常外缘速度不得超过 5m/s，否则应经过动平衡检验。

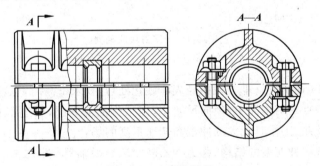

图 15-2　夹壳联轴器

2）挠性联轴器（flexible coupling）

采用固定式联轴器的一个必要条件是两轴应保持严格对中。但由于制造、安装误差，两轴严格对中在实际中有时是困难的，即使安装能保证对中，但由于工作负荷的影响、温度的变化、基础的不均匀下沉等原因，两轴的相对位置也会产生一定的变化。图 15-3 所示为被连接的两轴可能发生的相对偏移情况。在不能避免两轴相对偏移的场合中采用刚性联轴器，将会在轴与联轴器中引起附加载荷，使轴、轴承、联轴器等工作情况恶化，此时，应采用能补偿两轴偏移的挠性联轴器(flexible coupling)。

补偿两轴偏移的方法有两种:一是利用联轴器中某些元件间的相对运动来补偿,按此原理制成的联轴器称为无弹性元件挠性联轴器;另一是利用联轴器中弹性元件的弹性变形来补偿,按这一原理制成的联轴器称为弹性元件挠性联轴器。下面先介绍几种无弹性元件挠性联轴器。

(1) 无弹性元件挠性联轴器

① 十字滑块联轴器(Oldham coupling)

十字滑块联轴器(图 15-4)由两个在端面上开有凹槽的半联轴器 1 和 3,以及带有互相垂直的矩形凸牙的中间盘 2 组成。装配后中间盘上的凸牙分别在与其接合的半联轴器的直槽中滑动,故有补偿两轴偏移的能力。

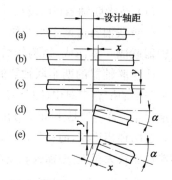

图 15-3 被连接两轴可能发生的相对位移

(a) 正确设计位置;(b) 轴向位移偏差 x;(c) 径向位移偏差 y;(d) 角度位移偏差 α;(e) 综合位移偏差 x,y,z

这种联轴器在工作时,中间盘在空间中既转动又移动。为避免作偏心回转的中间盘产生过大的振动力(离心力),应限制联轴器工作时的转速和两轴的偏心距。通常,单独相对位置偏差的允许值为 $[y]=0.04d$(d 为轴的直径),$[\alpha]=30'$,最大转速 $n_{\max}=100\sim250\text{r/min}$。由于工作时凸牙与凹槽的侧面有相对滑动,容易磨损,故要求工作面具有较高的硬度并采取一定的润滑措施。

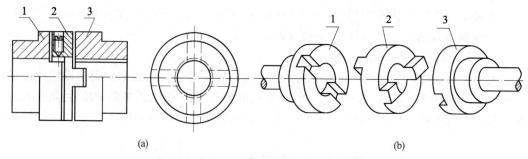

图 15-4 十字滑块联轴器

1—左半联轴器;2—十字滑块;3—右半联轴器

联轴器常用 45 钢制造。承力表面经表面硬化处理,要求不高时,也可用 Q255 钢制造。

该联轴器的特点是结构简单,径向尺寸小,但工作面易磨损,转速不宜过高。它一般适用于两轴同心度较差、工作时无大的冲击和转速不高的场合。

这种联轴器有一种变型的结构,称为 NZ 挠性爪型联轴器(图 15-5)。中间盘变为中间块,用填有少量石墨或二硫化钼的尼龙铸造而成,具有自润滑性能。因中间块材料的密度小、强度低于金属,故常用于传递扭矩不大、转速较高的场合,且要求 $\alpha\leqslant40'$、$y\leqslant0.2\text{mm}$。NZ 挠性爪型联轴器的结构尺寸可查有关企业标准。

② 万向联轴器(universal joint)

万向联轴器的种类很多,如图 15-6 所示为小尺寸万向联轴器的结构,它亦称铰链联轴器。

该联轴器的工作特点在于当两轴间的夹角达 $\alpha=35°\sim45°$ 时还能传动;其缺点是:当主动轴角速度 ω_1 为常数时,从动轴的角速度 ω_3 并不是常数,而是在一定范围内变化($\omega_1\cos\alpha\leqslant\omega_3\leqslant\omega_1/\cos\alpha$)。两轴向的夹角越大,则从动轴的角加速度变化也就越大,传动时要产生附

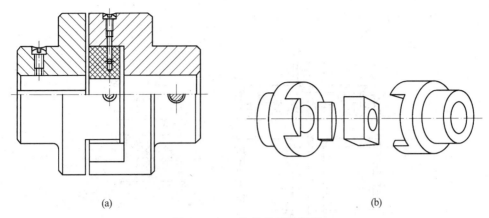

(a)　　　　　　　　　　　　　　(b)

图 15-5　NZ 挠性爪型联轴器

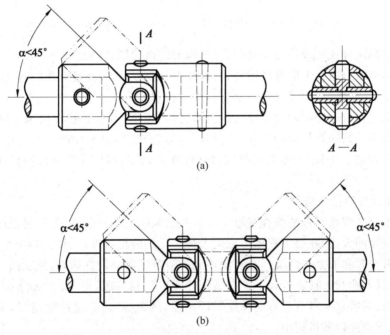

(a)

(b)

图 15-6　万向联轴器

加的动载荷。为此常将该联轴器成对使用(图 15-6(b)),但安装时要保证输入、输出轴轴线与中间轴轴线夹角相等,且中间轴的两端叉形接头应在同一平面内。只有这样,才能保证输入、输出轴角速度相等 $\omega_1=\omega_3$。联轴器各零件的材料,除销轴用 20 钢外,其余均用合金钢,以获得较高的耐磨性和强度。这类联轴器结构紧凑,维护方便,广泛应用于汽车、多头钻床等机器的传动系统中。小型万向联轴器已标准化,设计时可按标准 JB/T 5901—2017 十字销万向联轴器选用。

③ 齿轮联轴器(gear coupling)

如图 15-7 所示,齿轮联轴器由两个具有外齿的套筒 1 和两个具有内齿的外壳 3 组成,两外壳用螺栓 5 连接起来,以传递扭矩。在外壳中贮有润滑脂或润滑油,以润滑轮齿,减小磨损。

齿轮联轴器中,所用齿轮的轮廓曲线为渐开线,啮合角为 20°,齿数一般为 30～80;但齿

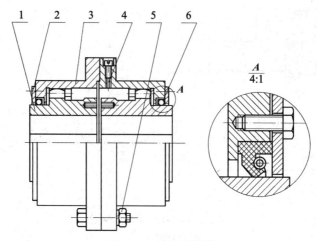

图 15-7　齿轮联轴器

1—外齿套筒；2—压板；3—内齿套筒；4—注油孔；5—连接螺栓；6—密封圈

的径向间隙及侧隙都比一般传动齿轮的大,外齿套筒齿顶圆柱面已改制成球面,有时还把齿沿长度方向制成鼓形齿。采取这些措施,有利于联轴器适应两轴间出现的各种位移。其径向位移 $y \leqslant 0.4 \sim 2.4\,\mathrm{mm}$(由尺寸大小而定),角度位移 $\alpha \leqslant 30'$。

　　这种联轴器有较多的齿同时工作,能传递很大的扭矩,且安装精度要求不高,故在重型机械中应用较多。其缺点是结构复杂,重量较大,制造较难,成本较高。齿轮联轴器一般用45钢或ZG45制造。TGL鼓形齿式联轴器已标准化,其结构尺寸可查机械行业标准JB/T 5514—2007。

　　(2) 弹性元件挠性联轴器

　　此类联轴器靠弹性元件的弹性变形来补偿两轴轴线的相对位移,而且可以缓冲减振,其性能和传递扭矩的大小,在很大程度上取决于弹性元件的材料性质、结构和尺寸。弹性元件使用的材料有金属和非金属两类。金属弹性元件为各式各样的弹簧,其强度高,传递载荷能力大,尺寸小且寿命长;但成本高。非金属弹性元件常用橡胶、尼龙、夹布胶木和经处理过的木材等制成,其特点是具有良好的弹性滞后性能,减振能力强,缓冲性能好,重量轻,价格便宜,故常用于高速轻载机构中。

　　① 弹性套柱销联轴器(pin coupling with elastic sleeves)

　　弹性套柱销联轴器(图15-8)是由若干个套有橡胶圈的柱销把两个半联轴器连接成一体。半联轴器与轴的配合孔可作成圆柱形孔或圆锥形孔。联轴器补偿两轴的位移偏差是靠橡胶圈的变形实现的,且具有缓冲和吸振作用。又因柱销和橡胶圈能在右半联轴器光孔中滑移,故能在较大范围内适应两轴轴向偏移。其允许的径向位移 $[y] = 0.14 \sim 0.2\,\mathrm{mm}$,允许的角位移 $[\alpha] = 40'$。

　　这种联轴器可用于经常正反转、起动频繁和在变载荷下运转的轴。它不适用于速度过低的场合,否则其结构尺寸较大,同时应避免与油质或其他对橡胶有害的介质接触。

　　半联轴器常用铸铁、钢或铸钢制成,柱销用45钢制造。联轴器的结构尺寸可查国家标准 GB 4323—2017,必要时可验算橡胶圈上的比压和柱销弯曲强度。

② 弹性柱销联轴器(elastic pin coupling)

弹性柱销联轴器(图 15-9)是由尼龙柱销将两个半联轴器连接成一体。为防止柱销从孔中滑出,两端有环状挡板并用螺钉固定在两半联轴器上。

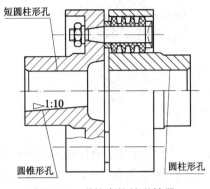

图 15-8　弹性套柱销联轴器

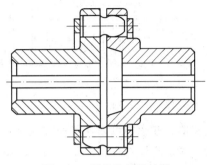

图 15-9　弹性柱销联轴器

柱销材料可用尼龙、加玻璃纤维的尼龙、夹布胶木等,半联轴器用 35 钢或 ZG35 制造,其工作环境温度为 $-20 \sim +70℃$,允许径向位移和角度偏移分别为 $[y]=0.1 \sim 0.15mm$、$[\alpha]=30'$。其特点是结构简单、制造容易、装配方便、使用寿命长、传递扭矩较大,故应用较广泛。

该联轴器的结构尺寸可查有关国家标准 GB 5014—2017,必要时应验算尼龙柱销的挤压强度和剪切强度。

③ 轮胎联轴器(tyre coupling)

如图 15-10 所示,轮胎联轴器用橡胶制成的轮胎状壳体零件 1,两端用压板 2 及螺钉 3 分别压在两个半联轴器 4 上。通过壳体 1 传递扭矩。为了便于安装,在轮胎上开有切口。该联轴器对轴位置偏差的补偿能力很强,通常允许值为 $[x]=0.02D$、$[y]=0.01D$(D 为壳体外径)、$[\alpha]=5° \sim 12°$。

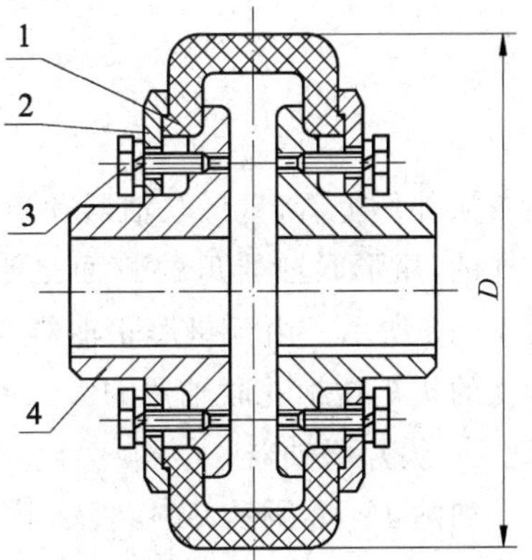

这种联轴器弹性很大,寿命长,不需润滑,可用于潮湿多尘、起动频繁处,圆周速度一般不超过 30m/s;但径向尺寸大,壳体为特制产品,不易自制,故一般用于重型机械上。

④ 星形弹性件联轴器(resilient coupling with spider)

星形弹性件联轴器如图 15-11 所示,星形弹性件 2 用橡胶制成,半联轴器 1、3 上有凸牙。凸牙侧面压在星

图 15-10　轮胎联轴器

1—轮胎;2—压板;3—螺钉;4—半联轴器

形件上以传递扭矩。联轴器连接时允许两轴线的径向位移 $[y]=0.2mm$,角位移 $[\alpha]=1°30'$。星形弹性件只承受压缩作用,寿命较长。星形弹性联轴器的结构尺寸可查阅行业标准 JB/T 10466—2004。

⑤ 梅花形弹性联轴器(jaw-type coupling)

如图 15-12 所示,梅花形弹性联轴器由两个金属爪盘和一个弹性体组成。两个爪盘一般由 45 钢制成,但在要求随动性好的情况下也可使用铝合金制造。弹性体则由工程塑料或

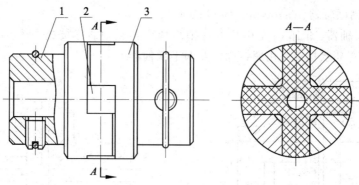

图 15-11　星形弹性件联轴器

橡胶制造。联轴器可以补偿两轴线相对位移,具有减振和缓冲的性能,允许的两轴角度偏差 $\alpha \leqslant 2°$,位移偏差 $\Delta y \leqslant 1.8\text{mm}$,$\Delta x \leqslant 5\text{mm}$。梅花形弹性联轴器的具体结构和参数见国标 GB 5272—2017。

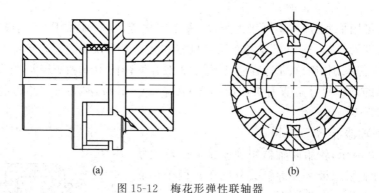

(a)　　　　　　　　　　　　　　　(b)

图 15-12　梅花形弹性联轴器

　　从外形上看,星形联轴器和梅花形联轴器非常相似,但实际上两种联轴器的弹性体是不一样的,星形联轴器爪的侧面是平的,而梅花联轴器爪的侧面是圆弧状的,如图 15-11 和图 15-12 所示。由于星形联轴器的弹性爪结构更大一些,所以同一型号下,星形联轴器能够承受的扭矩比梅花联轴器的大一些。

　　⑥ 膜片联轴器

　　如图 15-13 所示,膜片联轴器靠膜片的弹性变形来补偿所联两轴的相对位移,是一种高性能的金属弹性元件挠性联轴器。膜片联轴器由几组膜片(不锈钢薄板)用螺栓交错地与两半联轴器连接,每组膜片由数片叠集而成,膜片分为连杆式和不同形状的整片式。

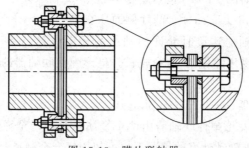

图 15-13　膜片联轴器

膜片联轴器不用润滑,结构较紧凑,应用于各种机械装置的轴系传动,如水泵、风机、压缩机等,经动平衡后可应用于高速传动轴系。膜片联轴器与齿式联轴器相比,没有相对滑动、不需要润滑、密封,无噪声,基本不用维修,制造较方便,可部分代替齿式联轴器。膜片联轴器的选用可查询机械行业标准《膜片联轴器》(JB/T 9147—1999)。

⑦ 波纹管联轴器

如图 15-14 所示,波纹管联轴器是用外形呈波纹状的薄壁管(波纹管)直接与两半联轴器焊接或粘接来传递运动的。这种联轴器的结构简单,外形尺寸小,加工安装方便,传动精度高,主要用于要求结构紧凑、传动精度较高的小功率精密机械和控制机构中。

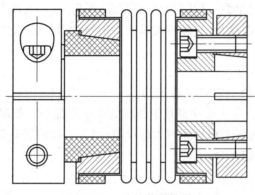

图 15-14　波纹管联轴器

联轴器结构输入端为夹紧箍结构,通过夹紧螺钉产生预紧力,将动力输入轴与夹紧箍固联为一体。其输出端为胀紧结构,通过胀紧螺钉预紧锥体,使胀紧套膨胀,与动力输出轴内孔配合,连接为一个整体。中间为波纹管结构,波纹管两端与输入、输出端胶接固联。波纹管联轴器的弹性元件为精密金属波纹管,分柔性系列及刚性系列两种类型,其中柔性系列具有较大的弹性,常用于编码器、传感器等微型场合,刚性系列主要应用于伺服电机、数控机床(加工中心)等场合。

⑧ 螺旋切缝联轴器

螺旋切缝联轴器又称为平行切缝联轴器,如图 15-15 所示,它由铝材质或不锈钢棒材一体切割成型,并采用螺旋线切缝设计,分为单切缝、多切缝等。多头螺旋线类似于多个弹簧并联,从而使弹性联轴器具有较大的扭转刚度和承载扭矩。

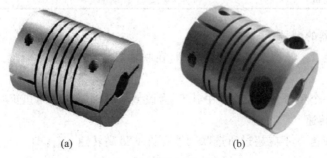

(a)　　　　　　　(b)

图 15-15　螺旋切缝联轴器

(a) 单切缝;(b) 多切缝

螺旋切缝联轴器能够很好地承受两轴之间的角度偏差、轴向偏差、平行偏差以及这三种偏差组成的复合偏差。螺旋切缝联轴器常用于连接伺服马达、丝杠机构、编码器和转速计等精密仪器。

2. 联轴器的选择

由前述可知,绝大多数常用的联轴器已标准化。而对机械设计者来说,在应用联轴器时,其任务是正确选择合适类型的联轴器及其尺寸。选择步骤如下所述。

1) 选择联轴器的类型

根据被连接两轴的对中性、负荷的大小和特性(平稳、变动或冲击等)、工作转速、安装尺寸及安装精度、工作环境温度等,参考各类联轴器的特性及适用条件,选择一种适用的联轴器的类型。

2) 计算联轴器的计算扭矩

由材料力学知,传动轴上的名义扭矩为 $T = 9550P/n(\mathrm{N \cdot m})$。其中 P 为传动功率,kW;n 为轴转速,r/min。由于原动机及工作机的不平稳性及工作阻力的变化,联轴器工作时的扭矩是一波动值。为了考虑这些因素的影响,引入工作情况系数 K_A(表 15-1),对名义扭矩加以修正,则得计算扭矩为

$$T_{ca} = K_A T \tag{15-1}$$

表 15-1   工作情况系数 K_A

工作机		K_A			
		原动机			
分类	工作情况及举例	电动机、汽轮机	四缸和四缸以上内燃机	双缸内燃机	单缸内燃机
I	扭矩变化很小,如发电机、小型通风机、小型离心泵	1.3	1.5	1.8	2.2
II	扭矩变化小,如透平压缩机、木工机床、运输机	1.5	1.7	2.0	2.4
III	扭矩变化中等,如搅拌机、增压泵、有飞轮压缩机、冲床	1.7	1.9	2.2	2.6
IV	扭矩变化和冲击载荷中等,如织布机、水泥搅拌机、拖拉机	1.9	2.1	2.4	2.8
V	扭矩变化和冲击载荷大,如造纸机、挖掘机、起重机、碎石机	2.3	2.5	2.8	3.2
VI	扭矩变化大并有极强烈冲击载荷,如压延机、无飞轮的活塞泵、重型初轧机	3.1	3.3	3.6	4.0

3) 确定联轴器的型号

根据计算扭矩 T_{ca} 及所选的联轴器类型,在联轴器的标准中按

$$T_{ca} \leqslant [T] \tag{15-2}$$

确定该联轴器的一个型号。式(15-2)中,$[T]$ 为该型号联轴器的许用扭矩,可查手册确定。

4) 校核最大转速

被连接轴的转速 n 不应超过所选联轴器允许的最高转速 n_{max},即

$$n \leqslant n_{max} \tag{15-3}$$

5) 协调轴孔直径

多数情况下,每一型号联轴器适用轴的直径均有一个范围。标准中给出轴直径的最大和最小值,或者给出适用直径的尺寸系列,被连接两轴的直径应当在此范围之内。一般情况下,被连接的两轴的直径是不同的,两个轴端的形状也可能是不同的,即一个为圆柱形,另一个为圆锥形,当然两轴尺寸和形状完全相同时更好。

6) 规定部件的安装精度

根据所选联轴器允许的轴的相对位移偏差,规定部件相应的安装精度。

7) 进行必要的校核

如有必要,应对主要传动零件进行强度校核,或对联轴器的减振性能进行校核。

例 15-1　在电动机与卷扬机的减速器间用联轴器相连,载荷有变化。已知电动机功率 $P = 7.5\mathrm{kW}$,轴转速 $n = 960\mathrm{r/min}$,电动机轴直径 $d_1 = 38\mathrm{mm}$,减速器轴直径 $d_2 = 42\mathrm{mm}$,试确定联轴器型号。

解:(1) 由于轴的转速较高,起动频繁,载荷有变化,宜选用缓冲性较好,同时具有可移性的弹性套柱销联轴器。

(2) 联轴器的名义扭矩:

$$T = 9550\frac{P}{n} = 9550 \times \frac{7.5}{960} = 74.6(\mathrm{N \cdot m})$$

(3) 计算扭矩:

$$T_{ca} = K_A T$$

由表 15-1 查得 $K_A = 1.7$,则

$$T_{ca} = K_A T = 1.7 \times 74.6 = 126.8(\mathrm{N \cdot m})$$

(4) 查手册选用弹性套柱销联轴器:

TL6 联轴器 $\dfrac{\mathrm{JC38 \times 60}}{\mathrm{JA42 \times 84}}$　GB 4323—2017

其允许最大扭矩 $[T] = 250\mathrm{N \cdot m}$,允许最高转速 3800r/min,轴径亦合适。

15.2　离　合　器

如前所述,使用离合器(clutch)能使工作中的机器的两轴分离或接合。在使用时,要求离合器操纵方便且省力,接合和分离迅速平稳,动作准确,结构简单,维护方便,使用寿命长等。

离合器的种类很多,按操纵方式可分为以下几类:

```
                ┌ 机械离合器 ┐
                │ 气动离合器 │┌ 啮合式——牙嵌、齿轮等
        ┌ 外力操纵┤ 液压离合器 ├┤
        │       │ 电磁离合器 ┘└ 摩擦式——圆盘、圆锥、弹簧、磁粉等
  离合器┤
        │       ┌ 超越离合器——棘轮、滚柱、楔块等
        └ 自动操纵┤ 离心离合器——闸块、钢珠等
                └ 安全离合器——牙嵌、钢珠、圆盘、圆锥等
```

1. 机械离合器

1) 牙嵌离合器(jaw clutch)

如图 15-16 所示,它由端面带有相同牙齿的两半离合器组成。左半离合器用平键固联在主动轴上,并在其上用螺钉装有对中环,从动轴头伸入环孔中并能自由转动,右半离合器与从动轴用间隙配合和导向键连接。工作时,由操纵机构带动拨叉环使右半离合器向右或向左移动来实现分离或接合。

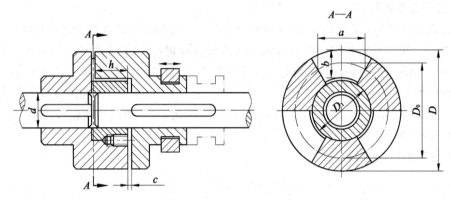

图 15-16　牙嵌离合器(矩形牙)

牙嵌离合器可用 45 钢、20Cr,40Cr、20CrMnTi 等制造。牙的工作面应具有较高硬度,以减轻其磨损。

牙嵌离合器的结构尺寸见机械设计手册,必要时应对牙的工作面上的比压和牙根处的弯曲强度进行验算。

2) 摩擦离合器(friction clutch)

摩擦离合器是靠主、从动半离合器接触表面间的摩擦力来传递扭矩的,应用很广泛,从结构上分为三种类型。

(1) 单盘摩擦离合器(single-plate clutch)

如图 15-17 所示,单盘摩擦离合器的主动盘 3 与从动盘 4 之间只有一个环形接合面,接合时盘间的正压力(可由弹簧、液压缸、气压缸或电磁吸力等产生)在接合面上引起摩擦力,主动轴 1 上的扭矩即由该摩擦力矩传到从动轴 2 上。

(2) 锥面摩擦离合器(cone clutch)

如图 15-18 所示,锥面摩擦离合器是利用槽面摩擦效应制成的,在相同条件下,其传递扭矩比单盘摩擦离合器大。如图 15-18 所示,轴向压力在接触锥面上产生法向压力,法向压力则会产生摩擦力来传递外载。

(3) 多盘摩擦离合器(multi-plate clutch)

如图 15-19 所示,该离合器有两组摩擦片,由于摩擦面数较多,其传动能力有所提高。工作时,当滑环 7 向左移动,压下曲臂杆 8,用曲臂杆绕它的销轴顺时针方向转动,从而压紧压板 9、外摩擦片组 5 和内摩擦片组 6,使两半离合器 2 和 4 接合;当滑环 7 向右移动时,放开曲臂杆 8,在复位板簧作用下,曲臂杆 8 绕其销轴沿逆时针方向转动,从而放松内、外摩擦片,使主、从动轴 1,3 分离。

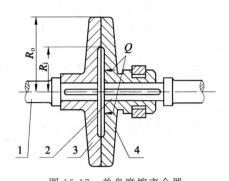

图 15-17　单盘摩擦离合器

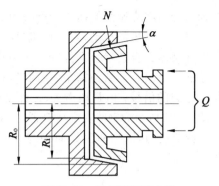

图 15-18　锥面摩擦离合器

1—输入轴；2—轴出轴；3—输入摩擦盘；4—输出摩擦盘

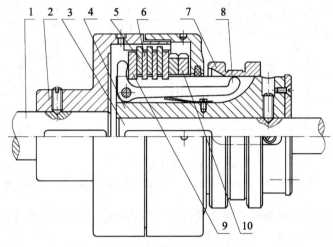

图 15-19　多盘摩擦离合器

1—主动轴；2—带内齿半离合器；3—从动轴；4—带外齿半离合器；5—外摩擦片；6—内摩擦片；
7—滑环；8—曲臂杆；9—压板；10—调节螺母

　　摩擦离合器表面材料如用石棉衬、夹布胶木、皮革等时，均不需润滑。如用钢、青铜等金属材料时，在摩擦面间一般需润滑。润滑的目的主要在于冷却摩擦片。离合器在偶然过载时，接合面总会发生滑动而产生摩擦热，如果不进行润滑，会使摩擦面发生烧伤、粘接撕裂而损坏。

2. 特殊功用离合器

　　离合器的分离和接合，除了上述用拨叉操纵的以外，还有其他一些按一定条件进行离合的特殊功用离合器。下面介绍几种典型类型。

　　1）安全离合器（safety clutch）

　　安全离合器结构型式很多，这里仅介绍两种。

　　图 15-20 所示为牙嵌安全离合器（jack safety clutch）。两半离合器由预紧弹簧 2 施加的压力保持接合。当传递的扭矩超过某一调定值时，牙

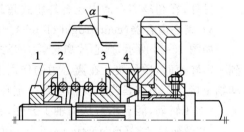

图 15-20　牙嵌安全离合器

1—调节螺母；2—预紧弹簧；3—左半离合器；4—右半离合器

间的轴向分力将克服弹簧压力和摩擦阻力使离合器分离,3跳跃滑过与3啮合的4,从而切断原动机到工作机的传动,对工作机进行安全保护;当扭矩降低到某一定值以下时,离合器则又借弹簧压力自动接合。弹簧的压力利用调节螺母1来调节。

牙嵌安全离合器结构简单,在两半离合器的牙面相对滑过时,将产生跳动并发出响声,可作为过载的信号;但是噪声大,牙面易磨损。

图15-21所示为钢球安全离合器,1、3分别为左、右半离合器,2为传力齿轮,4为弹簧,5为十字调节块,其结构和工作原理与牙嵌安全离合器类似,不同的只是它以钢球代替牙齿工作。

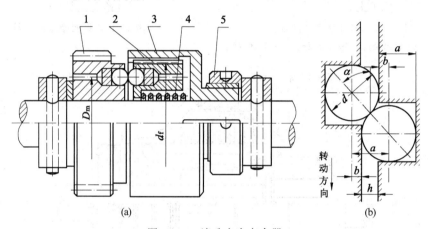

图 15-21　滚珠安全离合器
1—左半离合器；2—传力齿轮；3—右半离合器；4—弹簧；5—十字调节块

该离合器动作灵活,但钢球表面会受到较严重的冲击,故只用于传递较小扭矩的场合。

2) 超越离合器(overrun clutch)

如图15-22所示,超越离合器利用滚柱、弹簧等压紧其他元件产生的摩擦力来传递扭矩,它分为内星轮式和外星轮式两种。图示为内星轮滚柱式超越离合器,它由星轮1、外环2、滚柱3和弹簧顶杆4组成。若星轮1为主动件且顺时针方向转动,或外环2为主动件且逆时针方向转动,或者主、从动件同向转动且相对转动方向与上述情况相似时,则滚子所受到的摩擦将使滚子滚向楔形槽的收缩段而被楔紧,从而带动从动件转动,离合器进入接合状态。当相对转向和上述相反时,滚子即滚向楔形槽的宽段而脱离楔紧状态,使离合器断开。

该离合器因只能沿一个转向传递扭矩,故又称为单向离合器(unidirectional clutch)或定向离合器。滚柱式超越离合器转速高,起动时无空行程,工作时无噪声,但制造要求高。

另外,在超越离合器中还有棘轮式超越离合器等,如自行车后轴上的飞轮。

3) 离心离合器(centrifugal clutch)

如图15-23所示,离心式离合器有开式(图(a))和闭式(图(b))两种。开式为主动轴达到一定转速时,质量块2在离心力的作用下,克服弹簧3的拉力,绕销轴4转动,能自动与从动轴1接合。闭式是当主动轴达到一定转速时,质量块2在离心力作用下克服弹簧3的压力,绕轴4转动,能自动与从动轴1分开,它们的结构如图(a)、(b)所示。

4) 磁粉离合器(magnetic particle clutch)

如图15-24所示,轴7与嵌有线圈3的磁铁芯2相连接,线圈的线端与电刷滑环相通,外壳5与齿轮1相连接。4为非磁性材料制成的套筒。在外壳与磁铁芯之间的气隙(一般为

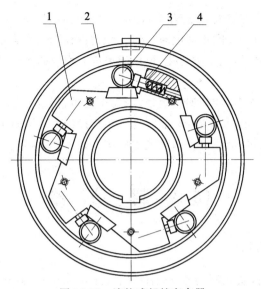

图 15-22　滚柱式超越离合器

1—星轮；2—外环；3—滚柱；4—弹簧顶杆

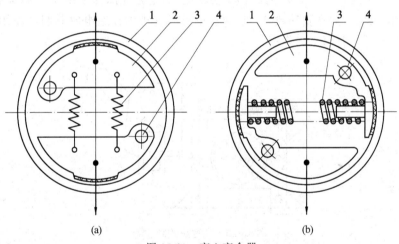

(a)　　　　　　　　　　　(b)

图 15-23　离心离合器

（a）开式；（b）闭式

1—从动轴；2—质量块；3—弹簧；4—销轴

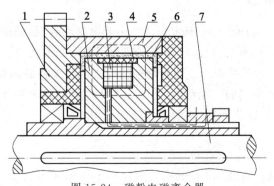

图 15-24　磁粉电磁离合器

1—齿轮；2—磁铁芯；3—线圈；4—非磁性套筒；5—外壳；6—磁粉；7—轴

0.5～2mm)中,填充有高导磁性的磁粉 6,并加入适量的油剂或其他能增加磁粉流动性的材料(如石墨、二硫化钼等)。线圈不通电时,磁粉处于自由状态,离合器主动件与从动件分离。当线圈通电时,将产生磁场,磁粉被磁化,形成磁粉链。由于磁粉链的剪切阻力,将带动从动件与主动件一起转动。

磁性离合器的优点很多,如传递扭矩稳定,动作灵敏,接合平稳,运行可靠;过载时磁粉层打滑,能起安全保护作用,易于控制,能实现远距离操纵;结构简单,使用寿命长。但其外廓尺寸较大,且需特制的合金磁粉。因其能适应多方面工作,应用渐多。

15.3 制 动 器

1. 外抱块式制动器

图 15-25 所示为外抱块式制动器(external pivoted-shoe brake),靠瓦块 5 与制动轮 6 间的摩擦力来制动。通电时,由电磁线圈 1 的吸力吸住衔铁 2,再通过一套杠杆 3 使瓦块 5 松开,机器便能自由运转;当需要制动时,则切断电源,电磁线圈释放衔铁 2,依靠弹簧力 4 并通过杠杆 3 使瓦块 5 抱紧制动轮 6。制动器也可以安排为在通电时起制动作用,但为安全起见,应安排在断电时起制动作用。

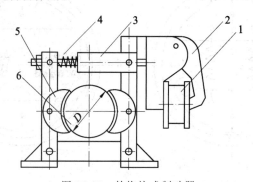

图 15-25   外抱块式制动器

1—电磁线圈;2—衔铁;3—杠杆;4—弹簧;5—瓦块;6—制动轮

2. 内张蹄式制动器

内张蹄式制动器(internal rim-type brake)主要由制动鼓、制动蹄和驱动装置组成,蹄片装在制动鼓内,结构紧凑,密封容易,可用于安装空间受限制的场合。

图 15-26 为双蹄制动器结构示意图。两个固定支承销 4 将制动蹄 1 和 3 的下端铰接安装。制动分泵 2 是双向作用的。制动时,分泵压力下使制动蹄 1 和 3 压紧制动鼓,从而产生制动转矩,制动鼓正反转效果相同,操纵系统比较简单。

3. 带式制动器

图 15-27 为带式制动器(band brake)。当杠杆上作用外力 Q 后,收紧闸带而抱住制动轮,靠带与轮间的摩擦力达到制动目的。

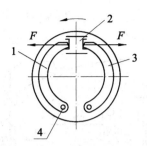

图 15-26　双蹄式制动器示意图
1,3—制动蹄；2—制动分泵；4—销轴

4. 盘式制动器

盘式制动器(plate brake)沿制动盘轴向施力，制动轴不受弯矩，径向尺寸小，制动性能稳定。

图 15-28 为一钳盘式制动器外观图。制动块 2 压紧制动盘 1 而制动。制动衬块与制动盘接触面小，在盘中所占的中心角一般仅 30°～56°。故这种盘式制动器又称为点盘式制动器。

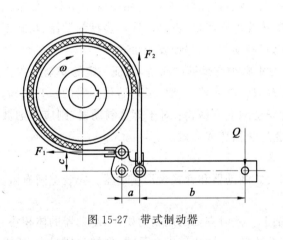

图 15-27　带式制动器

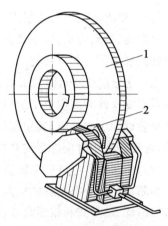

图 15-28　钳盘式制动器
1—制动盘；2—制动块

车轮盘式制动器结构图如图 15-29 所示，该结构用于汽车后轮的带驻车制动传动装置。驻车制动时，在驻车制动杠杆凸轮的推动下，自调螺杆连同自调螺母一直左移到螺母接触活塞底部。此时，由于扭簧的阻碍，自调螺母不可能倒转着相对于螺杆向右移动。于是轴向推力通过活塞传到制动块上而实现制动。解除驻车制动时，自调螺杆在膜片弹簧的作用下，随着驻车制动杠杆复位。

选择制动器类型时应考虑使用要求、工作条件和制动转矩的大小，并根据以下因素进行选择：

(1) 分析所需应用的制动器的工作性质和工作条件，根据实际工作状况选用闭式或开式类型。

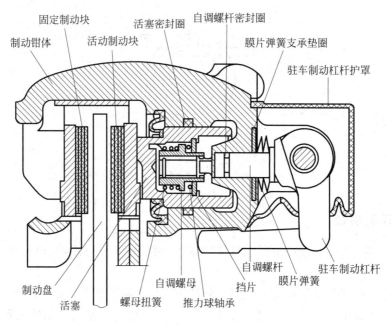

固定制动块　　活塞密封圈　　自调螺杆密封圈
制动钳体　　活动制动块　　　　　膜片弹簧支承垫圈
　　　　　　　　　　　　　　　　　　驻车制动杠杆护罩

自调螺杆　　驻车制动杠杆
自调螺母　　挡片　膜片弹簧
制动盘
活塞　　螺母扭簧　推力球轴承

图 15-29　车轮盘式制动器结构图

例如,要求制动器尺寸紧凑、制动力矩大、散热性能好,则应选用钳盘制动器;如果只要求尺寸紧凑、制动力矩大,不考虑散热和散热要求不严格,就可以选用多盘制动器、块式制动器和带式制动器。起重机都必须选用常闭式制动器,以保证安全可靠。

(2) 充分重视制动器的重要性,制动力矩必须有足够的储备,保证一定的安全系数。

对于安全性有高度要求的机构,需布置双重制动器。例如运送熔化金属的起升机构,规定必须装设两个制动器,其中每一个都能安全地支承吊物;对于落重制动器,则应考虑散热问题,在设计选用时应进行发热验算,以免过热损坏或失效。

(3) 考虑安装空间和安装轴。

如制动器安装有足够的空间,可选用块式制动器和臂式盘形制动器。安装空间有限,则应选用内蹄式、带式和钳形盘式制动器。

制动器通常安装在传动系统的高速轴上。此时需要的制动力矩小,制动器的体积小,重量轻,但安全可靠性相对较差。如安装在低速轴上,则比较安全可靠,但转动惯量大,所需的制动力矩大,制动器的体积和重量也相对较大。安全制动器通常安装在低速轴上。

(4) 配套主机的使用环境和保养条件。

如主机上有液压站,则选用液压制动器;固定不移动和要求不渗漏液体的设备、就近又有气源时,则选用气动制动器;要求制动平稳无噪声,则选用液压制动器和磁粉制动器;主机希望干净,并有直流电源座,则选用直流短程电磁铁制动器。

选好制动器类型后,应按配套主机的要求,对于制动力矩、制动时间、发热情况进行验算。根据机器的运转情况,计算制动轴的负载力矩,并考虑一定的安全储备(即选用一定的安全系数),求出计算制动力矩 T,参照标准制动器的额定制动力矩 T_e,使 $T \leqslant T_e$。

拓展性阅读文献指南

有关联轴器的类型、特点和适用范围等可参考文斌编《联轴器设计选用手册》，机械工业出版社，2010。

有关联轴器零件和部件的详细结构图及其画法可阅读丁屹编《联轴器图册》，机械工业出版社，2010。

有关联轴器、离合器以及制动器的详细设计及选用可以参考张展编《联轴器、离合器与制动器设计选用手册》，机械工业出版社，2009。

有关联轴器、离合器以及制动器的国家标准可以翻阅全国机器轴与附件标准化技术委员会中国标准出版社第三编辑室编《零部件及相关标准汇编 联轴器卷 离合器卷 制动器卷》，机械工业出版社，2010。

有关盘式制动器的结构及性能可参阅朱永梅，张建编《盘式制动器结构性能分析》，科学出版社，2018，以及鲍久圣编《盘式制动器摩擦学性能测试与智能预测技术》，科学出版社，2017。

思　考　题

15-1　联轴器和离合器的功用是什么？二者的区别是什么？

15-2　联轴器所连接的两轴的偏移形式有哪些？如联轴器不能补偿偏移会发生什么情况？

15-3　刚性联轴器和挠性联轴器的区别是什么？

15-4　选择联轴器的类型和型号的依据是什么？

15-5　在联轴器和离合器设计计算中，引入工况系数 K_A 是为了考虑哪些因素的影响？

15-6　牙嵌离合器和摩擦式离合器各有何优缺点？各适用于哪种场合？

15-7　摩擦离合器的摩擦表面使用金属材料时为何需要润滑？

15-8　制动器应满足哪些基本要求？

习　　题

15-1　选择碾轮式混砂机中电动机和减速器间的联轴器。已知：电机功率 $P=13\mathrm{kW}$，电机伸出轴端 $d_1 \times L_1 = 42\mathrm{mm} \times 110\mathrm{mm}$，转速 $n=1460\mathrm{r/min}$，减速器输入轴轴端尺寸 $d_2 \times L_2 = 40\mathrm{mm} \times 70\mathrm{mm}$。

15-2　试选择一电动机输出轴的联轴器。已知：电机功率 $P=11\mathrm{kW}$，转速 $n=1460\mathrm{r/min}$，轴径 $d=42\mathrm{mm}$，中等冲击载荷。确定联轴器的轴孔、键槽结构型式，代号及尺寸，写出联轴器的标记。

15-3　某离心水泵与电动机之间选用弹性柱销联轴器连接,电机功率 $P=22\text{kW}$,转速 $n=970\text{r/min}$,两轴径均为 55 mm,试选择联轴器的型号并绘制出其装配简图。

15-4　某机床主传动机构中使用多盘摩擦离合器。已知:传递功率 $P=5\text{kW}$,转速 $n=1200\text{r/min}$,摩擦盘材料均为淬火钢,主动盘数为 4,从动盘数为 5,接合面内径 $D_1=60\text{mm}$,外径 $D_2=100\text{mm}$,试求所需的操纵轴向力 F_Q。

15-5　汽油发动机由电动机起动,当发动机正常运转后,电动机自动脱开,由发动机直接带动发电机,请说明电动机与发动机、发动机与发电机之间各采用什么类型的离合器。

15-6　电动机经减速器驱动水泥搅拌机工作。已知电动机的功率为 1kW,转速为 970r/min,电动机轴的直径和减速器输入轴的直径均为 42mm。试选择电动机与减速器之间的联轴器。

第5篇 其他零部件

第 16 章

弹　簧

内容提要：本章主要介绍弹簧的材料和制造、圆柱螺旋压缩（拉伸）弹簧的设计计算和圆柱螺旋扭转弹簧，并简要介绍了其他类型的弹簧，如平面蜗卷形盘簧、环形弹簧和碟形弹簧。其中重点介绍了弹簧的承载特性线、圆柱螺旋弹簧的受力分析、强度和刚度计算。

本章重点：弹簧特性线图的概念，圆柱螺旋压缩（拉伸）弹簧的设计计算。

本章难点：圆柱螺旋压缩（拉伸）弹簧的设计计算。

16.1　概　　述

弹簧（spring）是一种用途很广的弹性元件。它在工作时能产生较大的弹性变形，在产生变形和复原的过程中，可以把机械功或动能转变为变形能，或把变形能转变成机械功或动能。弹簧利用这种特性满足各种工况的要求。

1. 弹簧的功用

弹簧广泛地应用于各种机器中，并有如下多种功能：

（1）控制机构的位置和运动。例如，内燃机中的阀门弹簧，凸轮机构、摩擦轮机构、离合器中所用的弹簧等。

（2）缓冲及减振。例如，车辆的减振弹簧，火炮的缓冲簧，弹性联轴器中的弹簧等。

（3）储存和释放能量。例如，钟表、仪表和自动控制装置中的弹簧，枪械中的枪闩弹簧等。

（4）测量力和力矩。例如，测力器、弹簧秤中的弹簧，发动机示功器中的弹簧等。

2. 弹簧的类型

弹簧有很多种类，按照承受载荷的性质不同，弹簧可以分为压缩弹簧（compression spring）、拉伸弹簧（extension spring）、扭转弹簧（torsion spring）和弯曲弹簧（bending spring）4 种。按照弹簧的外形又可分为螺旋弹簧（coil spring）、碟形弹簧（disk spring）、环形弹簧（ring shaped spring）、盘弹簧（wound spring）和板弹簧（leaf spring）等。

本章主要讲述机器中最常用的圆柱形螺旋弹簧。常用弹簧的主要种类、特点和应用见表 16-1。

表 16-1　常用弹簧的种类、特点和应用

名称	简　图		特　性　线	特　点　与　应　用
圆柱螺旋弹簧		圆截面压缩弹簧		特性线呈直线,刚度为常数,承受压力,结构简单,制造方便,应用最广
		圆截面拉伸弹簧		特性线呈直线,刚度为常数,承受拉力,结构简单,制造方便,应用最广
		圆截面扭转弹簧		特性线呈直线,承受扭矩,主要用于压紧和储能以及传动系统中的弹性环节
圆锥螺旋弹簧		圆截面压缩弹簧		承受压力。弹簧圈从大端开始接触后,特性线为非线性的。可防止共振,稳定性好,结构紧凑。多用于承受较大载荷和减振
碟形弹簧		对合式		承受压力。缓冲、吸振能力强。采用不同的组合,可以得到不同的特性线。用于要求缓冲和减振能力强的重型机械
环形弹簧				承受压力。圆锥面间具有较大的摩擦力,因而具有很高的减振能力。常用于重型设备的缓冲装置

续表

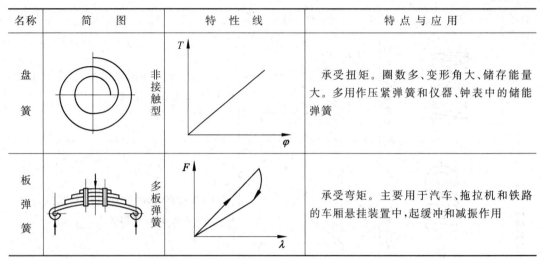

名称	简 图	特 性 线	特点与应用
盘簧		非接触型	承受扭矩。圈数多、变形角大、储存能量大。多用作压紧弹簧和仪器、钟表中的储能弹簧
板弹簧		多板弹簧	承受弯矩。主要用于汽车、拖拉机和铁路的车厢悬挂装置中,起缓冲和减振作用

3. 弹簧的工作原理

1) 弹簧特性线和刚度

表示弹簧载荷与变形量之间的关系曲线称为弹簧特性线(characteristic curve)。对受压(拉)的弹簧,载荷是压(拉)力,变形是弹簧的压缩(伸长)量;对受弯曲(扭转)的弹簧,载荷是弯(扭)矩,变形是弹簧的弯曲(扭转)变形量。图 16-1 绘出了弹簧特性线,弹簧的类型不同其特性线也各不相同。

弹簧的载荷变化量与变形变化量之比称为弹簧的刚度(spring rate),以 k 表示:

$$\left.\begin{array}{ll} \text{拉、压弹簧} & k=\dfrac{\mathrm{d}F}{\mathrm{d}\lambda} \\[2mm] \text{扭转弹簧} & k_{\varphi}=\dfrac{\mathrm{d}T}{\mathrm{d}\varphi} \end{array}\right\} \tag{16-1}$$

式中,F 为压力或拉力;T 为扭矩;λ 为弹簧的压、拉变形量;φ 为弹簧的扭转角。

弹簧特性线呈直线的,其刚度为一常数,称为定刚度弹簧(constant rate spring),如图 16-1 中的 A;当特性线呈折线或曲线时,其刚度是变化的,称为变刚度弹簧(variable rate spring),如图 16-1 中的 B、C,其中 B 属于渐增型,C 属于渐减型。圆锥螺旋弹簧就属渐增刚度型。此类弹簧,直径较大的簧圈等效刚度小,到一定程度,优先接触,同时随着接触,有效圈数开始减小,此时刚度就出现渐增型特性曲线。

弹簧刚度即弹簧特性线上的某点斜率。斜率越小,刚度越小,弹簧越软;反之弹簧越硬。

2) 变形能

加载过程中弹簧所吸收的能量称为变形能(deformation energy),如图 16-2 中 $\triangle AOB$ 的面积。

$$\left.\begin{array}{ll} \text{拉、压弹簧} & U=\displaystyle\int_{0}^{\lambda} F(\lambda)\mathrm{d}\lambda \\[3mm] \text{扭转弹簧} & U=\displaystyle\int_{0}^{\varphi} T(\varphi)\mathrm{d}\varphi \end{array}\right\} \tag{16-2}$$

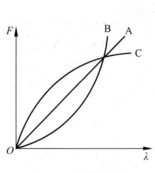

图 16-1　弹簧特性线

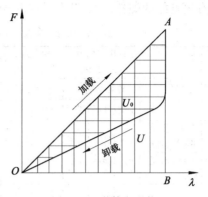

图 16-2　弹簧变形能

若为定刚度弹簧,上式可写成

$$
\left.
\begin{aligned}
U &= \frac{F\lambda}{2} = \frac{k\lambda^2}{2} \\
U &= \frac{T\varphi}{2} = \frac{k_\varphi \varphi^2}{2}
\end{aligned}
\right\}
\tag{16-3}
$$

弹簧在工作过程中若没有阻尼和摩擦,加载和卸载的特性线重合,此时,以前吸收的能量又将全部释放。若有阻尼和摩擦,加载和卸载的特性线就不重合,此时,以前吸收的能量只有部分释放,其余变为摩擦热消耗掉(图 16-2),加载与卸载特性线所包围的面积即代表消耗的能量 U_0, U_0 越大,说明弹簧的减振能力越强。U_0 与 U 之比值称为阻尼系数(damping coefficient),用 β 表示,则 $\beta = U_0/U$。对于合式碟形簧、环形簧和多板弹簧就利用弹簧片间产生的摩擦把动能变成摩擦热能而成为减振弹簧的。

16.2　弹簧的材料和制造

1. 弹簧的材料及许用应力

1) 弹簧的材料

弹簧是在动载荷下工作,且要求在重载下也不产生塑性变形,因此,要求弹簧材料应具有高的弹性极限和疲劳极限,同时应具有足够的韧性和塑性,以及良好的热处理性能。

常用的弹簧材料有:碳素弹簧钢(如 60、75 钢等)、硅锰弹簧钢(如 60Si2MnA)、铬钒弹簧钢(如 50CrVA)、不锈钢(如 1Cr18Ni9)及青铜(如 QBe2)等。常用的螺旋弹簧材料及其许用应力见表 16-2。

选用弹簧材料时应当综合考虑弹簧的功用、重要程度、工作条件与要求,以及加工、热处理、经济性等因素。

2) 弹簧的许用应力

弹簧材料的许用应力与弹簧的受载循环次数有关。一般根据受载循环次数、弹簧的重要程度及工作条件与要求,将弹簧材料分为三组,即 I 组为高级;II 组及 IIa 组为中级(IIa

组较Ⅱ组有更良好的塑性);Ⅲ组为正常级(仅用于次要弹簧)。

表 16-2　弹簧常用材料及其许用应力

名称	组别[1]	许用切应力 $[\tau]$/MPa 弹簧类别[2]			许用弯曲应力 $[\sigma]_b$/MPa 弹簧类别[2]		切变模量 G /MPa	弹性模量 E /MPa	推荐硬度 /HRC	推荐使用温度 /℃	特性及用途
		Ⅰ类	Ⅱ类	Ⅲ类	Ⅰ类	Ⅱ类					
碳素弹簧钢丝	Ⅰ组、Ⅱ组、Ⅱa组、Ⅲ组	0.3 σ_B[3]	0.4 σ_B	0.5 σ_B	0.5 σ_B	0.625 σ_B	$0.5{\leqslant}d{\leqslant}4$ 81400~78500 $d>4$ 78500	$0.5{\leqslant}d{\leqslant}4$ 203000~201000 $d>4$ 196000	—	-40 ~ $+120$	强度高、韧性好,适用于做小弹簧
特殊用途碳素弹簧钢丝	甲组、乙组、丙组										
硅锰合金弹簧钢丝		471	628	785	785	981	78500	19600	45~50	-40 ~ $+200$	弹性好,回火稳定性好,易脱碳,用于制造大载荷弹簧

① 碳素弹簧钢丝的组别见表 16-3。

② 弹簧载荷性质分三类:Ⅰ类——受变载荷作用次数在 10^6 以上的弹簧;Ⅱ类——受变载荷作用次数在 $10^3 \sim 10^5$ 及冲击载荷的弹簧;Ⅲ类——受变载荷作用次数在 10^3 以下的弹簧。

③ 弹簧材料的拉伸强度极限查表 16-3。

设计时根据弹簧的分类及材料,即可根据表 16-2 确定其许用应力。碳素弹簧钢丝拉伸强度极限 σ_B 见表 16-3。

表 16-3　弹簧钢丝的拉伸强度极限 σ_B　　　　　MPa

碳素弹簧钢丝				特殊用途碳素弹簧钢丝				重要用途弹簧钢丝	
钢丝直径 d/mm	Ⅰ组	Ⅱ组Ⅱa组	Ⅲ组	钢丝直径 d/mm	甲组	乙组	丙组	钢丝直径 d/mm	65Mn
0.32~0.6	2599	2157	1667	0.2~0.55	2844	2697	2550		
0.63~0.8	2550	2108	1667	0.6~0.8	2795	2648	2501		
0.85~0.9	2501	2059	1618						
1	2452	2010	1618	0.9~1	2746	2599	2452	1~1.2	1765
1.1~1.2	2354	1912	1520	1.1		2599	2452		
1.3~1.4	2256	1863	1471	1.2~1.3		2501	2354	1.4~1.6	1716
1.5~1.6	2157	1814	1422	1.4~1.5		2403	2256		
1.7~1.8	2059	1765	1373						
2	1961	1765	1373					1.8~2	1667
2.2	1863	1667	1373					2.2~2.5	1618
2.5	1765	1618	1275						
2.8	1716	1618	1275						
3	1667	1618	1275					2.8~3.4	1569
3.2	1667	1520	1177						
3.4~3.6	1618	1520	1177					3.5	1471
4	1569	1471	1128					3.8~4.2	1422
4.5~5	1471	1373	1079					4.5	1373
5.6~6	1422	1324	1030					4.8~5.3	1324
6.3~8	1226	981						5.5~6	1275

圆截面弹簧丝材料的直径 d 的推荐尺寸见表 16-4,优先选用第一系列。

表 16-4　圆截面螺旋弹簧钢丝直径 d 的推荐尺寸系列

系列	d/mm								
第一系列	0.1	0.15	0.2	0.25	0.3	0.35	0.4	0.45	0.5
	0.6	0.8	1	1.2	1.6	2	2.5	3	3.5
	4	4.5	5	6	8	10	12	16	20
	25	30	35	40	45	50	60	70	80
第二系列	0.7	0.9	1.4	(1.5)	1.8	2.2	2.8	3.2	3.8
	4.2	5.5	7	9	14	18	22	(27)	23
	32	(36)	38	42	(55)	65			

2. 弹簧的制造

弹簧的卷制方法有冷卷法(cool forming)和热卷法(hot forming)。冷卷法用于直径小于 8~10mm 的弹簧丝,弹簧丝多为预先冷拉的、经热处理的优质碳素钢,卷成后一般不再淬火,只进行低温回火消除卷制时产生的内应力即可。直径较大的弹簧丝制作的强力弹簧则用热卷法。热卷时的温度根据弹簧丝的粗细在 800~1000℃ 内选择,热卷后的弹簧必须再进行热处理。

对于重要场合的压缩弹簧,还要将端面圈在专用磨床上磨平;拉伸弹簧两端应制成挂钩;扭转弹簧应有杆臂,便于连接、固定和加载。

为了提高弹簧的承载能力,弹簧卷成后,还可进行强压处理。强压处理,是将弹簧在强压载荷下,使弹簧钢丝表面层超过弹性极限应力,保持 6~48h,从而在弹簧丝内产生塑性变形和有益的残余应力,残余应力的符号与工作应力相反,因而弹簧工作时抵消了一部分工作应力,可提高弹簧的承载能力达 20%,如图 16-3 所示。如采用喷丸处理(shot blasting)的方法,则可提高承载能力 30%~50%,使寿命延长 2~2.5 倍。

此外,弹簧还需进行工艺试验和精度、冲击、疲劳等试验,检验弹簧是否符合技术要求。弹簧的疲劳强度和抗冲击强度在很大程度上取决于弹簧的表面状况,因此弹簧丝表面必须光洁,没有裂痕和表面质量缺陷。弹簧丝的表面脱碳会严重影响材料的持久强度和抗冲击强度。所以验收弹簧的技术条件中应详细规定脱碳层的深度和其他表面缺陷的程度。

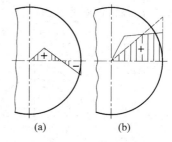

图 16-3　强压处理弹簧的应力分布示意图
(a) 残余应力分布;(b) 工作应力分布

16.3　圆柱螺旋压缩(拉伸)弹簧的设计计算

1. 圆柱螺旋弹簧的结构和几何参数

1) 弹簧的结构

如图 16-4 所示,圆柱螺旋弹簧(cylindroid helical-coil spring)不受外力时为自由状态,

各圈间有一间距 δ,弹簧受压后,在最大载荷下,间距变为 δ_1,为保证弹簧在压缩后还有一定的弹性,δ_1 应为 0.1 倍弹簧丝的直径并且不小于 0.2mm。

弹簧两端的端面圈与邻圈并紧,不参与弹簧变形,只起支承的作用,俗称死圈(dead coil)。弹簧每端的死圈有 $0.75\sim1.25$ 圈。在重要场合中,应采用并紧磨平的端部结构,其磨平长度应不小于弹簧一圈周长的 0.25 倍,如图 16-5 所示。

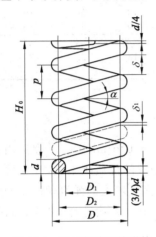

图 16-4   圆柱螺旋压缩弹簧

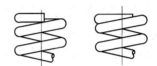

图 16-5   压缩弹簧的端部结构形式

如图 16-6 所示为圆柱螺旋拉伸弹簧不受外力的自由状态,此时弹簧各圈应相互并拢。拉伸弹簧分无初拉力和有初拉力两种。前一种弹簧在自由状态下,弹簧各圈间无力的作用。后一种弹簧在卷绕制造时,使弹簧丝绕其本身的轴线产生扭转,这样制成的弹簧,各圈相互间具有一定的压紧力,弹簧丝中也产生了一定的预应力。这种弹簧只有在外加的拉力大于初拉力 P_0 后,各圈才开始分离,比无初拉力弹簧节省轴向工作空间。

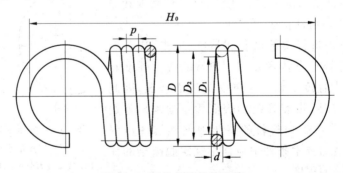

图 16-6   圆柱螺旋拉伸弹簧

拉伸弹簧的端部制有挂钩,以便加载和安装。挂钩形式见图 16-7。其中左边两种制造方便,应用很广。但因挂钩处弯曲应力较大,所以只能用于中小载荷、弹簧丝直径 $d\leqslant$ 10mm 的场合。可转钩环的弹簧,其钩环有圆锥形过渡端,而且可转到任何方向,便于安装。在受力较大的场合,最好采用最右边的螺旋块式可调挂钩,但价格较贵。

2) 弹簧的几何参数

圆柱螺旋弹簧的主要参数有:弹簧丝直径 d、弹簧圈外径 D、内径 D_1、中径 D_2、弹簧节距 p 和螺旋升角 α。其中弹簧丝直径 d 由强度条件确定,并归成表 16-4 所列推荐尺寸系列。圆

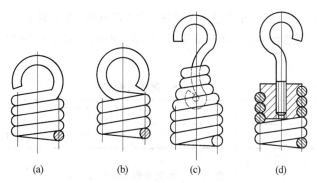

图 16-7　拉伸弹簧的端部结构形式

（a）半圆钩环；（b）圆钩环；（c）可转钩环；（d）可调钩环

柱螺旋弹簧的结构尺寸计算公式见表 16-5,尺寸系列见标准 GB/T 1358—2009。普通圆柱螺旋拉伸及压缩弹簧尺寸及参数可参照标准 GB/T 2088—2009 和 GB/T 2089—2009。

表 16-5　普通圆柱螺旋压缩及拉伸弹簧的结构尺寸计算公式

参数名称及代号	计 算 公 式		备　注
	压缩弹簧	拉伸弹簧	
中径 D_2	$D_2 = Cd$		按表 16-6 取标准值
内径 D_1	$D_1 = D_2 - d$		
外径 D	$D = D_2 + d$		
旋绕比 C	$C = D_2 / d$		按表 16-6 取值
自由高度 H_0	$H_0 \approx pn + (1.5 \sim 2)d$ （两端并紧、磨平） $H_0 \approx pn + (3 \sim 3.5)d$ （两端并紧、不磨平）	$H_0 = nd + $ 钩环轴向长度	
工作高度或长度 $H_1, H_2, \cdots, H_n$	$H_n = H_0 - \lambda_n$	$H_n = H_0 + \lambda_n$	λ_n 为工作变形量
有效圈数 n	根据要求变形量按式(16-15)计算		$n \geqslant 2$
总圈数 n_1	$n_1 = n + (2 \sim 2.5)$（冷卷） $n_1 = n + (1.5 \sim 2)$ （YII 型热卷）	$n_1 = n$	拉伸弹簧 n_1 尾数为 1/4、1/2、3/4、整圈。推荐用 1/2 圈
节距 p	$p = (0.28 \sim 0.5)D_2$	$p = d$	
轴向间距 δ	$\delta = p - d$		$\delta \geqslant \dfrac{\pi d^2 \tau_e}{8nkc\eta}$
展开长度 L	$L = \dfrac{\pi D_2 n_1}{\cos \alpha}$	$L \approx \pi D_2 n + $ 钩环展开长度	用于备料
螺旋角 α	$\alpha = \arctan \dfrac{p}{\pi D_2}$		对压缩螺旋弹簧,推荐 $\alpha = 5° \sim 9°$,一般右旋

此外,弹簧指数 C,又称旋绕比(spring index)是弹簧设计中一个极重要的参数,它与弹簧的刚度有关,直接影响到其工作性能。

$$C = \frac{D_2}{d} \tag{16-4}$$

当钢丝直径 d 一定时，C 值越大，中径越大，弹簧越软，卷制越容易，但工作中容易出现颤动现象；反之，弹簧越硬，工作时不易变形，卷制越困难。常用 C 值列于表 16-6 中，D_2 值列于表 16-7 中。

表 16-6 弹簧指数 C

d/mm	0.2～0.4	0.45～1	1.1～2.2	2.5～6	7～16	18～42
$C=D_2/d$	7～14	5～12	5～10	4～9	4～8	4～6

表 16-7 弹簧中径 D_2 系列

系列	D_2/mm										
第一系列	0.4	0.5	0.6	0.7	0.8	0.9	1	1.2	1.6	2	2.5
	3	3.5	4	4.5	5	6	7	8	9	10	12
	16	20	25	30	35	40	45	50	55	60	70
	80	90	100	110	120	130	140	150	160	180	200
	220	240	260	280	300	320	360	400			
第二系列	1.4	1.8	2.2	2.8	3.2	3.8	4.2	4.8	5.5	6.5	7.5
	8.5	9.5	14	18	22	28	32	38	42	48	52
	58	65	75	85	95	105	115	125	135	380	450

2. 圆柱螺旋弹簧的特性线

圆柱螺旋压缩弹簧为定刚度弹簧（constant rate spring），其特性线为一条直线，如图 16-8 所示，载荷 F 与变形 λ 成正比：

$$\frac{F_1}{\lambda_1} = \frac{F_2}{\lambda_2} = \cdots = 常数 \qquad (16\text{-}5)$$

没有外载的自由状态时，弹簧高度为 H_0，节距为 p，各圈间的间隙为 δ。安装压缩弹簧时通常加一预紧力 F_1 使弹簧稳定可靠地固定在预定位置上，预紧力 F_1 称为弹簧的最小载荷（minimum load）。弹簧受到 F_1 的作用，其高度压缩到 H_1，相应变形为 λ_1。F_{max} 为弹簧所承受的最大工作载荷（maximum working load），此时，弹簧高度压缩到 H_2，相应变形为 λ_{max}，该时刻弹簧各圈之间仍应保留 δ_1 的间隙，俗称余隙（clearance）。F_3 为弹簧的极限载荷（limit load），相应的弹簧高度为 H_3，变形量为 λ_3，此时弹簧丝内的应力达到了弹簧材料的屈服极限。

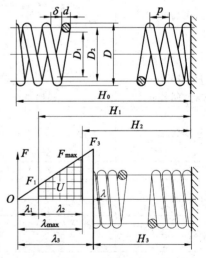

图 16-8 压缩弹簧及其特性线

λ_{max} 与 λ_1 之差或 H_2 与 H_1 之差，称为弹簧的工作行程（working stroke）λ_0，即

$$\lambda_0 = \lambda_{max} - \lambda_1 = H_1 - H_2 \qquad (16\text{-}6)$$

弹簧的最小载荷 F_1 的选择，取决于弹簧本身的功用，一般为

$$F_1 = (0.1 \sim 0.5)F_{max} \qquad (16\text{-}7)$$

弹簧的最大工作载荷 F_{max} 由工作条件确定,一般为

$$F_{max} \leqslant 0.8F_3 \qquad (16\text{-}8)$$

3. 弹簧的强度计算

1) 弹簧受力

圆柱螺旋弹簧拉、压时受力相同,现以圆柱螺旋压缩弹簧为例。如图 16-9 所示,当压缩弹簧承受轴向载荷 F 的作用时,钢丝剖面 $A—A$ 上作用着横向力 F 和扭矩 $T = F \times D_2/2$。由于存在螺旋升角,$A—A$ 剖面呈椭圆形。现取垂直于钢丝轴线的剖面 $B—B$,其剖面呈圆形并与剖面 $A—A$ 夹角为螺旋升角 α,因而剖面 $B—B$ 上作用有轴向力 $N = F\sin\alpha$、横向力 $Q = F\cos\alpha$、弯矩 $M = T\sin\alpha = FD_2\sin\alpha/2$、扭矩 $T' = T\cos\alpha = FD_2\cos\alpha/2$。

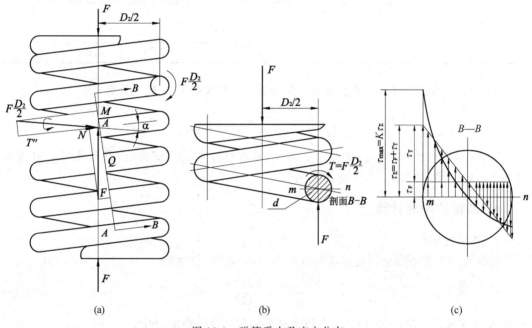

图 16-9 弹簧受力及应力分布

2) 弹簧应力

为简化计算,首先,由于 α 角很小($6°\sim9°$)时,$\sin\alpha$ 可取为 0,$\cos\alpha$ 取为 1。此时可以认为 $B—B$ 剖面与 $A—A$ 剖面受力完全相同。其次,取 $1+2C \approx 2C$,因为当 $C = 4\sim16$ 时,$2C \gg 1$,实质上又相当于略去 τ_F 项,则此时 $B—B$ 剖面应力可写成

$$\tau_\Sigma \approx \tau_F + \tau_T = \frac{F}{\frac{\pi}{4}d^2} + \frac{\frac{FD_2}{2}}{\frac{\pi}{16}d^3} = \frac{4F}{\pi d^2}(1+2C) \approx \frac{8CF}{\pi d^2} \qquad (16\text{-}9)$$

再考虑弹簧升角和曲率对弹簧丝中应力分布的影响,引入曲度系数(curvature correction factor)K 进行修正(修正前应力分布如图 16-9(c)中细线所示,修正后如粗线所示)。由图知最大应力在弹簧丝剖面内侧 m 点处,实践证明,弹簧断裂也由此始发。所以,压缩弹簧最大切应力为

$$\tau_{\max} = K\frac{8CF}{\pi d^2} \leqslant [\tau] \quad \text{MPa} \tag{16-10}$$

式中,K 为曲度系数又称瓦尔系数(Wall factor),可理解为弹簧丝曲率和切向力对切应力的修正系数,可从表 16-8 中查取,也可按下式直接计算:

$$K = \frac{4C-1}{4C-4} + \frac{0.615}{C} \tag{16-11}$$

表 16-8   拉压弹簧曲度系数 K 与扭转弹簧曲度系数 K'

C	4	4.5	5	5.5	6	6.5	7	7.5
K	1.40	1.35	1.31	1.28	1.25	1.23	1.21	1.20
K'	1.25	1.20	1.19	1.17	1.15	1.14	1.13	1.12
C	8	8.5	9	10	12	14	16	18
K	1.18	1.17	1.16	1.14	1.12	1.10	1.09	1.03
K'	1.107	1.10	1.093	1.083	1.068	1.057	1.05	1.04

由式(16-10)设计弹簧丝直径 d 时,应以最大工作载荷 $F_{\max}$ 代入计算,则

$$d \geqslant 1.6\sqrt{\frac{KF_{\max}C}{[\tau]}} \quad \text{mm} \tag{16-12}$$

由于 $[\tau]$ 和 C 值均与弹簧丝直径 d 有关,故计算 d 时需用试算法,首先选用 C 才能确定较合适的 d 值,初选 $C=5\sim8$。

4. 弹簧的刚度计算

1)弹簧的变形

材料力学中关于圆柱螺旋弹簧的变形(deformation)公式为

$$\lambda = \frac{8FD_2^3 n}{Gd^4} = \frac{8FC^3 n}{Gd} \quad \text{mm} \tag{16-13}$$

式中,n 为弹簧的有效圈数,圈;G 为弹簧材料的剪切弹性模量,MPa。

2)弹簧刚度和圈数

弹簧的刚度

$$k = \frac{F}{\lambda} = \frac{Gd}{8C^3 n} \tag{16-14}$$

则弹簧圈数为

$$n = \frac{G\lambda d}{8FC^3} = \frac{Gd}{8C^3 k} \tag{16-15}$$

3)弹簧的稳定性(stability)验算

压缩弹簧的自由高度 H_0 与中径 D_2 之比称为长细比(slenderness ratio),以 b 表示。

$$b = \frac{H_0}{D_2} \tag{16-16}$$

当长细比 b 较大时,轴向载荷 F 若超过某一临界值,弹簧会失去稳定而向一侧弯曲(图 16-10(a)),破坏了弹簧的特性线,故设计时应验算长细比 b。

当弹簧两端固定时,$b<5.3$;当弹簧一端固定,另一端可转动时,$b<3.7$;当弹簧两端都可转动时,$b<2.6$。

　　如果所设计的弹簧,其长细比不能满足要求时,则需加装导杆(guide rod)(图 16-10(b))或导套(guide sleeve)(图 16-10(c))。弹簧与导杆或导套之间的直径间隙 c,可按表 16-9 选取。

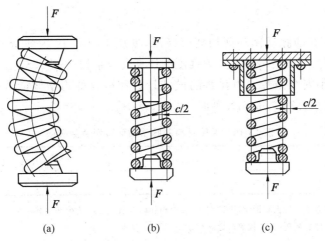

图 16-10　压缩弹簧失稳及防止措施

(a)失稳;(b)加装导杆;(c)加装导套

表 16-9　压缩弹簧失稳及防止措施

中径 D_2/mm	≤5	>5~10	>10~18	>18~30	>30~50	>50~80	>80~120	>120~150
直径间隙 c/mm	0.6	1	2	3	4	5	6	7

　　若长细比不满足要求,结构上又不允许加装导杆或导套时,则必须进行稳定性计算,其临界稳定载荷由下式确定:

$$F_c = C_B k H_0 \quad \text{N} \tag{16-17}$$

式中,F_c 为临界稳定载荷,N;C_B 为不稳定系数,从图 16-11 中查取;k 为弹簧刚度,N/mm。

　　为保证弹簧的稳定性必须满足

$$F_c \geqslant (2 \sim 2.5) F_{max} \tag{16-18}$$

式中,F_{max} 为最大工作载荷,N。

　　圆柱螺旋弹簧设计计算可参考标准 GB/T 23935—2009。

5. 圆柱螺旋弹簧的疲劳强度计算

　　通常对于承受变载荷、作用次数 $N > 10^3$ 的弹簧,应进行疲劳强度计算,其最大和最小切应力可由式(16-9)计算(最大切应力 τ_{max} 以最大工作载荷 F_{max} 计算,最小切应力 τ_{min} 以 F_{min} 计算)。由于弹簧工作时多数为最小切应力(安装应力) τ_{min} 保持不变的应力状态,其疲劳强度可按式(16-19)计算。

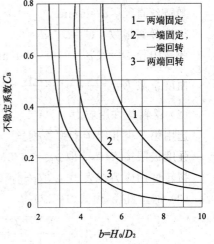

图 16-11　不稳定系数

$$S_{ca} = \frac{\tau_0 + 0.75\tau_{min}}{\tau_{max}} \geqslant S_{Fmin} \tag{16-19}$$

最大应力时的静强度计算式为

$$S_{Sca} = \frac{\tau_s}{\tau_{max}} \geqslant S_{Smin} \tag{16-20}$$

式中,τ_0 为弹簧材料的脉动循环剪切疲劳极限,见表 16-10;τ_s 为弹簧材料的剪切屈服极限;S_{ca}、S_{Sca} 分别为弹簧疲劳弹度及静强度的计算安全系数;S_{Fmin}、S_{Smin} 分别为弹簧疲劳强度及静强度的最小安全系数。当弹簧的设计计算和材料的力学性能数据精确性高时,取 $S_{Fmin} = S_{Smin} = 1.3 \sim 1.7$;当精确性低时,取 $S_{Fmin} = S_{Smin} = 1.8 \sim 2.2$。

表 16-10　弹簧材料的脉动循环剪切疲劳极限

变载荷作用次数 N	10^4	10^5	10^6	10^7
τ_0/MPa	$0.45\sigma_b$	$0.35\sigma_b$	$0.33\sigma_b$	$0.3\sigma_b$

注:① 表中数据适用于高优质钢丝、不锈钢丝、铍青铜和硅青铜丝。σ_b 为弹簧材料的抗拉强度(MPa)。

② 对喷丸处理的弹簧,表中数值可提高 20%。

③ 对于硅青铜、不锈钢丝,$N = 10^4$ 时可取 $\tau_0 = 0.35\sigma_b$。

例 16-1　设计一普通圆柱螺旋弹簧。已知该弹簧不经常工作,但非常重要。弹簧的最大工作载荷 $F_{max} = 750\text{N}$,最大变形 $\lambda_{max} = 30\text{mm}$,自由高度 $H_0 = 90 \sim 110\text{mm}$ 范围内,外径 D 限制在 42mm 以下,弹簧一端固定、一端转动套在 22mm 的导杆上工作。

解:1) 计算钢丝直径 d

(1) 有关参数选择

按照弹簧丝直径表 16-4,根据 $d < \frac{1}{2}(42 - 22) = 10\text{mm}$,假设

弹簧丝直径　$d = 5\text{mm}$

初选弹簧指数　$C = D_2/d = 6$

弹簧中径 $D_2 = Cd = 6 \times 5 = 30(\text{mm})$,由表 16-7 符合系列要求。

曲度系数 $K = \dfrac{4C-1}{4C-4} + \dfrac{0.615}{C} = \dfrac{4 \times 6 - 1}{4 \times 6 - 4} + \dfrac{0.615}{6} \approx 1.25$

(2) 材料与许用应力

选用第 2 类 Ⅱ 组碳素弹簧钢丝。

强度极限按表 16-3 取 $\sigma_B = 1373\text{MPa}$

扭转许用应力按表 16-2 取 $[\tau] = 0.4\sigma_B = 0.4 \times 1373 = 549.2(\text{MPa})$

(3) 钢丝直径,由式(16-12)得

$$d = 1.6\sqrt{\frac{KF_{max}C}{[\tau]}} = 1.6\sqrt{\frac{1.25 \times 750 \times 6}{549.2}} = 5.1(\text{mm})$$

按表 16-4 取 $d = 5\text{mm}$

计算 d 值与假设值一致,故可用。

2) 计算刚度,确定弹簧圈数

(1) 初算刚度,由式(16-14)得

$$k = \frac{F_{max}}{\lambda_{max}} = \frac{750}{30} = 25(N/mm)$$

(2) 工作圈数,查表16-2得

$$G = 78500MPa$$

由式(16-15)得

$$n = \frac{Gd}{8C^3 k} = \frac{78500 \times 5}{8 \times 6^3 \times 25} = 9.08(圈)$$

取 $n = 10$ 圈。

(3) 实际刚度,由式(16-4)得

$$k = \frac{Gd}{8nC^3} = \frac{78500 \times 5}{8 \times 10 \times 6^3} = 22.7(N/mm)$$

3) 弹簧的其他尺寸

按表 16-5 中公式计算

弹簧内径　$D_1 = D_2 - d = 30 - 5 = 25(mm)$

弹簧外径　$D = D_2 + d = 30 + 5 = 35(mm)$

支承圈数　$n_2 = 1$　一圈死圈

总圈数　$n_1 = n + n_2 = 10 + 1 = 11(圈)$

扭转极限 τ_c 取 1.25 倍$[\tau]$　$\tau_c = 1.25 \times 549.2 = 686.5(MPa)$

自由间隙　$\delta \geqslant \frac{\pi d^2 \tau_c}{8KCnk} = \frac{\pi \times 5^2 \times 686.5}{8 \times 1.25 \times 6 \times 10 \times 22.7} = 3.96(mm)$

取 $\delta = 4mm$

弹簧节距 $p = d + \delta = 5 + 4 = 9(mm)$

自由高度 $H_0 = np + 2d = 10 \times 9 + 2 \times 5 = 100(mm)$

工作高度 $H_3 = (n_1 + 1)d = (11 + 1) \times 5 = 60(mm)$

螺旋升角 $\alpha = \arctan \frac{p}{\pi D_2} = \arctan \frac{9}{\pi \times 30} = 5°27'17''$

弹簧丝长度 $L = \frac{\pi D_2 n_1}{\cos\alpha} = \frac{\pi \times 30 \times 11}{\cos 5°27'17''} = 1041.5(mm)$

由以上计算可知,各参数均满足题目中的要求:外径 D 在 42mm 以下,内径 D_1 在 22mm 以上,自由高度在 90~110mm,螺旋升角 α 在 5°~9°范围内。

4) 弹簧变形量与载荷比

(1) 弹簧并紧时的变形量

$$\lambda_3 = H_0 - H_3 = 100 - 60 = 40(mm)$$

(2) 极限载荷下的变形量

$$\lambda'_3 = n\delta = 10 \times 3.96 = 39.6(mm)$$

(3) 与最大工作载荷比其相应的变形比

$$\frac{\lambda_{max}}{\lambda'_3} = \frac{30}{39.6} = 76\%$$

由此知 $\lambda_3' < \lambda_3$，$\lambda_{max}/\lambda_3' < 80\%$，故合格。

5）稳定性验算

实际长细比，由式(16-16)得

$$b = \frac{H_0}{D_2} = \frac{100}{30} = 3.3$$

低于弹簧一端固定、一端可转动时的临界值 3.7，可不验算稳定性。

6）绘制弹簧工作图(从略)

16.4 圆柱螺旋扭转弹簧的设计计算

1. 圆柱螺旋扭转弹簧的结构及特性曲线

在机器中，圆柱螺旋扭转弹簧(cylindroid helical-coil torsion spring)常用作压紧弹簧、储能弹簧和传力(矩)弹簧等。如门窗铰链弹簧、汽车起重装置弹簧、电动机的电刷，特别在自动轻武器的供弹机构、击发发射机构中，扭转弹簧更是不可缺少。

扭转弹簧一般呈螺旋形，两端带有杆臂或挂钩。自由状态下，各弹簧圈间留有少量间隙($\delta \approx 0.5\text{mm}$)。否则，在弹簧工作时，各圈将彼此接触并产生摩擦和磨损。扭转弹簧的结构见图 16-12，自上而下依次称为内臂、中心臂和外臂扭转弹簧，可适用于各种不同工况要求。

扭转弹簧的特性线见图 16-13，其意义与压缩弹簧相同，只是扭转弹簧所受的外力为转矩 T，所产生的变形为扭转角 φ。

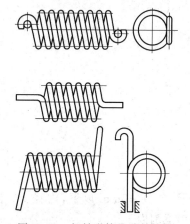

图 16-12 扭转弹簧的端部结构

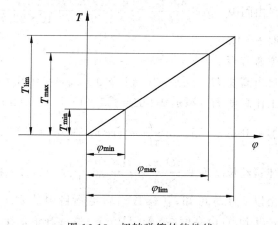

图 16-13 扭转弹簧的特性线

T_{lim}、T_{max}、T_{min}—极限工作扭矩、最大工作扭矩、最小工作扭矩；

φ_{lim}、φ_{max}、φ_{min}—对应极限工作扭矩、最大工作扭矩、最小工作扭矩的扭转角

冷卷圆柱螺旋扭转弹簧技术条件见标准 GB/T 1239.3—2009。

2. 圆柱螺旋扭转弹簧的设计计算

圆柱螺旋扭转弹簧钢丝剖面中的应力 σ_b，可近似地看作弯曲梁进行计算。

$$\sigma_b = \frac{K'M_{max}}{W} = \frac{K'T_{max}}{W} \leqslant [\sigma]_b \quad MPa \tag{16-21}$$

式中，K' 为扭转弹簧曲度系数，查表 16-7，或按下式计算：

$$K' = \frac{4C-1}{4C-4} \tag{16-22}$$

T_{max} 为弹簧最大工作扭矩，N·mm；W 为弹簧丝抗弯截面模量，对于圆截面，有

$$W = \frac{\pi d^3}{32} \approx 0.1d^3 \quad mm^3$$

式(16-21)可写成

$$d \geqslant \sqrt[3]{\frac{K'T_{max}}{0.1[\sigma]_b}} \quad mm \tag{16-23}$$

式中，$[\sigma]_b$ 为材料许用弯曲应力，MPa，见表 16-2。

扭转弹簧受到转矩 T_{max}，其扭转角 φ_{max} 为

$$\varphi_{max} = \frac{\pi T_{max} D_2 n}{EI} \quad rad \tag{16-24}$$

其扭转刚度 k_φ 为

$$k_\varphi = \frac{T_{max}}{\varphi_{max}} = \frac{EI}{\pi D_2 n} \quad N \cdot mm/rad \tag{16-25}$$

弹簧的工作圈数为

$$n = \frac{EI\varphi_{max}}{\pi T_{max} D_2} = \frac{EI}{\pi k_\varphi D_2} \tag{16-26}$$

式中，I 为弹簧丝截面轴惯性矩，对圆截面，$I = \frac{\pi d^4}{64}$，mm^4；E 为材料拉压弹性模量，MPa，见表 16-2。

圆柱螺旋扭转弹簧的设计计算同压缩弹簧的相同。

16.5 其他类型弹簧简介

1. 平面蜗卷形盘簧

平面蜗卷形盘簧又称蜗卷簧(wound spring)，它的结构是按阿基米德螺线形成的，如图 16-14 所示。弹簧为接触式，簧丝为矩形截面。它的外端固定在活动构件上，内端固定在心轴上。

蜗卷簧的特性线如图 16-15 所示，它的特性曲线为非直线，加载过程与卸载过程也不重合，有能量损失。这类弹簧圈数多、变形量大、储存能量大，多用于压紧及仪器、钟表、枪械等储能装置。如 53 式轻机枪供弹盘中的盘簧就是接触式蜗卷盘簧。

蜗卷盘簧一般多用优质高碳钢及冷轧工具钢制造。其加工的方法是将钢带一圈一圈地叠卷到特制的心轴上，然后进行强压处理(一般为 24h)，以使钢带产生内应力保持稳定。

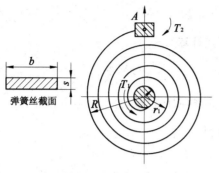

弹簧丝截面

图 16-14 平面蜗卷形盘簧

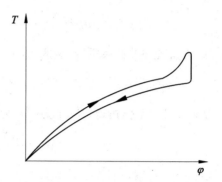

图 16-15 平面蜗卷形盘簧的特性线

2. 环形弹簧

环形弹簧(ring shaped spring)是由若干具有配合锥面的内、外圆环相互叠合而组成的一种压缩弹簧。如图 16-16 所示,当弹簧受到轴向载荷 F 时,在内外圆环的锥形接触面上产生很大的法向压力,从而使内圆环受到向内的压力,直径减小,外圆环受到向外的压力,直径增大。因此使圆环沿锥面相对运动而相互楔入,使弹簧轴向尺寸缩短,产生轴向变形 λ。当载荷取消后,弹簧又由弹性内力作用而恢复原状。

环形弹簧的特性曲线如图 16-17 所示。环形弹簧在轴向载荷 F 的作用下,内外圆环的锥形接触面间产生很大的摩擦力,大量消耗了能量。载荷 F 与变形 λ 仍成线性关系。在卸载开始阶段,弹性内力需要先克服摩擦力,所以并不马上恢复变形(AB 段)。待克服摩擦力以后,弹簧才逐渐沿 BO 恢复至原来的形状。面积 OAB 是弹簧在一次加载和卸载过程中为克服摩擦所消耗的能量,它可达加载过程中所吸收总能量的 $60\% \sim 70\%$。所以,环形弹簧有很大的消振能力。

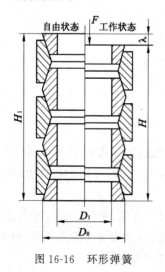

图 16-16 环形弹簧

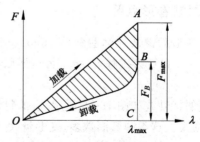

图 16-17 环形弹簧的特性线

环形弹簧常用合金弹簧钢制造。套环按所需要的外形进行滚压,以提高承载能力,然后再进行热处理。

　　环形弹簧适用于空间尺寸受限制,而又要求强力缓冲场合,例如火炮、重型车辆和飞机起落架等的缓冲装置常用环形弹簧。

3. 碟形弹簧

　　碟形弹簧(disc spring)又称别氏弹簧,如图 16-18 所示,弹簧呈截锥形碟状,只能承受轴向载荷。其弹簧特性线如图 16-19 所示。当它受到沿周边均匀分布的轴向载荷 F 时,升角 θ 将变小,相应使弹簧产生轴向变形 λ。由于每个剖面处的刚度不同,载荷 F 与变形 λ 不再成直线关系。但在工作中常将碟形弹簧的特性线取为直线,在工作中有能量损失,所以加载过程与卸载过程的曲线不重合。阴影面积 AOB 与近似三角形面积 OAC 的比值则代表弹簧的缓冲能力。

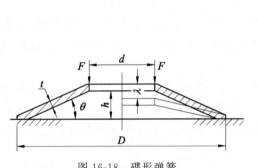
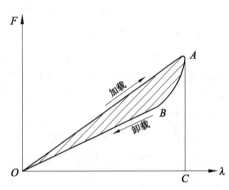

图 16-18　碟形弹簧　　　　　　　　　　图 16-19　碟形弹簧的特性线

　　由于单片碟形弹簧的承载能力和变形往往不能满足要求,因此一般成组使用。组合碟形弹簧的组合方式有两种,如图 16-20 所示,图(a)为对合式碟形弹簧,图(b)为叠合式碟形弹簧。

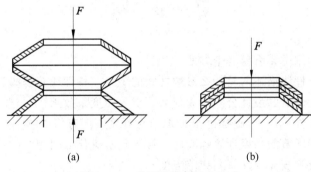

(a)　　　　　　　　　　　　(b)

图 16-20　碟形弹簧的组合型式
(a)对合式;(b)叠合式

　　标准 GB/T 1972—2005 碟形弹簧中规定了截面为矩形的碟形弹簧的结构型式、尺寸系列、技术要求、试验方法、检验规则和设计计算,可参阅此标准对碟形弹簧进行设计。

　　碟形弹簧的特点有:弹簧特性线复杂,比值 h/t 对弹簧工作性能影响最大,改变 h/t 的值,可得到不同的特性线;以不同的碟片数目和不同的组合型式,可得到不同的承载能力和特性线,由此每一种尺寸的碟片,应用很广;轴向尺寸小,能在变形量很小时承受很大的轴向载荷;在承受大载荷的组合弹簧中,每个碟片的尺寸不大,便于制造、安装;个别碟片失效时,可拆掉换上新的碟片,易于维护修理;由于内锥高度 h 和碟片厚度 t 对弹簧特性影响很大,因而制造质量要求较高,使其应用受限制;碟形弹簧寿命长。

碟形弹簧的常用材料为 60Si2MnA、55CrVA 钢等。经回火淬硬后,综合力学性能好,强度高,冲击韧度好,高温性能稳定,能在 250~300℃以下工作。

碟形弹簧常用于空间尺寸受限制的重载缓冲装置中。

拓展性阅读文献指南

有关弹簧的设计、应力和变形的精确计算等各方面可以参考张英会、刘辉航、王德成主编《弹簧手册》(第 3 版),机械工业出版社,2017。该书对大螺旋角圆柱螺旋压缩弹簧的设计计算和弹簧的优化设计计算有较详细的介绍。除此之外,该书还对不等节距螺旋弹簧、截锥蜗卷螺旋弹簧、橡胶弹簧和空气弹簧以及仪器仪表用膜片膜盒和压力管等弹性元件也进行了介绍。

有关弹簧材料的应力松弛分析可以参考苏德达编《弹簧(材料)应力松弛及预防》,天津大学出版社,2002。该书以不同状态的常用弹簧材料及特殊弹性合金为主线条,论述了弹簧材料成分、热处理及表面强化处理后组织及性能的特点,说明了应力松弛性能的变化规律和预防技术。

有关弹簧的英语术语可查阅《简明英汉弹簧术语词典》,机械工业出版社,2016。该词典收集了弹簧技术文件中的英文专业词条和惯用缩略语,并配有附图,可为弹簧相关行业人员提供帮助。

思　考　题

16-1　弹簧的功用主要有哪 4 个方面?

16-2　弹簧的特性线描述的是什么参数之间的关系? 特性线有哪些类型?

16-3　圆柱螺旋弹簧的设计公式中为什么要引入曲度系数 K?

16-4　在其他条件一定时,旋绕比 C 的取值对弹簧刚度有何影响?

16-5　圆柱螺旋弹簧的强度计算和刚度计算分别解决什么问题?

16-6　圆柱螺旋弹簧如何计算其疲劳强度?

16-7　环形弹簧和碟形弹簧各有什么特点?

习　题

16-1　圆柱螺旋压缩弹簧的外径 $D=33\text{mm}$,弹簧丝的直径 $d=3\text{mm}$,有效圈数 $n=5$,最大工作载荷 $F_{max}=100\text{N}$,弹簧的材料是 B 级碳素弹簧钢丝,载荷性质为 Ⅲ 类。请校核弹簧的强度并计算最大变形量。

16-2　有两个圆柱螺旋压缩弹簧,可以按照串联或并联的组合方式承受轴向载荷 $F=600\text{N}$。两个弹簧的刚度分别为 $k_1=2\text{N/mm}$,$k_2=30\text{N/mm}$,求:

(1) 两个弹簧串联时的总变形量 λ;

(2) 两个弹簧并联时的总变形量 λ'。

16-3　试设计一在静载荷、常温下工作的阀门圆柱螺旋压缩弹簧。已知:最大工作载荷 $F_{\max}=220\text{N}$,最小工作载荷 $F_{\min}=150\text{N}$,工作行程 $h=5\text{mm}$,弹簧外径不大于 16mm,工作介质为空气,两端固定支承。

16-4　设计一圆截面簧丝圆柱螺旋拉伸弹簧。已知该弹簧在一般条件下工作,并要求中径 $D_2\approx11\text{mm}$,外径 $D\leqslant16\text{mm}$。当弹簧拉伸变形量 $\lambda_1=7.5\text{mm}$ 时,拉力 $F_1=180\text{N}$;当 $\lambda_2=15\text{mm}$ 时,$F_2=340\text{N}$。

16-5　设计一圆柱螺旋扭转弹簧。已知该弹簧用于受力平稳的一般机构中,安装时预加扭矩 $T_1\approx2\text{N}\cdot\text{m}$,工作扭矩 $T_2=6\text{N}\cdot\text{m}$,工作时扭转角 $\varphi=\varphi_{\max}-\varphi_{\min}=40°$。

16-6　设计一圆柱螺旋扭转弹簧,要求在最小工作扭矩(安装扭矩) $T_1=6\text{N}\cdot\text{m}$ 时,弹簧的初始变形角 $\varphi_1\approx5°$;在最大工作扭矩 $T_2=36\text{N}\cdot\text{m}$ 时,最大变形角 $\varphi_2\approx30°$。加载次数 $N<10^3$。

第 17 章

机架和导轨的结构设计

内容提要：机架和导轨是机器的支承基础零件,它的结构较为复杂,并且在很大程度上影响着机器的工作精度和抗振性能。本章介绍机架和导轨的结构设计,包括机架和箱体的类型、截面形状、肋板布置、壁厚选择和隔振方法,最后本章介绍了常用导轨的类型及结构。

本章重点：机架的结构设计,导轨的类型、特点及应用

本章难点：机架的结构设计。

17.1 机架及其结构设计

机架是指支承或容纳零部件的零件,底座、机架、箱体、基板等零件都属于机架零件。在机器重量中,机架零件占 70%～90%,同时在很大程度上影响机器的工作精度及抗振性能;若兼作运动部件的滑道(导轨)时,还影响机器的耐磨性等。

1. 机架的类型及特点

机架零件的形式繁多,分类方法不一。就其构造形式而言,可划分为四大类(图 17-1):即机座类(图(a)、(b)、(c)、(d))、机架类(图(e)、(f)、(g))、基板类(图(h))和箱壳类(图(i)、(j))。若按结构分类,则可为整体式和装配式;按制造方法分类又可分为铸造、焊接和拼焊等。

机架零件一般要求:有足够的强度和刚度;结构力求简单,便于制造;便于在机架上安装附件等。对于带有缸体、导轨等的机架零件,还应有良好的耐磨性,以保证机器有足够的使用寿命。高速机器的机架零件还应满足振动稳定性的要求。

机架零件形状复杂,受外界因素的影响又很多(例如,在机架上装置零件时的锁紧力,机架中的残余应力,基础下沉等),因而难于用数学分析方法准确计算机架中的应力和变形。设计时,通常都是先根据机器的工作要求和类型相近的机器拟定机架的结构形状和尺寸,然后进行粗略计算以核验其危险截面的强度。

多数机器零件由于形状较复杂,故多采用铸件。铸铁如 HT150～HT350、QT500-7、QT600-3 等,其铸造性能好、价廉、吸振能力较强,所以在机架零件中应用最广。受载情况严重的机架常用铸钢 ZG270-500、ZG310-570,例如轧钢机机架。要求重量轻时可以采用轻合金,例如飞机发动机的气缸体多用铝合金如 ZL101、ZL104、ZL401、YL112、YL102 等铸成。

在载荷比较强烈、形状不很复杂、生产批量又较小时,最好采用钢材焊接机架。

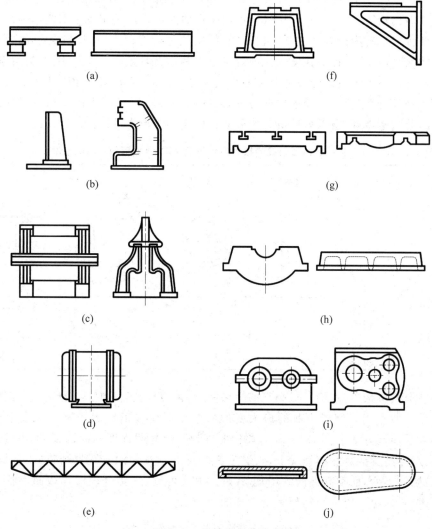

图 17-1　机架零件的形式

（a）卧式机座；（b）立式机座；（c）门式机座；（d）环式机座；（e）桁架式机架；

（f）框架式机架；（g）台架式机座；（h）基座及基板；（i）减、变速器箱体；（j）盖及外罩

机架零件的结构形式在各种机器中都不相同,它的设计和计算可参考各专业书目。

2. 机架的结构设计

1）截面形状的合理选择

截面形状（section configuration）的合理选择是机架设计的一个重要问题。由材料力学得知,当其他条件相同时,受拉或受压零件的强度和刚度只决定于截面面积的大小,而与截面形状无关。这时,材料用量主要由作用力、许用应力、许用变形的大小决定。受弯曲和扭转的零件则不同,如果截面面积不变（即材料用量不变）,通过合理改变截面形状、增大它的惯性矩和截面系数的方法,可以提高零件的强度和刚度。多数机架处于复杂受载状态,合理选择截面形状可以充分发挥材料的作用。

　　表 17-1 列出了几种面积接近相等的截面形状在弯曲强度、弯曲刚度、扭转强度、扭转刚度方面的相对比较值。从表中可以看出,主要受弯曲的零件以选用工字形截面为最好,弯曲强度和刚度都以它的为最大。主要受扭转的零件,从强度方面考虑,以圆管形截面为最好,空心矩形的次之,其他两种的强度则比前两种小许多;从刚度方面考虑,则以选用空心矩形截面的为最合理。由于机架受载情况一般都较复杂(拉压、弯曲、扭转可能同时存在),对刚度要求又较高,因而综合各方面的情况考虑,以选用空心矩形截面比较有利,这种截面的机架也便于附装其他零件,所以多数机架的截面都以空心矩形为基础。

表 17-1　各种截面形状梁的相对强度和相对刚度(截面积 $\approx 2900\,\text{mm}^2$)

相对比较内容		Ⅰ(基型)	Ⅱ	Ⅲ	Ⅳ
相对强度	弯曲	1	1.2	1.4	1.8
	扭转	1	43	38.5	4.5
相对刚度	弯曲	1	1.15	1.6	1.8
	扭转	1	8.8	31.4	1.9

　　受动载荷的机架零件,为了提高它的吸振能力,也应采用合理的截面形状。各种工字形截面梁在受弯曲作用时所能吸收的最大变形能的相对比较值见表 17-2。从表中可见,方案Ⅱ的动载性能比方案Ⅰ大 13%,而重量降低 18%,但静载强度同时降低约 10%(比较抗弯截面系数)。将受压翼缘缩短 40mm、受拉翼缘放宽 10mm 的方案Ⅲ则较好,重量减少约 11%,静载强度不变,而动载性能约增加 21%。由此可见,只要合理设计截面形状,即使截面面积并不增加,也可以提高机架承受动载的能力。

表 17-2　不同尺寸的工字形截面梁在受弯曲作用时的相对性能比较

相对比较内容	Ⅰ(基型)	Ⅱ	Ⅲ
相对惯性矩	1(4.5)	0.72(3.26)	0.82(3.68)
相对截面系数	1(90)	0.91(81.5)	1(90)
相对重量	1	0.82	0.89
相对最大变形能	1	1.13	1.21

　　注:( )内的数字第一行为惯性矩 $I \times 10^6$,mm^4;第二行为抗弯截面系数 $W \times 10^{-3}$,mm^3。

为了得到最大的弯曲刚度和扭转刚度,还应在设计机架时尽量使材料沿截面周边分布。截面面积相等而材料分布不同的几种梁在相对弯曲刚度方面的比较见表 17-3,方案Ⅲ比方案Ⅰ大 49 倍,比方案Ⅱ大 10 倍。

表 17-3　材料分布不同的矩形截面梁的相对弯曲刚度比较(截面面积＝3600mm²)

相对比较内容	Ⅰ(基型)	Ⅱ	Ⅲ
	60 × 60	100 × 100, 10	303 × 303, 3
相对弯曲刚度	1	4.55	50

2）肋板布置

一般地说,增加壁厚固然可以增大机架零件的强度和刚度,但不如加设肋板(ribbed slab)来得有利。因为加设肋板时,既可增大强度和刚度,又可较增大壁厚时减轻重量;对于铸件,由于不需增加壁厚,就可减少铸造的缺陷;对于焊件,则壁薄时更易保证焊接的品质。特别是当受到铸造、焊接工艺及结构要求的限制时,例如为了便于砂芯的安装或消除,以及需在机座内部装置其他机件等,往往需把机座制成一面或两面敞开的,或者至少需在某些部位开出较大的孔洞,这样必然大大削弱机座的刚度,此时则加设肋板更属必要。因此加设肋板不仅是较为有利的,而且常常是必要的。

肋板布置的正确与否对于加设肋板的效果有着很大的影响。如果布置不当,不仅不能增大机座和箱体的强度和刚度,而且会造成浪费工料及增加制造困难。肋条也叫加强筋、加强肋,一般布置在内壁上,肋条的高度有限,通常取为壁厚的 4～5 倍,但不应小于壁厚的 1.5 倍,肋条的厚度取为壁厚的 0.8 倍,加强肋主要是加强壁板的刚度,可以减少局部变形和薄壁的振动。肋板和肋条常用基本结构形式及特点见表 17-4。

表 17-4　肋板及肋条的基本结构形式

结构形式	肋　　板	肋　　条	结构形式	肋　　板	肋　　条
	横肋板,抗弯差,抗扭较好,结构简单,工艺性好,承载小	直肋条,制造容易,刚度差		纵横肋板,刚度好,适于重载	井字形肋条,抗弯抗扭为米字形的 1/2
	斜肋板,刚度好,制造简单,用于中载				斜肋条,刚度好
	纵横组合肋板,刚度好,用于重载大机架				米字肋条,刚度好,但工艺复杂,制造困难

3) 壁厚选择

当机架零件的外廓尺寸一定时,它们的重量将在很大程度上取决于壁厚(wall thickness),因而在满足强度、刚度、振动稳定性等条件下,应尽量选用最小的壁厚。但面大而壁薄的箱体,容易因齿轮、滚动轴承的噪声引起共鸣,故壁厚宜适当取厚一些,并适当布置肋板以提高箱壁刚度。壁厚和刚度较大的箱体,还可起着隔声罩的作用。

铸造零件的最小壁厚主要受铸造工艺的限制。从保证液态金属能通畅地流满铸型出发而推荐的最小允许壁厚见工程材料及机械制造基础课程。实际上,由于制造木模、造型、安放砂芯等的不准确性以及为防备出芯、清理和修整铸件时的撞击等原因,选用壁厚往往比最小允许壁厚大,一般要比满足强度、刚度要求所需的壁厚大得多,例如轻型机床床身,取壁厚为 12~15mm,中型的取 18~22mm,重型的取 23~25mm。

同一铸件的壁厚应力求趋于相近。当壁厚不同时,在厚壁和薄壁相连接处应设置平缓的过渡圆角或斜度。圆角或过渡斜度的有关尺寸见有关手册或图册中。钢铸件的过渡圆角或斜度应比铸铁铸件适当增大。

关于铸件设计的一般原则可参看相关机械设计手册。

4) 隔振

任何机械都会发生不同程度的振动,动力、锻压一类机械尤其严重。即使是旋转机械,也常因轴系的质量不平衡等多种原因而引起振动。机械设备的振动频率一般在 10~100Hz 范围,若不采取隔振(vibration isolation)措施,振波将通过机器底座传给基础和建筑结构,从而影响周围环境,干扰相邻机械,使产品质量有所降低。振动频率若与建筑物的固有频率相近,则又有发生共振的危险。

一般生产车间地基的振动频率为 2~60Hz,振幅为 1~20μm。这对精密加工机床或精密测量设备来说,如不采取隔振措施,要得到很高的加工精度或测量精度是不可能的。

此外,振动还有可能造成连接的松动、零件的疲劳,从而降低机器的使用寿命,甚至造成严重的破坏。由于振动及其传输所引发的噪声也会使操作人员思想不集中、困乏,影响健康。

隔振的目的就是要尽量隔离和减轻振动波的传递。常用的方法是在机器或仪器的底座与基础之间设置弹性零件,通常称为隔振器(vibration isolator)(图 17-2)或隔振垫(图 17-3),还可以在机器或仪器的周围挖隔振沟,使振波的传递很快衰减。使用隔振器无须对机器作任何变动,简便易行,效果极好,是目前普遍使用的隔振方法。当然,在设计机器时,首先应考虑到有可能产生振动的振动源,如齿轮噪声、滚动轴承噪声、切削噪声、气体噪声、送料噪声等,并设法在设计工作中采取相应的改善措施。

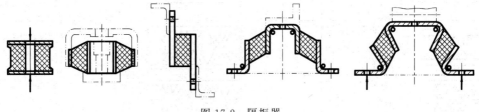

图 17-2　隔振器

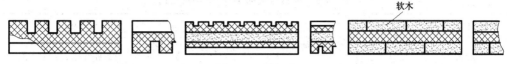

软木

图 17-3　隔振垫

隔振器中的弹性零件可以是金属弹簧,也可以是橡胶弹簧。橡胶材料可根据使用条件不同来选用:①在一般环境下工作的,可选用耐疲劳性和蠕变性都较好的天然橡胶,顺丁橡胶在动载荷下发热量少,但强度稍差;②在需要耐油环境下工作的,可选用耐油的丁腈橡胶;③在露置环境(如建筑机械、车辆、桥梁等)下工作的,可选用耐气候性较好的氯丁橡胶;④在受冲击较大环境中工作的,可选用振动衰减较快的丁基橡胶;⑤在温度偏高的环境中工作的,可选用耐热性较好的乙丙橡胶。

几种机器安放隔振器的实例如图 17-4 所示。

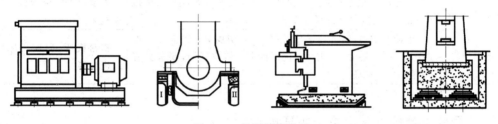

图 17-4　机器隔振举例

17.2　导轨及其结构设计

导轨(guide rail)的作用是通过两个运动构件表面的接触,支承和引导某个构件沿着某种轨迹(直线、圆或曲线)运动。按照机械运动学原理,导轨就是将运动构件约束到只有一个自由度的装置。曲线导轨在机械中较少应用,大多为直线和圆导轨,本章只讨论直线导轨。

导轨的基本组成部分包括运动件(moving member)和承导件(supporting and guide member),两者接触表面称为导轨面(guide surface)。

导轨副中设在承导件上的为静导轨,其导轨面为承导面,它比较长;另一个设在运动件上的为动导轨,导轨面一般比较短。具有动导轨的运动构件常称为工作台、滑台、滑板、导靴、头架等。

1. 导轨的分类、特点及应用

按照摩擦性质,导轨可分为滑动摩擦(sliding friction)导轨、滚动(rolling friction)摩擦导轨、液体摩擦(liquid friction)导轨等三大类,其特点和应用见表 17-5。

按照结构特点,导轨又可分为开式和闭式两类。开式导轨必须借助于外力(如重力或弹簧力)才能保证运动件和承导件导轨面间的接触,从而保证运动件按给定方向作直线运动。闭式导轨则依靠本身的几何形状保证运动件和承导件导轨面间的接触。

表 17-5　常用导轨的类型、特点及应用

导轨类型		主要特点	应用
滑动摩擦导轨	整体式	结构简单,使用维修方便;低速易爬行;磨损大,寿命低,运动精度不稳定	普通机床、冶金设备
	贴塑式	动导轨面贴塑料软带与铸铁或钢质静导轨面配副,贴塑工艺简单,摩擦因数小,且不易爬行;抗磨性好;刚度较低,耐热性差,容易蠕变	大、中型机床受力不大的导轨
	镶装式	静导轨上镶钢带,耐磨性比铸铁高 5～10 倍;动导轨上镶青铜等减摩材料,平稳性好,精度高;镶金属工艺复杂,成本高	重型机床如立车、龙门铣的导轨
液体摩擦导轨	动压导轨	适于高速(90～600m/min);阻尼大,抗振性好;结构简单,不需复杂供油系统。使用维护方便;油膜厚度随载荷和速度变化,影响加工精度	速度高、精度一般的机床主运动导轨
	静压导轨	摩擦因数很小;低速平稳性好;承载能力大,刚性、抗振性好;需要较复杂的供油系统,调整困难	大型、重型、精密机床,数控机床工作台
滚动摩擦导轨		运动灵敏度高,低速平稳性好,定位精度高;精度保持性好,磨损小,寿命长;刚性、抗振性差;结构复杂,要求良好的防护,成本高	精密机床、数控机床、纺织机械等

2. 导轨设计的基本要求与主要内容

1) 导轨设计的基本要求

(1) 导向精度及精度保持性

运动构件沿导轨承导面运动时其运动轨迹的准确程度称为导向精度(guide precision)。影响它的主要因素有导轨承导面的几何精度、导轨的结构类型、导轨副的接触精度、导轨面的表面粗糙度、导轨和支承件的刚度、导轨副的油膜厚度及油膜刚度,以及导轨和支承件的热变形等。

直线运动导轨的几何精度一般包括:垂直平面和水平平面内的直线度;两条导轨面间的平行度。导轨几何精度可以用导轨全长上的误差或单位长度上的误差表示。

导轨工作过程中保持原有几何精度的能力称为精度保持性,它主要取决于导轨的耐磨性及其尺寸稳定性。耐磨性与导轨副的材料匹配、载荷、加工精度、润滑方式和防护装置的性能等因素有关。另外,导轨及其支承件内的剩余应力将会导致其变形,影响导轨的精度保持性。

(2) 运动精度

运动精度包括运动灵敏度、定位精度和运动平稳性。

运动构件能实现的最小行程称为运动灵敏度(motion sensitivity);运动构件能按要求停止在指定位置的能力称为定位精度(positioning accuracy)。它们与导轨类型、摩擦特性、运动速度、传动刚度、运动构件质量等因素有关。

导轨在低速运动或微量移动时不出现爬行的性能称为运动平稳性(motion stationarity)。它与导轨的结构、导轨副材料的匹配、润滑状况、润滑剂性质及运动构件传动系统的刚度等因素有关。

（3）抗振与稳定

导轨副承受受迫振动和冲击的能力称为抗振性（vibration resistance）；在给定的运转条件下不出现自激振动的性能称为振动稳定性（stability of vibration）。

（4）刚度

导轨抵抗受力变形的能力称为刚度。受力变形将影响构件之间的相对位置和导向精度，这对于精密机械与仪器尤为重要。导轨受力变形包括导轨本体变形和导轨副接触变形，两者均应考虑。

（5）结构工艺性

导轨副（包括导轨副所在构件）加工的难易程度称为结构工艺性（processability of product structure）。在满足设计要求的前提下，应尽量做到制造和维修方便，成本低廉。

2）导轨设计的主要内容

（1）根据工作条件和载荷，确定导轨的类型、截面形状和结构尺寸。

（2）导轨的设计计算：滑动导轨选定导轨材料与热处理方法、进行导轨压强的校核计算；滚动导轨进行受力分析、静强度计算和预期寿命的计算。

（3）滑动导轨间隙调整装置的设计；滚动导轨预加载荷调整机构的设计。

（4）导轨润滑系统及防护装置的设计。

（5）选定导轨精度和制定技术条件。

对几何精度、运动精度和定位精度要求都较高的精密导轨（如数控机床和测量机的导轨），在设计时应有误差、力变形和热变形补偿措施，使导轨副能自动贴合、各项精度互不影响，动、静摩擦因数尽量接近。

3. 滑动摩擦导轨

滑动摩擦导轨（sliding friction guide）的运动件与承导件直接接触。其优点是结构简单、接触刚度大；缺点是摩擦阻力大，磨损快、低速运动时易产生爬行现象。

1）滑动摩擦导轨的类型及结构特点

按照导轨承导面的截面形状，滑动导轨可分为圆柱面导轨和棱柱面导轨，如表 17-6 所示。其中凸形导轨不易积存切屑、脏物，但也不易保存润滑油，故宜作低速导轨，如车床的床身导轨。凹形导轨则相反，可作高速导轨，但需有良好的保护装置，以防切屑、脏物掉入。磨床的床身导轨即为凹形导轨。

表 17-6　滑动摩擦导轨截面形状

形状	棱 柱 形				圆 形
	对称三角形	不对称三角形	矩形	燕尾形	
凸形	45°	90° / 15°~30°		55° 55°	
凹形	90°~120°	65°~70° / 90°		55°	

　　按照导轨的机械结构,滑动摩擦导轨可分为整体式(图 17-5)、镶装式(图 17-6)和贴塑式(图 17-7)。

　　整体式导轨副工作面是混合摩擦状态,静动摩擦因数相差较大,低速时摩擦因数随速度增加而减小。

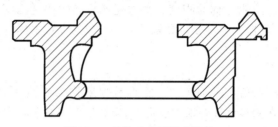

图 17-5　整体式普通滑动导轨

　　镶装式一般采用镶铜、有色金属或塑料板来改变基体的摩擦特性、增加耐磨性。采用镶装式还可以在修理时只更换磨损的导轨部分,可延长整个设备的寿命。

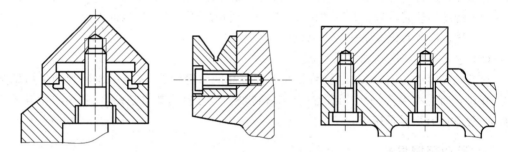

图 17-6　镶装式普通滑动导轨

　　贴塑式是由工程塑料做成动导轨表面、与金属制静导轨相配,其摩擦因数较小,只随速度增加而略有增大,但承载能力较差。

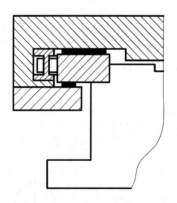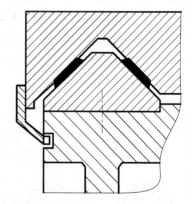

图 17-7　贴塑式普通滑动导轨

　　2)滑动摩擦导轨的材料

　　(1)对导轨材料的要求

　　① 耐磨性。导轨的移动需要频繁起停和换向,润滑条件不良,通常又不封闭,在这样的

工作条件下,导轨面的磨损较为严重且不均匀。为保证导轨有足够的使用寿命,需要导轨材料具有相当高的耐磨性。

② 减摩性。导轨的摩擦是有害摩擦,故希望摩擦因数越小越好。为避免爬行现象,还希望动、静摩擦因数尽量接近。

导轨副的材料匹配得好就能获得满意的防爬效果,铸铁对淬火钢、铸铁对塑料、钢对青铜是较好的导轨配副材料。特别是钢或铸铁对聚四氟乙烯、渗入氟塑料的烧结青铜具有极好的防爬效果,摩擦因数极低。

③ 尺寸稳定性。导轨在加工与使用过程中,零件因剩余应力、温度和湿度的变化都会产生变形而影响尺寸的稳定性。特别是塑料导轨,除了材料线膨胀系数大、导热性差、易吸湿外,还存在冷流性和常温蠕变性大的问题。

④ 良好的工艺性。设置有导轨的零件大多数形状复杂,工艺性好则可以显著降低制造成本。

(2) 导轨的常用材料

铸铁是应用最广的滑动导轨材料之一,它具有良好的耐磨性和抗振性。铸铁导轨常与滑台、支承零件或支座制成一体,常用作导轨的铸铁有灰铸铁和耐磨铸铁。

采用灰铸铁时,通常以 HT200 或 HT300 为静导轨,以 HT150 或 HT200 为配副的动导轨,建议配副导轨表面硬度差为 $25\sim35$HBW。对于高精度的机械或仪器,铸件在半精加工后还需进行二次时效处理。

采用耐磨铸铁可以提高导轨的磨损寿命。为增强导轨的耐磨性可对铸铁导轨表面进行表面淬火、镀铬或涂钼等处理。

镶条常用材料有钢、非铁金属、合金铸铁和工程塑料等。常用钢铁有冷轧弹簧钢带、经高频感应加热淬火的中碳结构钢、渗碳钢、渗氮钢、轴承钢或特殊的工具钢等。

不同材料配对时滑动摩擦导轨的技术特性见表 17-7。

表 17-7　不同材料配对时滑动摩擦导轨的技术特性

类　　型	滑动摩擦导轨	
	金属对金属	金属对塑料
承载能力	机床一般为 $0.05\sim0.50$MPa	中等,低速时较大
速度	中、高速	中速
运动平稳性	速度小于 60mm/min 时易出现爬行	无爬行
导向精度	经过磨削或刮削的导轨良好	良好,需注意胶黏剂的厚度变化
定位精度	$0.01\sim0.02$mm	用聚四氟乙烯时为 0.002mm
精度保持性(磨损率)	低或中等。导轨面经表面淬火耐磨性可提高 $1\sim2$ 倍	低或中等,较金属对金属好
抗振性	中等	中等
制造、装配与维护	制造容易,维护方便	制造销复杂,维护方便
防护装置	擦油垫和防护罩	擦油垫和防护罩
初始成本	低	低或中等
应用	广泛用于普通精度的机械	广泛用于精密和重型机械,也常用于机器导轨大修

3）滑动摩擦导轨的润滑

导轨润滑的作用是降低摩擦、减少磨损、避免爬行和防止污染导轨表面。导轨的润滑系统应工作可靠,最好在导轨副起动前使润滑油进入润滑面,当润滑中断时能发出报警信号。

普通滑动导轨有油润滑和脂润滑两种方式。速度很低或垂直布置、不宜用油润滑的导轨,可以用脂润滑。采用脂润滑的优点是不会泄漏,不需要经常补充润滑剂;其缺点是防污染能力差。润滑油的供油量和供油压力最好各导轨能够独立调节。

（1）供油方式

用脂润滑时,通常用脂枪或脂杯将润滑脂供到动导轨摩擦表面上。用油润滑时,可采用人工加油、浸油、油绳、间歇或连续压力供油方式。

（2）润滑油的选择

为润滑导轨,我国已经制定了石油化工行业标准 SH/T 0361—1998《导轨油》,设 32、68、100、150 和 220 五个黏度等级,适用于横向、立式,运动速度较慢而不允许出现"爬行"的精密导轨的润滑。

在使用液压传动的设备中,导轨常用液压系统中的液压油润滑。

一般的导轨可以采用全损耗系统用油,特别是采用不能回收润滑油的供油方式的导轨。在全损耗系统用油能满足导轨润滑要求的地方,不宜采用相对价格较贵的导轨油。

载荷重、速度低、尺寸大的导轨,宜选用黏度较高的润滑油;运动速度较高的导轨,宜选用黏度较低的润滑油。

常用的润滑脂有钙基、锂基和二硫化钼润滑脂。

4. 滚动摩擦导轨

在两个导轨面间设置滚动元件构成滚动摩擦的,统称为滚动摩擦导轨(rolling friction guide)。滚动摩擦导轨的形式很多,按滚动元件的形状,有球导轨、滚子导轨和滚针导轨;按滚动元件是否循环,有循环式滚动导轨和非循环式滚动导轨。通常,滚动导轨仅指非循环式滚动导轨,而把循环式滚动导轨称为直线运动滚动支承。

常用滚动导轨的结构形式与特点见表 17-8。

表 17-8　常用滚动导轨的结构形式与特点

形式	开式导轨			
	球	球和滚子	滚子或滚针	交叉滚子与滚子
简图	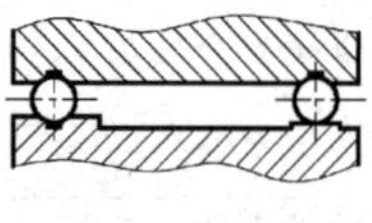	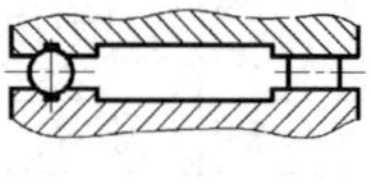	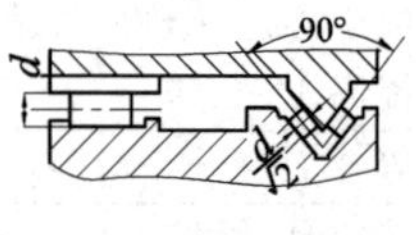	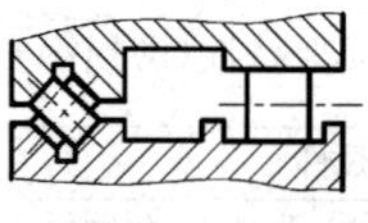
结构特点	结构简单,对温度变化不敏感,但承载能力小,刚度低;摩擦阻力小;常用于轻型机械和仪器		承载能力和刚度比球导轨大,但比相同尺寸的滑动导轨低	V 形导轨面上相邻滚子的轴线相互成 90°交叉排列(滚子长度稍小于其直径)

续表

形式	闭式导轨		
	双 V 形	双圆弧	交叉滚子
简图	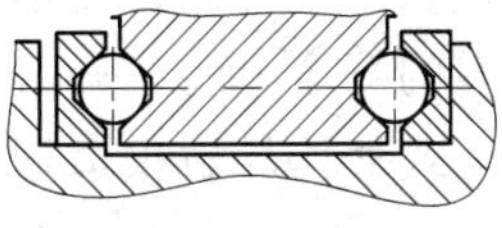	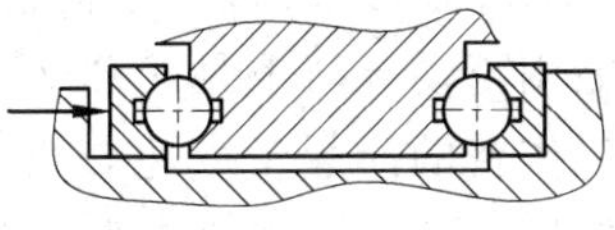	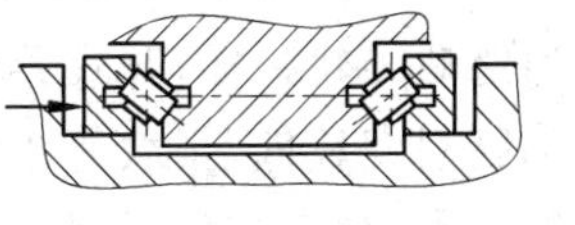
结构特点	用镶条调整间隙或预紧,刚度比开式高	将 V 形导轨面改为圆弧,接触面积增加,接触应力减小	V 形导轨面上相邻滚子的轴线相互成 90°交叉排列(滚子长度稍小于其直径)

直线运动滚动支承包括滚动直线导轨副、循环式滚针(子)导轨支承和直线运动球轴承。直线运动滚动支承行程长度不受限制,已标准化,一般采用滚动轴承钢制造,并按滚动轴承技术条件热处理,由专业化的厂家生产。采用这类导轨支承,可以直接选用,能缩短导轨设计制造周期,提高质量。

5. 液体摩擦导轨

液体摩擦导轨分为液体静压(hydrostatic)导轨和液体动压(hydrodynamic)导轨。液体静压导轨是用油泵把高压油送到承导件与运动件的间隙里,强制形成油膜,靠液体的静压平衡支承运动件。液体动压导轨是利用运动体与承导件相对运动产生的动压油膜将运动件浮起。它们二者的技术特性见表 17-9。

表 17-9　动、静压导轨的技术特性

类　型	动 压 导 轨	静 压 导 轨
承载能力	较大	$(0.25\sim0.50)\times$供油压力$\times$导轨面积
速度	高速	各种速度
运动平稳性	不能用于低速	无爬行,移动极平稳
典型摩擦曲线	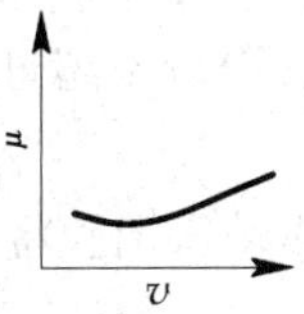	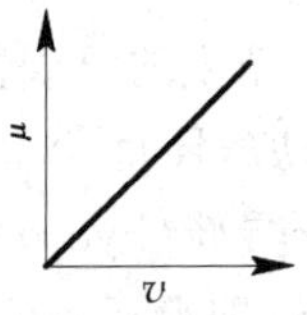
导向精度	有"浮升"现象,直线运动精度一般	油膜能均化误差,直线运动精度可达 $0.001\sim0.006$mm/m
定位精度	一般	0.002mm
精度保持性(磨损率)	起动、停车时有磨损	导轨面无磨损,精度保持性极好
抗振性	油膜有吸振能力	油膜有吸振能力
制造、装配与维护	较复杂	制造复杂、调试技术要求高。润滑装置复杂
应用	只适用于高速、主运动导轨	用于大型、重型和高精度机械

1)液体静压导轨

和普通滑动导轨一样,液体静压导轨(hydrostatic guide rail)有开式和闭式两种。

(1)开式导轨的基本结构形式

图17-8是典型的开式静压导轨形式,它类似于单向推力轴承,只在单向设置油垫。和普通滑动导轨一样,开式导轨只能用于动导轨上最小压力大于零的场合,而且,开式静压导轨油膜刚度较低,当载荷变化时工作台的浮起量变化较大。故开式静压导轨仅适用于倾覆力矩很小、载荷变化不大或对导轨导向精度要求不高的设备上。

(2)闭式导轨的基本结构形式

图17-9是典型的闭式静压导轨形式,这种导轨类似于双向推力轴承,设置对向油垫。因此,它能承受倾覆力矩,因油膜刚度较高而有高的导向精度,稳定性较好。

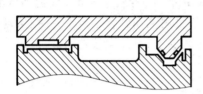

图17-8　开式静压导轨的基本结构形式

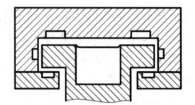

图17-9　闭式静压导轨的基本结构形式

(3)油腔(垫)数

每条动导轨不得少于两个油腔。油腔数取决于导轨的长度、支承件的刚度和载荷分布情况。载荷分布均匀时,若动导轨长度小于2m,可设2～4个油腔,动导轨长度若超过2m,可按油腔间距为0.5～2.0m设置油腔。

当载荷分布不均匀或支承件刚度较差时,应适当增加油腔数。

(4)液体静压导轨的间隙和加工精度

液体静压导轨的间隙越小,则其刚度越高,承载能力越大,但要求的加工精度也越高,同时,它还受节流器最小节流尺寸的限制。对加工精度较高的导轨,最小间隙可在15～20μm范围内选取。

导轨几何精度的总误差(包括平面度、平行度等)应不超过最小间隙的1/3～1/2。

2)液体动压导轨

液体动压导轨(hydrodynamic guide rail)依靠动压油膜将滑台浮起,形成动压油膜必须具备3个条件,即沿运动方向截面逐渐缩小的间隙、导轨面间有相对运动和有黏度润滑剂。

因此,当导轨副两个导轨平面之间形成动压油膜后,该两导轨是相互倾斜的。为了避免倾斜而由能形成沿运动方向载面逐渐缩小的间隙,必须在动导轨或静导轨上制出浅浅的斜油腔,如图17-10所示。导轨通常作往复运动,故油腔必然为双向的。油腔在横向不开通,以增加润滑油横向流动的阻力,提高承载能力。

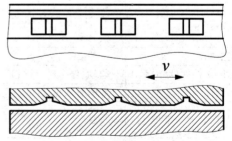

图17-10　液体动压导轨的油腔

拓展性阅读文献指南

　　机架、箱体及导轨的结构比较复杂,通常只有十分重要的场合才需要进行机架等的强度计算。有关机架和导轨的结构设计和强度计算可以参考:①闻邦椿主编《机械设计手册(第5版)》,机械工业出版社,2010;②成大先主编《机械设计手册(第5版):单行本——机械振动·机架设计》,化学工业出版社,2010;③机械设计手册编委会编《机架、箱体及导轨(单行本)机械设计手册》,机械工业出版社,2007。

　　有关导轨的作用力的计算方法可以参考现代实用机床设计手册编委会《现代实用机床设计手册》,机械工业出版社,2006。

　　由于篇幅的限制,本书未详细介绍直线运动滚动导轨的结构,此部分内容可参考张策主编《机械原理与机械设计》,机械工业出版社,2011。

思　考　题

17-1　机架零件有什么基本要求?

17-2　机架零件的截面形状如何确定? 加强肋的作用是什么?

17-3　如何选择机架零件壁厚?

17-4　怎样根据使用条件选择不同的隔振橡胶材料?

17-5　导轨主要分为哪几类? 导轨的主要功能是什么?

17-6　导轨的基本要求是什么?

17-7　滑动摩擦导轨对材料有什么要求?

17-8　液体静压导轨和液体动压导轨各自具有什么特点?

参 考 文 献

[1] 范元勋,梁医,张龙.机械原理与机械设计(下册).北京:清华大学出版社,2014.
[2] 濮良贵,陈国定,吴立言.机械设计[M].8版.北京:高等教育出版社,2013.
[3] 张策.机械原理与机械设计[M].3版.北京:机械工业出版社,2018.
[4] 吴克坚,于晓红,钱瑞明.机械设计[M].北京:高等教育出版社,2003.
[5] MOTT R L.机械设计中的机械零件[M].北京:机械工业出版社,2004.
[6] SPOTTS M F,SHOUP T E.机械零件设计[M].影印版第7版.北京:机械工业出版社,2003.
[7] DAVID ULLMAN.机械设计过程[M].影印版第4版.北京:机械工业出版社,2015.
[8] 杨可桢.机械设计基础[M].6版.北京:高等教育出版社,2013.
[9] 黄华梁,彭文生.机械设计基础[M].4版.北京:高等教育出版社.2011.
[10] 邱宣怀.机械设计[M].4版.北京:高等教育出版社.2007.
[11] 彭文生.机械设计[M].2版.北京:高等教育出版社.2008.
[12] 吴宗泽,高志.机械设计[M].2版.北京:高等教育出版社,2009.
[13] 王黎钦,陈铁鸣.机械设计[M].哈尔滨:哈尔滨工业大学出版社,2008.
[14] 成大先.机械设计手册[M].6版.北京:化学工业出版社,2016.
[15] 徐灏.机械设计手册[M].2版.北京:机械工业出版社,2003.
[16] 闻邦椿.机械设计手册[M].6版.北京:化学工业出版社,2018.
[17] 孙志礼,闫玉涛,田万禄.机械设计[M].2版.北京:科学出版社,2018.
[18] 安琦,顾大强.机械设计[M].2版.北京:科学出版社,2017.
[19] 孔凌嘉,王晓力.机械设计[M].3版.北京:北京理工大学出版社,2018.
[20] 秦大同,谢里阳.现代机械设计手册[M].2版.北京:化学工业出版社,2019.
[21] 卢耀祖.机械结构设计[M].2版.上海:同济大学出版社,2009.
[22] 张有忱,张莉彦.机械创新设计[M].2版.北京:清华大学出版社,2018.
[23] 朱孝录.齿轮传动设计手册[M].2版.北京:化学工业出版社,2010.
[24] 常备功,樊智敏,孟兆明.带传动和链传动设计手册[M].北京:化学工业出版社,2010.
[25] 于惠力.传动零部件设计实例精解[M].北京:机械工业出版社,2009.
[26] 张永智.机械零部件与传动结构[M].北京:机械工业出版社,2011.
[27] 吴宗泽.机械零件设计手册[M].2版.北京:机械工业出版社,2013.
[28] 孟宪源,姜琪.机构构型与应用[M].北京:机械工业出版社,2004 .
[29] 王步瀛.机械零件强度计算的理论和方波[M].北京:高等教育出版社,1996.
[30] 温诗铸,黄平.摩擦学原理[M].5版.北京:清华大学出版社,2018.
[31] 张鹏顺,陆思聪.弹性流体动力润滑及其应用[M].北京:高等教育出版社,1995.
[32] 吴宗泽.高等机械设计[M].北京:清华大学出版社,1991.
[33] 黄纯颖.工程设计方法[M].北京:中国科学技术出版社,1989.
[34] 余俊.滚动轴承计算——额定负荷及寿命[M].北京:高等教育出版社,1993.
[35] 施伟策G,布鲁勒H.主动磁轴承基础、性能及应用[M].北京:新时代出版社,1996.
[36] 郑志峰.链传动设计与应用手册[M].北京:机械工业出版社,1992.
[37] 吴宗泽.机械结构设计准则与实例[M].北京:机械工业出版社,2006.
[38] 《现代机械传动手册》编辑委员会.现代机械传动手册[M].2版.北京:机械工业出版社,2002.
[39] 刘莹,吴宗泽.机械设计教程[M].3版.北京:机械工业出版社,2019.
[40] 徐龙祥,周瑾.机械设计[M].北京:高等教育出版社,2008.